普通高等教育“十四五”新形态教材

流体力学

主编　李金燕

中国水利水电出版社
www.waterpub.com.cn
·北京·

内 容 提 要

本书是编者针对土木工程专业特点和实际需求，结合多年的教学经验，并在吸取国内外同类优秀教材经验的基础上编写而成。全书共分九章，内容主要包括绪论，流体静力学，流体动力学基础，流动阻力与水头损失，孔口、管嘴出流和有压管流，明渠流动，渗流，相似原理和量纲分析，水泵的基础知识等。

本书可作为高等学校土木工程、交通工程、水利工程等相关专业的教学用书，也可作为环境工程、机械工程和给水排水工程等专业流体力学或水力学课程的辅助教材，或可供其他专业及有关科技人员参考。

图书在版编目（CIP）数据

流体力学 / 李金燕主编. -- 北京 : 中国水利水电出版社, 2024.6
普通高等教育“十四五”新形态教材
ISBN 978-7-5226-2126-5

Ⅰ. ①流… Ⅱ. ①李… Ⅲ. ①流体力学－高等学校－教材 Ⅳ. ①O35

中国国家版本馆CIP数据核字(2024)第047709号

书　名	普通高等教育“十四五”新形态教材 **流体力学** LIUTI LIXUE
作　者	主编　李金燕
出版发行	中国水利水电出版社 (北京市海淀区玉渊潭南路1号D座　100038) 网址：www.waterpub.com.cn E-mail：sales@mwr.gov.cn 电话：(010) 68545888（营销中心）
经　售	北京科水图书销售有限公司 电话：(010) 68545874、63202643 全国各地新华书店和相关出版物销售网点
排　版	中国水利水电出版社微机排版中心
印　刷	天津嘉恒印务有限公司
规　格	184mm×260mm　16开本　17.5印张　426千字
版　次	2024年6月第1版　2024年6月第1次印刷
印　数	0001—2000册
定　价	**52.00**元

前　言

本书参考国内土木工程类专业人才培养方案和各高等院校土木工程类本科生“流体力学”课程教学大纲，同时根据《高等学校土木工程本科指导性专业规范》和土木工程专业认证对流体力学知识点和内容的要求，充分吸取国内外优秀流体力学和水力学教材的精华，结合编者多年的教学经验，使教材内容的编排与章节的衔接以及例题、课后习题的设计更加合理化，更贴近于工程实际。二十大精神中提到的加强基础科学研究、推动高质量发展等要求，为本书的编写指明了方向，激励我们不断深化流体力学的教学与研究，为相关领域的科技进步和产业发展贡献力量。

本书内容主要包括绪论，流体静力学，流体动力学基础，流动阻力与水头损失，孔口、管嘴出流和有压管流，明渠流动，渗流，相似原理和量纲分析，水泵的基础知识，共计九章。本书以坚实理论基础、提升认知规律为目的，科学系统地表述流体力学的基本概念、基本理论和基本计算基础；以理解和应用为目的，使部分公式的推导得以简化，另外一部分公式的推导得以细化；以注重学生的认知规律为目的，将原来只出现在教学大纲中的教学目的、教学内容以及学习重难点体现在每一章的开始部分，让学生的学习做到有的放矢。同时教材也更加注重培养学生正确判断和解决工程实际问题的能力以及对细节性知识点的理解和掌握，各章均配有一定量经过精心编写和设计的贴近实际工程的例题和课后习题，并且课后习题类型更加多样化，更有利于学生对细节性知识点的融会贯通。

本书可作为高等学校土木工程、交通工程、水利工程等相关专业的教学用书，也可作为环境工程、机械工程和给水排水工程等专业流体力学或水力学课程的辅助教材，或可供其他专业及有关科技人员参考。

本书由宁夏大学李金燕担任主编并统稿、审稿、校稿。研究生崔岚博、窦森、魏怡敏、苏荟琰、武佳维、马占存参与了本书绘图、统稿等工作。

在本书的编写过程中，参考了国内外众多学者的著作，在此一并表示衷心的感谢。

由于编者水平有限，时间较紧，在内容的编排、选取和论述等方面如有不妥和不足之处，恳请广大读者与专家批评指正，本书将会在后续的使用过程中进一步修订。

编者

2024 年 6 月

目　录

第一章

绪论

教学目的： 了解流体力学课程的性质和任务、流体力学的发展简史及研究方法；理解并熟练掌握液体的主要物理性质的特征和度量方法；理解液体连续介质和理想液体模型的概念及在流体力学研究中的作用；理解并掌握质量力、表面力的定义，单位面积表面力（压强、切应力）和单位质量力的物理意义和度量方法。

教学内容：

1. 流体力学课程的研究内容与性质
2. 流体力学的发展简史及研究方法
3. 液体的主要物理性质
4. 流体的力学模型
5. 作用于液体上的力

资源 1－1
第一章思维导图

教学重点： 液体的主要物理性质、作用于液体上的力。

教学难点： 液体的黏滞性、作用于液体上的力。

第一节　流体力学课程的研究内容与性质

一、流体的特性

在常温常压下，自然界物质有三种形态：固体、液体和气体。液体和气体均具有易流动性，即在任何微小切应力作用下都会发生变形或流动，故两者统称为流体。流体在运动过程中表现出与固体不同的特点。固体由于其分子间距离很小，内聚力很大，所以它能保持固定的形状和体积，不易变形。而流体则不同，由于其分子间距离较大，内聚力很小，它几乎不能承受拉力，抵抗拉伸变形；在微小剪切力作用下，流体很容易发生变形或流动，所以流体不能保持固定的形状。

在流体中，与气体相比，液体的第一个主要差别是其分子间的内聚力要大得多，因为液体分子间距离较小，密度较大，所以液体虽然不能保持固定的形状，但能保持比较固定的体积。一个盛有液体的容器，若其容积大于液体的体积，液体不会充满整个容器，仅占据自身体积所需要的那部分空间，且具有自由表面。气体不仅没有固定的形状，也没有固定的体积，它可以任意扩散直至充满其所占据的有限空间。

液体和气体的另一个主要差别就是它们的可压缩程度不同。液体的压缩性很小，即使在很大的压力作用下，其体积的缩小也微乎其微，液体的膨胀性也同样是很小的。相反，气体却极易膨胀和压缩，但当气流速度远比声速小时，气体在运动过程中的密度变化变得很小，此时可视气体是不可压缩的。在这种条件下，液体力学的基本原理也同样适用于气流。

什么是流动性呢？观察流动现象，诸如微风吹过平静的池水，水面因受气流的摩擦力（沿水面作用的剪切力）作用而波动；斜坡上的水，因受重力沿坡面方向的切向分力作用而往低处流动等。这些现象表明，流体在静止时不能承受切力，或者说任何微小的切力作用，流体都将产生连续不断的变形，这就是流动性。只要切力存在，流动就持续进行。流体的这种在微小切力作用下连续变形的特性，称为流动性。此外，流体无论静止或运动，都几乎不能承受拉力。

综上所述，固体没有流动性，在剪切力的作用下可以维持平衡，换言之，固体既能承受压力，也能承受拉力与抵抗剪切变形。而流体只能承受压力，不能承受拉力与剪切力，只要在微小切力作用下就会剪切变形从而流动。所以，流动性是区别流体和固体的力学特征之一。

二、流体力学课程的研究内容

资源 1-2
课程总体
思维导图

流体力学是力学的一个分支，该课程主要研究力学规律在流体中的作用及其在工程技术中的应用，其研究内容主要由两大部分组成，即流体静力学和流体动力学，具体如图 1-1 所示。

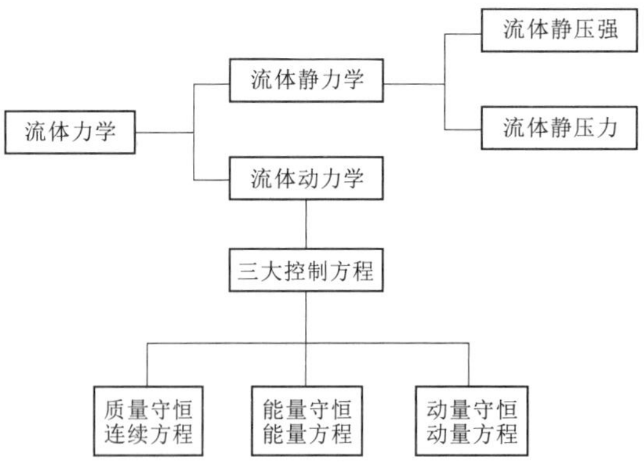

图 1-1　流体力学的研究内容

流体静力学是研究关于流体平衡的规律，它研究流体处于静止（或相对平衡）状态时，作用于流体上的各种力之间的关系。流体动力学主要研究关于流体运动的规律，它研究流体在运动状态时作用于流体上的力与运动要素之间的关系，以及流体的运动特性与能量转换等。

三、流体力学课程的性质和任务

流体力学课程是土木工程、交通工程、水利工程等专业重要的技术基础课；它的任务是研究以水为代表的液体的平衡和机械运动的规律，并依据这些规律来解决工程中的实际问题，为今后学习专业课程和从事专业技术工作打下良好的基础。

对于土木工程专业，流体力学更是广泛应用于各个领域，比如建筑工程中的通风系统、空调系统、供热系统、消防系统及供水、排水系统，都是以流体作为工作介质，通过流体的各种物理作用，对其流动有效地加以组织来实现的；另外，供水系统中加压泵的选择、消防系统中消防泵的选择、大的排水系统中消力池设计等，都有用到流体力学相关知识。更深层次来讲，地下水是最普遍的建筑结构影响源，集中表现为对地基基础的影响，如果设计时对建筑地点的地下水文情况了解不到位，地下水一旦渗流，则会对建筑物周围土体稳定性造成不可挽救的破坏，进而严重影响到地基的稳定性。地基的破坏对整个建筑主体来说是建筑寿命倒计时的开始。可以说，流体力学已成为土木工程各领域共同的专业理论基础。

流体力学不仅用于解决土木工程中的水和气的问题，更能帮助工程技术人员进一步认识土木工程与大气和水环境的关系。大气和水环境对建筑物和构筑物的作用是长期的、多方面的，如台风、洪水通过直接摧毁房屋、桥梁、堤坝，造成巨大的自然灾害；另外，兴建大型厂矿、公路、桥梁、隧道、江海堤坝和水坝等，都会对大气和水环境造成不利的影响，导致生态环境恶化，甚至加重自然灾害，这方面国内外已有惨痛的教训。只有处理好土木工程与大气和水环境的关系，做到保护环境，减轻灾害，才能实现国民经济可持续发展。总体而言，对于土木工程专业来讲涉及更多的是以水为代表的液体力学问题的研究和应用，因此本书后续内容大多是针对以水为代表的液体，展开其力学问题的相关讨论。

四、流体力学课程与其他学科间的关系

流体力学在研究液体平衡和机械运动规律时，要应用物理学及理论力学中有关物体平衡及运动规律的原理，如力系平衡定理、动量定理、动能定理等。因为液体在平衡或运动状态下，也同样遵循这些普遍的原理，所以物理学和理论力学的知识是学习流体力学课程必要的基础。同时，流体力学知识的学习同样可以为土木工程专业课程，特别是建筑设备工程课程的学习奠定基础。

第二节　流体力学的发展简史及研究方法

一、流体力学的发展简史

流体力学作为一门以应用为目的的学科，是人类逐步认识、掌握自然规律及不断深入生产实践的结晶，其发展与力学、数学、物理学等相关学科密不可分。人类社会在以农业文明为主的早期，对流体力学的认识是从治水、灌溉、航运等方面开始的。流体力学的发展大致经历了以下几个阶段。

（一）第一阶段（16 世纪以前）：流体力学形成的萌芽阶段

在中国，据《尚书·禹贡》记载，4000 多年前的上古时代就有大禹治水。为了扭转治水方法失败的局面，大禹创造性地提出了“疏川导滞”的疏浚排洪治水方案。在当时的科技发展、生产力水平下，大禹采取的不是征服自然、人定胜天的办法，而是顺其自然、给洪水出路的办法。用“引”的方法挖渠疏导，化洪流为细流而制服了洪水。大禹治水所采用的疏导方法，是行之有效的科学治水方法，也是我国水利科学产生的标志，是我国历史上第一次采取恰当方法并取得最终胜利的大规模治水活动，谱写了我国治水历史的第一页，揭开我国水利科技史的序幕，是中国水利科学思想的肇始。《史记》记载，战国末期至秦代（前 256—前 210）修建了都江堰、郑国渠、灵渠三大水利工程，其中以四川岷江上的都江堰最为著名，从此川西平原“水旱从人，不知饥馑，时无荒年，天下谓之天府也”（《华阳国志·蜀志》）。都江堰水利工程完全体现了老子主张的“道法自然”的哲学思想，利用水的自然之性，设置有口无闸的大坝，利用弯道动力学做到控水和排沙的合理计划；同时其“深淘滩，低作堰”的思想精髓至今仍被奉为经典。后人对都江堰进行过多次改进，如元代肃政廉访使吉当普在鱼嘴处铸成一万六千斤的铁龟，明代则改用成铁牛，但都被大水冲走了；明代御史

卢翊提出了只有李冰的方法才最符合以柔克刚的自然规律。迄今，都江堰水利工程仍为泄洪、灌溉等发挥重大作用。公元1世纪前后，劳动人民基于水流的动力，制成了水碓、水磨和水排等水力器具。在古埃及、古希腊、古巴比伦和古印度，为了发展农业也修建了灌溉渠道工程，并发展了航运，而古罗马人则兴建了大规模的供水管道系统。约在公元前250年，古希腊哲学家、物理学家阿基米德（前287—前212）在《论浮体》中论述了液体浮力和浮体的定律，奠定了流体静力学的基础。此后，流体力学的发展受生产力低下的影响，在相当长的时间内未受到重视，而未发展为一门学科。

（二）第二阶段（15世纪文艺复兴以后至18世纪中叶）：流体力学成为一门独立学科的基础阶段

直到15世纪的文艺复兴时期，意大利物理学家、艺术家达·芬奇（1452—1519）通过设计制造小型水渠，系统地研究了物体的沉浮、孔口出流、物体的运动阻力及管道、明渠水流等问题。在17世纪，帕斯卡（1623—1662）在1653年提出了密闭流体能传递压强的原理——帕斯卡定律。至此，才使流体力学认识从实践上升到了理论，流体静力学理论初步形成。由于受到经典力学理论发展的制约，液体运动的动力学理论的建立相对较晚。牛顿（1642—1727）于1687年所著的《自然哲学的数学原理》，研究了物体在阻尼介质中的运动，并针对黏性流体运动时的内摩擦力提出了牛顿内摩擦定律。18世纪和19世纪，基于数学、力学、物理学等领域的科学家的杰出成就，经典流体动力学或称古典流体力学得以迅速发展。伯努利（1700—1782）在1738年所著的《水动力学》中阐述了液体运动能量的转换关系——伯努利方程；1748年，俄国科学家罗蒙诺索夫（1711—1765）提出了质量守恒定律。欧拉（1707—1783）于1755年发表《流体运动的一般原理》，提出了流体的连续介质模型，建立了连续性微分方程和理想流体的运动微分方程，并给出了不可压缩理想流体运动的一般解析方法。

（三）第三阶段（18世纪中叶至19世纪末）：流体力学成为一门独立学科的发展阶段

然而，随着工程实践的不断深入，忽略液体黏性作用的基本规律与实际情形还存在较大的差别，法国科学家达朗贝尔（1717—1783）在1752年发表的《流体阻尼的一种新理论》一文中，第一次用流体动力学的微分方程表示场，并提出了著名的“达朗贝尔佯谬”，证实了理想流体假设的局限性。因此，实际工程中出现的许多流体力学问题，还得依靠流体力学的经验公式或半经验公式，如在表征力学能量的伯努利方程中引进若干经验系数、经验公式以计算阻力的影响；在只适用于均匀管流的哈根（1707—1884）-泊肃叶（1799—1869）流动公式中加进考虑非均匀性的修正系数等。为此，一些技术工程师和实际工作者，在运用流体力学知识的同时，也部分地采用野外观测和室内试验结果的经验公式，从实验流体力学角度较好地解决了当时许多实际工程问题。如法国工程师、发明家毕托（1695—1771）于1730年发明了测量流速的毕托管；法国工程师谢才（1718—1798）于1769年建立了计算均匀流的经验公式谢才公式；1783年，拉格朗日（1736—1813）在总结前人工作的基础上，提出了一种新的描述流体运动的方法——拉格朗日法；欧拉（1707—1783）在此基础上提出了更符合流体实际应用状态的描述流体运动的方法——欧拉法。19世纪中叶，法国工程师纳维（1785—1836）在欧拉理想流体运动方程的基础上，基于离散的分子模型，于 1821 年首次提出了不可压缩黏性流体的运动微分方程组；法国数学家、力学家、物理学家泊松（1781—1840）在 1831 年发表的《弹性固体与流体的平衡和运动一般方程研究报告》一文中，首次完整地说明黏性流体的本构关系；1845 年，英国数学家、物理学家斯托克斯（1819—1903）严格地导出了黏性流体的运动方程，此后统称为纳维-斯托克斯方程（简称 N－S 方程），为研究实际流体运动奠定了坚实基础。英国物理学家、生理学家亥姆霍兹（1821—1894）在 1847 年用数学形式表达出一般的能量守恒定律；1858 年，将流体质点的运动分解为平移、变形及转动，即亥姆霍兹速度分解定理，进一步促进了古典流体力学的发展。法国工程师达西（1803—1858）于 1856 年提出的线性渗流定律、爱尔兰工程师曼宁（1816—1897）于 1889 年建立的糙率计算公式，现仍为世界各国工程界所采用。英国力学家兰姆（1849—1934）在其《流体运动数学理论》（1878 年初版，1895 年增订再版，改名《水动力学》）中总结了 19 世纪流体力学的理论成就，为流体力学的飞速发展奠定了基础。

（四）第四阶段（19 世纪末以来）：流体力学飞跃发展阶段

19 世纪末至 20 世纪，随着生产和科技的迅速发展，单纯的理论或实验方法难以解决极为复杂的流体力学问题，如数学上求解纳维-斯托克斯方程的困难，从而促使了古典流体力学和实验流体力学的结合，并各自不断发展。英国力学家、物理学家、工程师雷诺（1842—1912）在 1883 年用实验证实了黏性流体的两种流动形态——层流和湍流（也称紊流）的客观存在，提出了流体流动形态的判别依据——雷诺数；1895 年又引进雷诺应力的概念，用时均方法建立了不可压缩实际流体的湍流运动方程，又称雷诺方程。1904 年，德国工程师、力学家普朗特（1875—1953）提出了边界层概念，此后众多研究者从推理、数学论证和实验测量等各个角度，建立了边界层理论，为解决边界复杂的实际流体运动开辟了新的途径，同时把无黏性理论和黏性理论在边界层概念的基础上联系起来，使流体力学与水力学两种不同的研究方法得到了统一。后经美籍匈牙利力学家冯·卡门（1881—1963）、英国物理学家泰勒（1886—1975）等的努力，边界层理论和湍流理论都有很大的发展。至此，现代流体力学逐渐形成，其中关于液体运动的部分构成了现代流体力学的核心内容。

20 世纪中叶（1960 年）以后，计算机广泛应用，流体力学研究领域空前扩展，非牛顿流体力学、多相流体力学、环境流体力学、物理化学流体力学、计算流体力学等新的分支和交叉学科迅速兴起，流体力学进入现代流体力学时期。

二、流体力学的研究方法

流体力学的研究方法大体上分为理论分析方法、科学实验方法和数值计算方法三种，几种方法相互配合，互为补充。

（一）理论分析方法

理论分析是根据流体运动的普遍规律（如质量守恒、动量守恒、能量守恒等），利用数学分析的手段，研究流体的运动，解释已知的现象，预测未知的结果。理论分析的步骤大致如下：

（1）建立力学模型。即针对实际流体的力学问题，分析其中的各种矛盾并抓住主要方面，对问题进行简化而建立反映问题本质的“力学模型”。流体力学中最常用的基本模型有连续介质、牛顿流体、不可压缩流体、理想流体、平面流动等模型。

（2）建立流体力学基本方程组并求解。针对流体运动的特点，用数学语言将质量守恒、动量守恒、能量守恒等定律表达出来，从而得到连续性方程、动量方程和能量方程。此外，还要加上某些联系流动参量的关系式（例如状态方程），或者其他方程。这些方程合在一起称为流体力学基本方程组。

（3）结果比对，确定结论条件。求出方程组的解后，结合具体流动，解释这些解的物理含义和流动机理。通常还要将这些理论结果同实验结果进行比较，以确定所得解的准确程度和力学模型的适用范围。

在流体力学理论中，用简化流体物理性质的方法建立特定的流体的理论模型，用减少自变量和减少未知函数等方法来简化数学问题，在一定的范围是成功的，并解决了许多实际问题。

（二）科学实验方法

科学实验的基本目的，一方面是检验理论分析成果的正确性；另一方面，当有些流体力学问题在理论上暂时还不能完全得到解决时，通过实验可以找到一些经验性的规律，以满足实际应用的需要。就当前流体力学研究的实际情况来看，科学实验还是一个极其重要的手段。现阶段流体力学的科学实验主要有以下三种方式：

（1）原型观测。在野外或实际工程现场，对水流运动要素进行观测，收集第一手资料，为检验理论分析成果或总结某些基本规律提供依据。

（2）模型实验。由于现有理论分析成果的局限性，或者因为实际水流运动比较复杂，有些实际工程的流体力学问题不能得到可靠而满意的解答，这时可在实验室内，以模型相似理论为指导，把实际工程缩小为模型，在模型上预演相应的流体运动，得出模型液体流动的规律性，然后再把模型实验成果，按照相似关系换算为原型的成果，以满足工程设计的需要。这种模型实验的方法，目前在工程实践中得到广泛的应用。

（3）系统试验。由于野外观测受到某些条件的局限或因某种水流相似的规律在理论上还没有建立起来，则可在实验室内，小规模地造成某种水流运动，用以进行系统的试验观测，从中找出规律。

在科学实验中，为了得出流体运动的规律性，还必须使用分析的手段。这当中除了涉及一般数理知识、数据处理方法以外，还常运用量纲分析这个工具。量纲分析法是一种数学与物理相结合的分析方法。它的基本点是任意一个符合客观实际的物理方程式，方程中各项量纲必须一致（或称和谐）。当已正确掌握了影响某一物理过程的各种变量时，利用物理方程量纲和谐的原则，可以得出物理方程的函数结构形式。

量纲分析法还可以用来帮助检验一个物理方程式的正确性（即是否符合量纲和谐）以及推导某些物理量的量纲（导出量纲）。关于量纲分析的基本原理，本书后面有关部分还要详细介绍。

（三）数值计算方法

数值计算方法是在计算机应用的基础上，采用各种离散化方法（有限差分法、有限元法等），建立各种数值模型，通过计算机进行数值计算和数值实验，得到在时间和空间上许多数字组成的集合体，最终获得定量描述流场的数值解。近 50 年来，这一方法得到很大发展，已形成一个专门学科。

第三节　液体的主要物理性质

一、惯性、质量与密度

惯性是物体保持原有运动状态的性质，凡改变物体的运动状态，都必须克服惯性的作用。惯性的大小以质量来度量，质量越大的物体，惯性也越大。惯性力是指当液体加速的时候，惯性会使液体保持原有运动状态的倾向，若以该物体为参照物，看起来仿佛有一股与加速度方向相反的力作用在该物体上，从而保持物体的平衡，因此称为惯性力。因为惯性力实际上并不存在，实际存在的只有原本将该物体加速的力，只是为了保持物体的平衡，而附加了一个与运动方向相反的惯性力，因此惯性力又常称为假想力。若物体的质量为 m，加速度为 a，则惯性力可表示为

$$F=-ma \quad (\text{N}) \tag{1-1}$$

质量是惯性大小的度量，单位体积的质量称为密度，常以符号 ρ 表示。如均质流体的体积为 V，质量为 m，则密度 ρ 表示为

$$\rho=\frac{m}{V} \quad (\text{kg/m}^3) \tag{1-2}$$

一般而言，液体的密度随温度和压强的变化而变化，即 $\rho=f(p,t)$，其中 p 为压强，t 为温度，但水的密度随温度和压强的变化甚微，所以流体力学中常把水的密度视为常数，常采用（在一个标准大气压下，4℃时）的水的密度值 1000kg/m^3；另外汞作为一种常见的液体，其密度随压强和温度的变化更是十分微小，可视为常数（$\rho=13600\text{kg/m}^3$）。

气体的密度随压强和温度而变化，一个标准大气压下，0℃干空气的密度为 1.29kg/m^3。几种常见流体的密度见表 1-1。

表 1-1　几种常见流体的密度

流体名称	甘油	乙醇	四氯化碳	汞	汽油	海水
温度/℃	20	20	20	20	15	15
密度/(kg/m^3)	1260	799	1590	13600	700～750	1020～1030

二、重力与重度

通常万有引力性质是指任何物体之间相互具有吸引力的性质，其吸引力称为万有引力。而重力是指地球对物体的引力，或称重量，大小为 $G=mg$，其中 g 为重力加速度（m/s^2），m 为质量（kg）。液体的重度也称容重，是指单位体积液体所具有的重量，国际单位为 N/m^3，通常用字母 γ 来表示，则有

$$\gamma=\frac{G}{V}=\frac{mg}{V}=\rho g \quad (\text{N/m}^3) \tag{1-3}$$

与密度有着相同的变化规律，液体的重度也会随温度和压强的变化而变化，即

$\gamma=f(p,t)=f$（压强，温度），但液体的重度一样随温度和压强的变化甚微，所以流体力学中常把液体的密度视为常数，如采用水的重度为 9800N/m^3，汞的重度为 133280N/m^3。

三、压缩性和热胀性

在一定的温度下，流体受压，体积缩小，密度增大的性质，称为流体的压缩性。换言之，在一定温度下，液体体积的变化率与压强的变化成反比，密度的变化率与压强的变化成正比。通常用体积压缩率 β 或体积模量 K 来描述液体的压缩性，即

$$\beta=-\frac{\mathrm{d}V/V}{\mathrm{d}p}=\frac{\mathrm{d}\rho/\rho}{\mathrm{d}p} \tag{1-4}$$

式中　β——体积压缩系数，m^2/N，定义 $K=1/\beta$，K 也称为体积模量（弹性模量）。

式中负号是考虑到压强增大，体积缩小，所以 dV 与 dp 的符号始终是相反的，为保持 β 为正数，加一个负号。通常 β 值越小，K 值越大，表示液体越不容易压缩，反之亦然。对一般流体力学工程来说，可认为流体是不可压缩的。但在有压管道中水体积计算时，则必须考虑水的压缩性。液体的种类不同，其 β 和 K 值不同，对于同种液体，它们随温度和压强变化，但变化很小，可视为常数。水作为流体中的代表性液体，其压缩性很小，每增加一个大气压，水体体积相对压缩值为 1/20000，所以对于一般的水利工程，认为水体不可压缩是足够精确的。

液体的热胀性用热胀系数 α 来表示，它表示在一定压强下，流体受热，体积膨胀，密度减小的性质。也就是说在一定压强下，体积的变化率与温度的变化成正比，密度的变化与温度的变化成反比。设液体的原体积为 V，温度增加 dT 后，体积增大 dV，则液体的热胀系数为

$$\alpha=\frac{\mathrm{d}V/V}{\mathrm{d}T}=-\frac{\mathrm{d}\rho/\rho}{\mathrm{d}T} \tag{1-5}$$

液体的压缩系数和热膨胀系数都很小。一般情况下，液体的压缩性和热胀性均可忽略不计。对于某些特殊的流动，如有压管道中的水击、水中爆炸波的传播等，压缩性起着关键作用，必须考虑水的压缩性；在液压封闭系统或热水采暖系统中，当工作温度变化较大时，须考虑体积膨胀对系统造成的影响。

四、黏滞性

黏滞性是流体固有的物理性质，下面从表观现象和微观机理上分层次认识黏滞性。

（一）黏滞性的表观现象——牛顿平板实验

观测两块平行平板（图 1-2），其间充满静止流体，两平板间距离以 y 轴为法线方向。保持下平板固定不动，使上平板沿所在平面，以速度 u 运动。于是黏附于上平板表面的一层液体随平板以速度 u 运动，并带动下一层液体开始运动，这样一层一层地向下影响，使得各层液体相继开始运动，且其速度随着远离上平板距离的增加而逐渐减小，直至黏附于下平板的流层受下平板固定不动的影响，流速减小为零。在 u 和

y 都较小的情况下，各流层的速度沿法向 y 方向呈直线分布，如图 1－3 所示。

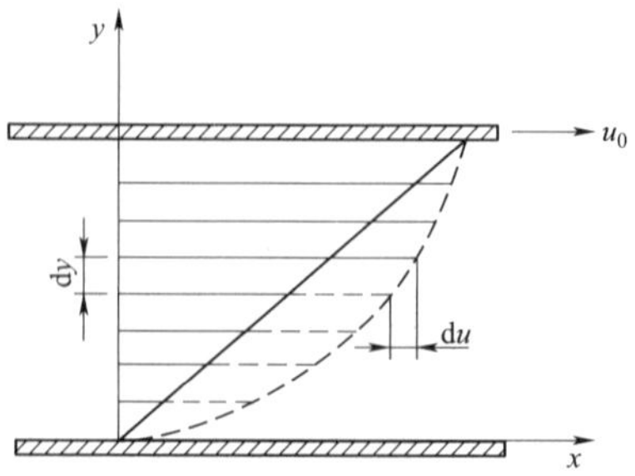

图 1－2　牛顿平板实验

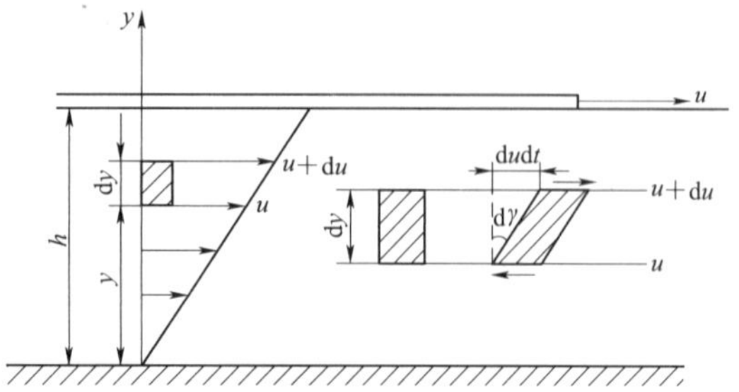

图 1－3　黏性表象

若距下平板 y 处的流速为 u，在相邻的 $y+dy$ 处的流速为 $u+du$，由于两相邻液层的流速不同，在两流层之间将产生相对运动，从而成对地产生内摩擦力，且内摩擦力的方向与相对运动方向相反。也就是说，下面一层液体（慢层）对上面一层液体（快层）作用了一个与流速方向相反的摩擦力，从而阻止快层向前运动；而上面一层液体（快层）对于下面一层液体（慢层）则作用了一个与流速方向一致的摩擦力，从而带动慢层向前运动。这两个摩擦力大小相等、方向相反，都具有抵抗其相对运动的性质，作用在上面一层液体上的外力有减缓其流动的趋势，作用在下面一层液体上的外力有加速其流动的趋势，如图 1－4 所示。综上所述，牛顿平板实验所表征的上平板带动黏附在上平板上的流层运动，进而影响内部各流层运动，内部各流层之间存在速度差，也即存在剪切力。由于这种剪切力存在于液体内部，因此称其为内摩擦力，也称为黏滞力，其相应的性质即为流体的黏滞性。黏滞力产生的根本原因是流体内部存在黏滞性。

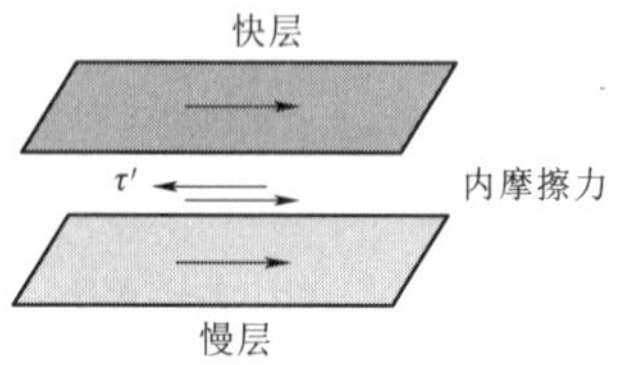

图 1－4　内摩擦力

（二）黏滞性的微观机理——牛顿内摩擦定律

牛顿通过平板实验从表观现象上阐明了流体具有黏滞性的特性，但是由于黏滞性的存在而产生的黏滞力的大小从微观上到底怎样去衡量呢？牛顿通过大量的实验证明，并于 1687 年在所著的《自然哲学的数学原理》中提出了影响流体黏滞力大小的因素及相应的计算公式，后经大量的实验验证了它的正确性，故称为牛顿内摩擦定律（以区别固体的外摩擦定律）。牛顿内摩擦定律表明，黏滞力和下面几个因素相关：

（1）运动的流体所产生的内摩擦力（切向力）F 的大小与两个流层间的速度差 du 成正比，与流层间距离 dy 成反比。

（2）与两个流层之间的接触面积 A 成正比。

（3）与流体的种类和性质有关。

（4）与接触面上压强 P 无关。

通过以上规律可知内摩擦力的数学表达式可写为

$$F=\mu A\frac{\mathrm{d}u}{\mathrm{d}y}\quad (\mathrm{N}) \tag{1-6}$$

以应力的形式表示为

$$\tau=\frac{F}{A}=\mu\frac{\mathrm{d}u}{\mathrm{d}y}\quad (\mathrm{N/m^2}) \tag{1-7}$$

1. 速度梯度的物理意义

如图 1-5 所示，将相距为 $\mathrm{d}y$ 的两层液流 1-1 和 2-2 分离出来，取两液层间矩形微元体 $ABCD$ 来研究。设该微元体经过 $\mathrm{d}t$ 时段后运动至新的位置 $A'B'C'D'$。因液层 2-2 与液层 1-1 存在流速差 $\mathrm{d}u$，微元体除位置改变而引起平移运动之外，还伴随着形状的改变，由原来的矩形变成平行四边形，也就是产生了剪切变形（或角变形），AD 边或 BC 边都发生了角变形 $\mathrm{d}\theta$，其剪切变形速度为$\frac{\mathrm{d}\theta}{\mathrm{d}t}$。由图 1-5 可知，在 $\mathrm{d}t$ 时段内，D 点比 A 点以及 C 点比 B 点多移动的距离均为 $\mathrm{d}u\mathrm{d}t$。由于 $\mathrm{d}\theta$ 和 θ 都是微小量，这样可有

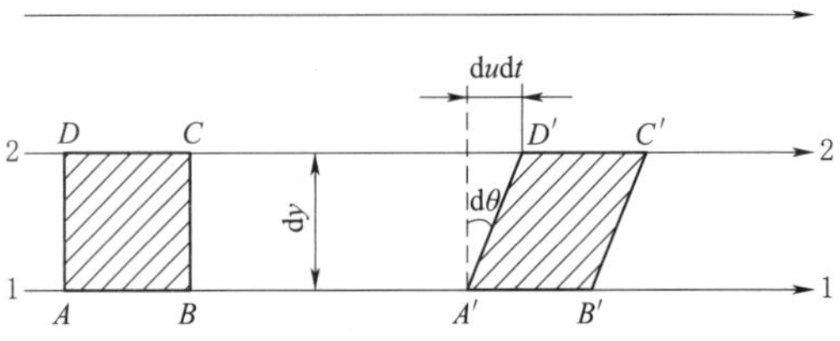

图 1-5 速度梯度的物理意义

$$\mathrm{d}\theta\approx\tan\mathrm{d}\theta=\frac{\mathrm{d}u\,\mathrm{d}t}{\mathrm{d}y}$$

则

$$\frac{\mathrm{d}u}{\mathrm{d}y}=\frac{\mathrm{d}\theta}{\mathrm{d}t}$$

可见，速度梯度就是直角变形速度。这个直角变形速度是在切应力的作用下发生的，所以也称剪切变形速度。因为流体的基本特征是具有流动性，在切应力的作用下，只要有充分的时间让它变形，它就有无限变形的可能性，因而只能用直角变形速度来描述它的剪切变形的快慢。所以，牛顿的内摩擦定律也可以理解为切应力与剪切变形速度成正比。从另外一个角度来讲，液体的黏滞性也可视为液体抵抗剪切变形的特性。

2. 黏度系数

式（1-6）中，μ 是比例系数，称为动力黏度系数，简称黏度，与流体性质有关，单位是 Pa·s。动力黏度是流体黏性大小的度量，μ 值越大，流体越黏，流动性越差。气体的黏度不受压强影响，液体的黏度受压强影响也很小。相反，流体的黏度受温度的影响较大，但液体和气体的黏度随温度变化的规律是不同的，液体的黏度随温度升高而减小，气体的黏度随温度升高而增大。这是因为黏性是分子间的吸引力和分子不规则的热运动产生动量交换的结果。温度升高，分子间的吸引力降低，动量交换增大；反之，温度降低，分子间的吸引力增大，动量交换减小。对于液体，分子间的吸引力是决定性因素，所以液体的黏度随温度升高而减小；对于气体，分子间的热运动产生的动量交换是决定性因素，所以气体的黏度随温度升高而增大。

常见液体的动力黏度 μ 随温度的变化关系，见下列公式

$$\mu=\frac{\mu_0}{1+\alpha(T-273.15)+\beta(T-273.15)^2} \tag{1-8}$$

式中　μ_0——$T=273.15$K 时的动力黏度系数，Pa·s；

α、β——取决于液体种类的系数。

对于气体，则有

$$\mu=[17040+56.02(T-273.15)-0.1189(T-273.15)^2]\times10^{-9} \tag{1-9}$$

在分析流体运动规律时，黏度 μ 和密度 ρ 经常以比的形式出现，将其定义为运动黏度 ν

$$\nu=\frac{\mu}{\rho} \tag{1-10}$$

式中，运动黏度 ν 的单位为 m^2/s。

不同温度下水和空气的黏度见表 1-2 和表 1-3，其变化趋势如图 1-6 所示。

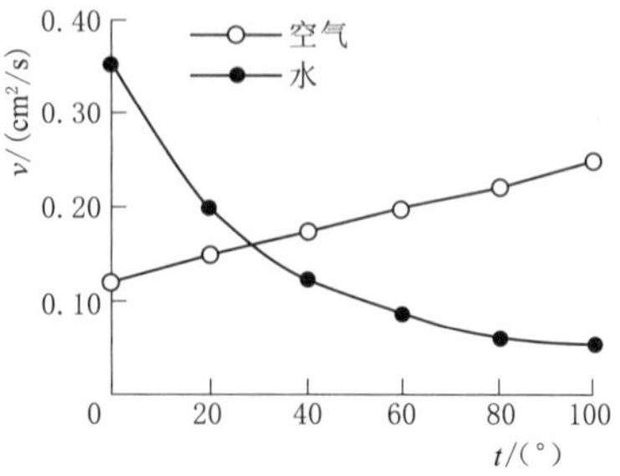

图 1-6　水和空气的运动黏滞系数随温度的变化趋势

表 1-2　　**不同温度下水的黏度**

温度/℃	动力黏度/(10^{-3}Pa·s)	运动黏度/($10^{-6}m^2/s$)	温度/℃	动力黏度/(10^{-3}Pa·s)	运动黏度/($10^{-6}m^2/s$)
0	1.781	1.785	40	0.653	0.658
5	1.518	1.519	50	0.547	0.553
10	1.307	1.306	60	0.466	0.474
15	1.139	1.139	70	0.404	0.413
20	1.002	1.003	80	0.354	0.364
25	0.890	0.893	90	0.315	0.326
30	0.798	0.800	100	0.282	0.294

表 1-3　　**不同温度下空气的黏度**

温度/℃	动力黏度/(10^{-3}Pa·s)	运动黏度/($10^{-6}m^2/s$)	温度/℃	动力黏度/(10^{-3}Pa·s)	运动黏度/($10^{-6}m^2/s$)
0	1.72	13.7	90	2.16	22.9
10	1.78	14.7	100	2.18	23.6
20	1.83	15.7	120	2.28	26.2
30	1.87	16.6	140	2.36	28.5
40	1.92	17.6	160	2.42	30.6
50	1.96	18.6	180	2.51	33.2
60	2.01	19.6	200	2.59	35.8
70	2.04	20.5	250	2.80	42.8
80	2.10	21.7	300	0.98	49.9

牛顿内摩擦定律只适用于一般流体，它对某些特殊流体是不适用的。为此，将在做纯剪切流动时满足牛顿内摩擦定律的流体称为牛顿流体，如水和空气等。而将不满足该定律的流体称为非牛顿流体，如泥浆、污水、油漆和高分子溶液等。牛顿流体与非牛顿流体切应力随速度梯度变化关系如图 1-7 所示。

【例 1-1】 汽缸内壁的直径 $D=12\text{cm}$，活塞的直径 $d=11.96\text{cm}$，活塞长度 $l=14\text{cm}$（图 1-8），活塞往复运动的速度为 1m/s，润滑油的 $\mu=0.1\text{Pa}\cdot\text{s}$。求作用在活塞上的黏性力。

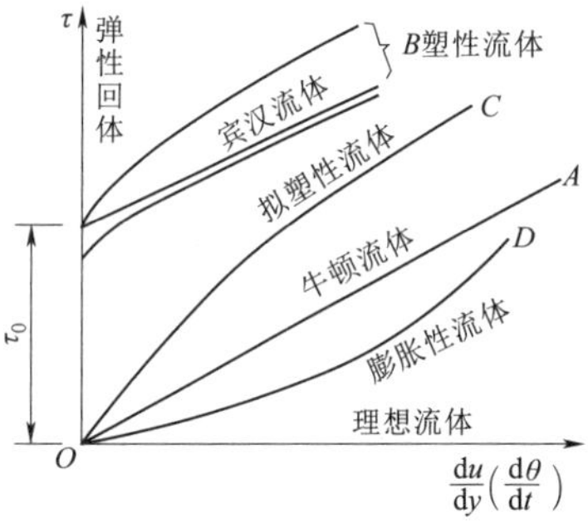

图 1-7　牛顿流体与非牛顿流体切应力随速度梯度变化关系

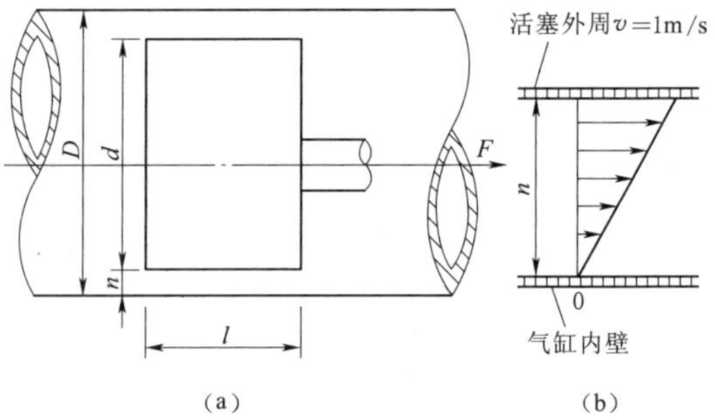

图 1-8　活塞运动的黏滞性阻力

解： 因黏性作用，黏附在气缸内壁的润滑油层速度为零，黏附在活塞外周的润滑油层与活塞速度相同，润滑层间因相对运动产生黏性力 T。因间隙很小，速度近似直线分布。活塞外周的切应力为

$$\tau=\mu\frac{\mathrm{d}u}{\mathrm{d}y}=\mu\frac{U}{n}=0.1\times\frac{1}{\dfrac{0.12-0.1196}{2}}=5.0\times10^{2}(\text{N/m}^{2})$$

活塞外周与润滑油的接触面积

$$A=\pi dl=\pi\times0.1196\times0.14=0.053(\text{m}^{2})$$

$$T=A\tau=26.5\text{N}$$

【例 1-2】 一极薄的平板，在厚度分别为 4cm 的两种油层中以 $u=0.8\text{m/s}$ 的速度运动，如图 1-9 所示。已知上层动力黏滞系数为下层的动力黏滞系数的 2 倍，两油层在平板上产生的总切应力为 $\tau=30\text{N/m}^{2}$。试求上、下油层的动力黏滞系数。

解： 两层油在平板上产生的总切应力可以表达为

$$\tau=\mu\frac{\mathrm{d}u}{\mathrm{d}y}=\tau_{上}+\tau_{下}$$

速度梯度为

$$\frac{\mathrm{d}u}{\mathrm{d}y}=\frac{u}{y}=\frac{0.8}{0.04}=20\text{s}^{-1}$$

因此总切应力可以表达为

$$\tau=(u_{1}+u_{2})\frac{\mathrm{d}u}{\mathrm{d}y}\quad 30=1.5u_{1}\times20$$

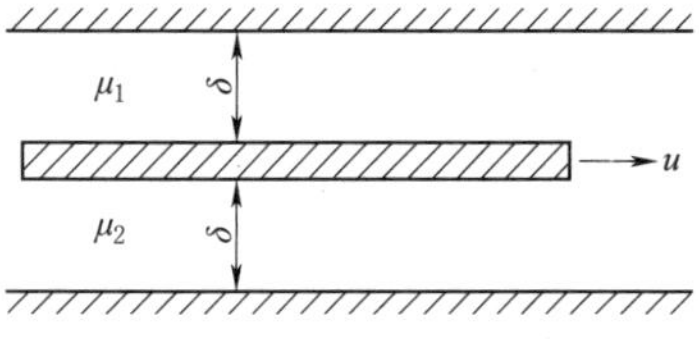

图 1-9　平板运动的黏性阻力

进而可得出

$$u_1 = 1.0\text{Pa} \cdot \text{s} \quad u_2 = \frac{1}{2}u_1 = 0.5\text{Pa} \cdot \text{s}$$

五、表面张力特性

在液体内部，液体分子之间的内聚力是相互平衡的，但在液体与气体交界的自由面上内聚力之间不能平衡，液体表面侧的内聚力试图使自由面收缩，从而在自由面上形成张紧的分子膜，在两种不相混合的液体之间的分界面上也会因同样原因形成张紧的分子膜。所谓表面张力，是指自由表面上液体分子由于受两侧分子引力不平衡，使自由面上液体分子受有极其微弱的拉力，也就是指这种分子膜中的拉力。显然一种液体表面张力的大小与它和何种流体组成的交界面有关。表面张力的大小用表面张力系数 σ 度量，它表示液体自由面上单位长度所受到拉力的大小，单位为 N/m。

表面张力具有以下特性：

(1) 表面张力仅在自由表面存在，液体内部并不存在。

(2) 对体积小的液体，表面缩小趋于球体状，如荷叶上的流体珠等。

一般情况下，表面张力对液体运动的影响可以忽略不计。但在特殊情况下，如细玻璃管内的毛细现象使流体柱升高或汞柱降低，对液位和压强量测造成误差，有自由表面和较大曲率的小流量运动和微小流体滴形成球状，这些情况下表面张力的影响必须考虑。毛细管现象是表面张力作用的一种现象，在流体力学实验中所使用的测量仪器中经常遇到，在液体中插入一根竖直的细管，于是将产生管内液体上升或下降的情况，称为毛细管现象（图 1-10）。如液体（水）能够浸湿内壁管，管内液体将上升入管内 h 高度，液面呈凹形；反之如液体（汞）不能浸湿内壁管，管内液体将下降 h 高度，液面呈凸形。毛细管内水面升高值 h 的大小和管径大小及液体性质有关，对于水，玻璃与水体之间的附着力大于水体的内聚力而使液面呈凹形面，表面张力向上引起水体上升；对于汞，玻璃与汞之间的附着力小于汞的内聚力而使液面呈凸形面，表面张力产生指向汞内部的附加压强，因而压下了一个毛细管高度。内径越小，毛细管升高值越大，所以试验用的测压管内径不宜太小，否则会因毛细管作用而引起误差。通常用如下公式进行计算

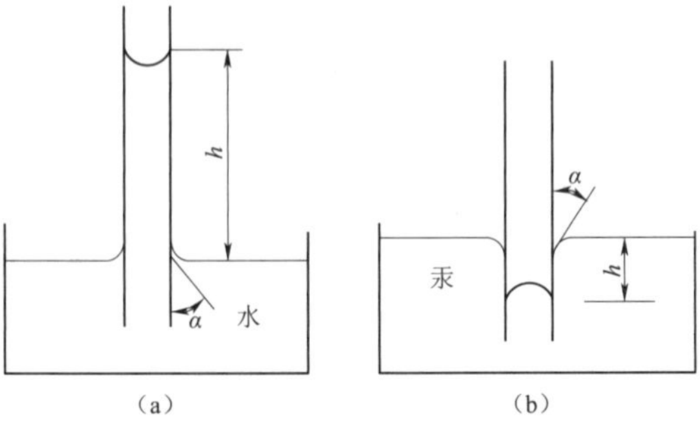

图 1-10　毛细管现象示意

$$h = \frac{2\sigma\cos\alpha}{\gamma r} \tag{1-11}$$

式中　h——液体在毛细管中上升的高度，m；

σ——液体表面张力系数，N/m；

α——液体对固体表面的接触角，(°)；

r——毛细管的内半径，m；

γ——液体的重度，N/m^3。

第四节　流体的力学模型

客观上存在的实际流体的物质结构和物理性质是非常复杂的，如果全面考虑它的所有因素，将很难提出它的力学关系式。为此，在分析考虑流体力学问题时，根据抓主要矛盾的观点，建立力学模型，对流体加以科学抽象，简化流体的物质结构和物理性质，以便列出流体运动规律的数学方程式。这种研究问题的方法，在固体（刚体、弹性体等）力学中常采用，所以力学模型的概念具有普遍意义。本节介绍三个主要的流体力学模型。

一、连续介质模型

流体力学的研究对象是流体，从微观角度来看，流体是由大量的分子构成的，由于分子间是离散的，流体的物理量在空间是不连续的，又由于分子的随机运动，在空间任一点上，流体的物理量随时间的变化也是不连续的，因此以分子作为流动的基本单元来研究流体的运动是极为困难的。流体力学研究流体宏观机械运动规律。1755年，瑞士数学家和力学家欧拉首先提出把流体当成是由密集质点构成的、内部无间隙的连续体来研究，这就是连续介质模型。连续介质模型是对流体物质结构的简化，它的意义在于分析问题时有两个便利之处：第一，不必考虑流体复杂的微观分子运动，只考虑在外力作用下的流体宏观机械运动；第二，能应用数学分析中的连续函数工具。因此，本书分析流体问题时均采用连续介质模型。

二、无黏性流体模型

无论液体或气体，都是有黏性的。黏性的存在，给流体运动规律的研究带来极大的困难。为了简化理论分析，特引入无黏性流体的概念。所谓无黏性流体，是指无黏性即 $\mu=0$ 的流体。无黏性的流体实际上是不存在的，它是一种对流体物性简化的力学模型，因此无黏性流体也称为理想流体。

由于无黏性流体不考虑黏性，所以对流动的分析大为简化，从而容易得出理论分析的结果。所得结果，对某些黏性影响很小的流动，能够较好地符合实际；对黏性影响不能忽略的流动，则可通过实验加以修正，从而比较容易地解决实际问题。这是处理黏性流体运动问题的一种有效方法。

三、不可压缩流体模型

实际流体都是可压缩的，然而有许多流动，流体的密度变化很小，可以忽略，由此引出不可压缩流体的概念。所谓不可压缩流体，是指密度不变化的流体，即 ρ 为常数。不可压缩流体是一种理想化的力学模型。

液体的压缩性很小，在相当大的压强变化范围内，密度几乎不变，因此，一般液体的平衡和运动问题，采用不可压缩流体模型。在大多数情况下，当气流速度远小于声速（约 340m/s）时，气体的密度没有明显的变化，也可采用不可压缩流体模型。只有在某些情况下，例如气体的速度接近声速或超声速时，才必须用可压缩流体模型。

第五节 作用于液体上的力

力是使固体和流体运动状态发生变化的外因。若研究一个固体的运动规律，则先要分析其受力情况。但流体具有流动性，受力后即发生形变，如何进行流体的受力分析？这就需要对作用在流体上的力进行新的定义。

人们通过对流体运动规律的观察，得到这样的认识：作用在流体上的力按作用方式分为两类，一种是作用在流体表面的力，称为表面力；另一种是作用在流体内每一个质点（或微团）上的力，称为质量力。

一、表面力

作用于液体的表面，其大小与受作用的表面面积成比例的力，称为表面力。如摩擦力、流体压力、边界对液体的反作用力。

表面力的大小除用总作用力来度量以外，也常用单位面积上所受的表面力来度量。若表面力与作用面垂直，此应力称为压应力或压强。若表面力与作用面平行，此应力称为切应力。

如图 1－11 所示，以容器中的所有溶液作为研究对象时，表面力为自由面处的大气压力及容器壁对流体的作用力。若从容器中的流体中取出分离体 A 作为研究对象，则分离体 A 所受到的表面力为其各表面所受的压力。表面力是作用在所考虑的流体（或分离体）表面的力。尽管流体内部任意一对相互接触的表面上，这部分和隔离部分流体之间的表面力是大小相等、方向相反、相互抵消的。但在流体力学里分析问题时，常常从流体内部取出一个分离体，研究其受力状态，这时与分离体相接触的周围流体对分离体作用的内力又变成作用在分离体表面上的外力。

为了表示表面力的大小，假设在流体分离体表面上，选取任意流体质点 A，如图 1－12 所示。

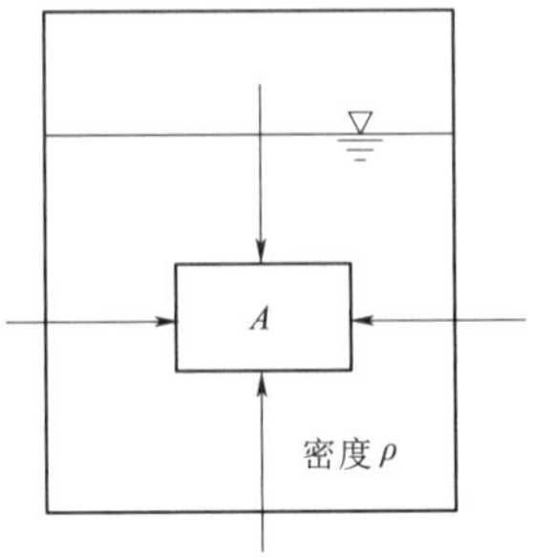

图 1－11　分离体示意

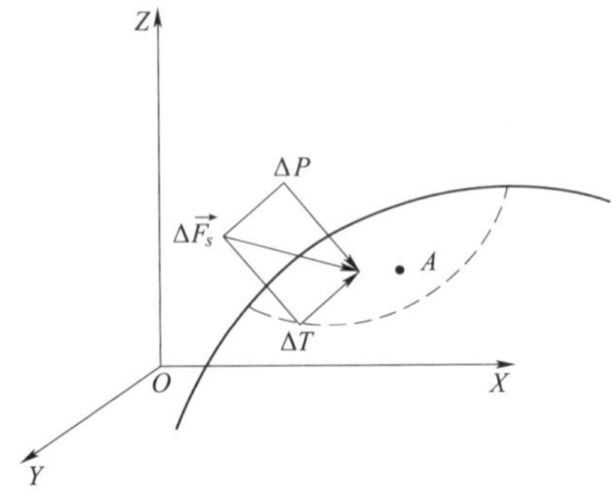

图 1－12　表面力示意

围绕 A 点任意取一微小面积 ΔA，作用在 ΔA 上的表面力为 $\Delta \vec{F_s}$。$\Delta \vec{F_s}$ 可以分解为法线方向的分力 ΔP 和切线方向的分力 ΔT。因为流体内部不能承受拉力，表面法线方向的力 ΔP 只有沿内法线方向的压力。作用在微小面积 ΔA 上的平均压强 $\overline{P}$ 和平

均切应力 $\bar{\tau}$ 分别表示为

$$\begin{cases}\overline{P}=\dfrac{\Delta P}{\Delta A}\\ \bar{\tau}=\dfrac{\Delta T}{\Delta A}\end{cases} \tag{1-12}$$

二、质量力

质量力是指通过所研究的每一部分质量而作用于液体上的，其大小与液体的质量成比例的力，称为质量力，又称体积力。在均匀流体中，质量力与受作用流体的体积成正比。

按照这一定义，流体力学中常遇到的质量力有两种：重力和惯性力。重力是地球对流体的吸引力，它作用在流体内部每一质点上；惯性力则是流体做加速运动时，由于惯性而使流体质点受到的作用力。力包括三个要素：大小、方向和作用点，下面主要讨论质量力的大小。

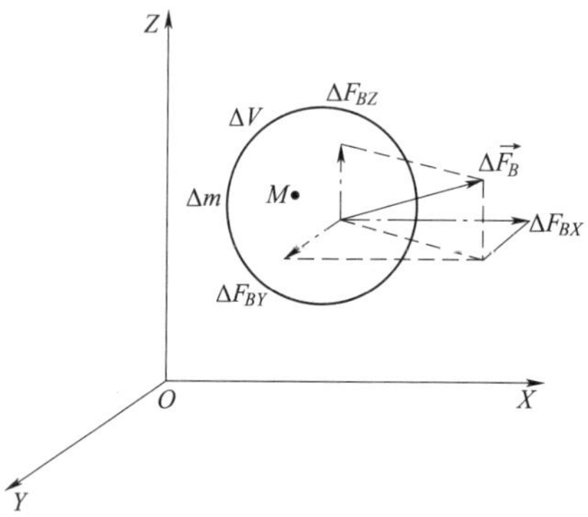

图 1-13 质量力分解图示

如图 1-13 所示，在流体中选取任意流体质点 M，在 M 点周围取一质量为 Δm 的微团，其体积为 ΔV，设作用在该点微团上的质量力为 $\Delta\overrightarrow{F_B}$，则 $\vec{f}=\lim\limits_{\Delta V\to M}\dfrac{\Delta F_B}{\Delta m}$。

$\vec{f}$ 称为作用在 M 点，单位质量的质量力，简称单位质量力。

质量力的单位是牛顿（N），单位质量力的单位按照上式为 N/kg，其量纲与加速度的量纲相同，为 L/T^2。L 为基本量纲长度，T 为时间。

M 点的单位质量力 $\vec{f}$ 为一个向量值，可以写为 $\vec{f}=(X, Y, Z)$。X、Y、Z 是 $\vec{f}$ 在各轴向上的分力。为了给出单位质量力在各轴上分力的数学表达式，继续假设流体中微团 Δm 所受到的质量力 $\Delta\overrightarrow{F_B}$ 在各轴向上的分力分别为 ΔF_{BX}、ΔF_{BY}、ΔF_{BZ}，则单位质量力 $\vec{f}$ 在各轴向上的分力表示为

$$\begin{cases}X=\lim\limits_{\Delta V\to M}\dfrac{\Delta F_{BX}}{\Delta m}\\ Y=\lim\limits_{\Delta V\to M}\dfrac{\Delta F_{BY}}{\Delta m}\\ Z=\lim\limits_{\Delta V\to M}\dfrac{\Delta F_{BZ}}{\Delta m}\end{cases} \tag{1-13}$$

流体力学中碰到的一般情况是流体所受到的质量力只有重力，则流体质点 M 所受到的质量力的大小可以用极限来表示

$$\lim_{\Delta V\to M}\frac{\Delta\overrightarrow{F_B}}{\Delta m}=\vec{f} \tag{1-14}$$

此时，作用在微团 Δm 上的质量力 $\Delta\overrightarrow{F_B}$ 仅为该微团所受到的重力 $\vec{G}$，即 $\Delta\overrightarrow{F_B}=$

$\vec{G}$。$\vec{G}$ 的大小为 Δmg，方向为竖直向下。如图 1－14 所示，采用惯性直角坐标系，Z 轴竖直向上为正，重力在各轴向上的分力即为质量力在各轴向上的分力。$\Delta F_{BX}=G_X=0$、$\Delta F_{BY}=G_Y=0$、$\Delta F_{BZ}=G_Z=-\Delta mg$，代入单位质量力在各轴向分力的表达式中，可以得到

$$\begin{cases} X=\lim\limits_{\Delta V\to M}\dfrac{\Delta F_{BX}}{\Delta m}=\dfrac{G_X}{\Delta m}=0 \\ Y=\lim\limits_{\Delta V\to M}\dfrac{\Delta F_{BY}}{\Delta m}=\dfrac{G_Y}{\Delta m}=0 \\ Z=\lim\limits_{\Delta V\to M}\dfrac{\Delta F_{BZ}}{\Delta m}=\dfrac{G_Z}{\Delta m}=-g \end{cases} \tag{1-15}$$

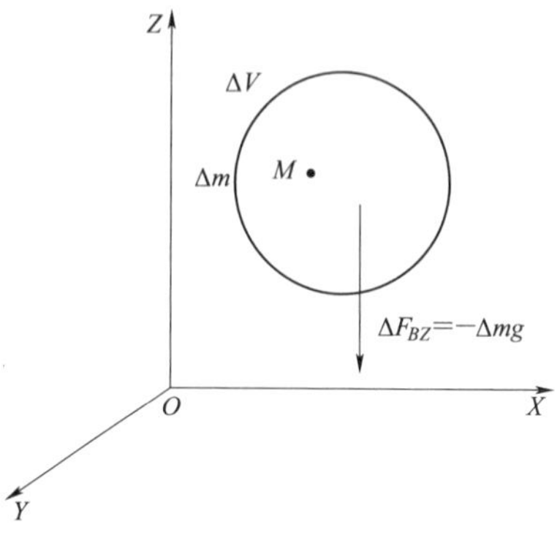

图 1－14　质量力仅为重力的图示

即

$$\vec{f}=(X,Y,Z)=(0,0,-g) \tag{1-16}$$

课　后　习　题

一、判断题

1. 液体的内摩擦力与液体的速度成正比。（　　）

2. 水流在边壁处的流速为零，因此该处的流速梯度为零。（　　）

3. 做层流运动的牛顿流体，相邻液层单位面积上所作用的内摩擦力与流速梯度成反比。（　　）

二、选择题

1. 影响水的运动黏度的主要因素为（　　）。

A. 水的温度　　B. 水的容重　　C. 当地气压　　D. 水的流速

2. 水的动力黏性系数随温度的升高（　　）。

A. 增大　　B. 减小　　C. 不变　　D. 不定

3. 流体运动黏度 ν 的单位是（　　）。

A. m/s　　B. N/m　　C. kg/m　　D. m^2/s

4. 牛顿流体是指（　　）。

A. 可压缩流体　　B. 不可压缩流体

C. 满足牛顿内摩擦定律的流体　　D. 满足牛顿第二定律的流体

5. 当水受的压强增加时，水的密度（　　）。

A. 增大　　B. 减小　　C. 不变　　D. 不定

6. 理想流体的基本特征是（　　）。

A. 黏性系数是常数　　B. 不可压缩流体

C. 无黏性　　D. 不可膨胀流体

7. 比较重力场（质量力只有重力）中，水和汞所受的单位质量力 $f_{水}$ 和 $f_{汞}$ 的大

小为（　　）。

A. $f_{水}<f_{汞}$　B. $f_{水}=f_{汞}$　C. $f_{水}>f_{汞}$　D. 不一定

8. 试问自由落体的液体所受的单位质量力大小（X，Y，Z）分别为（　　）。

A. $X=Y=0$，$Z=0$　B. $X=Y=0$，$Z=g$

C. $X=Y=0$，$Z=-g$　D. 不一定

9. 试问加速度 a 向 x 方向运动状态下的液体所受的单位质量力大小（X，Y，Z）分别为（　　）。

A. $X=-a$，$Y=0$，$Z=-g$　B. $X=0$，$Y=0$，$Z=g$

C. $X=a$，$Y=0$，$Z=g$　D. 无法确定

三、简答题

1. 何谓黏滞性？它与切应力以及剪切变形速率之间符合何种定律？

2. 试说明为什么可以把液体当作连续介质，这一假说的必要性、合理性及优越性何在？

3. 液体内摩擦和固体间的摩擦有何不同性质？

4. 液体和气体产生黏滞性的机制有何不同？

5. 何谓牛顿流体？试举出几个牛顿流体的例子。

6. 作用于液体上的力有哪儿类？它们分别与何种量有关？

四、计算题

1. 水的容重 $\gamma=9.71\text{kN/m}^3$，$\mu=0.599\times10^{-3}\text{Pa}\cdot\text{s}$，求它的运动黏度 ν。

2. 温度为 20℃的空气，在直径为 2.5cm 的管中流动，距管壁 1mm 处的空气速度为 3cm/s。求作用于单位长度管壁上的黏性力。

3. 以水平方向运动的平板（图 1－15），平板与固体壁面间间距为 1mm，流体的动力黏度为 0.1Pa・s，以 50N 的力拖动，速度为 1m/s，平板的面积是多少？

4. 一底面积为 40cm×45cm、厚为 1cm 的木块，质量为 5kg，沿着有润滑油的斜面等速向下运动（图 1－16）。已知速度 $v=1\text{m/s}$，$\delta=1\text{mm}$，求润滑油的动力黏度。

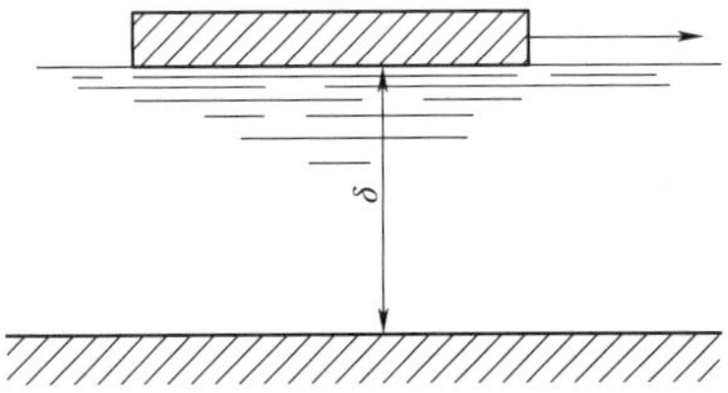

图 1－15

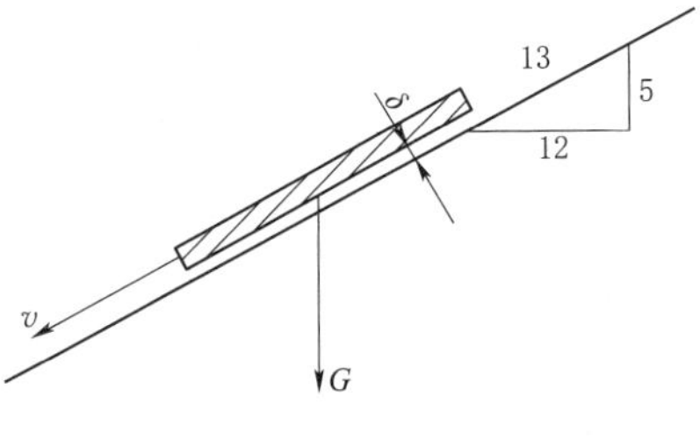

图 1－16

5. 体积为 5m^3 的水，在温度不变的情况下，当压强从 $1\times10^5\text{Pa}$ 增加到 $5\times10^5\text{Pa}$ 时，体积减小 1L，求水的压缩系数及弹性模量。

资源 1－3
第一章习题
参考答案

第二章

流体静力学

教学目的：使学生理解流体静压强的特性，理解液体平衡微分方程的推导及所表达的意义；熟悉静压强的表示方法、压强的计量单位；掌握流体静力学的基本方程及应用；掌握液柱式测压计的基本原理及应用；熟练掌握作用在平面、曲面上的流体静压力的计算及应用。

教学内容：

1. 流体静压强及其特性
2. 液体的平衡微分方程
3. 重力场中液体静压强的分布规律
4. 压强的度量
5. 液体作用在平面上的总压力
6. 液体作用在曲面上的总压力

教学重点：作用于平面上的流体静压力的计算及应用。

教学难点：作用于曲面上的流体静压力的计算及应用。

资源 2-1
第二章思维导图

流体静力学是研究流体处于静止状态下的力学规律及其在工程上应用的科学。静止状态是指流体宏观质点之间没有相对运动，达到了相对平衡。流体的静止状态分为绝对静止和相对静止两类。若流体整体相对于地球没有运动，这种静止称为绝对静止；若流体整体相对于地球有运动，但流体各质点之间没有相对运动，则称为相对静止。例如，以盛有流体的容器作为参照系，容器和其中的流体一起做匀加速运动，虽然此时系统相对于地球是运动的，但流体相对于容器壁以及各流体之间均无相对运动。流体处于静止状态时质点之间没有相对运动，所以流体内部不存在切向力，作用在流体表面上的力只有压力。因此，研究流体在平衡状态下的力学规律，就是研究在流体内压力的分布规律及流体对边界的作用力。

研究流体静力学的一个重要目的，就是要确定液体对边界的作用力。许多水工建筑物（如坝、闸门等）的表面都直接与液体接触，要进行这些建筑物的设计，必须计算液体作用于这些边界上的压力。液体在平衡状态下，没有内摩擦力，因此，在研究流体静力学问题时，理想液体和实际液体都是一样的，没有区分的必要。

第一节　流体静压强及其特性

一、流体静压力与静压强的定义

流体静压强指流体处于平衡或相对平衡状态时，作用在流体上的应力只有法向应

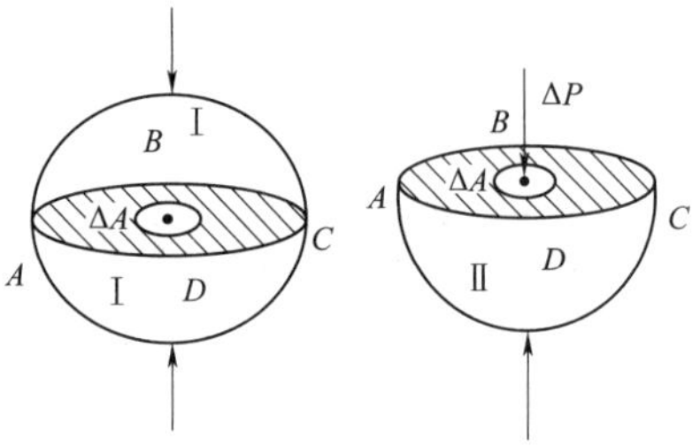

图 2-1　流体静压强

力，而没有切向应力，此时，流体作用面上负的法向应力（即指向作用面内）即为流体静压强，用符号 p 表示，单位为 Pa。在静止或相对静止的均质流体中任意取出一个体积为 ΔV 的分离体，用一个平面 $ABCD$ 截取该分离体为Ⅰ和Ⅱ两部分，如图 2-1 所示。

截口为一个平面上的封闭曲线，设该截口即为 $ABCD$。在 $ABCD$ 上任意选取一个封闭的微小平面 ΔA，ΔA 的中心为 a 点。把Ⅰ部分去掉，为了保持原有的平衡，需用一个等效的力代替Ⅰ部分对Ⅱ部分的作用力。

设 ΔP 为移去的部分作用在面积 ΔA 上的总作用力。则力 ΔP 称为作用在面积 ΔA 上的流体静压力，即静止液体或处于相对平衡的液体作用在与之接触的表面上的流体压力称为流体静压力，单位为 N。面积 ΔA 称为流体静压力的作用面积，则该模型中面积 ΔA 上的平均流体静压强可定义为静止液体作用在每单位受压面积上的压力，单位为 N/m^2，也称帕斯卡（Pa）。某点的流体静压强 p 可表示为

$$p=\lim_{\Delta A\to 0}\frac{\Delta P}{\Delta A}$$

二、流体静压强的特性

流体静压强有两个重要特性：

（1）流体静压强的方向沿作用面的内法线方向即垂直指向受压面。为了论证这一特性，在静止流体中任取截面 $N-N$，将其分为Ⅰ、Ⅱ两个部分，取Ⅱ为隔离体，Ⅰ对Ⅱ的作用由面 $N-N$ 上连续分布的应力代替（图 2-2）。

在面 $N-N$ 上，若任一点的应力 p 的方向不是作用面的法线方向，则 p 可分解为法向应力 p_n 和切向应力 τ。因为静止流体不能承受切力，故 p 的方向只能与作用面的法线一致；又因为静止流体不能承受拉力，故 p 的方向只能是作用面的内法线方向。

（2）静压强的大小与其作用面的方向无关。设在静止流体中任取一点 O，包含 O 点作微元直角四面体 $OABC$ 为隔离体（图 2-3）。正交的三个边长分别为 dx、dy、dz。以 O 为原点，沿四面体正交的三个边选取坐标轴。分析作用在四面体上的力，包括表面力和质量力。

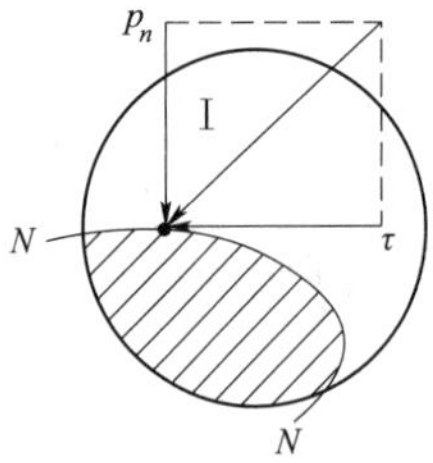

图 2-2　静止流体中的应力方向

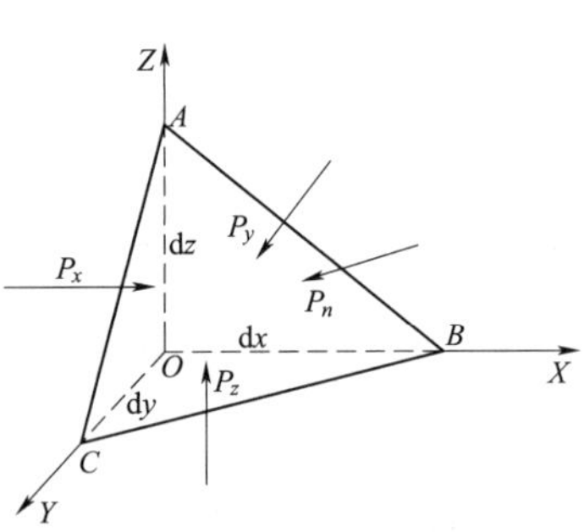

图 2-3　微元直角四面体

（1）表面力。作用在微小四面体 $OABC$ 上的表面力只有压力，分别用 P_x、P_y、P_z、P_n 表示，则

$$P_x = p_x \frac{1}{2}\mathrm{d}y\mathrm{d}z$$

$$P_y = p_y \frac{1}{2}\mathrm{d}z\mathrm{d}x$$

$$P_z = p_z \frac{1}{2}\mathrm{d}x\mathrm{d}y$$

（2）质量力。作用于微小四面体 $OABC$ 上的质量力，分别用 F_x、F_y、F_z 表示。设单位质量力在 x、y、z 轴的分力分别为 X、Y、Z，则

$$F_x = \rho \cdot \frac{1}{6}\mathrm{d}x\mathrm{d}y\mathrm{d}z \cdot X$$

$$F_y = \rho \cdot \frac{1}{6}\mathrm{d}x\mathrm{d}y\mathrm{d}z \cdot Y$$

$$F_z = \rho \cdot \frac{1}{6}\mathrm{d}x\mathrm{d}y\mathrm{d}z \cdot Z$$

因微小四面体静止，则 $\sum F_x = 0$，$\sum F_y = 0$，$\sum F_z = 0$。

以 x 轴为例，$\sum F_x = 0$，得

$$p_x - p_n \cos(n \cdot x) + F_x = 0$$

将上面有关的各式代入后，得

$$\frac{1}{2}p_x \mathrm{d}y\mathrm{d}z - p_n \mathrm{d}A\cos(n \cdot x) + \frac{1}{6}\rho\mathrm{d}x\mathrm{d}y\mathrm{d}z \cdot X = 0$$

式中　$(n \cdot x)$——倾斜面 ABC 外法线方向 n 与 x 轴方向的夹角，$\mathrm{d}A\cos(n \cdot x) = \frac{1}{2}\mathrm{d}y\mathrm{d}z$，即方程式变形为

$$\frac{1}{2}p_x \mathrm{d}y\mathrm{d}z - \frac{1}{2}p_n \mathrm{d}y\mathrm{d}z + \frac{1}{6}\rho\mathrm{d}x\mathrm{d}y\mathrm{d}z \cdot X = 0$$

当 $\mathrm{d}x$、$\mathrm{d}y$、$\mathrm{d}z$ 无限趋于零时，略去高阶无穷小量，化简移项，得

$$p_x - p_n + \frac{1}{3}\rho\mathrm{d}x \cdot X = 0$$

即

$$p_x = p_n$$

同理，y、z 轴方向的作用力之和均为 0，可得

$$p_y = p_n, p_z = p_n$$

由此可得

$$p_x = p_y = p_z = p_n$$

因为 O 点和 n 的方向是任选的，故静止流体内任一点上，静压强的大小与作用面的方位无关。各个方向的压强可用同一符号 p 表示，p 只是该点空间位置的函数，而与受压面的方位无关，即

$$p = p(x, y, z)$$

第二节　液体的平衡微分方程

一、液体平衡微分方程推导

液体平衡微分方程式是表征流体处于平衡状态时作用于流体上各种力之间的关系式。在静止流体内，取任一点 $O'(x, y, z)$，该点压强 $p=p(x, y, z)$。以 O'为中心作微元直角六面体，正交的三个边分别与坐标轴平行，边长分别为 $\mathrm{d}x$、$\mathrm{d}y$、$\mathrm{d}z$（图 2-4）。微元六面体静止，各方向的作用力相平衡，以 x 方向为例。

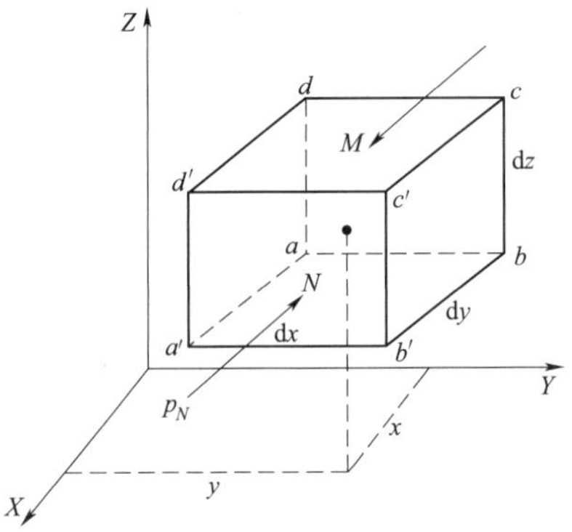

图 2-4　微元直角六面体

（1）表面力。作用于六面体的表面力，为周围流体对六面体各表面上所作用的静水压力。在 x 轴方向，只有作用在 $abcd$ 和 $a'b'c'd'$ 面上的压力。两个受压面中心点 M、N 的压强，取泰勒级数展开式的前两项

$$p_M=p\left(x-\frac{\mathrm{d}x}{2},y,z\right)=p-\frac{1}{2}\frac{\partial p}{\partial x}\mathrm{d}x$$

$$p_N=p\left(x+\frac{\mathrm{d}x}{2},y,z\right)=p+\frac{1}{2}\frac{\partial p}{\partial x}\mathrm{d}x$$

因为受压面是微小平面，p_M、p_N 可作为所在面的平均压强，故 $abcd$ 和 $a'b'c'd'$ 面上的压力为

$$p_M=\left(p-\frac{1}{2}\frac{\partial p}{\partial x}\mathrm{d}x\right)\mathrm{d}y\mathrm{d}z$$

$$p_N=\left(p+\frac{1}{2}\frac{\partial p}{\partial x}\mathrm{d}x\right)\mathrm{d}y\mathrm{d}z$$

（2）质量力。令 X、Y、Z 分别表示作用于微元六面体上单位质量力在 x、y、z 轴上的投影，则总质量力在 x 方向的投影为 $X\rho\mathrm{d}x\mathrm{d}y\mathrm{d}z$。

当该六面体处于平衡状态时，所有作用于其上的力在三个坐标轴方向的投影之和应等于 0。列 x 方向平衡方程 $\sum F_x=0$，则有

$$\left(p-\frac{1}{2}\frac{\partial p}{\partial x}\mathrm{d}x\right)\mathrm{d}y\mathrm{d}z-\left(p+\frac{1}{2}\frac{\partial p}{\partial x}\mathrm{d}x\right)\mathrm{d}y\mathrm{d}z+X\rho\mathrm{d}x\mathrm{d}y\mathrm{d}z=0$$

化简得

$$X-\frac{1}{\rho}\frac{\partial p}{\partial x}=0$$

同理，对于 y、z 方向可推出类似结果，从而得到微分方程组

$$\begin{cases} X-\dfrac{1}{\rho}\dfrac{\partial p}{\partial x}=0 \\ Y-\dfrac{1}{\rho}\dfrac{\partial p}{\partial y}=0 \\ Z-\dfrac{1}{\rho}\dfrac{\partial p}{\partial z}=0 \end{cases} \tag{2-1}$$

式（2-1）是瑞士科学家欧拉于1775年首先推导出来的，故又称为欧拉平衡微分方程式。该式的物理意义为：平衡液体中，静水压强沿某一方向的变化率与该方向单位体积上的质量力相等。

将式（2-1）中各式分别乘以 $\mathrm{d}x$、$\mathrm{d}y$、$\mathrm{d}z$，然后相加得

$$\frac{\partial p}{\partial x}\mathrm{d}x+\frac{\partial p}{\partial y}\mathrm{d}y+\frac{\partial p}{\partial z}\mathrm{d}z=\rho(X\mathrm{d}x+Y\mathrm{d}y+Z\mathrm{d}z) \tag{2-2}$$

因为 $p=p(x, y, z)$，故式（2-2）左端为函数 p 的全微分 $\mathrm{d}p$。于是式（2-2）可写作

$$\mathrm{d}p=\rho(X\mathrm{d}x+Y\mathrm{d}y+Z\mathrm{d}z) \tag{2-3}$$

式（2-3）是不可压缩均质液体平衡微分方程式的另一种表达形式。

基于液体平衡微分方程式，可研究液体在平衡状态下作用于其上的质量力和表面力应当具有的性质。

二、势力场、力势函数和有势力

如果一物体在某空间任一位置都受到一个大小和方向完全由所在位置确定的力的作用，则这部分空间称为力场。如果物体在力场内运动，作用于物体上的力所做的功只与力作用点的初始位置和终了位置有关，而与该点的轨迹形状无关，这种力场称为势力场。在势力场中，物体受到的力称为有势力或保守力。重力、惯性力都属于有势力。

现将式（2-1）中的前两式分别对 y 和 x 取偏导数，即

$$\frac{\partial^2 p}{\partial y\partial x}=\frac{\partial(\rho X)}{\partial y}$$

$$\frac{\partial^2 p}{\partial y\partial x}=\frac{\partial(\rho Y)}{\partial x}$$

对不可压缩均质液体，ρ 为常数，故上面等式可写作

$$\frac{\partial^2 p}{\partial y\partial x}=\rho\frac{\partial X}{\partial y}$$

$$\frac{\partial^2 p}{\partial y\partial x}=\rho\frac{\partial Y}{\partial x}$$

因函数的二次偏导数与取导的先后次序无关，故

$$\frac{\partial X}{\partial y}=\frac{\partial Y}{\partial x}$$

同理，对式（2-1）中其他项分别作类似的数学处理，并综合其结果为

$$\begin{cases}\dfrac{\partial X}{\partial y}=\dfrac{\partial Y}{\partial x}\\ \dfrac{\partial Y}{\partial z}=\dfrac{\partial Z}{\partial y}\\ \dfrac{\partial Z}{\partial x}=\dfrac{\partial X}{\partial z}\end{cases} \tag{2-4}$$

这就是不可压缩液体平衡时对质量力所加的限制条件。

上式表明，作用于平衡液体上的质量力应满足式（2－4）的关系。由理论力学知，当质量力满足式（2－4）时，必然存在一个仅与空间位置坐标有关的力势函数 $U(x, y, z)$，并且函数 U 对 x、y、z 的偏导数等于单位质量力在 x、y、z 坐标方向的投影，即

$$\begin{cases}X=\dfrac{\partial U(x,y,z)}{\partial x}\\ Y=\dfrac{\partial U(x,y,z)}{\partial y}\\ Z=\dfrac{\partial U(x,y,z)}{\partial z}\end{cases} \tag{2-5}$$

函数 $U(x, y, z)$ 即质量力的势函数，简称力势函数。而力势函数的全微分 $\mathrm{d}U$，应等于单位质量力在空间移动 $\mathrm{d}s$ 距离所做的功，其中，$\mathrm{d}s$ 在坐标轴上投影为 $\mathrm{d}x$、$\mathrm{d}y$、$\mathrm{d}z$，则

$$\mathrm{d}U=\frac{\partial U}{\partial x}\mathrm{d}x+\frac{\partial U}{\partial y}\mathrm{d}y+\frac{\partial U}{\partial z}\mathrm{d}z=X\mathrm{d}x+Y\mathrm{d}y+Z\mathrm{d}z \tag{2-6}$$

具有式（2－6）关系的力则称为有势力，有势力所做的功与路径无关，而只与起点及终点的坐标有关。

上述讨论表明：作用在液体上的质量力必须是有势力，液体才能保持平衡。

三、液体平衡微分方程的积分

比较式（2－3）及式（2－6），可得出液体平衡微分方程式的另一种表达式

$$\mathrm{d}p=\rho\left(\frac{\partial U}{\partial x}\mathrm{d}x+\frac{\partial U}{\partial y}\mathrm{d}y+\frac{\partial U}{\partial z}\mathrm{d}z\right) \tag{2-7}$$

或

$$\mathrm{d}p=\rho\mathrm{d}U \tag{2-8}$$

对上式积分，可得

$$p=\rho U+C \tag{2-9}$$

式中积分常数 C，可由已知条件确定。如果已知平衡液体边界上（或液体内）某点的压强为 p_0、力势函数为 U_0，则积分常数 $C=p_0+\rho(U-U_0)$。代入式（2－9），方程式变形为

$$p=p_0+\rho(U-U_0) \tag{2-10}$$

前面已提到，力势函数 U 仅为空间坐标的函数，所以 $U-U_0$ 也仅是空间坐标的函数而与 p_0 无关。故由式（2－10）可得出结论：平衡液体中，边界上的压强 p_0 将等值地传递到液体内的一切点上；即当 p_0 增大或减小时，液体内任意点的压强也相

应地增大或减小同样的数值。这就是著名的帕斯卡定律。

第三节　重力场中液体静压强的分布规律

一、液体静力学基本方程

在实际工程中，作用于平衡液体上的质量力常常只有重力，即所谓静止液体。若把直角坐标系的 Z 轴取在铅垂方向（图 2－5），则质量力只在 Z 轴方向有分力，即 $X=0$，$Y=0$，$Z=-g$，将之代入平衡微分方程式（2－3），则有

$$dp=\rho(X\,dx+Y\,dy+Z\,dz)=-\rho g\,dz \tag{2-11}$$

均质液体中 ρ 为常数，积分得

$$p+\rho gz=C$$

代入边界几何条件，即在自由液面上 $z=z_0$，$p=p_0$，则 $C=p_0+\rho gz_0$。代入式（2－11）即可得出静止液体中任意点的静水压强计算公式

$$p=p_0+\rho g(z_0-z)$$

或

$$p=p_0+\rho gh=p_0+\gamma h \tag{2-12}$$

式中，$h=(z_0-z)$，为该点在自由液面以下的淹没深度。

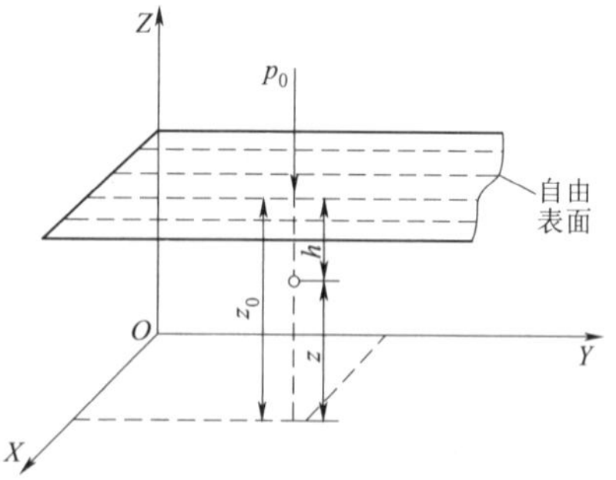

图 2－5　自由液面示意

式（2－12）表示流体在重力作用下压力的分布规律，也称流体静力学基本方程。分析式（2－12）可知：

（1）流体中任一点压强 p 由两部分组成：一部分为作用在自由表面上的压强 p_0，另一部分为流体自身重量引起的压强 γh。

（2）流体重度 γ 为常数，由 γh 可知，当深度 h 增加时，压强 p 也随之增加，可见流体内的压强沿垂直方向是按线性规律分布的。

（3）深度 h 相同的点压强相等，故在绝对静止流体中，等压面为一系列水平面。

静压强的大小与容器的形状无关。盛有相同液体的容器如图 2－6 所示，各容器的形状不同，液体的重量不同。只要深度相同，由式（2－12）知容器底部的压强是相同的，但各容器的重量是不同的。

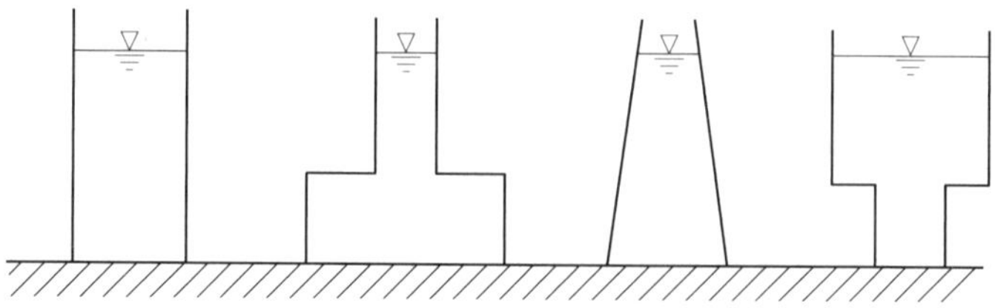

图 2－6　盛有相同液体的容器

二、等压面

压强相等的空间点构成的面称为等压面。在盛有同种液体的容器中，由式（2-12）可知，深度相同的各点，压强也相同，这些深度相同的点所组成的面是一个水平面，可见水平面上的压强处处相等。因此得出结论：水平面是等压面。

两种密度不同互不混合的液体，在同一容器中处于静止状态，密度大的液体在下，密度小的液体在上，两种液体之间形成分界面，这种分界面既是水平面又是等压面。

资源 2-2
等压面

静止的液体和气体接触的自由面，受到相同的气体压强，所以，自由面是分界面的一种特殊形式，它既是等压面也是水平面。

但必须注意，水平面是等压面只适合于静止、同种、连续的液体。对于不连续的液体［如液体被阀门隔开，图 2-7（b）］，或者一个水平面穿过了两种不同的介质［图 2-7（c）］，则位于同一水平面上的各点，压强并不一定相等，即水平面不一定是等压面。

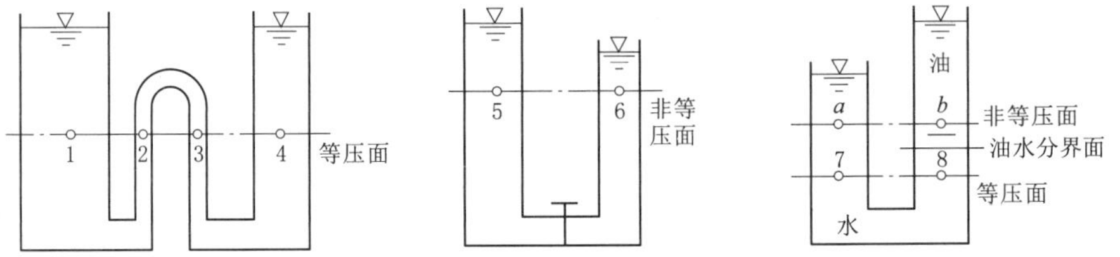

（a）连通容器　（b）连通容器被隔断　（c）盛有不同种类溶液的连通器

图 2-7　等压面示意

三、测压管水头

（一）液体静压强的分布规律

液体静力学基本方程式还可以表示为另一种形式，由 $p+\rho gz=c$，两边同时除以 ρg，可得

$$z+\frac{p}{\rho g}=c$$

也可以写成

$$z_1+\frac{p_1}{\rho g}=z_2+\frac{p_2}{\rho g}=c \tag{2-13}$$

式中　z——该点的位置相对于基准面的高度，m；

ρ——流体的密度，kg/m^3；

c——常数。

式（2-13）是液体静力学基本方程式的另一种形式，也称流体静压强分布规律。它表明静止流体中任意一点的 $z+\frac{p}{\rho g}$ 总是一个常数。

（二）液体静压强分布规律的几何意义、物理意义

现在讨论静压强分布规律 $z+\frac{p}{\rho g}=c$ 的物理意义（图 2-8）。

1. 位置水头、位置势能

z 表示静止液体内某点位置距离任意基准面的高度，称为位置水头（水头是流体力学中的专有名词，也就是几何高度），也称位置高度，具有长度单位，表征的是流体质点距离基准面的高度。z 的几何意义表示为单位重量流体的位置高度或位置水头，即图 2-8 中 1、2 两点相对于基准面 0-0 的位置高度。

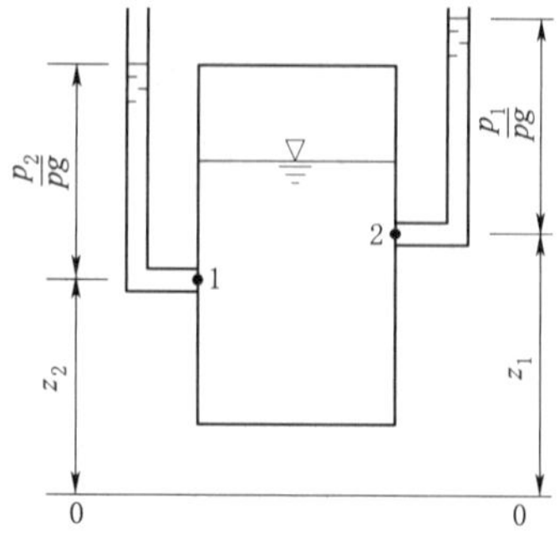

图 2-8　测压管水头

从物理学角度来理解，把质量为 m 的物体从基准面提升高度 z 后，该物体就具有位能 mgz，则单位重量物体所具有的位能为 $z\left(\frac{mgz}{mg}=z\right)$。所以式中 z 的物理意义表示为单位重量流体对某一基准面的位置势能。

2. 压强水头、压强势能

$\frac{p}{\rho g}$ 也表示长度，其单位用 mH_2O 或者 mHg 表示，它的几何意义表示为单位重量液体的压强水头，也就是在一定的压强作用下，液体被压上去的高度。假想在容器离基准面 z 处开一个小孔，接一个顶端封闭的玻璃管（称为半开测压管），并把其内空气抽出，形成完全真空（$p=0$），在开孔处流体静压强力的作用下，流体进入测压管，上升的高度 $h=\frac{p}{\rho g}$ 称为测压管水头，同样也具有长度单位。

$\frac{p}{\rho g}$ 的物理意义为单位重量流体的压强势能，简称压能。

3. 测压管水头、总势能

$z+\frac{p}{\rho g}$ 称测压管水头，用符号 H_p 表示，它表示测压管相对于基准面的高度。其物理意义是单位重量流体的总势能。

$H_p=z+\frac{p}{\rho g}=c$，表示单位重量流体的总势能为常数，亦即表示同一容器的静止液体中，所有各点的测压管水头均相等，在同一容器的静止液体中，所有各点的测压管水面必然在同一水平面上。

流体静力学基本方程中各参数物理意义见表 2-1。通过上面的分析，流体静力学

表 2-1　　流体静力学基本方程中各参数物理意义

参　数	能量（物理）意义	几　何　意　义
z	单位重量液体的位置势能	位置水头
$\frac{p}{\rho g}$	单位重量液体的压强势能	压强水头
$z+\frac{p}{\rho g}$	单位重量液体的总势能	测压管水头

基本方程的第二种表达方程也可以说明：同一容器的静止液体中，所有各点测压管水头均相等，即使位置水头和压强水头互不相同，但各点测压管水头必然相等。因此在同一容器中的静止液体，所有各点的测压管液面必然在同一水平面上。

第四节 压 强 的 度 量

一、压强的计量单位

在工程技术上，常用如下三种方法表示压强的单位。

(1) 应力单位。从定义角度出发表示压强的大小，根据压强的定义，压强表示为单位面积上承受的作用力，国际单位为 Pa，即 N/m^2。

(2) 用液柱高度表示压强的大小。一般压强大小也可以采用水柱或汞柱高度来表示，其中水柱高度单位为 mH_2O，汞柱高度单位为 mmHg。压强与液柱高度之间的换算关系可从液体静力学基本方程得到，因为液柱高与压强的关系为 $p=\gamma h$，因此 $h=\dfrac{p}{\gamma}$。说明一定的压力 p 就相当于一定的液柱高 h，称 h 为压强水头或测压管液柱高度。

(3) 用大气压强的倍数来表示压强的大小。国际上采用标准大气压来表示大气压强的倍数，标准大气压用符号 p_{atm} 或 atm 表示，1atm 是指温度为 0℃时海平面上的压强，其值为 1atm＝101.325kPa。

工程单位中规定，大气压用符号 p_{at} 或 at 表示，1at 相当于海拔 200m 处正常大气压，一个工程大气压为 98kPa，即 1at＝98kPa，相当于 $10mH_2O$ 或 736mmHg 液柱高。

尽管现在通用国际单位制，但为了查阅过去的资料，需要了解各种压强单位的换算关系。表 2-2 列出了几种压强单位的换算关系。

表 2-2　　压强单位换算表

千克力/厘米^2 (kgf/cm^2)	帕 (Pa 或 N/m^2)	巴 (bar)	大气压/atm	水柱高 /m	汞柱高 /mm
10.33×10^{-1}	10.13×10^4	10.33×10^{-1}	1	10.33	760
1	9.8×10^4	0.98	1	10	736
10.19×10^{-6}	1	10^{-5}	78.69×10^{-7}	10.19×10^{-6}	

二、压强的计量基准

地球表面大气所产生的压强称为大气压强。国际上规定大气在北纬 45°、温度为 15℃的海平面上所产生的压强，为一个标准大气压，大小为 10.13×10^4Pa；由于海拔不同，地理位置不同，大气压强也有所差异，因此处于不同地理位置、不同海拔处的大气压强也称为当地大气压强，用 p_a 来表示。在实际计算中，不同情况下采用不同的基准来度量压强，即所谓的绝对压强与相对压强。

（一）绝对压强

以设想没有大气存在的绝对真空状态作为零点计量的压强，称为绝对压强，以 p' 或 p_{abs} 来表示。当液体自由表面与大气相接触，自由表面上作用的就是当地大气压强时，也就是 $p_0=p_a$，则任意一点的压强可表示为 $p'=p_a+\rho gh=p_a+\gamma h$，$p'$ 代表的就是绝对压强。如图 2-9 所示，对于任意一点 N 其相对于绝对压强计算基准面的绝对压强大小可表示为 p_N'。

（二）相对压强

空气受地球引力必然产生压力，即大气压力，相应的压强也称为大气压强。相对压强是把当地大气压作为零点计量的压强，称为相对压强。在工程上，通常大气压强自相平衡不起作用，所以常用相对压强表示某点的压强。如果把一个压力表放在大气中，指针读数为零，那么用这压力表所测的压强值，则为相对压强。

绝对压强和相对压强，是按两种不同基准（即零点）计量的压强，它们之间相差一个当地大气压强值。为了区别，以 p' 表示绝对压强，p_a 则表示当地的大气压强，p 表示相对压强。按上面的分析应有

$$p=p'-p_a \tag{2-14}$$

绝对压强和相对压强两者的关系如图 2-9 所示。仍然来看同一个点 N 其绝对压强大小为 p_N'，则其对于相对压强计算基准面的压强大小可表示为 p_N，即相对压强，用公式表示为

$$p_N=p_N'-p_a$$

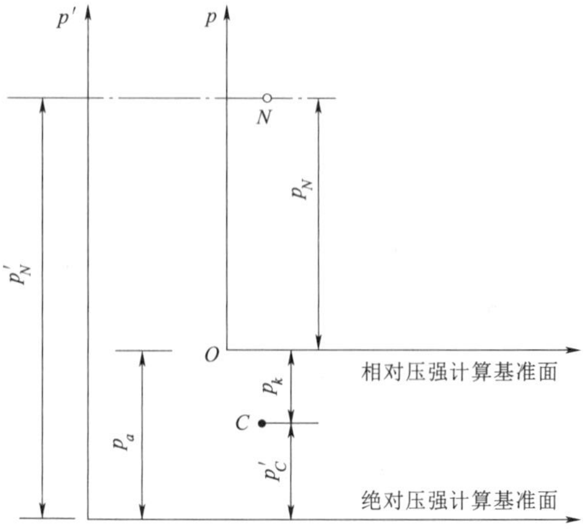

图 2-9　绝对压强和相对压强的关系

水利工程中，一般的液体自由表面都是敞开于大气中，自由面上的气体压强等于当地大气压强，即 $p_0=p_a$。因而静止液体内任意点的相对压强为

$$p=(p_a+\rho gh)-p_a=(p_a+\gamma h)-p_a=\gamma h \tag{2-15}$$

若液体密度为常数，式中液柱高 h 可表示压强 p 的大小。

大气压强本身反映的是绝对压强，大气压强的相对压强为零。绝对压强不可为负值，而相对压强可正、可负，当 $p'<p_a$ 时，可知此时对应的相对压强 $p<0$。如图 2-9 所示，任意一点 C 的绝对压强 p_C' 小于当地大气压强 p_a，其相对压强 $p_C=p_C'-p_a<0$，则其相对压强就是负值。

工业用的各种压力表，因测量元件处于大气压作用之下，测得的压强是该点的绝对压强超过当地大气压的值，即相对压强，因此相对压强又称为表压强或计量压强。

（三）真空压强

绝对压强总是正值，而相对压强则可能是正值，也可能是负值。当液体中某点的绝对压强小于当地大气压强 p_a，即其相对压强为负值时，则称该点存在真空。真空压强是指液体中绝对压强小于当地大气压强的部分，如图 2-9 所示，C 点就处于这

样的状态。真空压强的大小常用真空度 p_k 表示，真空度是指该点的绝对压强小于当地大气压强的数值，即

$$p_k = p_a - p' \tag{2-16}$$

可见，有真空存在的点，其真空度与相对压强的绝对值相等，相对压强为负值，真空度为正值。由于真空代表某点的绝对压强小于当地大气压强，相对压强为负值，故真空也称负压。

【例 2－1】 有一露天水池，试求液面开敞容器中，水深 5m 处的相对压强和绝对压强，已知当地大气压为 98kPa。

解： 由式（2－15）得

$$\text{相对压强}: p = \rho g h = 1000 \times 9.8 \times 5 = 49000(\text{Pa})$$

由式（2－14）得

$$\text{绝对压强}\ p' = p_a + p = 98000 + 49000 = 147000(\text{Pa})$$

【例 2－2】 某点的真空度 $p_k = 4000\text{Pa}$，试求该点的相对压强和绝对压强，已知当地大气压为 0.1MPa。

解：

$$p = -p_k = -4000\text{Pa}$$

由式（2－16）得

$$p' = p_a - p_k = 0.1 \times 10^6 - 4000 = 96000(\text{Pa})$$

【例 2－3】 若已知水泵吸水管中某点的绝对压强为 8N/cm^2，当地大气压强 $p_a = 9.8\text{N/cm}^2$，试将该点的绝对压强、相对压强和真空值分别用水柱高和汞柱高表示。

解： 已知绝对压强 $p_{abs} = 8\text{N/cm}^2$，则相对压强 $p = p_{abs} - p_a = 8 - 9.8 = -1.8$（$\text{N/cm}^2$），相对压强为负值，说明该处为真空，真空值为：$p_k = p_a - p_{abs} = 9.8 - 8 = 1.8$（$\text{N/cm}^2$）。

（1）用水柱高表示。已知 $\gamma = 9800\text{N/m}^3$，$p_{abs} = 8\text{N/cm}^2 = 8 \times 10^4\text{N/m}^2$，则绝对压强、相对压强和真空值相当于水柱高分别为

$$h = \frac{p_{abs}}{\gamma} = \frac{8 \times 10^4}{9800} = 8.16(\text{m})$$

$$h = \frac{p}{\gamma} = \frac{-1.8 \times 10^4}{9800} = -1.84(\text{m})$$

$$h_k = \frac{p_k}{\gamma} = \frac{1.8 \times 10^4}{9800} = 1.84(\text{m})$$

（2）用汞柱高表示。已知汞的 $\gamma' = 133000\text{N/m}^3$，则绝对压强、相对压强和真空值相当于汞柱高分别为

$$h = \frac{p_{abs}}{\gamma'} = \frac{8 \times 10^4}{133000} = 601.5(\text{mm})$$

$$h = \frac{p}{\gamma'} = \frac{-1.8 \times 10^4}{133000} = -135.3(\text{mm})$$

$$h_k = \frac{p_k}{\gamma'} = \frac{1.8 \times 10^4}{133000} = 135.3(\text{mm})$$

三、压强的量测方法

流体静力学基本方程在工程实际中有广泛的应用。液柱式测压计的测量原理就是以其为依据的，它用液柱高度或液柱高度差来测量流体的静压强或压强差。测量液体（或气体）压强的仪器很多，并日趋现代化。本节仅介绍一些利用流体静力学基本方程原理设计的液体测压计，其构造简单，方便可靠，至今仍在实验室广泛使用。

（一）测压管

测压管是一种最简单的液柱式测压计。为了减少毛细现象所造成的误差，采用一根内径为 10mm 左右的直玻璃管，测量时，将测压管的下端与装有液体的容器连接，上端开口与大气相通。如图 2－10 所示，若想测容器中 A 点的液体压强，可在容器上与 A 点齐平位置设置一开口细管，即测压管。如果 A 点压强大于大气压强，测压管中液面将在压强作用下上升一个高度 h。因为容器中 A 点与同高程上测压管中 B 点位于同一等压面上，两点压强相等，从测压管内来看，B 点在自由面下的淹没深度为 h，则 A 点的绝对压强为

$$p'_A = p_a + \rho g h$$

相对压强为

$$p_A = (p_a + \rho g h) - p_a = \rho g h$$

且 $h = \dfrac{p_A}{\rho g}$，称为测压管高度或压强高度（水头）。

测压管只适用于测量较小的压强，一般不超过 9800Pa，相当于 $1mH_2O$ 柱的高度。如果被测压强较小，使用起来以及读数就极不方便，这时候可以把测压管倾斜放置（图 2－11），此时用于计算压强的测压管高度 $h = L\sin\alpha$，A 点的相对压强为

$$p_A = \rho g L\sin\alpha \tag{2-17}$$

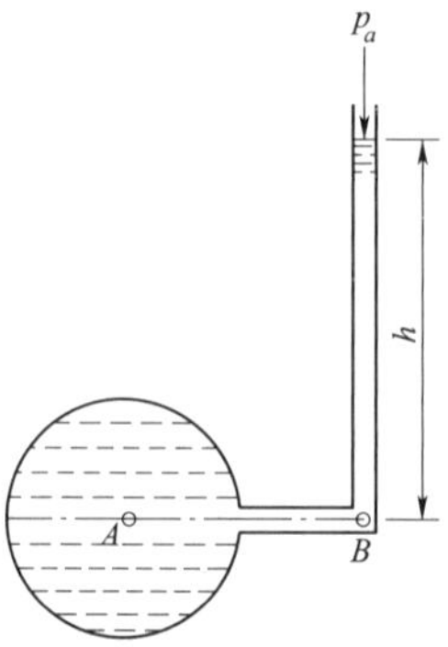

图 2－10　直立测压管

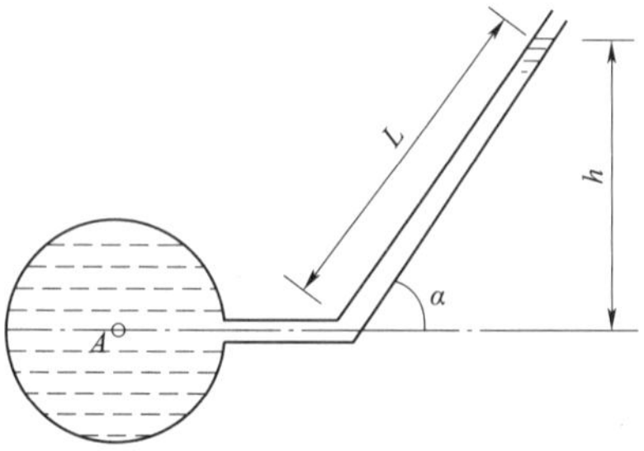

图 2－11　倾斜测压管

在管道中流动的流体的静压强也可用测压管和其他液柱式测压计测量。但是，为了减小测量误差，在测压管与管道连接处需要采取下列措施：

（1）测压管必须与管道内壁垂直。

（2）测压管管端与管道内壁平齐，不能伸出而影响流体的流动。

（3）测压管管端的边缘一定要很光滑，不能有尖缘和毛刺等。

（二）U 形汞测压计

当被测点压强很大时，利用上述测压管测量压强，所需测压管很长，在操作上很不方便，这时可以改用 U 形汞测压计，如图 2-12 所示。U 形汞测压计是一个内装汞的 U 形管，管子一端与大气相通，另一端则与需测量的地方相连接，当一端与被测点 A 接通后，在水压力作用下，U 形管右支汞面就会上升。令被测点 A 与左支汞面的高差为 b，右支汞面与左支汞面高差为 h。

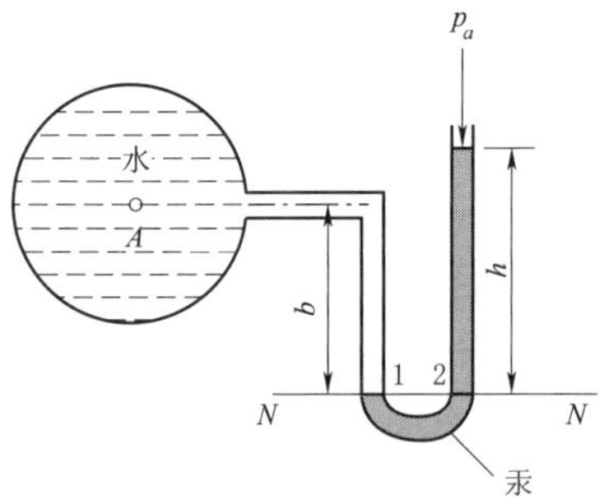

图 2-12 U 形汞测压计

在 U 形管内，汞面 $N-N$ 为等压面，因而点 1 和点 2 压强相等。

对测压计右支：$p'_2=p_a+\rho_{Hg}gh$

对测压计左支：$p'_1=p'_A+\rho gb$

联立两式得：$p_a+\rho_{Hg}gh=p'_A+\rho gb$

A 点的绝对压强：$p'_A=p_a+\rho_{Hg}gh-\rho gb$

A 点的相对压强：$p_A=\rho_{Hg}gh-\rho gb$

式中 ρ、ρ_{Hg}——水、汞的密度。

【例 2-4】 有一水塔如图 2-13 所示，为了量出塔中水位，在地面上装置一 U 形汞测压计，测压计左支用软管与水塔相连通。今测出测压计左支汞高程 ∇_1 为 502.00m，左右两支汞面高差 h_2 为 1.16m，试求此时塔中水面高程 ∇_2。

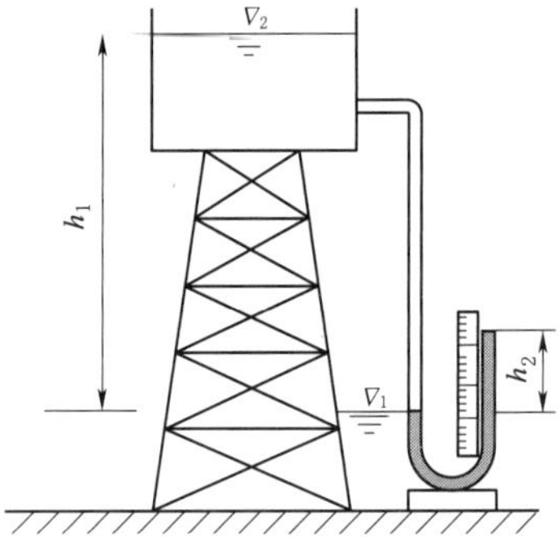

图 2-13 水塔

解： 令塔中水位与汞测压计左支汞面高差为 h_1，$h_1=\nabla_2-\nabla_1$。从测压计左支来看，∇_1 高程处的相对压强为

$$p=\rho g(\nabla_2-\nabla_1)=\rho gh_1$$

从测压计右支来看 $p=\rho_{Hg}gh_2$。所以

$$h_1=\frac{\rho_{Hg}gh_2}{\rho g}=\frac{13.6\times10^3\times9.8\times1.16}{1000\times9.8}=15.776(mH_2O)$$

塔中水位 $\nabla_2=\nabla_1+h_1=502.00+15.776=517.776$ (m)。

（三）差压计

差压计是直接测量两点压强差的装置。若被测量点之间压差较大，可使用 U 形汞差压计。如图 2-14 所示，左、右两容器内各盛一种介质（液体或气体），其密度分别为 ρ_A、ρ_B。今使用 U 形汞差压计测量两容器中 A、B 两点之间的压差。

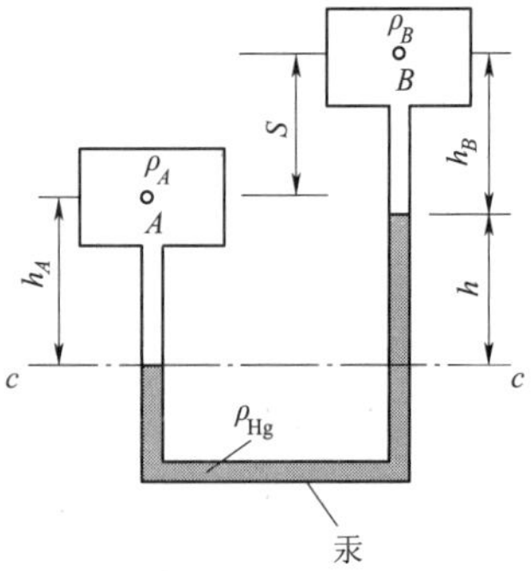

图 2-14 差压计装置

测量时将差压计安放直立，当把差压计与容器连通后，差压计中汞面之间的高差为 h，其余有关数据见

图中说明。$c-c$ 平面是等压面，于是

$$p_A+\rho_A g h_A=p_B+\rho_B g h_B+\rho_{Hg} g h$$

$$p_A-p_B=\rho_{Hg} g h+\rho_B g h_B-\rho_A g h_A$$

又

$$h_A+s=h_B+h$$

$$h_A=h+h_B-s$$

所以

$$p_A-p_B=(\rho_{Hg} g-\rho_A g)h+(\rho_B g-\rho_A g)h_B+\rho_A g s \tag{2-18}$$

上式是 A、B 两点压差的计算公式。

当两容器中盛有同种介质时（即 $\rho_A=\rho_B=\rho$），A 与 B 之间的压差为

$$p_A-p_B=(\rho_{Hg} g-\rho g)h+\rho g s \tag{2-19}$$

当两容器中盛有同种介质，且 A 与 B 位于同一高程（$s=0$）时，A 与 B 间压差为

$$p_A-p_B=(\rho_{Hg} g-\rho g)h \tag{2-20}$$

若被测量点 A、B 之间压差很小，为了提高测量精度，可将 U 形差压计倒装（图 2-15），并在 U 形管中注入不与容器中介质相混合的轻质液体，然后按同样方法建立 A、B 两点间压差的计算公式，即

$$p_A-p_B=(\rho_A g-\rho_n g)h+(\rho_B g-\rho_A g)h_B+\rho_A g s \tag{2-21}$$

当 $\rho_A=\rho_B=\rho$ 时，$p_A-p_B=(\rho g-\rho_n g)h-\rho g s$

当 $\rho_A=\rho_B=\rho$，$s=0$ 时，$p_A-p_B=(\rho g-\rho_n g)h$

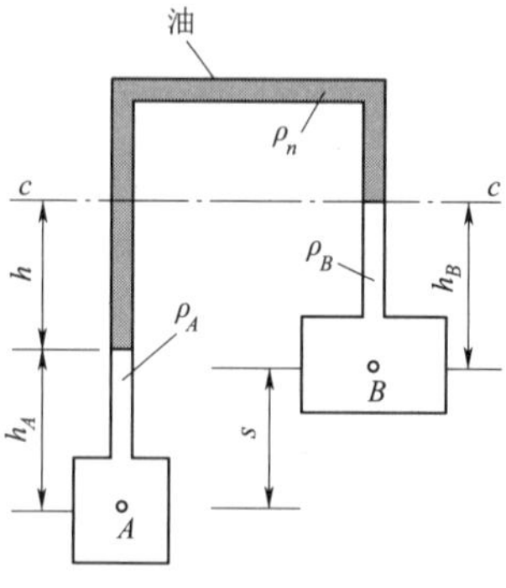

图 2-15　U 形压差计倒装装置

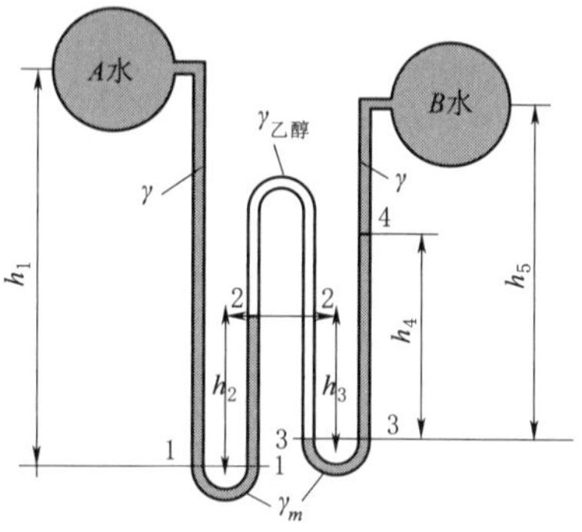

图 2-16　[例 2-5] 图

【例 2-5】 如图 2-16 所示，试确定 A 及 B 两点压强差。已知 $h_1=500\text{mm}$，$h_2=200\text{mm}$，$h_3=150\text{mm}$，$h_4=250\text{mm}$，$h_5=400\text{mm}$，$\gamma_{乙醇}=7760\text{N/m}^3$，$\gamma_m=133\text{kN/m}^3$，$\gamma_{水}=9800\text{N/m}^3$。

解： 取 1-1、2-2、3-3 为等压面，应用静水压强公式（2-12），逐次推算即得

$$p_1=p_A+\gamma h_1;p_2=p_1-\gamma_m h_2;p_3=p_2+\gamma_{乙醇}h_3;$$

$$p_4=p_3-\gamma_m h_4;p_B=p_4+\gamma(h_5-h_4)$$

则得

$$p_B=p_A+\gamma h_1-\gamma_m h_2+\gamma_{乙醇}h_3-\gamma_m h_4-\gamma(h_5-h_4)$$

$$
\begin{aligned}
p_A - p_B &= \gamma(h_5 - h_4) + \gamma_m(h_4 + h_2) - \gamma_{乙醇} h_3 - \gamma h_1 \\
&= 9800 \times (0.4 - 0.25) + 133000 \times (0.25 + 0.2) - \\
&\quad 7760 \times 0.15 - 9800 \times 0.5 = 55256(\mathrm{N/m^2})
\end{aligned}
$$

第五节　液体作用在平面上的总压力

分析流体力学现象时，除了要考察静止流体内部压强的分布情况外，也要考虑流体对固体壁面作用力的问题。例如，闸门、插板、水箱、油罐、压力容器等设备，均需要计算作用于设备结构表面的流体静压力。盛水空间的结构表面可能为平面，也可能为曲面，本节讨论作用于平面上的流体静压力问题。力的三要素中关于流体静压力的方向，可根据流体静压强的特性得知静止液体中不存在切向应力，流体静压力总是垂直指向受压物体的表面，故只需要讨论其大小和作用点的问题，讨论的方法主要有解析法和图解法两种。解析法通常适用于任意形状的受压平面，而图解法主要适用于矩形受压平面。

一、解析法

首先建立一个模型。如图 2－17 所示，假设有一个任意形状、面积为 A 的倾斜平板 EF，放置在液面下，C 点为受压平面的形心点。平板 EF 与水平面夹角为 α，EF 平板现垂直于纸面放置，故 EF 平板在纸面上的投影为一条线，即 EF 线段。该平板仅左侧受到液体静压力的作用，液面大气压强为 p_a。为了求出 EF 平板受到的液体静压力大小，需建立一个坐标系，以 EF 平板在纸面上的投影线 EF 线段所在的直线为 oy 轴，以 EF 平板所在平面的延长面与液面水平面的交线为 ox 轴。ox 轴由于垂直于纸面，故其在纸面的投影为一点 o 点。为了便于分析，把 ox 轴绕 oy 轴向右旋转 90°，此时受压平面 EF 及坐标轴平铺在纸上，坐标系建立完毕（图 2－17）。下面以 xoy 坐标系中的 EF 平板为对象，进行受力分析。

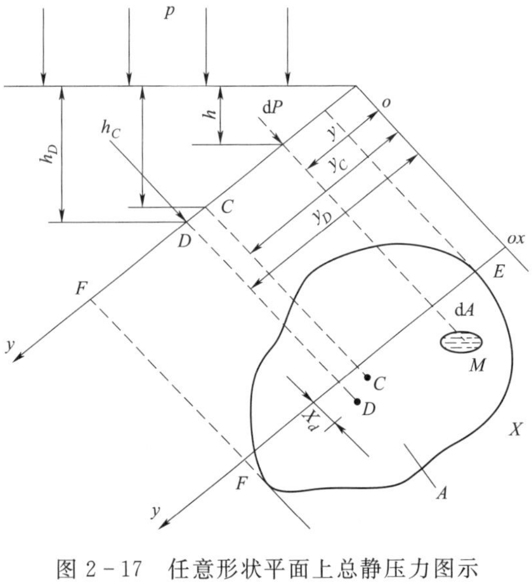

图 2－17　任意形状平面上总静压力图示

（一）总静压力的大小和方向

作用在平板 EF 上的液体静压强方向均垂直于平板指向内法向，其合力可按照平行力系求和原理求解。设在受压平面上任取微小面积 $\mathrm{d}A$，其中心点在液面下的深度为 h，采用相对压强计算，则作用在微小面积上的静压力为

$$dP = p\,dA = \rho g h\,dA = \rho g \sin\alpha\, y\,dA$$

作用在整个受压面上的一系列同向平行力，根据平行力系求和原理，总静压力即

$$P = \int dP = \int_A p\,dA = \rho g \sin\alpha \int_A y\,dA$$

式中　$\int_A y\,dA$ ——受压面积 A 对 ox 轴的静面矩（面积矩），根据理论力学中的静面矩原理，有 $\int_A y\,dA = y_C A$ ，将其代入上式，则平面上的静压力为

$$P = \rho g \sin\alpha\, y_C A = \rho g h_C A = p_C A \tag{2-22}$$

式中　h_C——受压面形心在水面下的淹没深度，m；

p_C——受压面形心点的静压强，Pa；

A——受压面积，m^2。

上式表明，作用在任意位置、任意形状平面上的总静压力值等于受压面面积与其形心点所受静压强的乘积。总静压力的方向垂直指向受压面。

（二）总静压力的作用点

关于总静压力的作用点（压力中心），由于压强与水深呈直线变化，深度较大的地方压强较大，所以压力中心 D 在 y 轴上的位置必然低于形心 C。液体静压力的作用点也称压力中心，利用理论力学的合力矩定理，即合力对某一轴的矩等于各分力对同一轴的矩的代数和，可知平板 EF 上微小面积的流体静压力 dP 对 ox 轴的力矩总和等于整个 EF 受压面的流体静压力对 ox 轴的力矩之和。

设总压力作用点为 D 点，D 到 ox 的距离为 y_D，则根据力矩的平衡原理有

$$P y_D = \int dP \cdot y = \int_A \rho g y^2 \sin\alpha\,dA = \rho g \sin\alpha \int_A y^2\,dA$$

式中　$\int_A y^2\,dA$ ——受压面 A 对 ox 轴的惯性矩，根据理论力学中的惯性矩原理，有

$\int_A y^2\,dA = J_x = J_C + y_C^2 A$ ，代入上式得

$$P y_D = \rho g \sin\alpha \cdot (J_C + y_C^2 A)$$

又因为 $P = \rho g \sin\alpha\, y_C A$，代入上式可得

$$\rho g \sin\alpha\, y_C A y_D = \rho g \sin\alpha \cdot (J_C + y_C^2 A)$$

进一步化简，得

$$y_D = \frac{J_x}{y_C A} = \frac{J_C + y_C^2 A}{y_C A} = y_C + \frac{J_C}{y_C A} \tag{2-23}$$

式中　y_D——总静压力的作用点沿 y 轴方向至液面交线的距离，m；

y_C——受压面形心沿 y 轴方向至液面交线的距离，m；

J_C——受压面对通过形心且平行于液面交线轴的惯性矩，m^4；

A——受压面的面积，m^2。

式中，$\frac{J_C}{y_C A} > 0$，故 $y_D > y_C$，进一步证明了总静压力的作用点 D 总是低于形心 C。随着受压面淹没深度的增加，压力中心与形心会越来越靠近。

压力中心在 ox 轴上的坐标取决于平面形状。在实际工程中，受压面常是对称于 y 轴的，则压力中心 D 点在 x 轴上的位置就必然在平面对称轴上，无须进行计算。常见平面图形的几何特征量见表 2-3。

表 2-3　　常见平面图形的几何特征量

几何图形名称及尺寸	面积 A	形心坐标	对通过形心轴的惯性矩 J_C
矩形 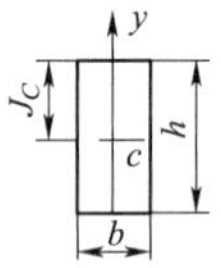	bh	$\frac{1}{2}h$	$\frac{1}{12}bh^3$
三角形 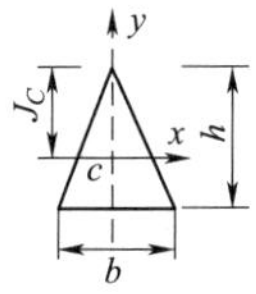	$\frac{1}{2}bh$	$\frac{2}{3}h$	$\frac{1}{36}bh^3$
半圆 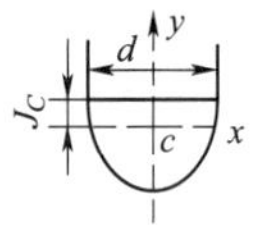	$\frac{\pi}{8}d^2$	$\frac{4r}{3\pi}$	$\frac{(9\pi^2-64)}{72\pi}r^4$
梯形 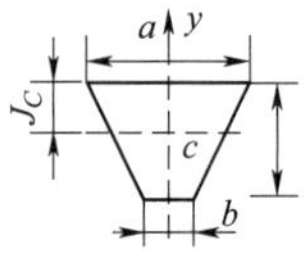	$\frac{h}{2}(a+b)$	$\frac{h}{3}\cdot\frac{a+2b}{a+b}$	$\frac{h^3}{36}\cdot\frac{a^2+4ab+b^2}{a+b}$
圆形 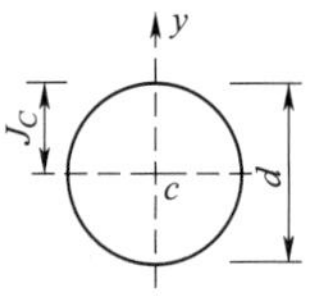	$\frac{\pi}{4}d^2$	$\frac{d}{2}$	$\frac{\pi}{64}d^4$
椭圆 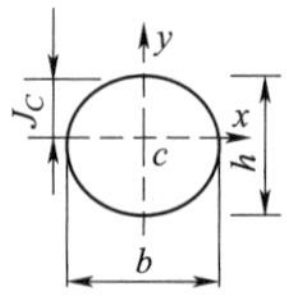	$\frac{\pi}{4}bh$	$\frac{h}{2}$	$\frac{\pi}{64}bh^3$

由于水平面是水平放置的，压强分布是均匀分布的，那么液体作用在底面为 A、液深为 h 的水平面的总压力 $F=\rho ghA$。总压力的作用点是水平面的形心点。可见，由液体产生作用在水平平面上的总压力同样只与液体的密度、平面面积和液体深度有关。如图 2－18 所示，四个容器装有同一种液体，容器形状不同，但底面积 A 相同，则液体对容器底部的作用力是相同的，而与容器的形状无关，这一现象称为静水奇象。换言之，液体作用在容器上的总压力不要和容器所盛液体的重量相混淆。工程上可以利用这一现象对容器底部进行严密性检查。

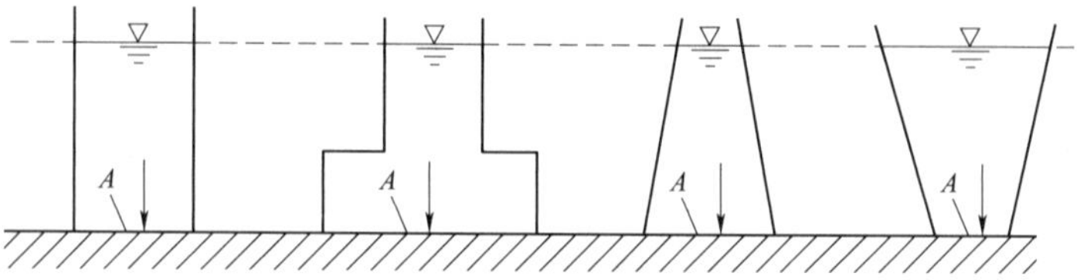

图 2－18　不同容器作用于水平面上的压力

【例 2－6】 封闭容器水面的绝对压强 p_0，容器左侧开 2m×2m 的方形孔，覆以盖板 AB，当大气压 $p_a=98.07$kPa 时：

（1）若 $p_0=p$，求作用于此盖板的水静压力及作用点，并在图中表示水静压力的作用方向。

（2）若 $p_0=137.37$kPa，求作用于此盖板的水静压力及作用点。

解：（1）作用在盖板上的水静压力为 P，盖板 AB 的形心为 C 点，压力中心为 D，建立如图 2－19 所示的坐标系 xoy，则有

$$P=pA=\rho_{水} gh_CA$$

$$h_C=y_C\sin 60°$$

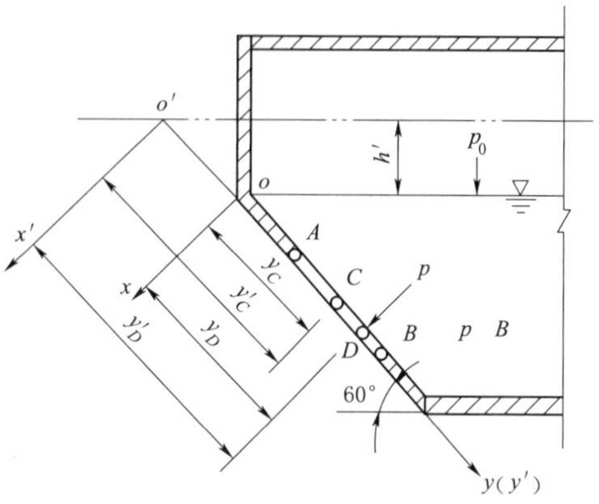

图 2－19 ［例 2－6］图

$$P=9.8\times 2\times\frac{\sqrt{3}}{2}\times 2\times 2=67.9(\text{kN})$$

$$y_D=y_C+\frac{J_C}{y_CA}\text{或 } y_e=y_D-y_C=\frac{J_C}{y_CA}$$

$$J_C=\frac{1}{12}bh^3=\frac{1}{12}\times 2\times 2^3=\frac{4}{3}$$

$$y_D=2+\frac{\frac{4}{3}}{2\times 2\times 2}=2.17(\text{m})\text{或 } y_e=2.17-2=0.17(\text{m})$$

（2）作用在盖板上的水静压力为 p'，盖板 AB 的形心为 C 点，压力中心为 D 点。因为 $p_0>p_a$，则首先需计算虚拟液面高度 h'，虚拟液面高度如图中所示，则有

$$h'=\frac{p_0-p_a}{\rho_{水}\,g}=\frac{(137.37-98.07)\times10^3}{1000\times9.8}=4.01(\mathrm{m})$$

建立如图中的坐标系 $x'o'y'$，有

$$P'=p'A=\rho g h'_C A$$

$$h'_C=y'_C\sin60°\text{或}\ h'_C=h'+y_C\sin60°$$

$$y'_C=y_C+\frac{h'}{\sin60°}=2+4.63=6.63(\mathrm{m})$$

$$h'_C=4.01+2\times\frac{\sqrt{3}}{2}=5.742(\mathrm{m})$$

$$P'=p'A=\rho g h'_C A=9.8\times5.742\times4=225(\mathrm{kN})$$

$$y'_D=y'_C+\frac{J_C}{y'_C A}\text{或}\ y'_e=y'_D-y'_C=\frac{J_C}{y'_C A}$$

$$J_C=\frac{1}{12}bh^3=\frac{1}{12}\times2\times2^3=\frac{4}{3}$$

$$y'_D=6.63+\frac{\frac{4}{3}}{6.63\times2\times2}=6.68(\mathrm{m})\text{或}\ y'_e=0.05(\mathrm{m})$$

二、图解法

图解法一般适用于上、下边与水面平行的矩形平面上的静水总压力及其作用点位置的求解。图解法的优点是既可以直观显示力的分布，又可以便于对受压结构进行结构计算。图解法的步骤是首先绘制静水压强分布图，再根据静水压强分布图计算静水压力。

资源 2-3
静压强分布图的绘制

（一）静压强分布图的绘制

压强分布图是在受压面承压一侧，根据压强的特性，采用一定比例线段以图示的方式表示压强大小和方向的图形，是液体静压强分布规律的几何图示，如图 2-20 所

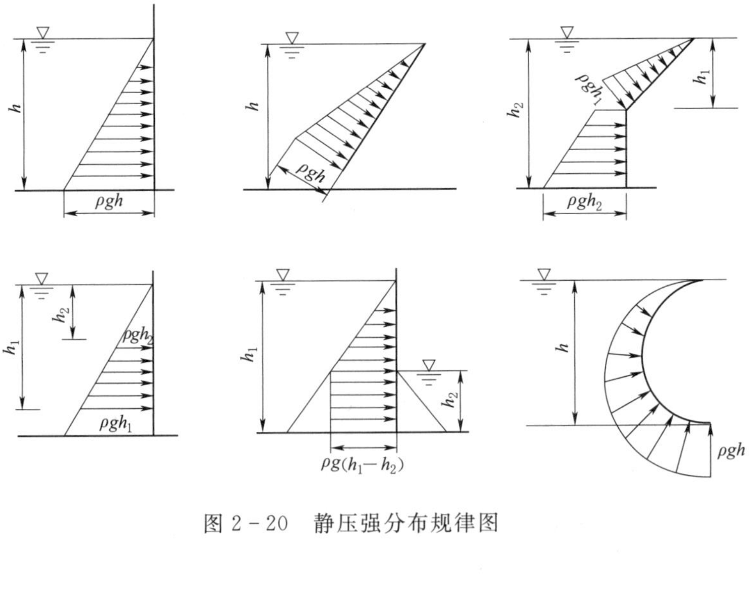

图 2-20　静压强分布规律图

示。压强的特性（$p=p_0+\rho gh$ 或力 $p=\rho gh$）反映了压强随水深呈直线分布的规律。如图 2-21 所示，当绘制受压平面 AB 的压强分布图时，具体步骤为：首先确定 A、B 两点的压强，然后用一定长度的线段表示在相应点上，用直线连接两线段端点，即得静压强分布图。如 A 点处 $h_a=0$，故 $p_A=p_a$，B 点处 $h_b=H$，$p_B=p_a+\rho gH$。在图 2-21 中，AC 长度为 p_a，BD 长度为 $p_a+\rho gH$。梯形 $ABCD$ 为受压面 AB 部分的静水压强分布图形，也为绝对压强分布图。这个图形反映的是绝对压强的分布情况，若考虑相对压强的分布情况，则应去掉大气压强 p_a 的部分。由于平板每一点均承受大气压强作用，其大小均为 p_a，因此过 A 点做 $AE//CD$，线段长度为 p_a，可见平行四边形 $AEDC$ 即为大气压强的作用，扣除大气压的作用 $AEDC$ 后三角形 ABE 即为相对压强分布图。也可以这样理解，AB 平面除左侧受到液体静压强的作用外，还受到大气压强的作用，其右侧也受到大气压强的作用，两侧的大气压强恰好可以相互抵消，所以一般情况下只需要绘制相对压强分布图即可。

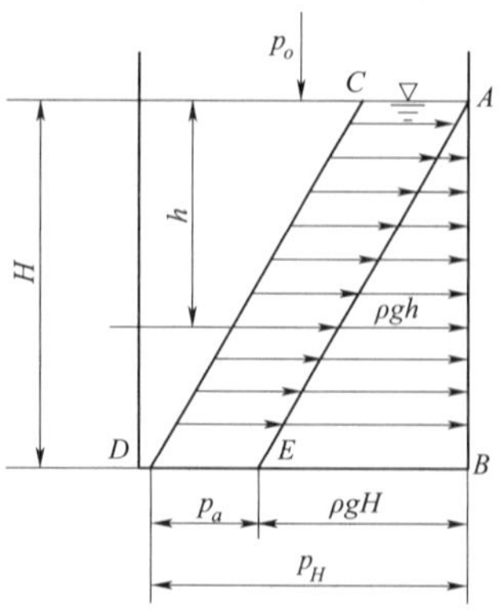

图 2-21　静压强分布图的绘制及总压力的求解

（二）图解法求流体静压力

根据平行力系的求和原理，平面上流体总压力的大小，应等于分布在平面上各点静水压强作用的总和。因而，作用在单位宽度上的静水总压力，应等于静水压强分布图的面积；整个矩形平面的静水总压力，则等于平面宽度与压强分布图面积的乘积。

现在，根据作用于平面上总静压力公式，对高为 H、宽为 b、顶边恰在水面的铅直矩形平面（图 2-21），应用相对压强分布图计算总静压力。则

$$P=\Omega b=\frac{1}{2}\rho ghbH=\frac{1}{2}\rho gH^2b$$

式中　$\frac{1}{2}\rho gH^2$——相对压强分布图三角形的面积，用 Ω 表示，故上式可写成

$$P=\Omega b=V_T \tag{2-24}$$

上式指出，作用于矩形平面的静压力等于相对压强分布图形的体积 V_T。该体积是由压强分布图形面积 Ω 乘以矩形宽度 b 得出的。

总压力 P 的作用点，通过静压强分布图的形心并位于矩形受压面图形的对称轴上。当压强分布图为三角形分布时，其形心点即压力作用点离底部距离为 $e=\frac{1}{3}L$；当压强为梯形分布时，压力中心离底部距离 D 点在对称轴上，将梯形划分为直角三角形和矩形，然后利用合力矩原理可求得压力作用点距离底部的距离为 $e=\frac{L(2h_1+h_2)}{3(h_1+h_2)}$（图 2-22）。

【例 2-7】 图 2-23 所示为一矩形闸门，高 $h=3\text{m}$，宽 $b=4\text{m}$，闸门顶部距水

面的深度 $h_1=1\text{m}$，分别用图解法和解析法求闸门受到的静压力的大小及作用点。

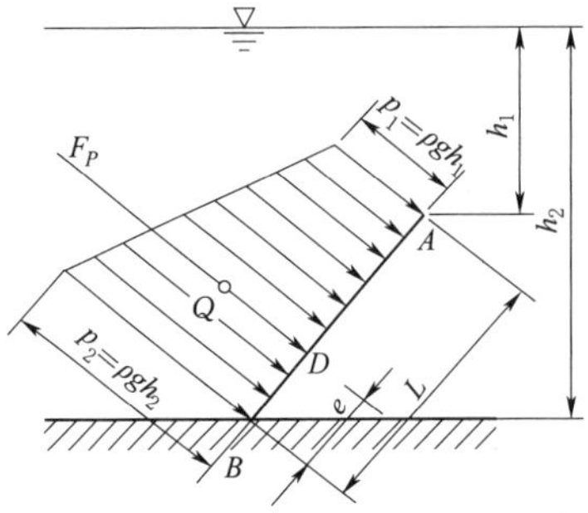

图 2-22 平面总压力求解图示

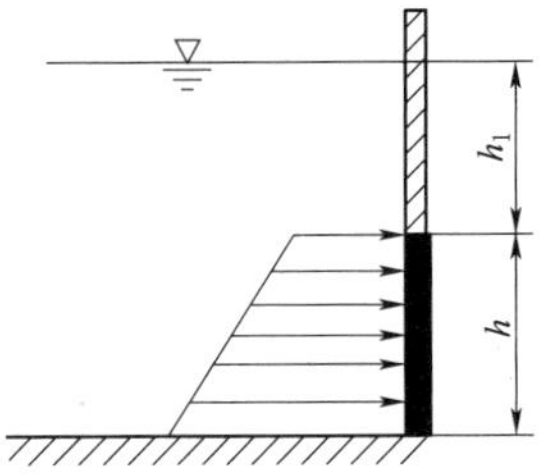

图 2-23 矩形闸门

解： 根据静压强分布规律，绘出闸门的相对压强分布图。静压力的作用点为 D，距液面的高度为 y_D。

（1）用图解法。

$$P=\Omega b=\frac{1}{2}\rho g[h_1+(h_1+h)]hb$$

$$=\frac{1}{2}\times 1000\times 9.8\times(1+4)\times 3\times 4=2.94\times 10^5(\text{N})$$

静压强的作用点根据压强分布图的形心点确定，当压强分布图为梯形时，得压力作用点在液面下的深度为

$$y_D=h_1+\left(h-\frac{h}{3}\times\frac{2h_1+h_1+h}{h_1+h_1+h}\right)$$

这里 $h_1=1\text{m}$，$h=3\text{m}$，则

$$y_D=1+\left(3-\frac{3}{3}\times\frac{2\times 1+1+3}{1+1+3}\right)=1+(3-1.2)=2.8(\text{m})$$

（2）用解析法。由式（2-22），计算静压力的大小为

$$P=p_CA=\rho gh_CA=1000\times 9.8\times\left(1+\frac{3}{2}\right)\times 4\times 3=2.94\times 10^5(\text{N})$$

由式（2-23）可知，静压力的作用点为

$$y_D=y_C+\frac{J_C}{y_CA}=\left(1+\frac{3}{2}\right)+\frac{\frac{1}{12}\times 4\times 3^3}{\left(1+\frac{3}{2}\right)\times 4\times 3}=2.8(\text{m})$$

第六节 液体作用在曲面上的总压力

前面讨论了作用在平面上的液体静压力的求解方法。在实际工程中，存在大量的曲面壁面，如拱坝、除氧器水箱、油罐和弧形闸门等，这些受压面多为曲面，且这些曲面多为二向曲面，如图 2-24（a）所示。由于静止液体作用在曲面上各点的压强方向都垂直于曲面各点的切线方向，各点压强大小的连线不是直线，作用在曲面上任意

点处的相对静水压强，其大小仍等于该点的淹没深度乘以液体的重度，即 $p=\rho gh$，其方向也是垂直指向作用面。二向曲面上的压强分布解析如图 2-24（b）所示。

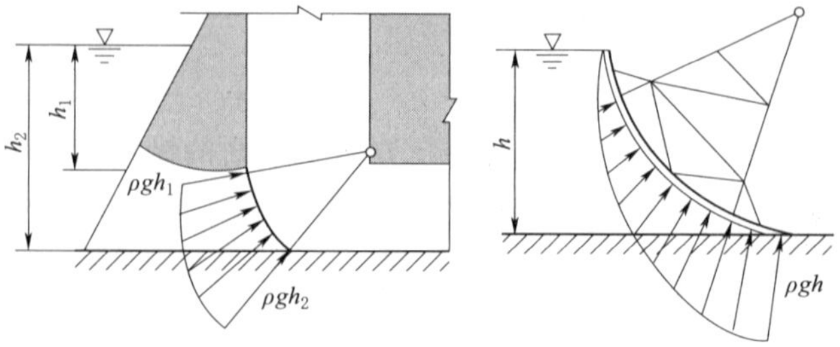

（a）示例图　　（b）解析图

图 2-24　二向曲面上的压强分布

一、曲面上的压力液体

（一）压力的求解

作用于任意二向曲面上各点处的液体静压强总是沿着作用面的内法线方向，即垂直指向受压面。由于曲面各点的内法线方向各不相同，彼此互不平行也不一定相交于一点，因此，不能采用求平面静压力的方法直接积分求和。通常将曲面静压力分解为水平方向分力和铅垂方向的分力分别计算，然后把分力进一步合成为合力。下面以二向曲面为例，具体说明。

设柱曲面 AB，母线垂直于纸面，曲面 AB 的面积为 A，一侧承压。选坐标系，假设 xoy 为平面且与液面重合，oz 轴向下，如图 2-25 所示。

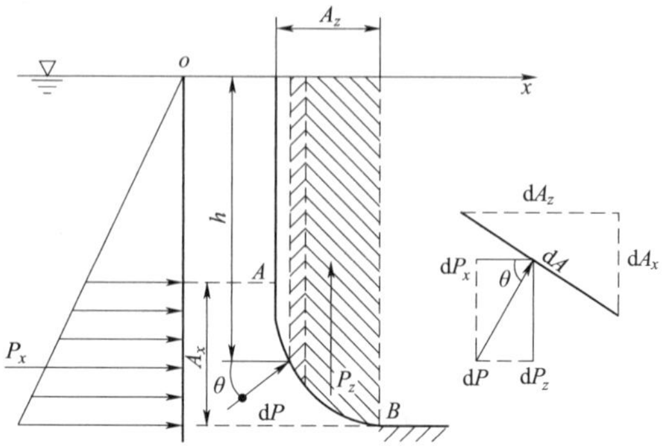

图 2-25　曲面上的静压力

在曲面上沿母线方向任取条形微元面 dA，微元面 dA 上的静压力 dP 分解为水平分力和铅直分力

$$dP_x=dP\cos\theta=\rho gh\,dA\cos\theta=\rho gh\,dA_x$$

$$dP_z=dP\sin\theta=\rho gh\,dA\sin\theta=\rho gh\,dA_z$$

式中　dA_x——dA 面在铅直面上的投影；

dA_z——dA 面在水平面上的投影。

总压力的水平分力为

$$P_x=\int dP_x=\rho g\int_{A_x}h\,dA_x$$

式中　$\int_{A_x}h\,dA_x$——曲面的铅垂投影面 A_z 对 oy 轴的静面矩，$\int_{A_x}h\,dA_x=h_CA_x$，代

入上式得

$$P_x=\rho g\int_{A_x}h\,\mathrm{d}A_x=\rho g h_C A_x=p_C A_x \tag{2-25}$$

式中　P_x——曲面的总压力的水平分力，N；

A_x——曲面的铅直投影面积，m^2；

h_C——铅垂投影面积 A_z 形心点距压强为零液面的铅直高度，m；

p_C——铅垂投影面积 A_z 形心点的压强，Pa。

总压力的铅直分力为

$$P_z=\int \mathrm{d}P_z=\rho g\int_{A_z}h\,\mathrm{d}A_z=\rho g V \tag{2-26}$$

式中　$\int_{A_z}h\,\mathrm{d}A_z=V$——曲面到自由液面（或延伸面）之间的铅垂柱体，称为压力体。

上式表明，液体作用在曲面上的总压力的铅直分力，等于压力体的重量。

液体作用在曲面上的总压力则为

$$P=\sqrt{P_x^2+P_z^2} \tag{2-27}$$

总压力作用线与水平面的夹角

$$\alpha=\arctan\frac{P_z}{P_x} \tag{2-28}$$

过 P_x 作用线（通过 A_z 压强分布图的形心）和 P_z 作用线（通过压力体的形心）的交点，作与水平面成 α 角的直线就是总压力的作用线，该线与曲面的交点即为总压力作用点。

（二）压力体的概念

式（2－26）中，积分 $\int_{A_z}h\,\mathrm{d}A_z=V$ 表示的几何体称为压力体，压力体是计算静水总压力垂直分力的一个重要概念。从上述分析可知，压力体只是作为计算曲面上垂直压力的一个数值当量，它不一定由实际水体所构成。压力体可用下列方法确定：设想取铅直线沿曲面边缘平行移动一周，割出的以自由液面（或延伸面）为上底，曲面本身为下底的柱体就是压力体。压力体应由下列周界面所围成：

(1) 受压曲面本身。

(2) 液面［图 2.26 (a)］或液面的延长面［图 2.26 (b)］。

(3) 通过曲面的四个边缘向液面或液面的延长面所作的铅垂平面。

因曲面承压位置的不同，压力体可分为以下几种情况：

1) 实压力体。压力体和液体在曲面的同侧。压力体内实有液体，称为实压力体，P_z 方向向下（图 2－27）。

2) 虚压力体。压力体和液体在曲面异侧。其上底面为自由液面的延伸面，压力体内没有液体，称为虚压力体，P_z 方向向上（图 2－28）。

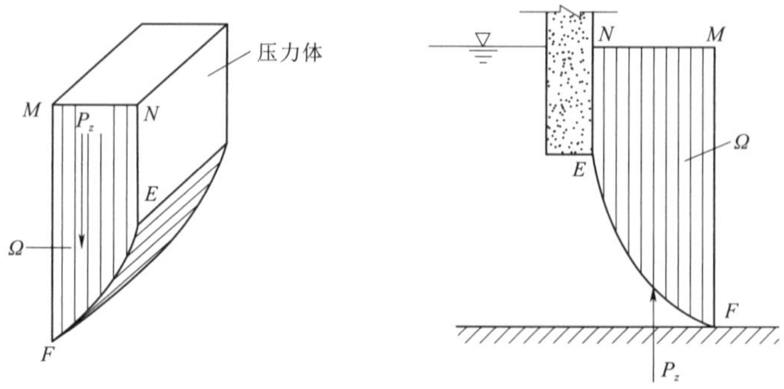

（a）液面　　（b）液面延长面

图 2－26　压力体示意

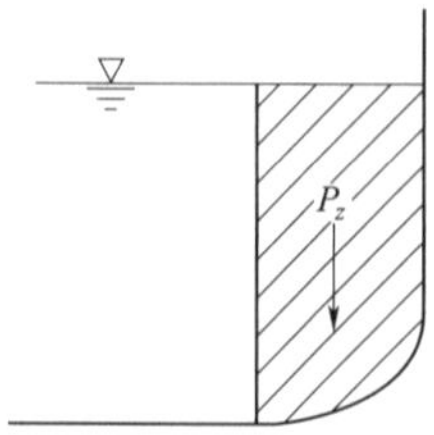

图 2－27　实压力体

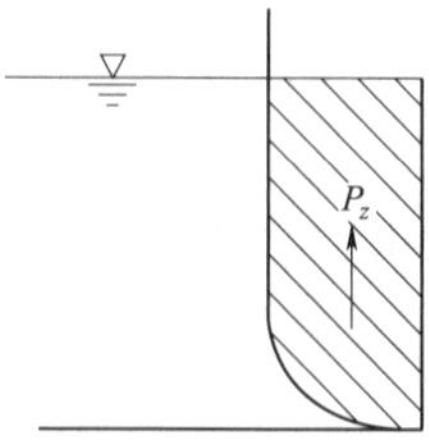

图 2－28　虚压力体

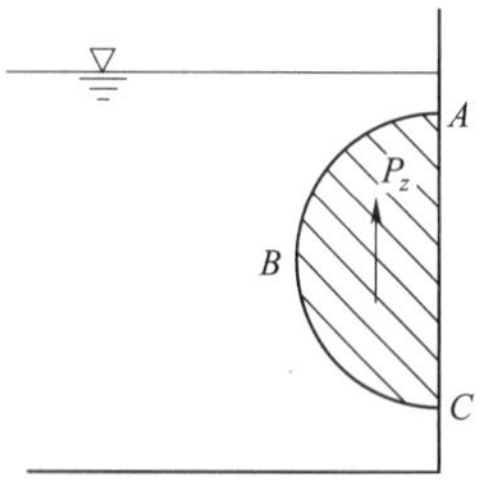

图 2－29　压力体的叠加

3）压力体叠加。对于水平投影重叠的曲面，可分段确定压力体，然后相叠加。半圆柱面 ABC 的压力体，分别按曲面 AB、AC 确定，叠加后得到虚压力体，P_z 方向向上（图 2－29）。当曲面为凹凸相间的复杂柱面时，可在曲面与铅垂面相切处将曲面分开，分别绘出各部分的压力体，并定出各部分垂直压力的方向，然后合成起来即可得出总的垂直压力的方向。

资源 2－4 压力体的绘制

【例 2－8】 储水容器上有三个半球形盖（图 2－30）。已知 $H=2.5\text{m}$，$h=1.5\text{m}$，半径 $R=0.5\text{m}$，求作用于三个半球形盖的静压力的水平分力和铅直分力。

解： 本题是曲面受压问题，受压曲面的边界线都是圆周，在图上仅表现为受压曲面的两个端点 a、c。

（1）求各半球盖所受的水平分力半球盖。A、B 的边界线都是水面上的圆周，它封闭的面积在铅直面上的投影为一直线，故投影面积为 0，即 $A_{Ax}=A_{Bx}=0$，所以

$$P_{Ax}=0$$

$$P_{Bx}=0$$

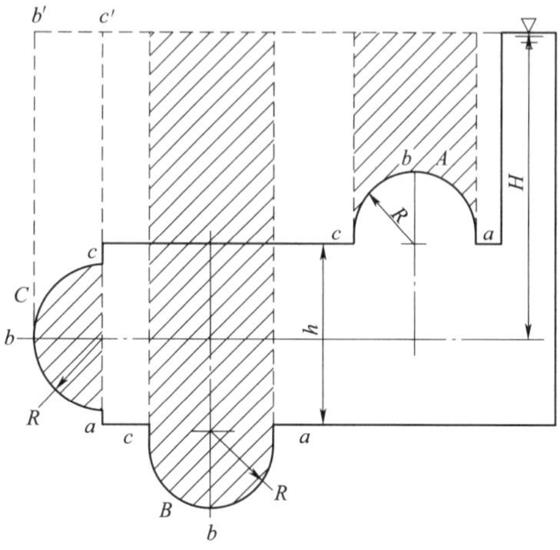

图 2－30　储水容器

半球盖 C 的边界是铅直面上的圆周，

它封闭的面积在铅直面上的投影就是它自身，即 $A_{Cx}=\pi R^2$，形心点的水深 H，故

$$\begin{aligned}P_{Cx}&=p_C A_{Cx}=\rho gH\cdot\pi R^2\\&=9.8\times2.5\times\pi\times0.5^2\\&=19.24(\mathrm{kN})\end{aligned}$$

方向水平向右。

(2) 求各半球盖所受的铅直分力。半球盖 A、B、C 的压力体如图 2-30 阴影部分，计算如下：

$$\begin{aligned}P_{Az}&=\rho gV_A=\rho g\left[\left(H-\frac{h}{2}\right)\pi R^2-\frac{2}{3}\pi R^3\right]\\&=9.8\times\left[\left(2.5-\frac{1.5}{2}\right)\times\pi\times0.5^2-\frac{2}{3}\times\pi\times0.5^3\right]=10.90(\mathrm{kN})\end{aligned}$$

资源 2-5
曲面静压力求解

此压力体是虚压力体，故方向向上。

$$\begin{aligned}P_{Bz}&=\rho gV_B=\rho g\left[\left(H+\frac{h}{2}\right)\pi R^2+\frac{2}{3}\pi R^3\right]\\&=9.8\times\left[\left(2.5+\frac{1.5}{2}\right)\times\pi\times0.5^2+\frac{2}{3}\times\pi\times0.5^3\right]=27.58(\mathrm{kN})\end{aligned}$$

此压力体是实压力体，故方向向下。

$$P_{Cz}=\rho gV_C=\rho g\ \frac{2}{3}\pi R^3=9.8\times\frac{2}{3}\times\pi\times0.5^3=2.56(\mathrm{kN})$$

二、浮力及浮力体与潜体的稳定性

在工程实践中，有时需要解决作用于潜体（即淹没于液体之中的物体）的静水总压力的计算问题。这可用关于作用在平面上和曲面上静水总压力的分析方法解决。

现有一潜体，如图 2-31 所示，在潜体表面作铅垂切线 AA'、BB'等，这些切线便是切于潜体表面的垂直母线。圆柱面与潜体表面的交线，把潜体表面分为 AFB、AHB 上下两部分。

作用在交线以上潜体表面的静水总压力的垂直分力 P_{z1} 等于曲面 AFB 以上压力体的重量，其方向朝下；作用在交线以下潜体表面上的静水总压力垂直分力 P_{z2} 等于曲面 AHB 以上的压力体重量，方向朝上。

作用在潜体整个表面上的静水总压力 P_z，应等于上、下两力之和，即

$$P_z=P_{z2}-P_{z1}=\gamma V=\text{潜体所排开液体的重量}$$

式中 V——潜体所排开液体的体积。

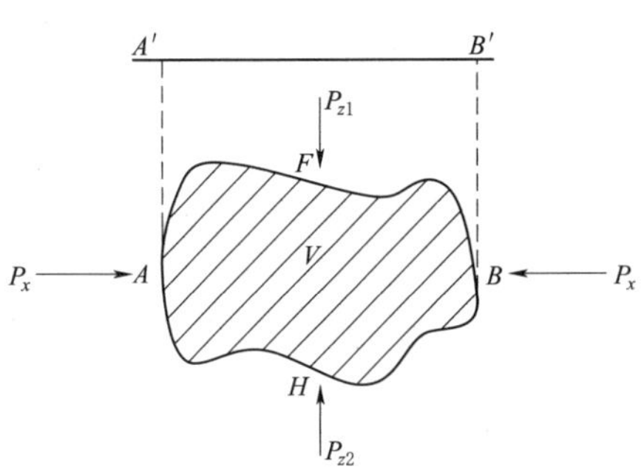

图 2-31 潜体的浮力计算

利用上述类似的方法作任意方位的水平柱面，其母线为与潜体相切的水平线。柱面与潜体表面的交线将潜体表面分为左右两部分。由作用面上流体静压力知，这两部分曲面上的静水总压力的水平分力，皆等于其垂直投影面上的静水总压力，而且方向相反。因此，潜体表面所受总压力的 x 方向水平分

力 P_x 恰好是零。同理，潜体表面所受总压力的 y 方向水平分力 P_y 也恰好是零。

综上所述，物体在液体中所受的静水总压力，仅有铅垂向上的分力，其大小恰等于物体所排开的同体积的液体重量，这就是阿基米德原理。

由于 P_z 具有把物体推向液体表面的倾向，故又称为浮力。浮力的作用点为浮心，浮心显然与排开液体体积的形心相重合。

物体重量 G 与所受浮力 P_z 的相对大小，决定着物体的浮沉，具体关系如下：

（1）$G>P_z$，物体下沉至底。

（2）$G=P_z$，物体潜没于液体中的任意位置而保持平衡。

（3）$G<P_z$，物体浮出液体表面，直至液体下面部分所排开的液体重量等于物体的自重才能保持平衡，这称为浮体。轮船就是其中最显著的例子。

课　后　习　题

一、选择题

1. 平衡液体中的等压面必为（　　）。

A. 水平面　　B. 斜平面　　C. 旋转抛物面　　D. 与质量力相正交的面

2. 液体中某点发生真空时，该点的（　　）。

A. 绝对压强为负值　　B. 相对压强为负值

C. 绝对压强小于相对压强　　D. 绝对压强大于大气压强

3. 液体某点的绝对压强为 58kPa，若当地大气压强为 101.3kPa，则该点的相对压强为（　　）。

A. 159.3kPa　　B. 43.3kPa　　C. －58kPa　　D. －43.3kPa

4. 公式 $z+\dfrac{p}{\gamma}=c$ 中的 p 是（　　）。

A. 绝对压强　　B. 相对压强

C. 绝对压强或相对压强　　D. 真空压强

5. 如图 2－32 所示四个容器内的水深均为 H，容器底静水压强最大的为（　　）。

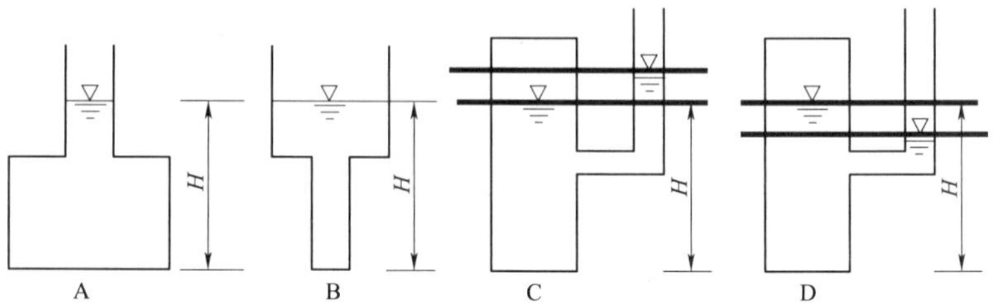

图 2－32

6. 如图 2－33 所示，两形状不同的盛水容器，其底面面积相等，水深相等，两容器底部所受静水总压力 P 的相对大小为（　　）。

A. $P_1>P_2$　　B. $P_1=P_2$　　C. $P_1<P_2$　　D. 无法确定

7. 如图 2-34 容器内有一放水孔，孔口设有面积为 A 的阀门 ab，容器内水深为 h，阀门所受静水总压力为（　　）。

A. $0.5\gamma hA$　　B. γhA　　C. $0.5\gamma h^2A$　　D. γhA^2

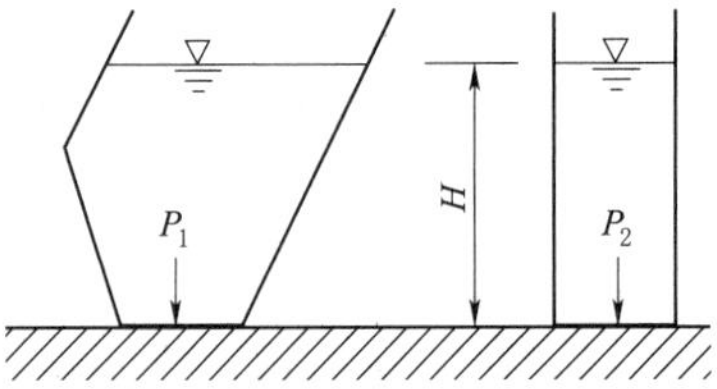

图 2-33

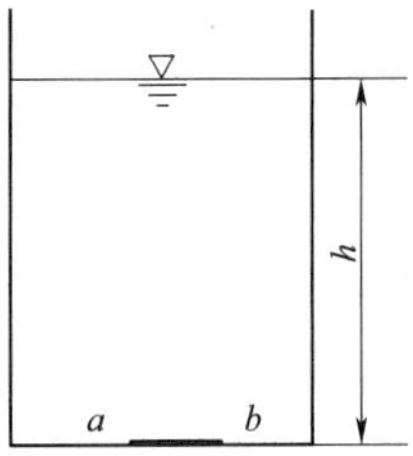

图 2-34

8. 有一水泵装置，其吸水管中某点的真空压强等于 3m 水柱高，当地大气压为一个工程大气压，其相应的绝对压强值等于（　　）。

A. 3m 水柱高　　B. 7m 水柱高

C. −3m 水柱高　　D. 以上答案都不对

9. 如图 2-35 所示，垂直放置的矩形平板挡水，水深 3m，静水总压力 P 的作用点到水面的距离 y_d 为（　　）。

A. 1.25m　　B. 1.5m　　C. 2m　　D. 2.5m

二、判断题

1. 如图 2-36 为一盛水容器。当不计瓶重时，作用于地面上的力等于水作用于瓶底的总压力。（　　）

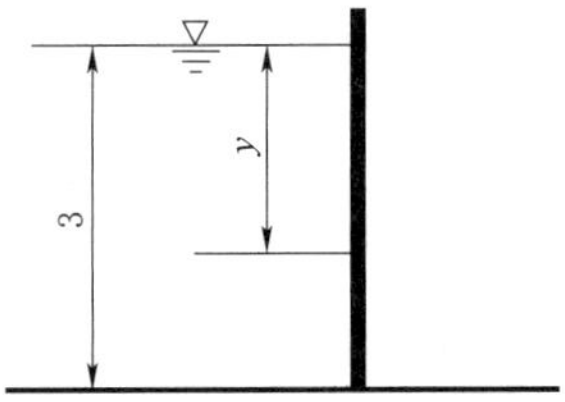

图 2-35

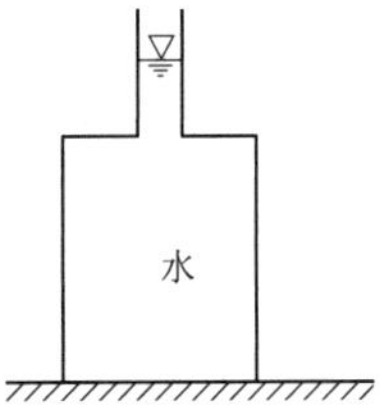

图 2-36

2. 相对压强必为正值。（　　）

3. 图 2-37 中矩形面板所受静水总压力的作用点与受压面的形心点 O 重合。（　　）

4. 将压力表放在大气中读数为零，则其测定的压强为相对压强。（　　）

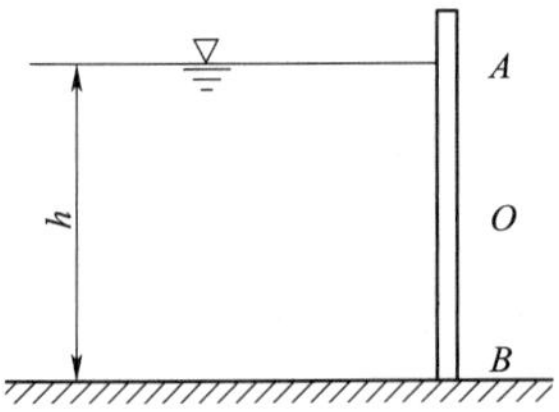

图 2-37

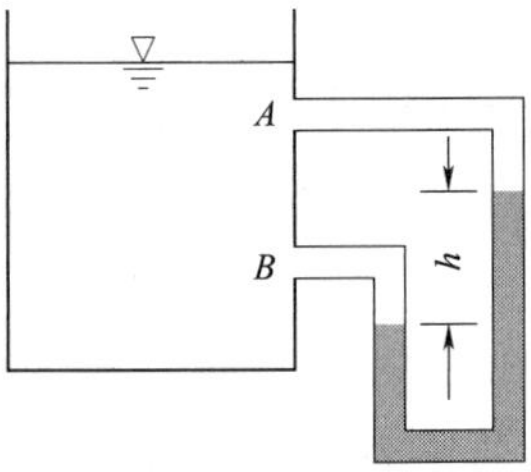

图 2-38

5. 在一盛水容器的侧壁上开有两个小孔 A、B，并安装一 U 形汞压差计，如图 2-38 所示。由于 A、B 两点静水压强不等，汞液面一定会显示出 h 的差值。(　　)

三、简答题

1. 等压面的特性是什么？

2. 两个置于水平面上的容器，一为圆柱形，一为圆锥形。容器重量不计，水面均为大气压强。当水深 H 和底面积 A 均相等时，问：

(1) 容器底部所受的静水压强是否相等。

(2) 底面所受的静水压力是否相等。

(3) 桌面上受的压力是否相等。

3. 水管上安装一复式汞测压计，如图 2-39 所示。问液面 1、2、3、4 哪个压力最大？哪个压力最小？哪几个压力相等？

4. 开敞容器盛有 $\gamma_2>\gamma_1$ 的两种液体，如图 2-40 所示，问 1、2 两测压管中的液面哪个高？哪个和容器中的液面同高？

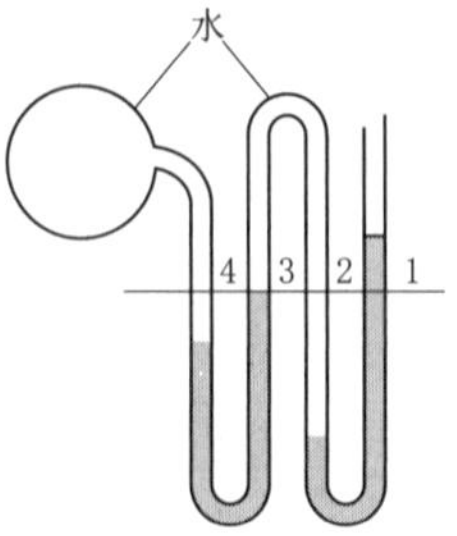

图 2-39

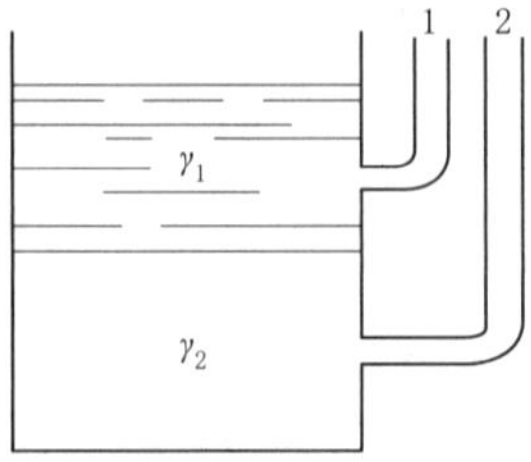

图 2-40

四、绘图题

分别绘制图 2-41 中的压强分布图 [(a)、(b)]、压力体图 [(c)、(d)]。

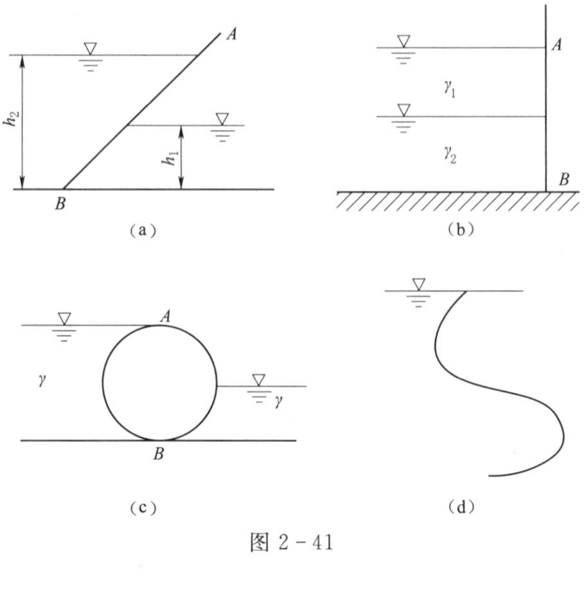

图 2-41

五、计算题

1. 如图 2 - 42 所示，在盛有空气的球形密封容器上连有两根玻璃管，一根与水杯相通，另一根装有汞，若 $h_1=0.3\text{m}$，求 h_2。

2. 为了测量锅炉中的蒸汽压，采用量程较大的复式汞测压计，如图 2 - 43 所示。已知各液面高程如下：$\nabla_1=2.3\text{m}$，$\nabla_2=1.2\text{m}$，$\nabla_3=2.5\text{m}$，$\nabla_4=1.4\text{m}$，$\nabla_5=3.0\text{m}$，求 p_0。

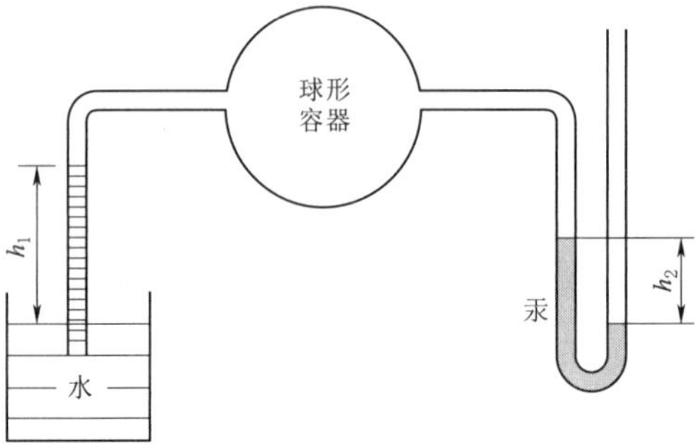

图 2 - 42

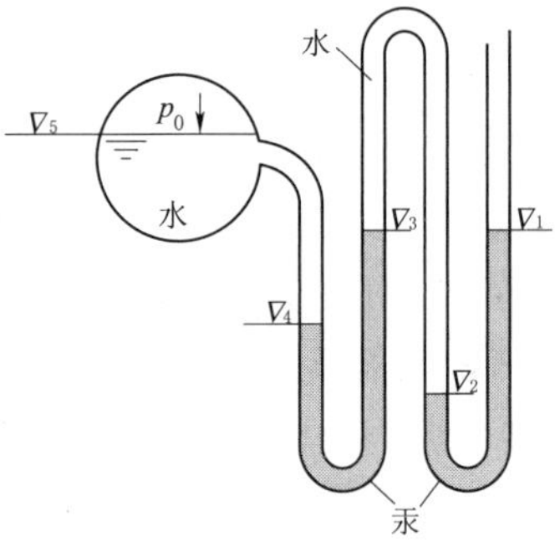

图 2 - 43

3. 试求图 2 - 44（a）、（b）、（c）中，A、B、C 各点相对压强，图中 p_0 是绝对压强。

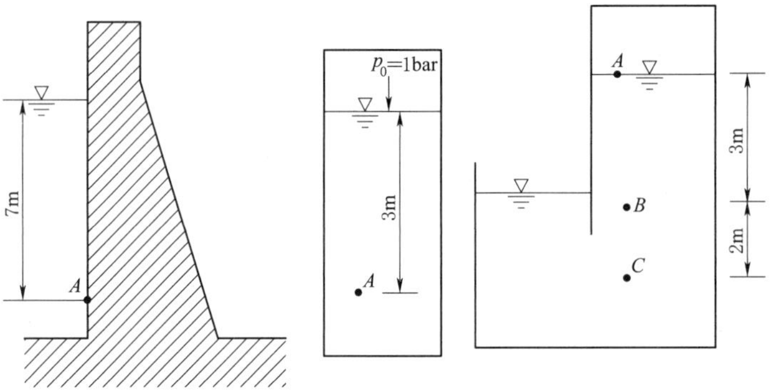

（a）　（b）　（c）

图 2 - 44

4. 已知图 2 - 45 中 $Z=1\text{m}$，$h=2\text{m}$，求 A 点的相对压强及测压管中液面气体压强的真空度。

5. 已知水深 $h=1.2\text{m}$，汞柱高度 $h_p=240\text{mm}$，大气压强 $p_a=730\text{mmHg}$，连接橡皮软管中全部是空气（图 2 - 46），求封闭水箱水面的绝对压强及其真空度。

6. 如图 2 - 47 所示，在封闭管端完全真空的情况下，汞柱差 $z_2=50\text{mm}$，求盛水容器液面绝对压强 p_1 和水面高度 z_1。

7. 有一矩形底孔闸门，如图 2 - 48 所示，高 $h=3\text{m}$，宽 $b=2\text{m}$，上游水深 $h_1=6\text{m}$，下游水深 $h_2=5\text{m}$。试求作用于闸门上的静水压力及作用点。

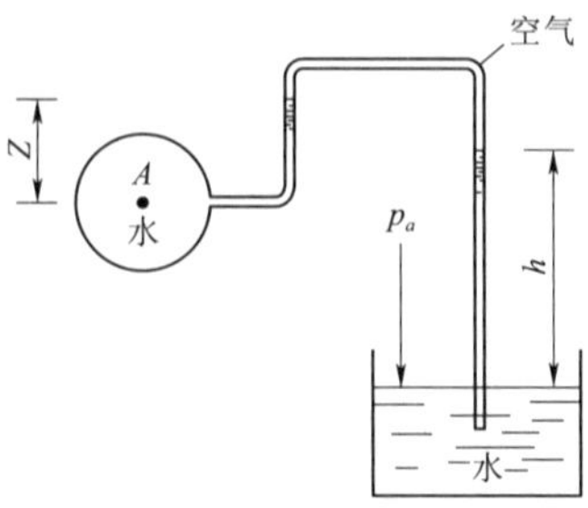

图 2-45

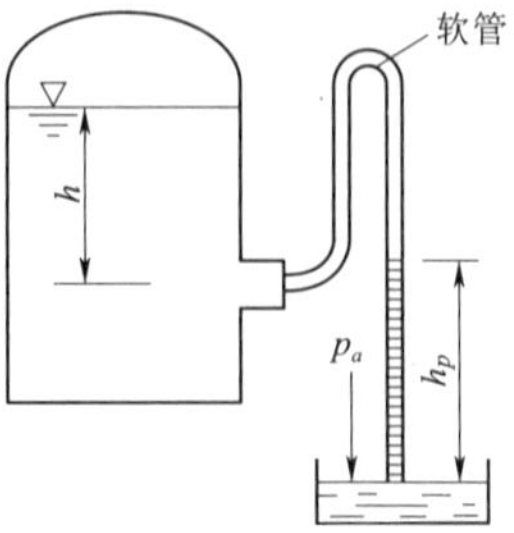

图 2-46

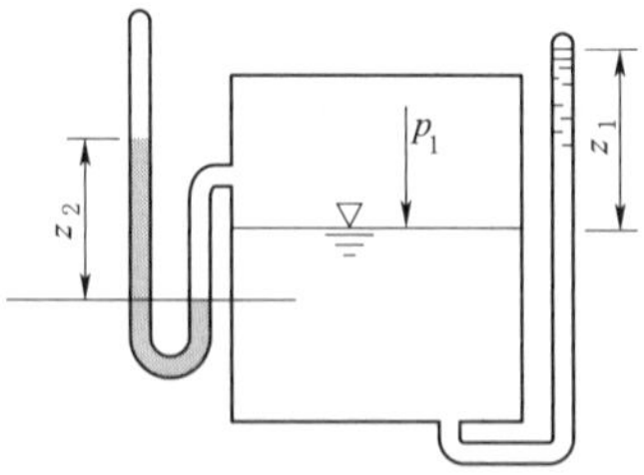

图 2-47

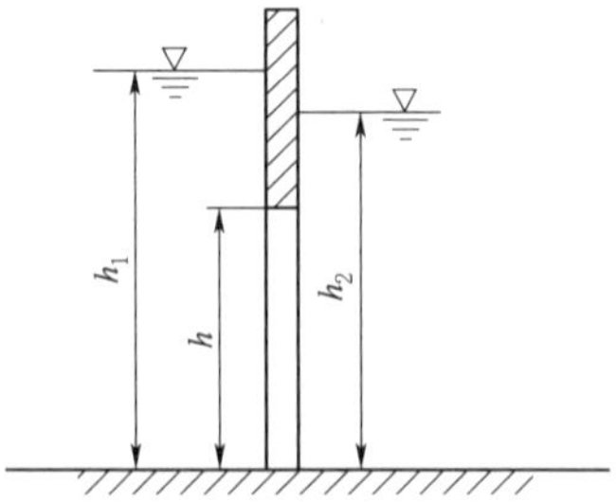

图 2-48

8. 封闭容器（图 2-49）水面的绝对压强 $p_0=137.37\text{kN/m}^2$。容器的左侧开 $2\text{m}\times2\text{m}$ 的方形孔，覆以盖板 AB，当大气压 $p_a=98.07\text{kN/m}^2$ 时，求作用于此板的水静压力及作用点。

9. 如图 2-50 所示，AB 为一矩形闸门，A 为闸门的转轴，闸门宽 $b=2\text{m}$，闸自重 $G=19.62\text{kN}$，$h_1=1\text{m}$，$h_2=2\text{m}$，问 B 端所施的铅直力 T 为何值时才能将闸门打开？

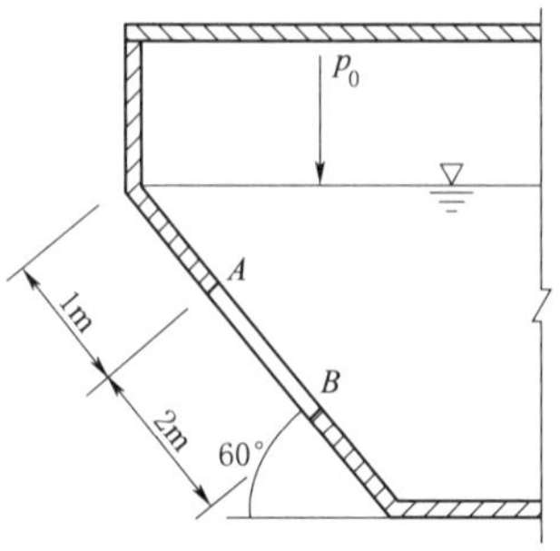

图 2-49

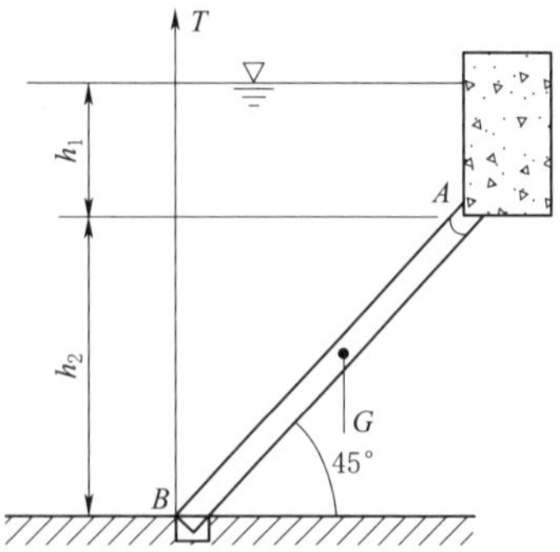

图 2-50

10. 如图 2-51 所示圆弧形闸门 AB（1/4 圆），A 点以上的水深 $H=1.2\text{m}$，闸门宽 $B=4\text{m}$，圆弧形闸门半径 $R=1\text{m}$，水面均为大气压强。确定圆弧形闸门 AB 上作用的静水总压力及作用方向。

11. 图 2-52 所示由三个半圆弧所连接成的曲面 $ABCD$，其半径 $R_1=1\text{m}$，$R_2=$

2m，$R_3=3$m，曲面宽 $b=2$m，试求该曲面所受水压力的水平分力及垂直分力各为多少，并指出垂直水压力的方向。

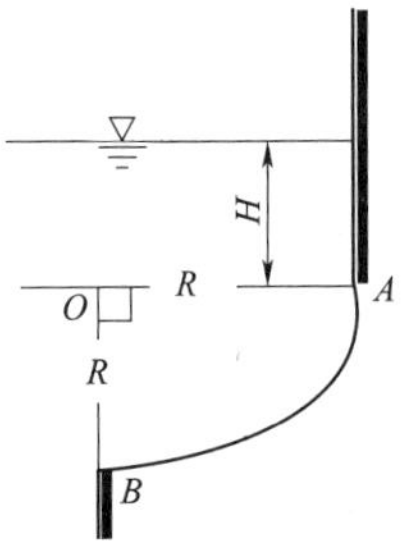

图 2-51

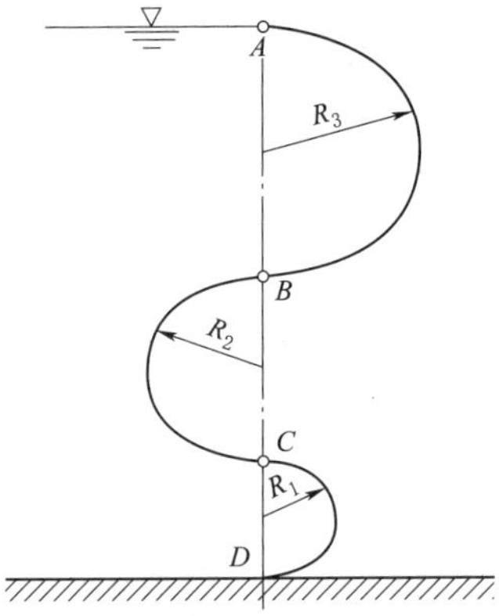

图 2-52

资源 2-6
第二章习题
参考答案

第三章

流体动力学基础

教学目的： 了解描述流体运动的两种方法；理解流场的基本概念；掌握流体运动的连续性方程、能量方程和动量方程的推导和意义，并能灵活应用。

资源 3－1
第三章思维导图

教学内容：

1. 流体运动的描述
2. 欧拉法的基本概念
3. 连续性方程
4. 恒定元流的伯努利方程
5. 恒定总流的伯努利方程
6. 伯努利方程的应用举例
7. 恒定总流的动量方程

教学重点： 恒定流连续性方程、恒定流能量方程及动量方程的推导应用。

教学难点： 能量方程及动量方程的联合应用。

上一章已经介绍了有关流体静力学的基本原理及其应用。但是，自然界和工程实际中绝大多数流体都处于运动状态。因此，研究流体的运动规律及其工程应用具有更加重要的现实意义。流体自身的物理性质和流体运动的外部条件决定着流体的运动状态以及运动要素随时空的变化，并使得运动流体呈现出各种不同的形态。对于土木工程专业而言，工程实际中更多面对的是以液体为代表的流体，因此本章主要讨论液体的运动规律。

液体流动一般都在固体壁面所限制的空间内外进行，例如，水在管道、河道、渠道内流动，均处于边界固体限制的空间之内，而河水绕桥墩的流动，对桥墩而言，则属于固体所限空间之外，这些流动空间即为流场。流体力学中把表征运动状态的各种物理量（如流速、加速度、动水压强等）称为运动要素。流体动力学的基本任务就是研究这些运动要素随时间和空间的变化情况，以及建立这些运动要素之间的关系式（连续性方程、能量方程、动量方程），并用这些关系式来解决工程上所遇到的实际问题。

流体做机械运动时，它仍须遵循物理学及力学中的质量守恒定律、能量守恒定律及动量定律等普遍规律，在流体的机械运动中表现为连续性方程、能量方程和动量方程。上述三大方程是研究实际流体总流的重要理论基础，必须正确理解其物理意义，明确它们的建立条件和适用范围。

第一节 流体运动的描述

液体区别于固体的基本特性是易流动性，因此研究液体运动方法与研究固体运动方法不同，除了沿用研究固体运动方法——拉格朗日法外，还有针对液体易流动特性的研究方法——欧拉法。

一、拉格朗日法

拉格朗日法是瑞士科学家欧拉首先提出的，由法国科学家拉格朗日进行了独立的、完整的表述和具体运用。该方法承袭固体力学的方法，着眼于研究流体质点的运动，把流体的运动看作无数个质点运动的总和。拉格朗日法是离散质点运动描述方法在流体力学中的延续，它的基本思想是：跟踪每个流体质点的运动全过程，记录它们在运动过程中的各物理量及其变化，然后通过综合所有被研究流体质点的运动情况来获得整个流体运动的规律，这种方法可以理解为“跟踪”。这种方法与一般力学中研究质点与质点系运动的方法是一样的，因此拉格朗日法又可称为轨迹法或质点系法。

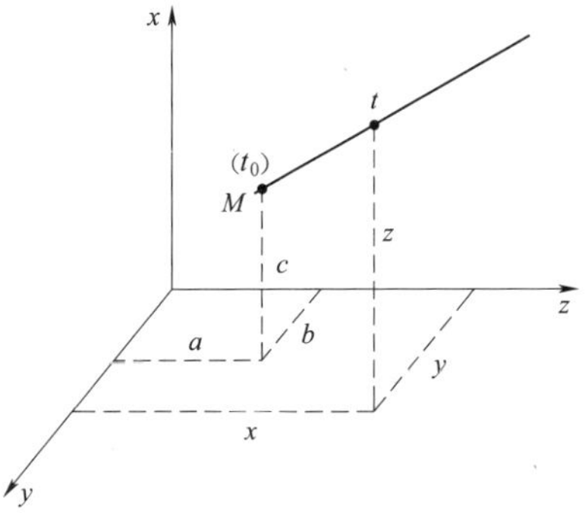

图 3-1　拉格朗日法

如某一流体质点 M（图 3-1），在 $t=t_0$ 时刻占有空间坐标为（a，b，c），将该坐标称为起始坐标；在任意 t 时刻所占有的空间坐标为（x，y，z），该坐标称为运动坐标；则运动坐标可表示为时间 t 与该点起始坐标的函数，即

$$\left.\begin{aligned} x&=x(a,b,c,t)\\ y&=y(a,b,c,t)\\ z&=z(a,b,c,t)\end{aligned}\right\} \tag{3-1}$$

式中　a、b、c、t——拉格朗日变数。

若给定方程中 a、b、c 的值，就可以得到某一特定质点的轨迹方程。

若要知道任一流体质点在任意时刻的速度，可将式（3-1）对时间 t 取偏导数，得出该质点的速度在 x、y、z 轴方向的分量为

$$\left.\begin{aligned} u_x&=\frac{\partial x}{\partial t}=\frac{\partial x(a,b,c,t)}{\partial t}\\ u_y&=\frac{\partial y}{\partial t}=\frac{\partial y(a,b,c,t)}{\partial t}\\ u_z&=\frac{\partial z}{\partial t}=\frac{\partial z(a,b,c,t)}{\partial t}\end{aligned}\right\} \tag{3-2}$$

同理，若将式（3-2）对时间取导数，可得出流体质点运动的加速度

$$\left.\begin{aligned} a_x&=\frac{\partial u_x}{\partial t}=\frac{\partial^2 x}{\partial t^2}\\ a_y&=\frac{\partial u_y}{\partial t}=\frac{\partial^2 y}{\partial t^2}\\ a_z&=\frac{\partial u_z}{\partial t}=\frac{\partial^2 z}{\partial t^2}\end{aligned}\right\} \tag{3-3}$$

在以上的讨论中，所描述的是流体质点的运动。这里所指的流体质点，是指具有

无限小的体积的流体质量，它既不是流体分子，也不同于数学上的空间点。空间点是一个几何概念，既没有大小也没有质量，而所说的流体质点，它的尺寸大小比所研究的运动空间来说小得类似于一个点，但其中又包含了很多的流体分子。

拉格朗日法的基本特点是追踪流体质点的运动，它的优点就是可以直接运用理论力学中早已建立的质点或质点系动力学来进行分析。但缺点是由于流体是由无数个流体质点所组成的，每一个流体质点的运动轨迹又极其复杂，应用这种方法描述流体运动方法在数学上存在难以实现的困难。在工程实际中也不需要了解所有质点运动的全过程。所以，除个别的流动（如研究台风的移动路径）采用拉格朗日法描述以外，大多数流动现象都应用欧拉法进行描述，本书后续内容均对欧拉法展开阐述。

二、欧拉法

绝大多数的工程问题并不要求追踪质点的来龙去脉，只是着眼于流场的各固定空间点、固定断面或固定空间的流动。例如，扭开水龙头，水从管中流出；打开窗，风从窗户流入；开动风机，风从工作区间抽出。人们并不需要追踪各个质点的来龙去脉，只要知道：水从管中以怎样的速度流出；风经过窗户，以什么流速流入；风机抽风，工作区间风速如何分布。也就是只要知道一定地点（水龙头出口处），一定断面（窗口断面），或一定区间（工作区间）的质点的流动状况，而不需要了解某一质点、某一流体集团的全部流动过程。

按照这个观点，可以用欧拉法这个概念来描述流体的运动。它不过问这些流体运动情况是由哪些流体质点表现出来的，也不管这些流体质点的运动轨迹，通过不同流体质点在固定的空间点的运动情况，进而综合足够多的空间点上所观测到的运动要素值及其变化规律，可以获得整个流场的运动情况，这种方法可以理解为“布哨”，又被称为流场法或空间点法。

采用欧拉法，可把流场中任何一个运动要素表示为空间坐标和时间的函数。例如任意时刻，通过流场中任意点（x，y，z）的液体质点的流速在各坐标轴上的投影 u_x、u_y、u_z 可表示为

$$\left.\begin{aligned} u_x&=u_x(x,y,z,t)\\ u_y&=u_y(x,y,z,t)\\ u_z&=u_z(x,y,z,t)\end{aligned}\right\} \tag{3-4}$$

式中 x、y、z、t——欧拉变量。

对比拉格朗日法和欧拉法的不同变量，就可以看出两者的区别：前者以 a、b、c 为变量，是以一定质点为对象；后者以 x、y、z 为变量，是以固定空间点为对象。只要对流动的描述是以固定空间、固定断面，或固定点为对象，应采用欧拉法，而不采用拉格朗日法。本书以下的流动描述均采用欧拉法。

三、流体质点的加速度，质点导数

拉格朗日法以个别质点为对象，式（3－3）即为指定质点［起始坐标（a，b，c）］的加速度表达式。下面讨论欧拉法质点加速度的表达式。

求质点的加速度，就要跟踪观察这个质点沿程速度的变化，这样一来，速度表达

式中的坐标（x，y，z）就是质点运动轨迹上的空间点坐标，不能视为常数，而是时间 t 的函数，即 $x=x(t)$，$y=y(t)$，$z=z(t)$。因此加速度需按复合函数求导法则导出

$$\begin{aligned}\vec{a}&=\frac{\mathrm{d}\vec{u}}{\mathrm{d}t}=\frac{\partial \vec{u}}{\partial t}+\frac{\partial \vec{u}}{\partial x}\frac{\mathrm{d}x}{\mathrm{d}t}+\frac{\partial \vec{u}}{\partial y}\frac{\mathrm{d}y}{\mathrm{d}t}+\frac{\partial \vec{u}}{\partial z}\frac{\mathrm{d}z}{\mathrm{d}t}\\&=\frac{\partial \vec{u}}{\partial t}+u_x\frac{\partial \vec{u}}{\partial x}+u_y\frac{\partial \vec{u}}{\partial y}+u_z\frac{\partial \vec{u}}{\partial z}\end{aligned}\tag{3-5}$$

分量形式为

$$\left.\begin{aligned}a_x&=\frac{\mathrm{d}u_x}{\mathrm{d}t}=\frac{\partial u_x}{\partial t}+u_x\frac{\partial u_x}{\partial x}+u_y\frac{\partial u_x}{\partial y}+u_z\frac{\partial u_x}{\partial z}\\a_y&=\frac{\mathrm{d}u_y}{\mathrm{d}t}=\frac{\partial u_y}{\partial t}+u_x\frac{\partial u_y}{\partial x}+u_y\frac{\partial u_y}{\partial y}+u_z\frac{\partial u_y}{\partial z}\\a_z&=\frac{\mathrm{d}u_z}{\mathrm{d}t}=\frac{\partial u_z}{\partial t}+u_x\frac{\partial u_z}{\partial x}+u_y\frac{\partial u_z}{\partial y}+u_z\frac{\partial u_z}{\partial z}\end{aligned}\right\}\tag{3-6}$$

上式也可表示为

$$\vec{a}=\frac{\mathrm{d}\vec{u}}{\mathrm{d}t}=\frac{\partial \vec{u}}{\partial t}+(\vec{u}\cdot\nabla)\vec{u}\tag{3-7}$$

哈密顿算子

$$\nabla=\vec{i}\frac{\partial}{\partial x}+\vec{j}\frac{\partial}{\partial y}+\vec{k}\frac{\partial}{\partial z}$$

由式（3－7）可见，在欧拉法中质点的加速度由两部分组成。其中称$\frac{\partial \vec{u}}{\partial t}$为当地加速度或时变加速度，它是由流场的不恒定性引起的。$(\vec{u}\cdot\nabla)\vec{u}$ 称为迁移加速度或位变加速度，它是由流场的不均匀性引起的。举例说明如下。

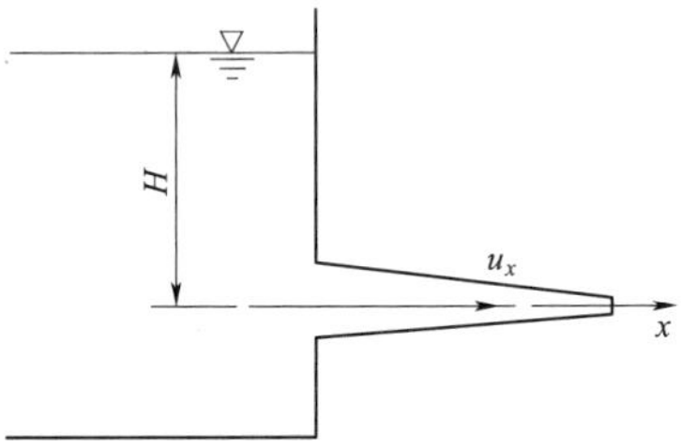

图 3－2　收缩管出流

水箱里的水经收缩管流出（图 3－2），若水箱无来水补充，水位 H 逐渐降低，管轴线上质点的速度随时间减小，当地加速度$\frac{\partial u_x}{\partial t}$为负值。同时管道收缩，质点的速度随迁移而增大，故有迁移加速度 $u_x\frac{\partial u_x}{\partial x}$ 为正值。所以该质点的加速 $a_x=\frac{\partial u_x}{\partial t}+u_x\frac{\partial u_x}{\partial x}$。

若水箱有来水补充，水位 H 保持不变，质点的速度不随时间变化，当地加速度为 0，但仍有迁移加速度，该质点的加速度为

$$a_x=u_x\frac{\partial u_x}{\partial x}$$

若出水管是等直径的直管，且水位 H 保持不变（图 3－3），则管内流动的质点，既无当地加速度，也无迁移加速度，$a_x=0$。

欧拉法描述流体运动质点的物理量，不论是矢量还是标量，对时间的变化率称为该物理量的随体导数或质点导数，其表达式与式（3－7）类似，如物理量 $A=A(x,y,z,t)$ 的随体导数

$$\frac{\mathrm{d}A}{\mathrm{d}t}=\frac{\partial A}{\partial t}+(\vec{u}\cdot\nabla)A \tag{3-8}$$

式中 $\frac{\partial A}{\partial t}$、$(\vec{u}\cdot\nabla)A$——物理量 A 的时变导数和位变导数。

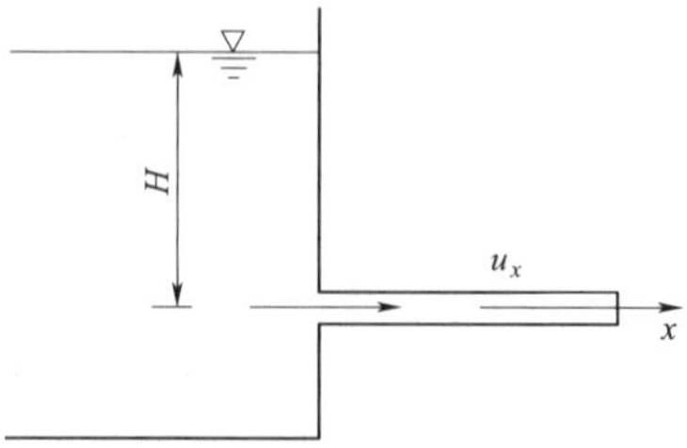

图 3－3　等直径直管出流

资源 3－2 拉格朗日法和欧拉法的对比

若为不可压缩流体，密度的随体导数为

$$\frac{\mathrm{d}\rho}{\mathrm{d}t}=\frac{\partial\rho}{\partial t}+(\vec{u}\cdot\nabla)\rho=0$$

第二节　欧拉法的基本概念

一、流动的分类

用欧拉法描述液体运动时，一般情况下将各种运动要素都表示为空间坐标和时间的连续函数。在欧拉法的范畴内，可以按照不同的时空标准对流动进行不同的分类。

（一）恒定流和非恒定流

当用欧拉法来描述流体运动时，流场中的各空间点上的任何流动要素（速度、压强、密度等）都不随时间的变化而变化的流动就是恒定流动；反之，称为非恒定流动。对于恒定流，流场方程为

$$\left.\begin{aligned}\vec{u}&=\vec{u}(x,y,z)\\ p&=p(x,y,z)\\ \rho&=\rho(x,y,z)\end{aligned}\right\} \tag{3-9}$$

或运动参数的时变导数为零，即 $\frac{\partial u}{\partial t}=0$、$\frac{\partial p}{\partial t}=0$。

工程中大多数流动、流速等参数不随时间而变，或变化甚缓，只需用恒定流计算就能满足实用要求。但这并不是说非恒定流没有实际意义，例如水击现象，必须用非恒定流进行计算。

如图 3－4（a）所示，在水库的岸边布置了一条泄水隧洞，当水库水位保持恒定不变（不随时间而变化）时，隧洞中水流（在隧洞中任何位置）的所有运动要素都不会随时间而改变，因而通过隧洞的水流为恒定流。

如果流场中任何空间点上有任何一个运动要素是随时间而变化的，这种水流称为非恒定流。

如图 3－4（b）所示，当水库中水位随着时间而改变（上升或下降），那么隧洞中水流的运动要素也必然随时间而改变，此时洞内水流为非恒定流。天然河道中洪水的涨落、进水闸在调节流量过程中渠道中的水流等，都是非恒定流的例子。

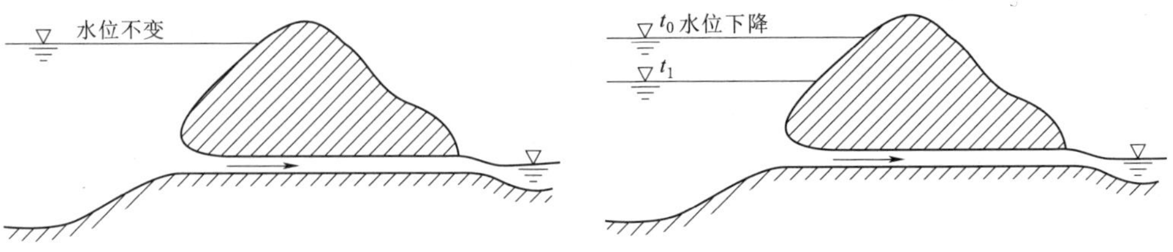

（a）恒定流　　（b）非恒定流

图 3-4　恒定流与非恒定流

研究每一种实际水流运动，首先需要分清水流属于恒定流还是非恒定流。在恒定流问题中，不包括时间变量，水流运动的分析较为简单；而在非恒定流的情况下，由于增加了时间变量，运动的分析就比较复杂。

（二）一维、二维和三维流动

以空间为标准，若各空间点上的流动参数（主要是速度）是三个空间坐标和时间变量的函数，$\vec{u}=\vec{u}(x, y, z, t)$，流动是三维流动。

若各空间点上的速度皆平行于某一平面，且流动参数在该平面的垂直方向无变化，令 z 轴垂直于该平面，则 $u_z=0$，$\frac{\partial u_x}{\partial z}=\frac{\partial u_y}{\partial z}=0$，流动参数只是两个空间坐标（$x$，$y$）和时间变量的函数 $\vec{u}=\vec{u}(x, y, t)$，这样的流动是二维流动，即平面流动。如水流绕过很长的圆柱体，忽略两端的影响，流动可简化为二维流动。

若流动参数只是一个空间坐标和时间变量的函数，这样的流动是一维流动。如管道和渠道内的流动，流束方向的尺寸远大于横向尺寸，流速取断面的平均速度，流动可视为一维流动。

二、迹线与流线

（一）迹线

迹线是某一质点在某一时段内所经历的空间点的连线，即质点的运动轨迹线。拉格朗日法正是研究流体质点运动历程和表现的。因此，迹线是由拉格朗日法引出的概念，江河中漂浮物从一处浮游到另一处时所画的曲线便是一条迹线，还有烟花的轨迹也是迹线。

（二）流线

1. 流线的概念

在采用欧拉法描述流体运动时，为了反映流场中的流速，分析流场中的流动，常用形象化的方法直接在流场中绘出反映流动方向的一系列线条，这就是流线。流线也是假想的线条，用来反映流场中流体的流动趋势，如图 3-5 所示。

流线通常是针对某一瞬时的流场绘制的，该曲线上的每一点的流速矢量方向均与曲线上该点的切线方向一致。流线是欧拉法引入的概念，流线的绘制方法简介如下。

如图 3-6 所示，想象在某时刻 t_1 流场中有一空间点 A_1，此时经过该空间点的流体质点具有的速度为 u_1，自 A_1 作矢量 u_1，沿 u_1 方向截取微分长度 Δs_1，得到另一空间点 A_2，在同一时刻 t_1 经过空间点 A_2 的流体质点具有的速度为 u_2，自 A_2 作矢

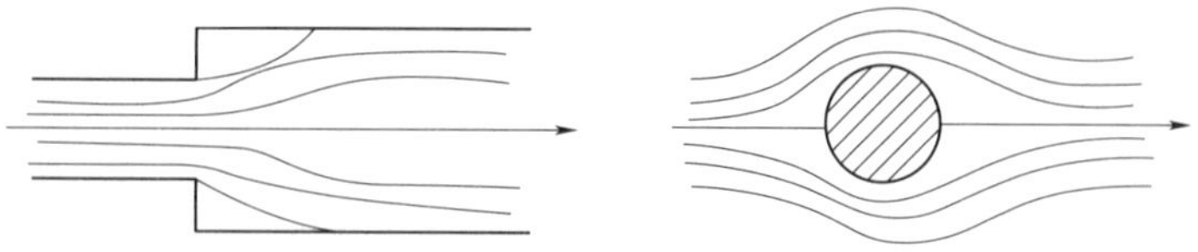

图 3-5　流线

量 u_2，沿 u_2 方向截取微分长度 Δs_2，得到另一空间点 A_3，在同一时刻 t_1 经过该空间点 A_3 的流体质点具有的速度为 u_3，沿 u_3 方向截取微分长度 Δs_3，得到另一空间点 A_4，以此类推，就得到了同一时刻 t_1 流场中流经不同空间点的流体质点的流速组成的一条折线。当每一段 Δs 均趋于零时，折线将变成一条光滑的曲线，各点的流速矢量均与该曲线相切。这条光滑的曲线即为 t_1 时刻经过起始点 A_1 的一条流线。按此方法，从不同空间点开始，可以绘出无数条流线。

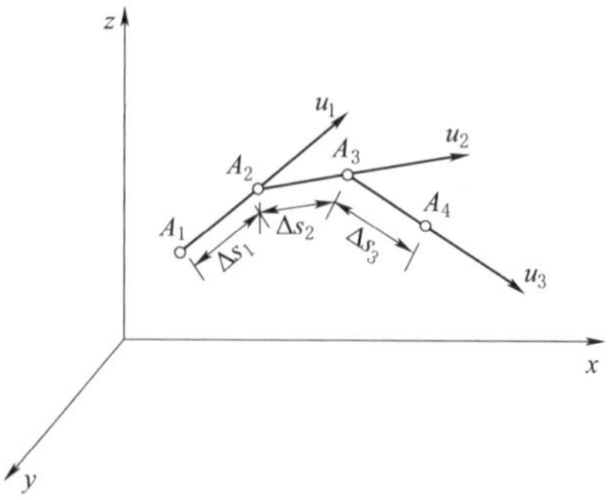

图 3-6　流线绘制

2. 流线的性质

(1) 流线上任一点的切向方向代表该点的流速矢量方向。

(2) 同一瞬时的流线不能相交，也不能转折，只能是一条光滑的曲线。

(3) 恒定流时，流线的形状不随时间改变；非恒定流时，流线的形状随时间改变，即非恒定流的流线具有瞬时性，不同瞬时的流线各不相同。

(4) 恒定流时流线与迹线相重合，非恒定流时流线与迹线不重合。

(5) 流线分布的疏密程度反映流速的大小，密则大，疏则小。

(6) 流线的形状总是尽可能接近边界的形状。

从流线的性质可以看出，流线是空间流速分布情况的形象化。如果获得了某一瞬时的许多流线，也就了解了该瞬时整个液流的运动图景。

(三) 流线和迹线的微分方程

根据流线的定义，流线上任一点的速度方向和曲线在该点的切线方向重合，可以写出它的微分方程式。沿流线的流动方向取微元距离 ds，由于流速向量 $\vec{u}$ 的方向和距离向量 $d\vec{s}$ 的方向重合，根据矢量代数，前者的三个轴向分量 u_x、u_y、u_z 必然和后者的三个轴向分量 dx、dy、dz 成比例，即

$$\frac{dx}{u_x}=\frac{dy}{u_y}=\frac{dz}{u_z} \tag{3-10}$$

这就是流线的微分方程式。

迹线的微分方程可以表示为

$$\frac{dx}{u_x}=\frac{dy}{u_y}=\frac{dz}{u_z}=dt \tag{3-11}$$

三、流管、流束、过流断面、元流和总流

（一）流管、流束

在流场中任取不与流线重合的封闭曲线，过曲线上各点作流线，所构成的管状表面称为流管［图 3－7（a）］。流管是设想在流场中由无数根流线组成的微小的封闭管子，充满流体的流管称为流束［图 3－7（b）］。

因为流线不能相交，所以流体不能由流管壁出入。由于恒定流中流线的形状不随时间变化，所以恒定流流管、流束的形状也不随时间变化。

（二）过流断面

在流束上作出的与流线正交的横断面是过流断面。过流断面不都是平面，只有在流线相互平行的均匀流段，过流断面才是平面（图 3－8）。

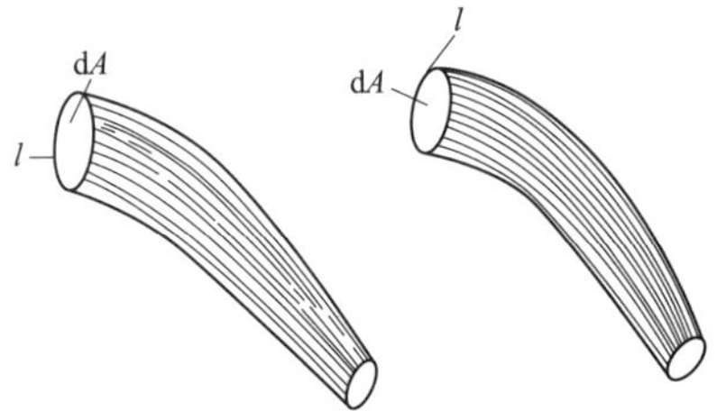

（a）流管　　（b）流束

图 3－7　流管与流束

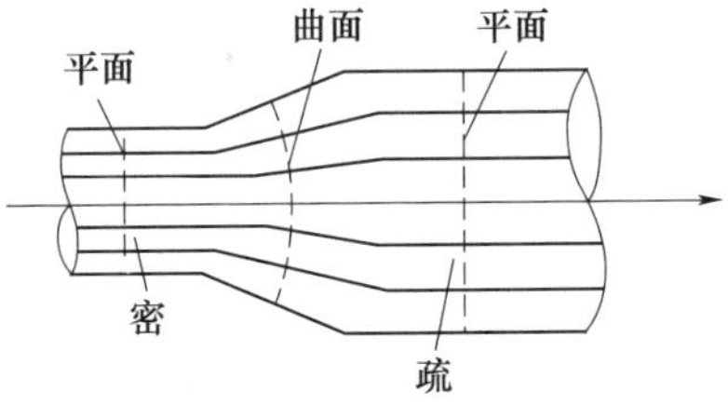

图 3－8　过流断面

（三）元流

充满于流管中的液流称为元流，也称微小流束。按照流线不能相交的特性，元流内的流体不会穿过流管的管壁向外流动，流管外的流体也不会穿过流管的管壁向元流内流动。元流的横断面积很小，一般在其横断面上各点的流速或动水压强可看作相等的。

（四）总流

任何一个实际水流都具有一定规模的边界，这种有一定大小尺寸的实际水流称为总流。总流可以看作由无限个元流所组成。

四、流量、断面平均流速

（一）流量

单位时间内通过某一过流断面的流体体积称为流量（实际上是体积流量）。流量一般以符号 Q 表示，其常用的单位为 m^3/s。工程上也常用到重量流量和质量流量的概念。重量流量是单位时间内通过过流断面的液体重量，以符号 γQ 表示，常用单位是 kN/h。质量流量是单位时间内通过过流断面的液体的质量，以符号 ρQ 表示，常用单位是 kg/h。

设在总流中任取一微小流束即元流，其过流断面面积为 $\mathrm{d}A$，因元流过流断面上各点流速可认为相等，令 $\mathrm{d}A$ 面上流速为 u，由于把过流断面定义为与液体流动方向成垂直，故单位时间内通过过流断面 $\mathrm{d}A$ 的流体体积为

$$u\mathrm{d}A=\mathrm{d}Q \tag{3-12}$$

式中　dQ——元流的流量。

通过总流过流断面 A 的流量，等于无限多个元流的流量之和，即

$$Q=\int_Q dQ=\int_Q u\,dA \tag{3-13}$$

流量是一个重要的物理量，它具有普遍的实际意义。通风就是输送一定流量的空气到被通风的地区；供热就是输送一定流量的带热流体到需要热量的地方去。管道设计问题既是流体输送问题，也是流量问题。

（二）断面平均流速

众所周知，同一过流断面上各点的流速大小是不等的，如果已知过流断面上的流速分布，则可利用式（3-13）计算总流的流量。但是，一般情况下断面流速分布不易确定，而且在实际应用中，有时并不一定需要知道总流过流断面上各点的流速分布，仅仅需要了解断面平均流速沿流程与时间的变化情况。因此在工程实际中，为使研究简便，通常引入断面平均流速的概念。

总流过流断面上的平均流速是用来简化研究而想象的一个流速 v，用来替代断面的实际流速分布。如果过流断面上各点的流速相等并等于 v，此时所通过的流量与实际上流速为不均匀分布时所通过的流量相等，则流速 v 就称为断面平均流速。如图 3-9（a）所示因过流断面上的流速不等，各为 u_1，u_2，u_3，…根据式（3-13），通过过流断面的流量为 $\int_Q u\,dA$，其中 $u\,dA$ 为任一微小流束的流量，积分后即为图 3-9（a）的体积。现若将各点的流速截长补短，使过流断面上各点流速均相等，如图 3-9（b）所示，使其体积与图 3-9（a）中的体积相等，则流速 v 就是断面平均流速。

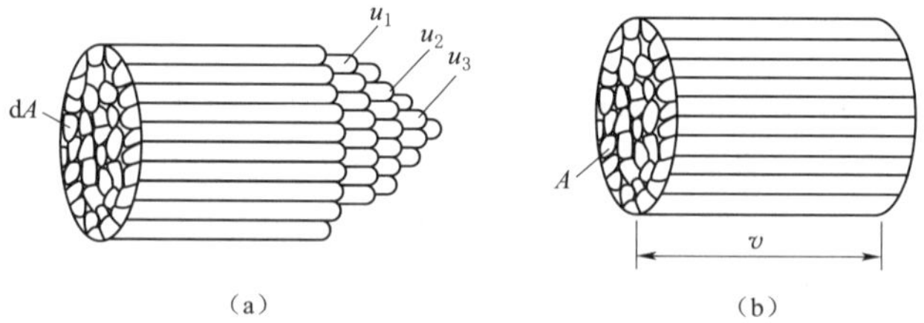

图 3-9　点流速与平均流速的转换

根据断面平均流速的定义

$$Q=\int_Q dQ=\int_Q u\,dA=\int_A v\,dA=v\int_A dA=vA \tag{3-14}$$

或
$$v=\frac{Q}{A} \tag{3-15}$$

由此可见，通过总流过流断面的流量等于断面平均流速与过流断面面积的乘积。按照这样的概念，可以认为过流断面上各点的流体均以同一平均流速运动着。

【例 3-1】 已知半径为 r_0 的圆管中，过流断面上的流速分布为 $u=u_{max}\left(\frac{y}{r_0}\right)^{1/7}$，

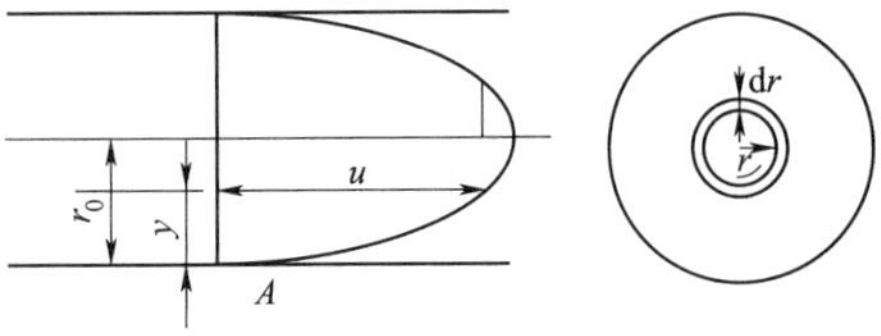

图 3-10 ［例 3-1］图

式中 u_{max} 是轴线上断面最大流速，y 为距管壁的距离（图 3-10）。试求：(1) 通过的流量和断面平均流速；(2) 过流断面上，速度等于平均流速的点距管壁的距离。

解：(1) 在过流断面 $r=r_0-y$ 处，取环形微元面积，$dA=2\pi r dr$，环面上各点流速 u 相等。

流量
$$Q=\int_A u dA=\int_0^{r_0} u_{max}\left(\frac{y}{r_0}\right)^{1/7} 2\pi(r_0-y)d(r_0-y)$$
$$=\frac{2\pi u_{max}}{r_0^{1/7}\int_0^{r_0}(r_0-y)y^{1/7}dy}=\frac{49\pi r_0^2 u_{max}}{60}$$

断面平均流速
$$v=\frac{Q}{A}=\frac{49}{60}u_{max}$$

(2) 依题意，令
$$u_{max}\left(\frac{y}{r_0}\right)^{1/7}=\frac{49}{60}u_{max}$$
$$\frac{y}{r_0}=\left(\frac{49}{60}\right)^7=0.242$$
$$y=0.242r_0$$

五、均匀流和非均匀流

(一) 均匀流

当水流的流线为相互平行的直线时，该水流称为均匀流，直径不变的直线管道中的水流就是均匀流的典型例子。基于上述定义，均匀流应具有以下特性：

(1) 过流断面为平面，且过流断面的形状和尺寸沿程不变。

(2) 同一流线上不同点的流速应相等，因而各过流断面上的流速分布相同，断面平均流速相等。

(3) 过流断面上的动水压强分布规律与静水压强分布规律相同，即在同一过流断面上各点测压管水头为一常数。

如图 3-11 所示，在管道均匀流中，任意选择 1-1 及 2-2 两过流断面，分别在两过流断面上装上测压管，则同一断面上各测压管水面必上升至同一高程，即
$$z+\frac{p}{\rho g}=C$$

但不同断面上测压管水面所上升的高程是不相同的，对断面 1-1，$\left(z+\frac{p}{\rho g}\right)_1=C_1$；对断面 2-2，$\left(z+\frac{p}{\rho g}\right)_2=C_2$。

为了证明这一特性，在均匀流过流断面上取一微分柱体，其轴线 $n-n$ 与流线正交，并与铅垂线成夹角 α，如图 3－12 所示。

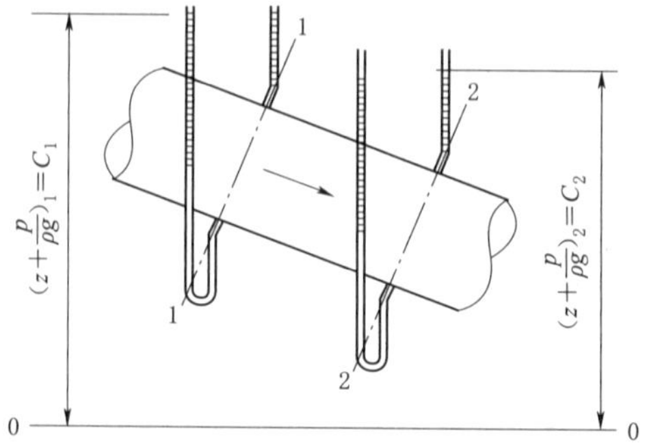

图 3－11　均匀流测压管水头

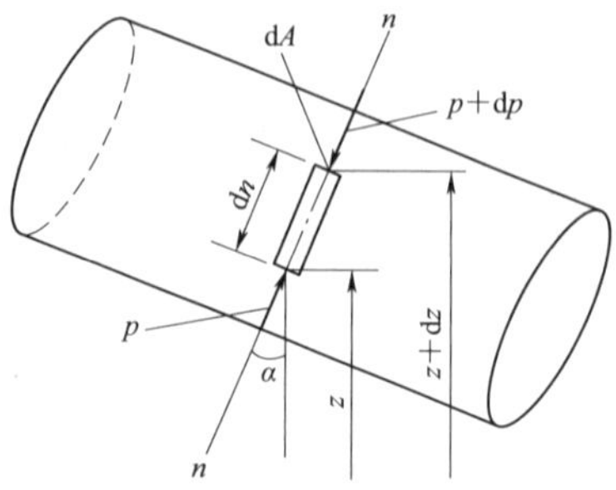

图 3－12　均匀流过流断面微分柱体

微分柱体两断面形心点离基准面高度分别为 z 及 $z+dz$，其动水压强分别为 p 及 $p+dp$。作用在微分柱体上的力在 n 轴方向的投影有柱体两断面上的动水压力 $p dA$ 与 $(p+dp)dA$，以及柱体自重沿 n 方向的投影 $dG\cos\alpha=\rho g\, dA dn\cos\alpha=\rho g\, dA\, dz$。柱体侧面上的动水压力以及水流的内摩擦力与 n 轴正交，故沿 n 方向投影为零。在均匀流中，与流线成正交的 n 方向无加速度，亦即无惯性力存在。上述诸力在 n 方向投影的代数和为零，于是

$$p dA-(p+dp)dA-\rho g\, dA\, dz=0 \tag{3-16}$$

简化后得

$$\rho g\, dz+dp=0 \tag{3-17}$$

对上式积分可得

$$z+\frac{p}{\rho g}=C \tag{3-18}$$

上式表明，均匀流过流断面上的动水压强分布规律与静水压强分布规律相同，因而过流断面上任一点动水压强或断面上动水总压力都可以按照静水压强以及静水总压力的公式来计算。

（二）非均匀流

若流体的流线不是互相平行的直线，该流动称为非均匀流。如果流线虽然互相平行但不是直线（如管径不变的弯管中水流），或者流线虽为直线但不互相平行（如管径沿程缓慢均匀扩散或收缩的渐变管中流体）都属于非均匀流。

按照流线不平行和弯曲的程度，可将非均匀流分为渐变流和急变流。

1. 渐变流

当流体的流线虽然不是互相平行的直线，但几乎近于平行直线时，这种流动称为渐变流（或缓变流）。而渐变流的极限情况则称为均匀流。如果一个实际水流，其流线之间夹角很小，或流线曲率半径很大，则可将其视为渐变流。但究竟夹角要小到什么程度，曲率半径要大到什么程度才能视为渐变流，一般无定量标准，要看

对于一个具体问题所要求的精度。由于渐变流的流线近似于平行直线，在过流断面上动水压强的分布规律，可近似地看作与静水压强分布规律相同。如果实际水流的流线不平行程度和弯曲程度太大，在过流断面上，沿垂直于流线方向就存在离心惯性力，这时，再把过流断面上的动水压强按静水压强分布规律看待所引起的偏差就会很大。

水流是否可看作渐变流，与水流的边界有密切的关系。当边界为近于平行的直线时，水流往往是渐变流。管道转弯、断面扩大或收缩以及明渠中由于建筑物的存在使水面发生急剧变化处的水流都是急变流的例子，如图 3－13 所示。

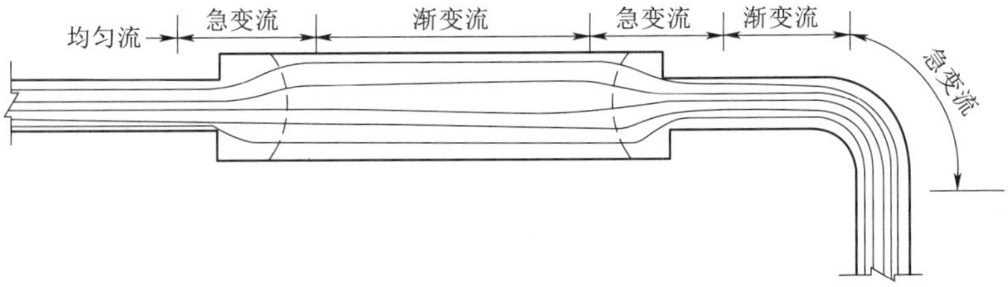

图 3－13　非均匀流中的渐变流和急变流

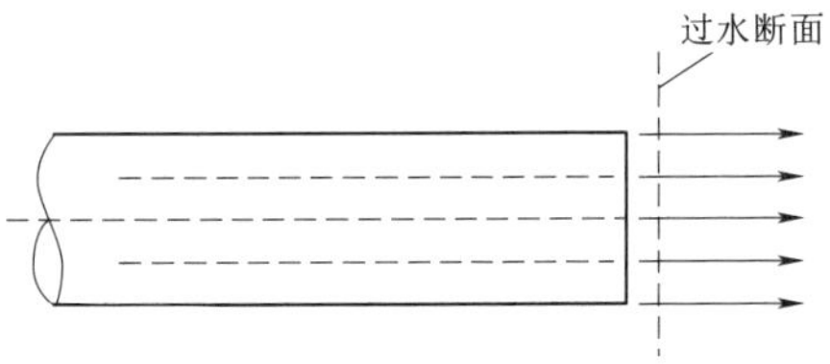

图 3－14　流入大气的出口断面

应当指出，前面关于均匀流或渐变流的过流断面上动水压强遵循静水压强分布规律的结论，必须是对于有固体边界约束的水流才适用。如由孔口或管道末端射入空气的射流，虽然在出口断面处或距出口断面不远处，水流的流线也近似于平行的直线，可视为渐变流（图 3－14），但因该断面的周界上均与气体接触，断面上各点压强均为气体压强，从而过流断面上的动水压强分布不服从静水压强的分布规律。

2. 急变流

若水流的流线之间夹角很大或者流线的曲率半径很小，这种水流称为急变流。

现在来简要地分析一下在急变流情况下，过流断面上动水压强的分布特性。图 3－15 为一流线上凸的急变流，为简单起见，设流线为一簇互相平行的同心圆弧曲线。如果仍然像分析渐变流过流断面上动水压强分布的方法那样，在过流断面上取一微分柱体来研究它的受力情况。很显然，急变流与渐变流相比，在平衡方程式中，多了一个离心惯性力。离心惯性力的方向与重力沿 $n-n$ 轴方向的分力相反，因此使过流断面上动水压强比静水压强要小（图 3－15）。

假如急变流为一下凹的曲线流动（图 3－16），由于液体质点所受的离心惯性力方向与重力作用方向相同，因此过流断面上动水压强比按静水压强计算所得的数值要大。

综上所述，当水流为急变流时，其动水压强分布规律与静水压强分布规律不同。

【例 3－2】　已知速度场 $\vec{u}=(4y-6x)t\vec{i}+(6y-9x)t\vec{j}$。试问：(1) $t=2\text{s}$ 时，在

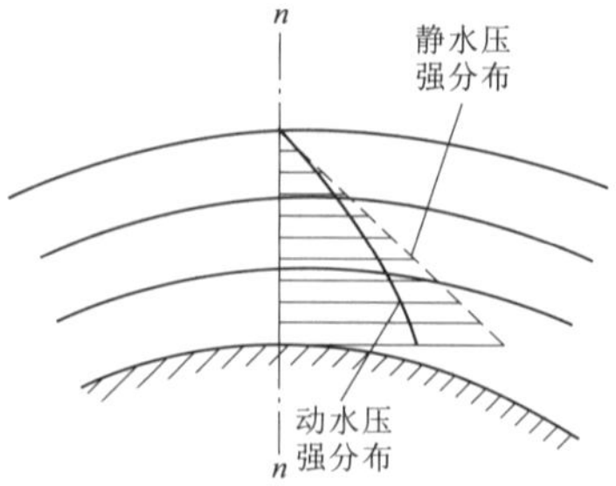

图 3-15　流线上凸的急变流

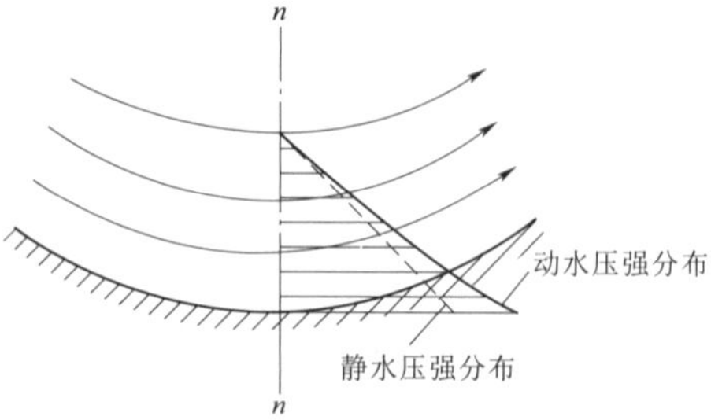

图 3-16　流线下凹的急变流

(2，4) 点的加速度是多少？(2) 流动是恒定流还是非恒定流？(3) 流动是均匀流还是非均匀流？

解：(1) 由式 (3-6) 得

$$
\begin{aligned}
a_x &= \frac{\partial u_x}{\partial t} + u_x \frac{\partial u_x}{\partial x} + u_y \frac{\partial u_x}{\partial y} \\
&= (4y-6x) + (4y-6x)t(-6t) + (6y-9x)t(4t) \\
&= (4y-6x)(1-6t^2) + (6y-9x)4t^2
\end{aligned}
$$

以 $t=2\text{s}$，$x=2$，$y=4$，代入上式得，$a_x = 4\text{m/s}^2$；同理可得：$a_y = 6\text{m/s}^2$。

$$a = \sqrt{a_x^2 + a_y^2} = 7.21\text{m/s}^2$$

(2) 因速度场随时间变化，或由时变导数

$$\frac{\partial \vec{u}}{\partial t} = \frac{\partial u_x}{\partial t}\vec{i} + \frac{\partial u_y}{\partial t}\vec{j} = (4y-6x)\vec{i} + (6y-9x)\vec{j} \neq 0$$

此流动是非恒定流。

(3) 由于

$$(\vec{u} \cdot \nabla)\vec{u} = \left(u_x \frac{\partial u_x}{\partial x} + u_y \frac{\partial u_x}{\partial y}\right)\vec{i} + \left(u_x \frac{\partial u_y}{\partial x} + u_y \frac{\partial u_y}{\partial y}\right)\vec{j} = 0$$

此流是非均匀流。

第三节　连 续 性 方 程

液体运动必须遵循质量守恒这一普遍规律。恒定总流的连续性方程正是物理学中的质量守恒定律在液体运动中的特殊表现形式。本节介绍应用质量守恒定律推导液体运动连续性方程的过程。

一、恒定元流的连续性方程

设在某一元流中任取两过流断面 1 和 2（图 3-17），其面积分别为 $\mathrm{d}A_1$ 和 $\mathrm{d}A_2$，在恒定流条件下，过流断面上的流速 u_1 和 u_2 不随时间变化。根据质量守恒定律，在 $\mathrm{d}t$ 时段内通过过流断面 $\mathrm{d}A_1$ 的流体的质量 $\rho_1 u_1 \mathrm{d}A_1 \mathrm{d}t$ 和通过过流断面 $\mathrm{d}A_2$ 的流体的质量 $\rho_2 u_2 \mathrm{d}A_2 \mathrm{d}t$ 相等，即

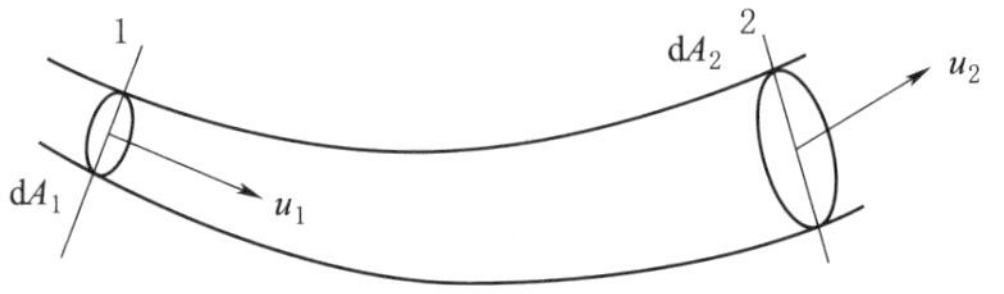

图 3-17　元流断面

$$\rho_1 u_1 dA_1 dt = \rho_2 u_2 dA_2 dt$$

消去 dt，便得出不同断面上密度不相同时反映元流两断面间流动的质量平衡的连续性方程，即可压缩流体的连续性方程为

$$\left.\begin{aligned} \rho_1 u_1 dA_1 dt = \rho_2 u_2 dA_2 dt \\ dQ_{m1} = dQ_{m2} \end{aligned}\right\} \tag{3-19}$$

若元流是不可压缩流体，$\rho_1 = \rho_2 = \rho$，得

$$\left.\begin{aligned} \rho_1 u_1 dA_1 = \rho_2 u_2 dA_2 \\ dQ_1 = dQ_2 \end{aligned}\right\} \tag{3-20}$$

式（3-20）称为不可压缩流体恒定元流的连续性方程。它表示沿流动方向流速与过流断面面积成反比的关系，也说明在不可压缩流体恒定元流中，各断面的流量相等。

二、恒定总流的连续性方程

根据过流断面平均流速的概念，可以将元流的连续性方程推广到总流中。设在总流中任取两过流断面，其面积分别为 A_1 和 A_2，相应的过流断面的平均流速为 v_1 和 v_2，平均密度为 ρ_1 和 ρ_2，则根据上述讨论元流连续性方程，有

$$\int_{A_1} \rho_1 u_1 dA_1 = \int_{A_2} \rho_2 u_2 dA_2$$

因而可压缩流体恒定总流的连续性方程为

$$\rho_1 v_1 dA_1 = \rho_2 v_2 dA_2 \tag{3-21}$$

或

$$Q_{m1} = Q_{m2} \tag{3-22}$$

若流体是不可压缩流体，$\rho_1 = \rho_2 = \rho$，则得不可压缩流体恒定元流的连续性方程为

$$v_1 A_1 = v_2 A_2 \tag{3-23}$$

$$Q_1 = Q_2 \tag{3-24}$$

式（3-23）、式（3-24）是不可压缩流体恒定流连续性方程式的两种形式。方程式表明：在不可压缩流体一元流动中，平均流速与断面面积成反比。

由于断面 1、断面 2 是任意选取的，上述关系可以推广至全部流动的各个断面。即

$$\left.\begin{aligned} Q_1 = Q_2 = \cdots = Q \\ v_1 A_1 = v_2 A_2 = \cdots = vA \end{aligned}\right\} \tag{3-25}$$

而流速之比和断面之比有下列关系

$$v_1 : v_2 : \cdots : v = \frac{1}{A_1} : \frac{1}{A_2} : \cdots : \frac{1}{A} \tag{3-26}$$

从式（3-26）可以看出，连续性方程确立了总流各断面平均流速沿流向的变化规律。

如果恒定总流两断面间有流量输入或输出，如江流或分流（图 3-18），合流的连续性方程为 $Q_1 + Q_3 = Q_2$，分流的连续性方程为 $Q_1 = Q_2 + Q_3$。

因此，恒定总流的连续性方程可推广为：取一段控制体，流入的流量之和等于流

出的流量之和，即

$$\sum Q_{进} = \sum Q_{出} \tag{3-27}$$

单纯依靠连续性方程式，虽然并不能求出断面平均流速的绝对值，但它的相对比值是完全确定了的。所以，只要总流的流量已知，或任一断面的平均流速已知，则其他任何断面的平均流速均可算出。

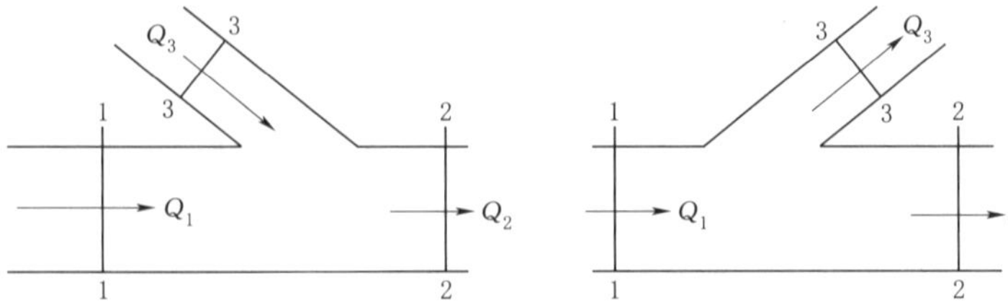

(a) 汇流　　(b) 分流

图 3-18　管道的汇流与分流

【例 3-3】　变直径水管（图 3-19），已知粗管直径 $d_1=200$mm，断面平均流速 $v_1=1.5$m/s，细管直径 $d_2=100$mm，试求细管管段的断面平均流速。

解： 由流体总流连续性方程式（3-23）得

$$v_1 A_1 = v_2 A_2$$

$$v_2 = v_1 \frac{A_1}{A_2} = v_1 \left(\frac{d_1}{d_2}\right)^2 = 1.5 \times \left(\frac{0.2}{0.1}\right)^2 = 6(\text{m/s})$$

【例 3-4】　输水管经三通管分流（图 3-20），已知管径 $d_1=d_2=200$mm，$d_3=100$mm，断面平均流速 $v_1=4$m/s，$v_2=2$m/s，试求断面平均流速 v_3。

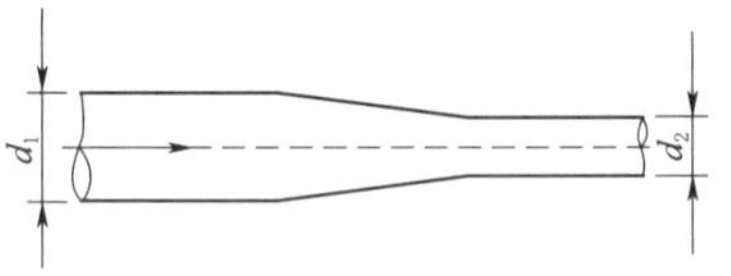

图 3-19　[例 3-3] 图

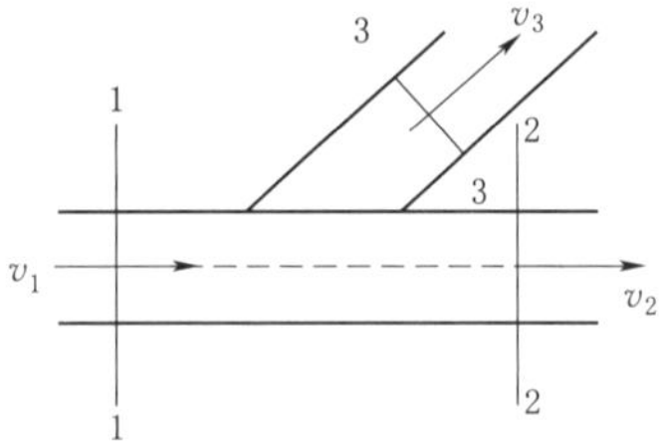

图 3-20　[例 3-4] 图

资源 3-3
连续性方程
工程案例
应用

资源 3-4
连续性方程
应用特例

解： 流进的总流量等于流出的总流量，即

$$Q_1 = Q_2 + Q_3$$

$$v_1 A_1 = v_2 A_2 + v_3 A_3$$

$$v_3 = (v_1 - v_2)\left(\frac{d_1}{d_3}\right)^2 = 2 \times \left(\frac{0.2}{0.1}\right)^2 = 8(\text{m/s})$$

第四节　恒定元流的伯努利方程

连续性方程是流体动力学方程，但它只给出了沿一元流动长度上断面流速的变化

规律，完全没有涉及流体的受力性质。所以它只能决定流速的相对比例，却不能给出流速的绝对数值。如果需要求出流速的绝对值，还必须从动力学着眼，考虑外力作用下流体是按照什么规律运动的。

恒定流的能量方程也属流体动力学基本方程，是能量转化与守恒定律在流体力学中的特殊表现形式及具体的应用，也是流体运动现象分析与计算中应用最为普遍的一个方程。推导恒定总流的能量方程分两步走：先是“化整为零”推导出恒定元流的能量方程，然后再用“积零为整”的积分方法来研究恒定总流的能量方程。

一、理想流体元流运动的伯努利方程

由牛顿第二定律导出的动能定理同样适用于流体运动，但由于流体运动有其特殊性，方程式的具体表现也有其特殊形式。

资源 3-5
伯努利家族

1738 年，瑞士数学家、物理学家伯努利根据能量原理，即运动物体在某一时段内动能的增量等于作用在物体上全部外力所做功之代数和，并进一步结合实验，推导出了流体运动的能量方程即伯努利方程。伯努利方程（能量方程）也可以理解为能量定理在流体运动中的一种特殊表现形式。下面介绍能量方程的推导过程。

物理学中的动能定理可以描述为：运动物体在某一时段内动能的增量等于作用在物体上全部外力所做功之代数和，即

$$\sum W=\frac{1}{2}m(v_2^2-v_1^2) \tag{3-28}$$

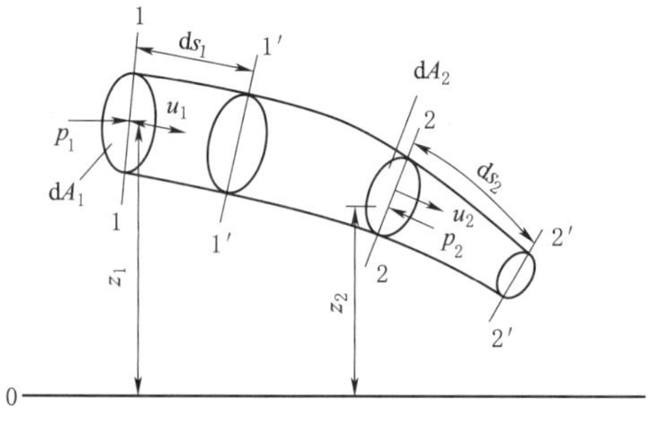

图 3-21　恒定元流的能量方程

如图 3-21 所示，在恒定流中任取断面 1-1 及断面 2-2 间的微小流束进行研究。设两过流断面面积分别为 dA_1 和 dA_2，流速分别为 u_1 和 u_2，压强分别为 p_1 和 p_2，并认为 u 和 p 在过流断面上是相同的。断面形心距基准面的高度为 z_1、z_2，经过微分时段 dt，该流段运动到 $1'-1'$ 及 $2'-2'$ 之间的位置，现分析该流段动能的变化及其作用力所做的功。

（一）流段的动能增量

如图 3-21 所示，断面 1-1 和断面 2-2 间的流段由 $1-1'$ 和 $1'-2$ 流段组成，$1'-1'$ 和 $2'-2'$ 断面间的流段由 $1'-2$ 和 $2-2'$ 流段组成。由于是恒定流，初瞬、末瞬时刻共有的流段 $1'-2$ 的质量和流速不随时间而变，所以没有动能变化，引起动能变化的只是 $2-2'$ 与 $1-1'$ 之间流体动能之差。因为水流是不可压缩的，$1-1'$ 和 $2-2'$ 流段的体积相同，均为 dV，流动过程可以简单看作把 dV 这块水体从位置 $1-1'$ 移到 $2-2'$（实际上是水流挨个排列着向前推进）。这块水体的重量是 γdV，质量 dm 是 $\rho dV=\frac{\gamma}{g}dV$。由于体积 dV 是微小的，可以近似认为 $1-1'$ 内各点的流速均为 u_1，$2-2'$ 内各点的流速均为 u_2，则动能的增量为

$$\frac{1}{2}\mathrm{d}mu_2^2-\frac{1}{2}\mathrm{d}mu_1^2=\gamma \mathrm{d}V\left(\frac{u_2^2}{2g}-\frac{u_1^2}{2g}\right) \tag{3-29}$$

（二）流段上外力做功的代数和

作用在流段 1－2 上的外力有质量力，如重力；表面力，如边界周围的水压力、水流在流动工程中所受的摩擦阻力。

1. 重力做功 W_1

在 dt 时段内，当断面 1－2 间流体移动到 1′－2′新位置时，重力仅对 1－1′之间的流体移动到 2－2′时做了功。因为 dV 很小，其重心距选定基准面 0－0 的高度可分别近似看作 1－1 和 2－2 断面中心的高度 z_1 和 z_2。由物理学重力做功原理可知，此时重力所做的功为

$$W_1=G\cdot\Delta z=mg(z_1-z_2)=\rho g\mathrm{d}V(z_1-z_2)=\gamma \mathrm{d}V(z_1-z_2) \tag{3-30}$$

2. 压力做功 W_2

微小流束两个端断面 1－1 和断面 2－2 上的水压力与水流流向平行，是做功的；微小流束边界周围的水压力与流动方向垂直，是不做功的。断面 1－1 上的总压力为 $p_1\mathrm{d}A_1$，移动距离 1－1′为 ds_1，做功 $p_1\mathrm{d}A_1\mathrm{d}s_1$，力和位移方向一致，做正功；断面 2－2 上的总压力为 $p_2\mathrm{d}A_2$，移动距离 2－2′为 ds_2，做功 $p_2\mathrm{d}A_2\mathrm{d}s_2$，力和位移方向相反，做负功。因此

$$W_2=p_1\mathrm{d}A_1\mathrm{d}s_1-p_2\mathrm{d}A_2\mathrm{d}s_2=(p_1-p_2)\mathrm{d}V \tag{3-31}$$

3. 摩擦阻力做功 W_3

理想流体不存在黏滞性，流体的内摩擦力为零，所做功为零。

由动能定理，将式（3－30）、式（3－31）代入式（3－29），可得

$$\gamma \mathrm{d}V(z_1-z_2)+(p_1-p_2)\mathrm{d}V=\gamma \mathrm{d}V(u_2^2-u_1^2) \tag{3-32}$$

方程左右两端同除以 γdV，并按上、下游断面整理，得到不可压缩理想液体恒定元流的能量方程为

$$z_1+\frac{p_1}{\gamma}+\frac{u_1^2}{2g}=z_2+\frac{p_2}{\gamma}+\frac{u_2^2}{2g} \tag{3-33}$$

也即
$$z_1+\frac{p_1}{\rho g}+\frac{u_1^2}{2g}=z_2+\frac{p_2}{\rho g}+\frac{u_2^2}{2g}$$

要注意的是，在推导过程中两端同除以 γdV，因此式（3－33）是单位重量液体的能量方程式，方程式中的各项物理量 z、$\frac{p}{\gamma}$、$\frac{u^2}{2g}$的单位是 m。

流体中某一点处的几何高度 z 代表单位重量液体的位能，$\frac{p}{\gamma}$代表单位重量液体的压能。在运动的液体中，流体除具有位能和压能之外，还具有动能。若有某一质量为 m 的液体质点，其流速为 u，该质点所具有的动能为$\frac{1}{2}mu^2$，该质点内单位重量液体所具有的动能为$\frac{u^2}{2g}$，可见式（3－33）的等号两边是分别代表微小流束上任意所取的两过流断面 1－1 和断面 2－2 上，单位重量液体所具有的全部机械能。式（3－33）表明：

在不可压缩理想液体恒定流情况下，微小流束内不同的过流断面上，单位重量液体机械能守恒。

上面所讨论的运动液体是没有黏滞性的理想液体，因为没有黏滞性存在，不需要克服内摩擦力而消耗能量，故运动液体的机械能总是保持不变。理想液体的能量方程中，所谓能量保持不变，是指液体的总机械能保持不变，而其中任何一项能量，如位能、动能或压能，都是可以变化的，因为能量是可以互相转化的。

二、元流伯努利方程的物理意义和几何意义

（一）物理意义

式（3－33）中的前两项 z、$\frac{p}{\rho g}$ 的物理意义分别是单位重量流体具有的位能（重力势能）和压能（压强势能），$z+\frac{p}{\rho g}$ 是单位重量流体具有的总势能，$\frac{u^2}{2g}$ 是单位重量流体具有的动能，三项之和 $z+\frac{p}{\rho g}+\frac{u^2}{2g}$ 是单位重量流体具有的总机械能。

式（3－33）表示理想流体的恒定流动，沿同一元流（沿同一流线），单位重量流体的机械能守恒。

（二）几何意义

式（3－33）各项的几何意义是不同的几何高度：z 是位置高度，又称位置水头；$\frac{p}{\rho g}$ 是测压管高度，又称压强水头；两项之和 $H_p=z+\frac{p}{\rho g}$ 是测压管水头；$\frac{u^2}{2g}$ 是流速高度，又称速度水头；三项之和 $z+\frac{p}{\rho g}+\frac{u^2}{2g}$ 称为总水头。

式（3－33）表示理想（无黏性）流体的恒定流动，沿同一元流（沿同一流线）各断面的总水头相等，总水头线是水平线。

三、理想液体元流能量方程的应用

理想元流伯努利方程式描述了一元流动中流体的动能和势能、流速和压强相互转换的普遍规律，提出了流体流速和压强的计算公式，在流体力学中，有极其重要的理论分析意义和极其广泛的实际运算作用。

现在以毕托管（Pitot tube）为例说明理想元流伯努利方程的应用。毕托管是广泛用于测量流场中各点流速的一种仪器，又称测速管。它是一根呈 90°的直角弯管，顶端开有十分微小的小孔 B（小孔 B 的面积非常小，水流在小孔 B 处形成驻点，流速几乎为零）（图 3－22）。测量时，将小孔 B 正对准来流方向，来流在 B 点受测速管的阻滞，流速为零，动能全部转化为压能。流速为零处的端点称为驻点，该点的压强称驻点压强或滞止压强 p_B。由于毕托管的直径很小，它对流场的扰动可以忽略，故侧表面 A 点处的流速等于来流的流速 u，A

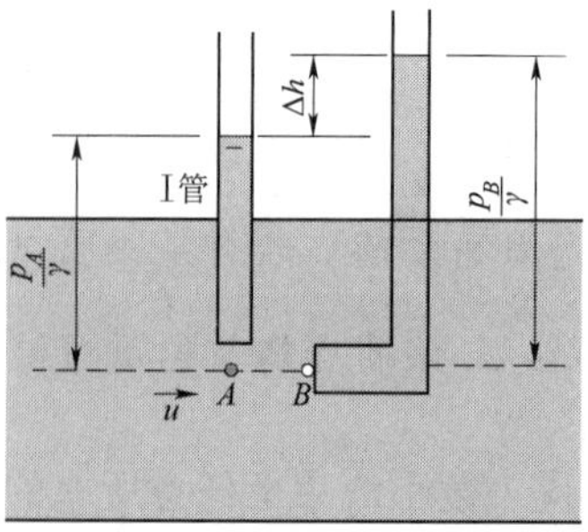

图 3－22　毕托管

点测得压强为毕托管放入前该点的压强 p_A，将伯努利方程应用于 A、B 点所对应的过流断面，可得

$$z_A+\frac{p_A}{\gamma}+\frac{u_A^2}{2g}=z_B+\frac{p_B}{\gamma}+\frac{u_B^2}{2g}$$

其中

$$z_A=z_B,\ \frac{u_B^2}{2g}=0,\ u_A=u$$

则得

$$\frac{p_A}{\gamma}+\frac{u^2}{2g}=\frac{p_B}{\gamma}$$

则

$$u=\sqrt{2g\frac{p_B-p_A}{\gamma}}$$

由此可见，如果能够测得 $\frac{p_B-p_A}{\gamma}$ 后即可测得来流速度 u。如图 3－22 所示情况，结合流体静力学有关压强测量的原理可知 $\frac{p_B-p_A}{\gamma}=h$，则

$$u=\sqrt{2gh}$$

由于实际流体是有黏性的，引入经实验校正的修正系数 c，它与管的构造和加工情况有关，其值近似等于 1，故流速 u 的计算式为

$$u=c\sqrt{2g\frac{p_B-p_A}{\gamma}}$$

【例 3－5】 图 3－23 所示为测定管内水流中某点 A 流速的测量装置，已知压差及左右汞柱液面高差 $h=20\text{mm}$，若毕托管的修正系数 $c=1.0$，试求水流中 A 点流速 u。

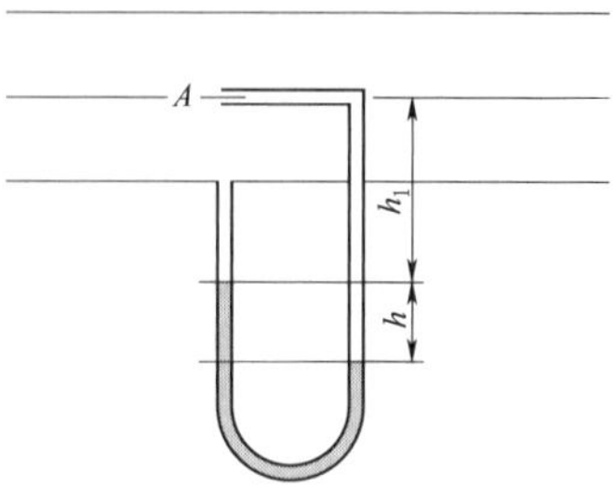

图 3－23 ［例 3－5］图

解： 设在毕托管放入前 A 点的压强为 p_A，放入后驻点的压强为 p_B，由压差计读数可得

$$p_A+\rho g h_1+\rho_{Hg}gh=p_B+\rho g(h_1+h)$$

$$\frac{p_A-p_B}{\rho g}=\frac{(\rho_{Hg}-\rho)h}{\rho}$$

$$u=c\sqrt{2g\frac{p_B-p_A}{\rho g}}=c\sqrt{2gh\frac{\rho_{Hg}-\rho}{\rho}}$$

$$=1\times\sqrt{2\times 9.8\times 0.02\times\frac{13.6\times 10^3-1000}{1000}}=2.22(\text{m/s})$$

四、实际流体元流的伯努利方程

实际流体具有黏滞性，运动时产生流动阻力，克服阻力做功，使流体的一部分机械能不可逆地转化为热能而散失。因此，黏性流体流动时，单位重量流体具有的机械能沿程不是守恒而是减少，总水头线不是水平线，而是沿程下降线。

19 世纪 30 年代以来，人们从大量经验事实中总结出一个重要结论，能量可以从一种形式转换成另一种形式，但不能创造，也不能消灭，总能量是恒定的，这就是能

量守恒定律。因此，设 h'_w 为黏性流体元流单位重量流体由过流断面 1-1 运动至过流断面 2-2 的机械能损失，称为元流的水头损失。根据能量守恒定律，便可得到黏性流体元流的伯努利方程

$$z_1+\frac{p_1}{\rho g}+\frac{u_1^2}{2g}=z_2+\frac{p_2}{\rho g}+\frac{u_2^2}{2g}+h'_w \tag{3-34}$$

水头损失 h'_w 也具有长度的量纲。

第五节　恒定总流的伯努利方程

实际工程的管道或渠道中的流动，都是有限断面的总流。因此为了解决实际问题，还必须把微小流束的元流能量方程“积零为整”推广到总流中去，进一步寻求总流过流断面的断面平均流速 v、断面平均压强 p 及过流断面形心的位置高度 z 的关系，也就是实际液体总流的能量方程。

一、总流伯努利方程的推导

已经获得元流伯努利方程，现在进一步把它推广到总流，以得出在工程实际中对平均流速和压强计算极为重要的总流伯努利方程。

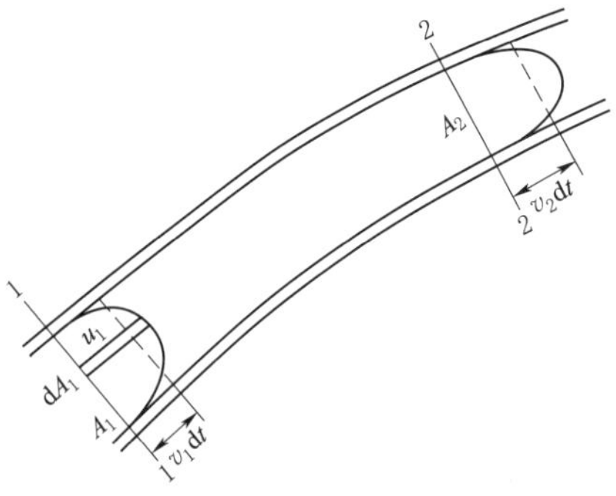

图 3-24　总流能量方程的推证

在总流中（图 3-24），选取两个渐变流断面 1-1 和断面 2-2。总流既然可以看作无数元流之和，总流伯努利方程就应当是元流伯努利方程在断面的积分。

由之前的推导可知，元流伯努利方程表达式为

$$z_1+\frac{p_1}{\rho g}+\frac{u_1^2}{2g}=z_2+\frac{p_2}{\rho g}+\frac{u_2^2}{2g}+h'_w$$

根据其物理意义可知，各项字母所代表的含义是指单位重量流体具有的相应的能量，因此以重量流量 $\rho g\mathrm{d}Q=\rho g u_1\mathrm{d}A_1=\rho g u_2\mathrm{d}A_2$，根据上式，得单位时间通过元流两过流断面的能量关系，分别在总流断面 1-1 和断面 2-2 上积分，得

$$\int_{A_1}\left(z_1+\frac{p_1}{\rho g}+\frac{u_1^2}{2g}\right)\rho g u_1\mathrm{d}A_1=\int_{A_2}\left(z_2+\frac{p_2}{\rho g}+\frac{u_2^2}{2g}\right)\rho g u_2\mathrm{d}A_2+\int_Q h'_w\rho g\,\mathrm{d}Q \tag{3-35}$$

现在将以上方程中的七项，按能量性质分为三种类型，分别讨论其积分。

(1) 势能积分 $\int\left(z+\frac{p}{\rho g}\right)\rho g u\,\mathrm{d}A$ 。因所取过流断面必须是渐变流断面，面上各点单位重量流体的压强分布符合静压强分布规律，即其总势能相等，也就是 $z+\frac{p}{\rho g}=C$，于是

$$\int\left(z+\frac{p}{\rho g}\right)\rho gu\,\mathrm{d}A=\left(z+\frac{p}{\rho g}\right)\rho g\int u\,\mathrm{d}A=\left(z+\frac{p}{\rho g}\right)\rho gQ \tag{3-36}$$

（2）动能积分 $\int_A \frac{u^2}{2g}\rho gu\,\mathrm{d}A=\int_A \frac{u^3}{2g}\rho g\,\mathrm{d}A$ 。过流断面上各点流速 u 不同，不能直接以平均流速 v（常数）代替点流速 u，因此引入动能修正系数，将 u 替换为断面平均流速 v，积分按断面平均流速 v 计算，则

$$\int_A \frac{u^3}{2g}\rho g\,\mathrm{d}A=\frac{\alpha v^3}{2g}\rho gA=\frac{\alpha v^2}{2g}\rho gQ \tag{3-37}$$

式中　α——修正以断面平均流速计算的动能与实际动能的差值而引入的修正系数，称为动能修正系数，即

$$\alpha=\frac{\int_A u^3\,\mathrm{d}A}{v^3A}$$

α 值取决于过流断面上流速的分布情况，分布较均匀的流动 $\alpha=1.05\sim1.10$，工程中计算常取 $\alpha=1.0$。

（3）水头损失积分 $\int_Q h'_w\rho g\,\mathrm{d}Q$ 。$\int_Q h'_w\rho g\,\mathrm{d}Q$ 是单位时间内总流由断面 1－1 至断面 2－2 的机械能损失。这类积分和上述两类积分不同，它不是沿断面积分的量，而是沿流程积分的量。它的直接积分是很困难的。由于单位重力流体沿不同流程的能量损失是不相等的积分，假定各个微小流束单位重量液体所损失的能量都用某一个平均值 h_w 来代替，则第三类积分变为

$$\int_Q h'_w\rho g\,\mathrm{d}Q=h_w\rho g\int_Q \mathrm{d}Q=h_w\rho gQ \tag{3-38}$$

将式（3－36）～式（3－38）代入式（3－35），得

$$\left(z_1+\frac{p_1}{\rho g}+\frac{\alpha_1v_1^2}{2g}\right)\rho gQ=\left(z_2+\frac{p_2}{\rho g}+\frac{\alpha_2v_2^2}{2g}\right)\rho gQ+h_w\rho gQ$$

将上式除以 ρgQ，得

$$z_1+\frac{p_1}{\rho g}+\frac{\alpha_1v_1^2}{2g}=z_2+\frac{p_2}{\rho g}+\frac{\alpha_2v_2^2}{2g}+h_w \tag{3-39}$$

这就是单位重量黏性流体恒定总流能量方程，或称为黏性流体总流伯努利方程。式（3－39）就是不可压缩实际液体恒定总流的能量方程，也称实际液体恒定总流伯努利方程，是流体力学中最基本、最重要的方程式之一。它建立了运动要素 z、p 与 $\frac{\alpha v^2}{2g}$ 之间的关系，与总流连续性方程一起联用时可以解决许多流体力学计算问题。

恒定总流的能量方程与恒定元流的能量方程相比，所不同的是总流能量方程中的动能项 $\frac{\alpha v^2}{2g}$ 是用断面平均动能来表示的，而 h_w 则代表总流单位重量液体由一个断面流至另一断面的平均能量损失。

二、总流伯努利方程的物理意义和几何意义

总流伯努利方程的物理意义和几何意义与元流伯努利方程类似，不再详述，需注

意的是方程的平均意义。

总流伯努利方程中，z 为总流过流断面某点（所取计算点）单位重量流体的位能（位置水头），m；$\frac{p}{\rho g}$为总流过流断面某点（所取计算点）单位重量流体的压能（压强水头），m；$\frac{\alpha v^2}{2g}$为总流过流断面单位重量流体的平均动能（流速水头），m；h_w 为总流两断面间单位重量流体平均的机械能损失，m；$H_p=z+\frac{p}{\rho g}$为过流断面上单位重量流体的平均势能（测压管水头），m；$H=z+\frac{p}{\rho g}+\frac{\alpha v^2}{2g}$为过流断面上单位重量流体的平均机械能（总水头），m。

三、水头线

（一）总水头线

水头线是总流沿程能量变化的几何图示（图 3-25）。总水头线是沿程各断面总水头 $H=z+\frac{p}{\rho g}+\frac{\alpha v^2}{2g}$的连线。即每一个断面的总水头，是上游断面总水头减去两断面之间的水头损失。根据这个关系，从最上游断面起，沿流向依次减去水头损失，求出各断面的总水头，再将这些总水头以水流本身高度的尺寸比例，直接点绘在水流上，这样连成的线就是总水头线。由此可见，总水头线是沿水流逐段减去水头损失绘出来的，黏性流体的总水头线总是沿程单调下降。下降的快慢用水力坡度 J 表示

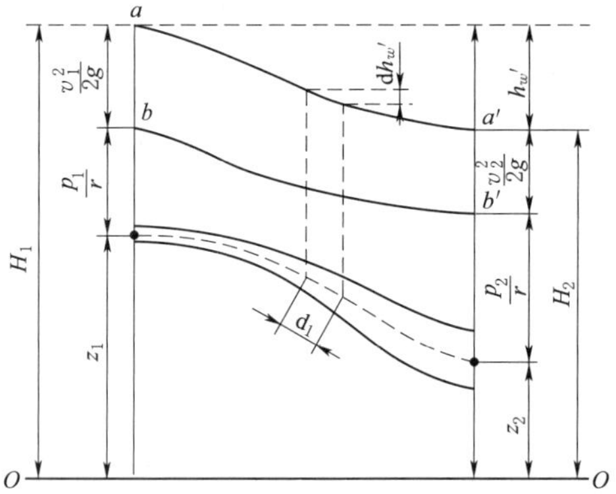

图 3-25　水头线图示

$$J=-\frac{dH}{dl}=\frac{dh_w}{dl} \tag{3-40}$$

因 dH 恒为负值，在$\frac{dH}{dl}$前加“－”号，使 J 为正值。

水头损失按决定其分布性质的边界条件而分为两类。一是沿程损失，均匀分布在某一流段全部流程上的流动阻力称为沿程阻力，流体流动克服沿程阻力而消耗的能量称为沿程损失，单位重量流体沿程损失用 h_f 表示；二是局部损失，集中在某一局部流段，由于边界几何条件的急剧改变而引起的对流体流动的阻力称为局部阻力，流体流动克服局部阻力而消耗的能量称为局部损失，图 3-25 所示管道的突缩或管路中的阀门都会造成局部损失，单位重量流体局部损失用 h_j 表示。任何两过流断面间的能量损失可视为两断面间每个能量损失的简单总和，即 $h_w=h_f+h_j$（这部分内容将会在第四章进行详细讲解）。

在绘制总水头线时，需注意区分沿程损失和局部损失在总水头线上的不同表现形

式。沿程损失假设为沿管线均匀发生，表现为沿管长倾斜下降的直线。局部损失假设为在局部障碍处集中作用，一般表现为在局部障碍处铅直下降的直线。对于渐扩管或渐缩管等，也可近似处理成损失在它们的全长上均匀分布，而非集中在一点（图 3－26）。

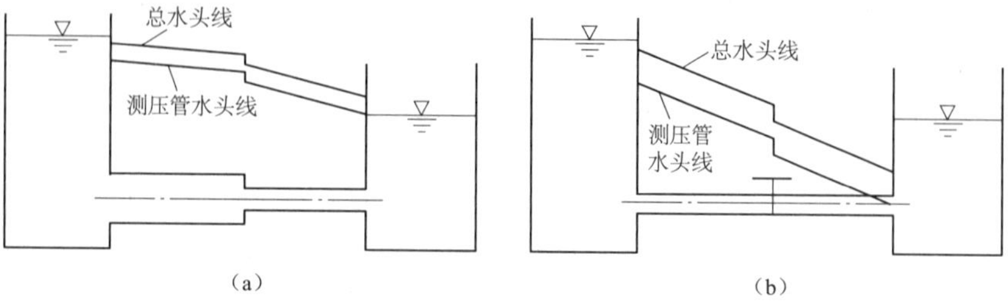

图 3－26　总水头线

（二）测压管水头线

测压管水头线是沿程各断面测压管水头 $H_p=z+\dfrac{p}{\rho g}$ 的连线，测压管水头线和总水头线之间相差一个流速水头 $\dfrac{\alpha v^2}{2g}$。此线沿程可升、可降，也可不变，如图 3－27 所示，其变化情况用测压管水头线坡度表示

$$J_p=-\frac{\mathrm{d}H_p}{\mathrm{d}l} \tag{3-41}$$

在 $\dfrac{\mathrm{d}H_p}{\mathrm{d}l}$ 前加"－"号，使测压管水头线下降时 J_p 为正值，上升时为负值。

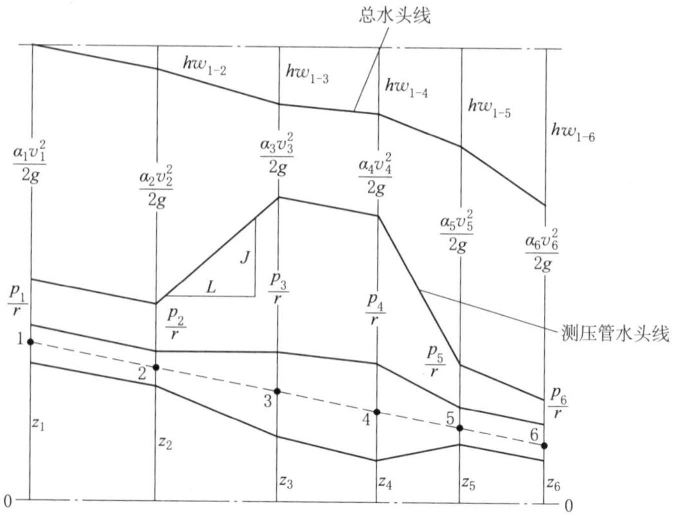

图 3－27　测压管水头线

四、总流伯努利方程应用的补充论述

伯努利方程是古典流体动力学应用最广的基本方程。应用伯努利方程要重视方程的应用条件，切忌不顾应用条件随意套用公式，需要对实际问题做具体分析，灵活运

用。下面结合三种情况加以讨论。

（一）气流的伯努利方程

总流的伯努利方程式是对不可压缩流体导出的。气体是可压缩流体，但是对流速不是很大、压强变化不大的系统，如工业通风管道、烟道等，气流在运动过程中密度的变化很小，在这样的条件下，伯努利方程仍可用于气流。由于气流的密度与外部空气的密度是相同的数量级，在用相对压强进行计算时，需要考虑外部大气压在不同高度的差值。

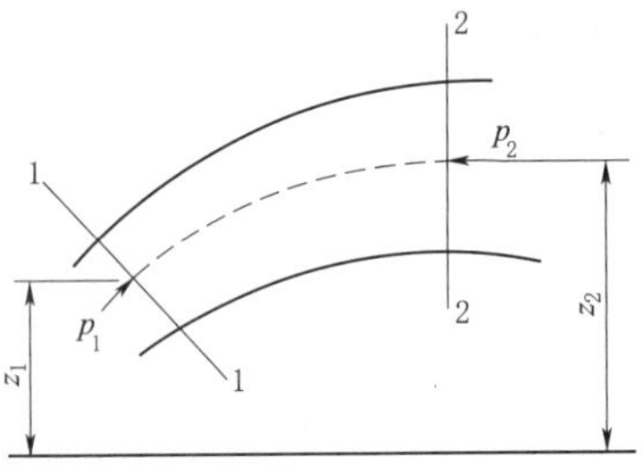

图 3-28　恒定气流

设恒定气流的密度为 ρ（图 3-28），外部空气的密度为 0，过流断面上计算点的绝对压强为 p_{1abs}、p_{2abs}。

列 1-1 和 2-2 断面的伯努利方程

$$z_1+\frac{p_{1abs}}{\rho g}+\frac{v_1^2}{2g}=z_2+\frac{p_{2abs}}{\rho g}+\frac{v_2^2}{2g}+h_w$$

进行气流计算，通常把上式表示为压强的形式，即

$$\rho g z_1+p_{1abs}+\rho\frac{v_1^2}{2}=z_2+p_{2abs}+\rho\frac{v_2^2}{2}+p_w \qquad (3-42)$$

式中　p_w——压强损失，$p_w=\rho g h_w$。

将式（3-42）中压强用相对压强 p_1、p_2 表示，有

$$p_{1abs}=p_1+p_a，\quad p_{2abs}=p_2+p_a-\rho g(z_2-z_1)$$

式中　　　　p_a——高程 z_1 处的大气压；

$p_a-\rho g(z_2-z_1)$——高程 z_2 处的大气压。

代入式（3-42），整理得

$$p_1+\frac{\rho v_1^2}{2}+(\rho_a-\rho)g(z_2-z_1)=p_2+\frac{\rho v_2^2}{2}+p_w \qquad (3-43)$$

式中　　　p_1、p_2——静压；

$\frac{\rho v_1^2}{2}$、$\frac{\rho v_2^2}{2}$——动压；

$(\rho_a-\rho)g$——单位体积气体所受有效浮力；

z_2-z_1——气体沿浮力方向升高的距离；

$(\rho_a-\rho)g(z_2-z_1)$——断面 1-1 相对于断面 2-2 单位体积气体的位能，称为位压。

式（3-43）就是以相对压强计算的气流伯努利方程。

当气流的密度和外界空气的密度相同，或两计算点的高度相同时，位压项为零，式（3-43）化简为

$$p_1+\rho\frac{v_1^2}{2}=p_2+\rho\frac{v_2^2}{2}+p_w \qquad (3-44)$$

式中：静压与动压之和称为总压。

当气流的密度远大于外界空气的密度，此时相当于液体总流，式（3-43）中 ρ_a

可忽略不计，认为各点的当地大气压相同。式（3-43）化简为

$$p_1+\rho\frac{v_1^2}{2}-\rho g(z_2-z_1)=p_2+\rho\frac{v_2^2}{2}+p_w$$

等式两边同除以 ρg，即

$$z_1+\frac{p_1}{\rho g}+\frac{v_1^2}{2g}=z_2+\frac{p_2}{\rho g}+\frac{v_2^2}{2g}+h_w$$

由此可见，对于气体总流来说，压强 p_1、p_2 不论是绝对压强，还是相对压强，伯努利方程的形式不变。

【例 3-6】 如图 3-29 所示自然排烟锅炉，烟囱直径 $d=1\text{m}$，烟气流量 $Q=7.135\text{m}^3/\text{s}$，烟气密度 $\rho=0.7\text{kg/m}^3$，外部空气密度 $\rho_a=1.2\text{kg/m}^3$，烟囱的压强损失 $p_w=0.035\frac{H}{d}\frac{\rho v^2}{2}$。为使烟囱底部入口断面的真空度不小于 $10\text{mmH}_2\text{O}$，试求烟囱的高度 H。

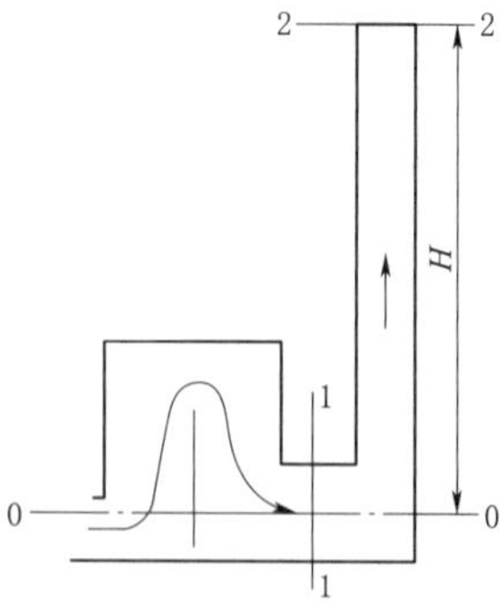

图 3-29 ［例 3-6］图

解： 选烟囱底部入口断面为 1-1 断面，出口断面为 2-2 断面。因烟气和外部空气的密度不同，由式（3-43）

$$p_1+\rho\frac{v_1^2}{2}+(\rho_a-\rho)g(z_2-z_1)=p_2+\rho\frac{v_2^2}{2}+p_w$$

其中断面 1-1：$p_1=-\rho_0 gh=-98\text{N/m}^2$，$v_1\approx 0$，$z_1=0$

断面 2-2：$p_2=0$，$v_2=\frac{Q}{A}=9.089\text{m/s}$，$z_2=H$

代入上式，得 $H=32.36\text{m}$。烟囱的高度需要大于此值。

由［例 3-6］可见，自然排烟锅炉底部压强为负压（$p_1<0$），顶部出口压强 $p_2=0$，且 $z_1<z_2$，在这种情况下，是位压 $(\rho_a-\rho)g(z_2-z_1)$ 提供了烟气在烟囱内向上流动的能量。所以，自然排烟需要有一定的位压，为此烟气要有一定的温度，以保持有效浮力 $(\rho_a-\rho)g$，同时烟囱还需有一定的高度 (z_2-z_1)，否则将不能维持自然排烟。

（二）有能量输入或输出的伯努利方程

总流伯努利方程式（3-39）是在两过流断面间除水头损失之外再无能量输入或输出的条件下导出的。当两过流断面间有水泵（图 3-30）、风机或水轮机（图 3-31）等流体机械时，则存在能量的输入或输出。

此种情况，根据能量守恒定律，在式（3-39）中，计入单位重量流体流经流体机械获得或失去的机械能，便扩展为有能量输入或输出的伯努利方程式，即

$$z_1+\frac{p_1}{\rho g}+\frac{\alpha_1 v_1^2}{2g}\pm H_m=z_2+\frac{p_2}{\rho g}+\frac{\alpha_2 v_2^2}{2g}+h_w$$

式中　$+H_m$——单位重量流体由流体机械（如水泵）获得的机械能，又称水泵的扬程；

$-H_m$——单位重量流体给予流体机械（如水轮机）的机械能，又称水轮机的作用水头。

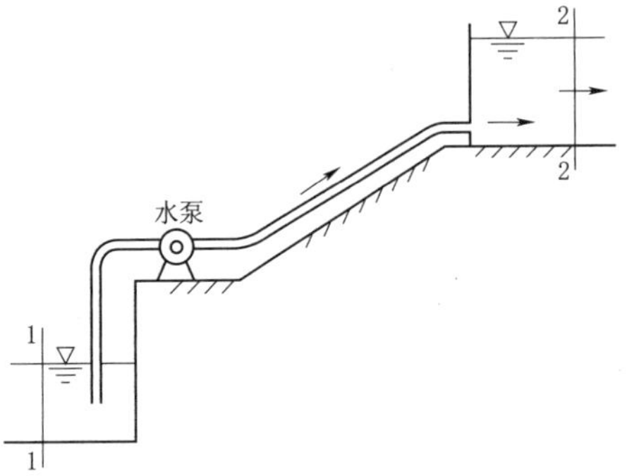

图 3-30　有能量输入总流

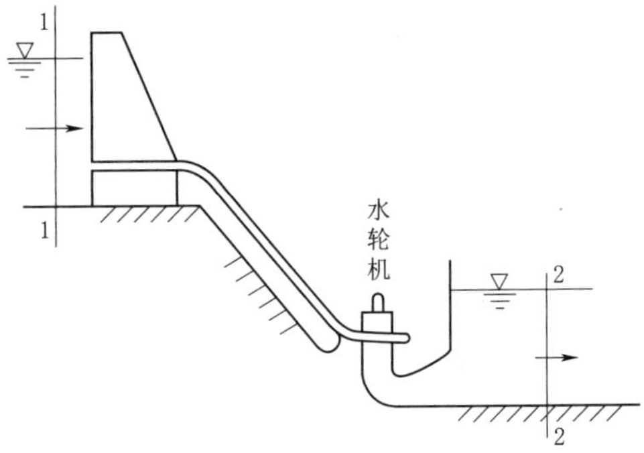

图 3-31　有能量输出总流

(三) 两断面间有分流或汇流的伯努利方程

对于两断面间有分流的流动（图 3-32），设想断面 1-1 的来流分为两股（以虚线划分），分别通过断面 2-2、断面 3-3。对 1′-1′（断面 1-1 中的一部分）和断面 2-2 列伯努利方程，其间无分流

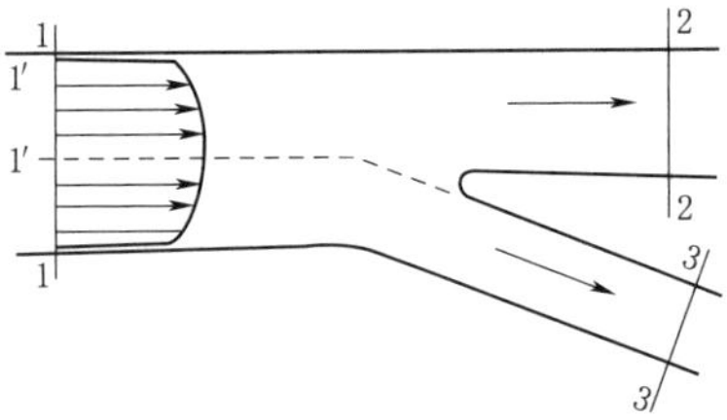

图 3-32　沿程分流

$$z_1'+\frac{p_1'}{\rho g}+\frac{v_1'^2}{2g}=z_2+\frac{p_2}{\rho g}+\frac{v_2^2}{2g}+h_{w1'-2}$$

因断面 1-1 为渐变流断面，面上各点的势能相等，则

$$z_1'+\frac{p_1'}{\rho g}=z_1+\frac{p_1}{\rho g}$$

如断面 1-1 流速分布较为均匀，$\frac{v_1'^2}{2g}\approx\frac{v_1^2}{2g}$，于是

$$z_1'+\frac{p_1'}{\rho g}+\frac{v_1'^2}{2g}\approx z_1+\frac{p_1}{\rho g}+\frac{v_1^2}{2g}$$

故 $z_1'+\frac{p_1}{\rho g}+\frac{v_1^2}{2g}=z_2+\frac{p_2}{\rho g}+\frac{v_2^2}{2g}+h_{w1-2}$ 近似成立。

同理

$$z_1'+\frac{p_1}{\rho g}+\frac{v_1^2}{2g}=z_3+\frac{p_3}{\rho g}+\frac{v_3^2}{2g}+h_{w1-3}$$

由以上分析，对于实际工程中沿程有分流的总流，当所取过流断面为渐变流断面，断面上流速分布较为均匀，并计入相应断面之间的水头损失，式（3-39）可用于工程计算。对于两过流断面间有汇流的情况，可做类似的分析。

五、实际液体恒定总流能量方程的应用条件和应用技巧

(一) 应用条件

根据能量方程的推导，应用能量方程时应满足下列条件：

(1) 液流必须是不可压缩的恒定流。

(2) 作用于液体的质量力仅限于重力。

(3) 在所选取的两个过流断面，水流符合均匀流或是渐变流过流断面，而两断面

之间的水流可以有急变流存在。

（4）能量方程的推导过程中流量是沿程不变。对于有分流或汇流的沿程流量变化的流动，要考虑重量流量的因素。对图 3-32 的汇流情形，能量方程可写为

$$\gamma Q_1\left(z_1+\frac{p_1}{\gamma}+\frac{\alpha_1 v_1^2}{2g}\right)+\gamma Q_2\left(z_2+\frac{p_2}{\gamma}+\frac{\alpha_2 v_2^2}{2g}\right)=$$

$$\gamma Q_3\left(z_3+\frac{p_3}{\gamma}+\frac{\alpha_3 v_3^2}{2g}\right)+\gamma Q_1 h_{w1-3}+\gamma Q_2 h_{w2-3} \tag{3-45}$$

（5）两过流断面间除了水头损失外，没有能量的输入或输出。当总流在两断面间有水泵、风机或水轮机等流体机械时，水流将额外地获得或失去能量。此时的能量方程应改为

$$z_1+\frac{p_1}{\gamma}+\frac{\alpha_1 v_1^2}{2g}\pm H_m=z_2+\frac{p_2}{\gamma}+\frac{\alpha_2 v_2^2}{2g}+h_{w1-2} \tag{3-46}$$

式中 H_m——流程中通过外加设备使单位重量液体所获得或减少的机械能。

当有能量输入给水流时，取$+H_m$；当从水流内部输出能量时，取$-H_m$。H_m 可通过下式计算

$$H_m=\frac{\eta N_m}{\gamma Q} \tag{3-47}$$

式中 η——机械设备和动力设备的总效率；

N_m——机械设备的功率，W，1W=1N·m/s。

（二）应用技巧

为了便于掌握，可简要地归纳为“三选一全”的原则。所谓“三选”指选好基准面，简称面；选好两端渐变流的过流断面作为计算断面，并以线段进行标识，简称线；选好两端过流断面上的计算点，简称点。综合起来，就是选好“点、线、面”。“一全”指全面分析与计算两端渐变流过流断面之间流段的全部水头损失，一个不漏。

（1）基准面选择。基准面原则上可以任意选，但两端断面必须采用同一基准面。一般将基准面选在较低的便于计算的位置。

（2）计算断面的选取。计算断面必须选择在均匀流或者渐变流过流断面上来写能量方程，但两计算断面之间可包含急变流过流断面；计算断面应选择未知数少且已知数多的断面，以达到解题容易的目的。

（3）计算点的选取。过流断面上充满了液流质点，对于有压管流计算点一般选择在管道的形心点处，对于有自由液面的明渠流或无压流，计算点通常选择在自由液面处。

（4）动能修正系数 α_1、α_2 严格说并不相同，但通常都近似取 1.0，对于解决工程实际问题没有影响。

（5）水头损失要将所有的沿程损失和局部损失考虑和计算全面，不可遗漏。

第六节　伯努利方程的应用举例

一、流量量测方面的应用

文丘里流量计（图 3－33）是测管流流量的常用装置，由收缩段、喉管和扩散段组成。在均匀流段进口断面 1－1 和喉管断面 2－2 处分别设有垂直于管壁的测压管，并分别接到差压计，通过量测两个断面的测压管水头差（差压计液面高差）Δh 值，就可以计算管道的流量 Q。

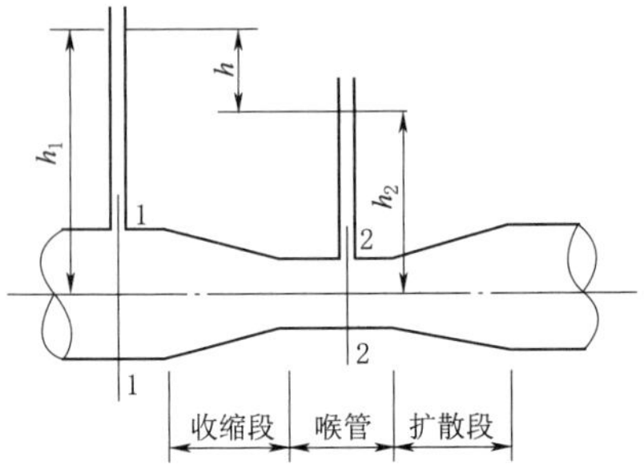

图 3－33　文丘里流量计

对安装测压管的断面 1－1 和断面 2－2 列能量方程，由于测压管距离很近，忽略其间的水头损失，有

$$z_1+\frac{p_1}{\gamma}+\frac{\alpha_1 v_1^2}{2g}=z_2+\frac{p_2}{\gamma}+\frac{\alpha_2 v_2^2}{2g}$$

而 $\left(z_1+\frac{p_1}{\gamma}\right)-\left(z_2+\frac{p_2}{\gamma}\right)=\frac{\alpha_2 v_2^2}{2g}-\frac{\alpha_1 v_1^2}{2g}=\Delta h$

取 $\alpha_1=\alpha_2=1.0$，得

$$\Delta h=\frac{v_2^2-v_1^2}{2g}$$

根据连续性方程，得

$$v_1=\frac{v_2 A_2}{A_1}=v_2\left(\frac{d_2}{d_1}\right)^2$$

式中　d_1、d_2——断面 1－1 及断面 2－2 处管道的直径。

把 v_2 与 v_1 的关系代入前式，得

$$v_2=\sqrt{\frac{2g\Delta h}{1-\frac{d_2^4}{d_1^4}}}$$

$$Q=v_2 A_2=\frac{1}{\sqrt{1-\left(\frac{d_2}{d_1}\right)^4}}\sqrt{2g}\,\frac{1}{4}\pi d_2^2\sqrt{\Delta h}$$

令

$$\frac{1}{\sqrt{1-\left(\frac{d_2}{d_1}\right)^4}}\sqrt{2g}\,\frac{1}{4}\pi d_2^2=k$$

当已知 d_1、d_2 时，k 为定值，则

$$Q=k\sqrt{\Delta h}$$

由于在上面的分析计算中，没有考虑水头损失，因而实际流量会比算出来的要小些，对这个误差一般会引入一个修正系数 μ，则实际流量

$$Q=\mu k\sqrt{\Delta h}$$

式中　μ——文丘里管的流量系数，通常 μ 值为 0.95～0.98。

如果文丘里流量计上直接安装汞差压计，由于式中 Δh 为汞差压计两支汞面高差，由此可知

$$\left(z_1+\frac{p_1}{\gamma}\right)-\left(z_2+\frac{p_2}{\gamma}\right)=\frac{\gamma_m-\gamma}{\gamma}\Delta h=12.6\Delta h$$

式中　Δh——汞差压计两支汞面高差。

此时文丘里流量计的流量为

$$Q=\mu k\sqrt{12.6\Delta h}$$

在文丘里流量计的喉管中，或在某些水流的局部区域中，由于出现巨大的流速，会发生压强在该处局部显著降低，可能达到和水温相应的汽化压强，这时水迅速汽化，使一部分液体转化为蒸汽，出现了蒸汽气泡的区域，气泡随水流流入压强较高的区域而破灭，这种现象称为空化。空化限制了压强的继续降低和流速的增大，减少了通流面积，从而限制了流量的增加，影响测量的准确性。空化现象在设计中是必须注意避免的。空化对水力机械的有害作用称为气蚀。

二、其他方面的应用

【例 3-7】 用直径 $d=100$mm 的水管从水箱引水（图 3-34）。水箱水面与管道出口断面中心的高差 $H=4$m，保持恒定，水头损失 $h_w=3$m，试求管中的流量。

解： 应用总流伯努利方程

$$z_1+\frac{p_1}{\rho g}+\frac{v_1^2}{2g}=z_2+\frac{p_2}{\rho g}+\frac{v_2^2}{2g}+h_w$$

首先要选取基准面。为了便于计算，把一般通过总流最低点的水平面选为基准面。本例选通过管道出口断面中心的水平面为基准面 0-0（图 3-34）。

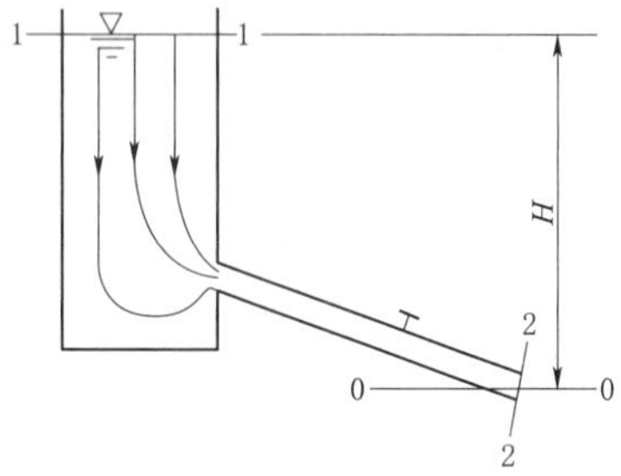

图 3-34 ［例 3-7］图

其次选取计算断面和计算点。计算断面应选取在渐变流断面上，应使一个断面已知量最多，另一个断面上含待求量。按以上原则，本例选水箱水面为 1-1 断面，是自由液面，计算点取在自由水面上，参数 $z_1=H$，$p_1=0$；另外 1-1 断面作为 1 个大断面，其断面积远大于管道面积，即 $A_1\geqslant A_2$，则 $v_1\leqslant v_2$，所以 $v_1\approx 0$。选管道出口断面为 2-2 断面，是管道断面，以管道出口断面的中心为计算点，参数 $z_2=0$，$p_2=0$，v_2 待求。

将各量代入总流伯努利方程可得

$$H+0+0=0+0+\frac{\alpha_2 v_2^2}{2g}+h_w$$

取 $\alpha_2=1.0$，则

$$v_2=\sqrt{2g(H-h_w)}=4.43\text{m/s}$$

$$Q=v_2 A_2=0.035\text{m}^3/\text{s}$$

【例 3-8】 有一水泵如图 3-35 所示，抽水流量 $Q=0.02\text{m}^3/\text{s}$，吸水管直径 $d=0.2$m，管长 $L=5.0$m，泵内允许真空值为 6.5mH_2O，吸水管的水头损失 $h_w=$

0.16m，试求水泵的安装高度 h_s。

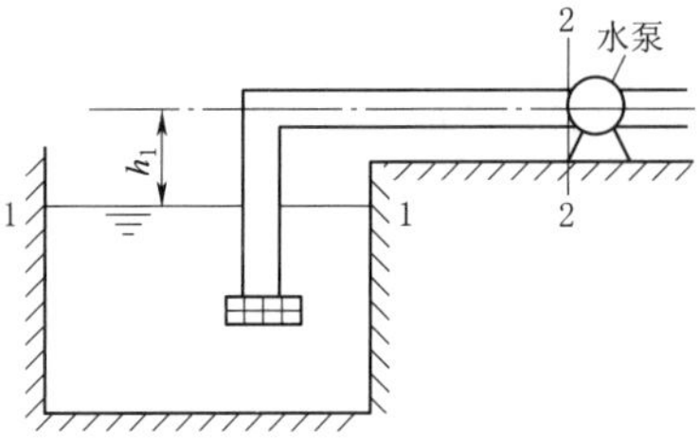

图 3-35 ［例 3-8］图

解：应用总流伯努利方程

$$z_1+\frac{p_1}{\rho g}+\frac{v_1^2}{2g}=z_2+\frac{p_2}{\rho g}+\frac{v_2^2}{2g}+h_w$$

首先要选取基准面，为了便于计算，以水池水面为基准面。

列大断面水面 1-1（属自由液面，已知条件较多）和水泵进口断面 2-2（含待求量）的能量方程。

对照图 3-35，由所选基准面及已知条件可知：$z_1=0$，$p_1=p_a$，$v_1\approx0$；$z_2=h_s$，$pv_2=6.5\text{m}$，v_2 待求，代入方程可得

$$0+\frac{p_a}{\gamma}+0=h_s+\frac{p_2}{\gamma}+\frac{\alpha_2 v_2^2}{2g}+h_{w0\text{-}2}$$

而
$$v=\frac{4Q}{\pi d^2}=\frac{4\times0.02}{3.14\times0.2^2}=0.637\text{m/s}$$

则
$$h_s=\frac{p_a-p_2}{\gamma}-\frac{\alpha_2 v_2^2}{2g}-h_{w0\text{-}2}=6.5-0.021-0.16=6.32\ (\text{m})$$

式中 $\dfrac{p_a-p_2}{\gamma}$ 即为断面 2-2 的允许真空值。

【例 3-9】 如图 3-36 大气压强为 97kPa，收缩段的直径应当限制在什么数值以上才能保证不出现汽化（水温为 40℃，不考虑损失）。

解：已知水温为 40℃时，$\rho=992.2\text{kg/m}^3$，汽化压强 $p'=7.38\text{kPa}$，可求出

$$\frac{p_a}{\rho g}=\frac{97\times1000}{992.2\times9.8}=10(\text{m}),$$

$$\frac{p'}{\rho g}=\frac{7.38\times1000}{992.2\times9.8}=0.76(\text{m})$$

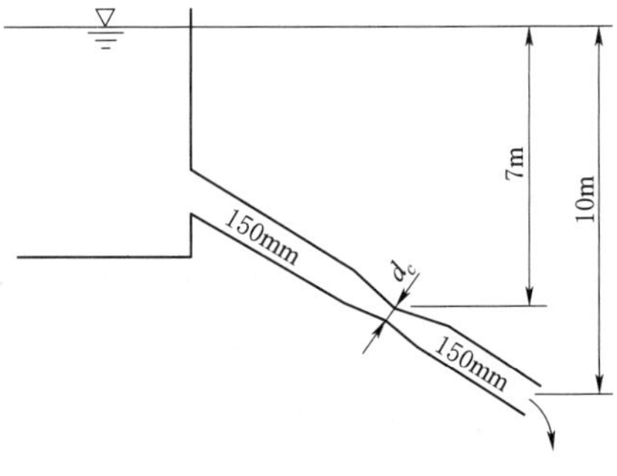

图 3-36 ［例 3-9］图

列水面和出口断面的能量方程时，为了不出现空化，以 40℃时水的汽化压强 p' 作为最小压强值，求出对应的收缩段直径 d_c。当收缩段直径大于 d_c 时，管道中动能减小，压能增加，收缩段压强一定大于 p'，压强越大越不易汽化，则可以避免产生汽化现象。

列水面和收缩断面的能量方程

$$z_1+\frac{p_1}{\rho g}+\frac{v_1^2}{2g}=z_c+\frac{p_c}{\rho g}+\frac{v_c^2}{2g}$$

对照图 3-36，根据已知条件可知：$z_1=10\text{m}$，$p_1=10\text{m}$，$v_1\approx0$；$z_c=3\text{m}$，$p_c=0.75\text{m}$，v_c 待求，代入方程可得

$$10+10+0=3+0.75+\frac{v_c^2}{2g}$$

$$\frac{v_c^2}{2g}=16.25\text{m}$$

列水面和出口断面的能量方程，并代入已知条件可得

$$10+0+0=0+0+\frac{v^2}{2g}$$

$$\frac{v^2}{2g}=10\text{m}$$

根据连续性方程，得$\frac{v_c}{v}=\frac{d^2}{d_c^2}$

则
$$\left(\frac{v_c}{v}\right)^2=\frac{16.25}{10}=\frac{150^4}{d_c^4}$$

得出 $d_c=133\text{mm}$。

资源 3-6
能量方程拓展应用-探讨分析

第七节　恒定总流的动量方程

除了前面提到的连续性方程和能量方程之外，解决流体力学问题还有另外一个重要方程——动量方程。它是自然界动量守恒定律在液流运动中的具体表现，反映了液流动量变化与作用力之间的关系。动量方程、能量方程与连续性方程一起合称为流体力学的三大方程。

能量方程和连续性方程对于分析流体力学问题极为有用。但是，它们没有反映出水流与边界上作用力之间的关系，在求解水流对边界的动水总作用力时无法应用；此外，能量方程中要确定水头损失，对于有些难以确定水头损失的流动，应用就受到了限制。因此引出了动量方程，目的是希望找出一个不考虑急变流段水流内部各运动要素的情况，而将水流看作整体的方法来计算动水对固体边界的总作用力。

资源 3-7
工程案例——镇墩的破坏

一、动量方程的推导

由物理学中动量定律可知，单位时间内物体的动量变化量等于作用于该物体上所有外力的代数和，即

$$\sum F\Delta t=m(v_2-v_1) \tag{3-48}$$

液体的动量方程是将物理学中的动量定理应用到液体流动中的一种特殊表现形式。如图 3-37 所示，在恒定总流中任取 1-1 过流断面和 2-2 过流断面之间的流段作为研究对象，即控制体。经微分时段 dt，该流段将运动至新位置 1′-2′，从而产生了动量变化。设该流段内的动量变化量为 ΔM，则 $\Delta M=M_{1'-2'}-M_{1-2}=M_{1'-2}+M_{2-2'}-M_{1-1'}-M_{1'-2}$。液体为不可压缩恒定流，不同时刻的动量 $M_{1'-2}$ 都相等，互相抵消，故有

$$\Delta M=M_{2-2'}-M_{1-1'}$$

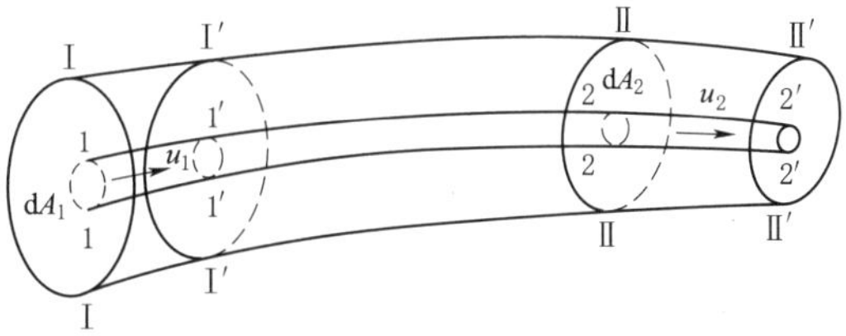

图 3-37　液体的动量方程的推导示意图

在总流中任意取一微小流束 MN，

在过流断面 1－1 上其微小面积为 dA_1，流速为 u_1，那么在 dt 时段内流过的长度体积为 $u_1 dA_1 dt$，质量为 $\rho u_1 dA_1 dt$，动量为 $\rho u_1 dA_1 dt u_1 = \rho dQ dt u_1$，对过流断面 A_1 积分，可得总流 1－1′流段内液体的动量为

$$M_{1-1'} = \int_{Q_1} \rho u_1 dQ dt = \int_{Q_1} \rho u_1 dA_1 u_1 dt$$

同理

$$M_{2-2'} = \int_{Q_2} \rho u_2 dQ dt = \int_{Q_2} \rho u_2 dA_2 u_2 dt$$

由于断面上的流速分布一般是未知的，所以需要用断面平均流速 v 来代替实际分布在均匀流或渐变流断面上的流速，流速 u 和断面平均流速 v 的方向是一致的。

采用断面平均流速 v 表达的动量来代替实际过流断面上的点流速所表达的动量积分式，其间必然会存在一定的差异，这就需要引进一个动量修正系数 β 来进行修正。

则流段 1－1′及流段 2－2′的动量可表示为

$$M_{1-1'} = \int_{Q_1} \rho u_1 dQ dt = \int_{Q_1} \rho u_1 dA_1 u_1 dt = \beta_1 \rho A_1 v_1 v_1 dt = \beta_1 \rho Q_1 v_1 dt$$

$$M_{2-2'} = \int_{Q_2} \rho u_2 dQ dt = \int_{Q_2} \rho u_2 dA_2 u_2 dt = \beta_2 \rho A_2 v_2 v_2 dt = \beta_2 \rho Q_2 v_2 dt$$

即

$$\beta = \frac{\int_A u^2 dA}{v^2 A} \tag{3-49}$$

动量修正系数 β 表示单位时间内通过断面的实际动量与单位时间内以相应的断面平均流速通过的动量的比值。它与动能修正系数 α 一样，也反映了流速分布的不均匀性。在一般渐变流过流断面上，β 的值为 1.02～1.05，为计算方便，常采用 $\beta = 1.0$。

对于不可压缩连续流体，$\rho = C$，$Q_1 = Q_2$，代入式（3－48），可得

$$\sum F = \rho Q(\beta_2 v_2 - \beta_1 v_1) \tag{3-50}$$

动量方程是矢量方程，在应用时必须写为投影式，即

$$\left.\begin{aligned} \sum F_x &= \rho Q(\beta_2 v_{2x} - \beta_1 v_{1x}) \\ \sum F_y &= \rho Q(\beta_2 v_{2y} - \beta_1 v_{1y}) \\ \sum F_z &= \rho Q(\beta_2 v_{2z} - \beta_1 v_{1z}) \end{aligned}\right\}$$

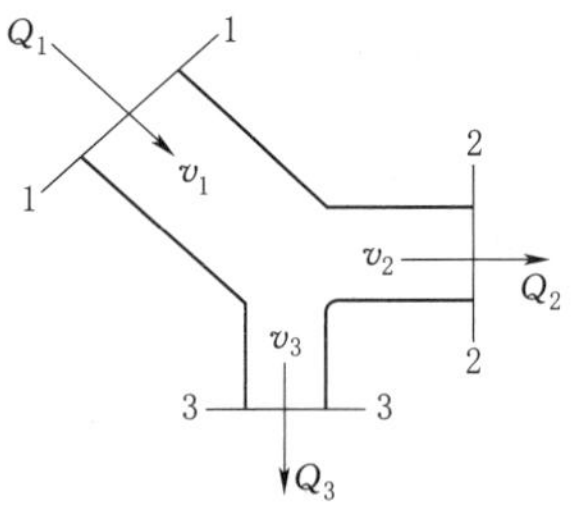

图 3－38　分岔管

上述推证过程中，认为液体为不可压缩恒定流，流量沿程不变。若流量有输入或输出，如图 3－38 所示分岔管，动量方程仍可推广应用，相应的动量方程表达式为

$$\sum F = \rho Q_2 \beta_2 v_2 + \rho Q_3 \beta_3 v_3 - \rho Q_1 \beta_1 v_1$$

方程表明，将物理学中的动量定理应用于流体时，动量定理的表述形式之意为：对于恒定流动，所取流体段（简称流段，它由流体构成）的动量在单位时间内的变化率，等于单位时间内流出该流段所占空间的流体动量与流进的流体动量之差；该变化率等于流段受到的表面力与质量力之和，即外力之和。

二、应用动量方程应注意的问题

动量方程是流体动力学中重要的基本方程之一，应用较为广泛。在应用动量方程式时要注意以下各点：

（1）动量方程是矢量式，式中流速和作用力都是有方向的。因此，写动量方程时，必须首先选定投影轴，并标明投影轴的正方向，然后把流速和作用力向该投影轴投影。凡是和投影轴的正向一致的流速和作用力均为正值，反之为负值。投影轴是可以任意选择的，以计算方便为宜。

（2）控制体（作为研究对象的液体）原则上也是可以任意选取的，但一般是取整个总流的边界为控制体边界，对明渠水流来说总流的边界既有底部和侧壁的固体边界，也有自由水面边界，控制体的横向边界一般都取过流断面。

（3）动量方程的左端，系单位时间内控制体内液体的动量改变值，必须是输出的动量减去输入的动量，切不可颠倒。

（4）当控制体（作为研究对象的液体）某些边界面上的作用力恰好正是欲求的未知力时，其方向事先尚不明确，这时可以先暂时假定一个方向，此后若所求得该力的计算值为正，表明原假定方向正确，若所求得的值为负，表明与原假定方向相反。

（5）动量方程只能求解 1 个未知数，若方程中未知数多于 1 个时，必须借助其他方程（如连续性方程、能量方程）联合求解。

三、动量方程的应用

（一）弯管内水流对管壁的作用力

由于弯管中液流为急变流，动水压强分布规律和静水压强分布规律不同，因此不能用静水压力的计算方法来计算弯管中液体对管壁的作用力。

如图 3－39 所示的弯管，管轴中心线位于铅垂平面上，弯道的转角为 θ，两端过流断面面积分别为 A_1 与 A_2，断面平均流速分别为 v_1 与 v_2，过流断面形心点处的相对压强分别为 p_1 与 p_2，通过管道的流量为 Q，弯管中水体重量为 G，现分析弯管内的液体对管壁所作用的总作用力。

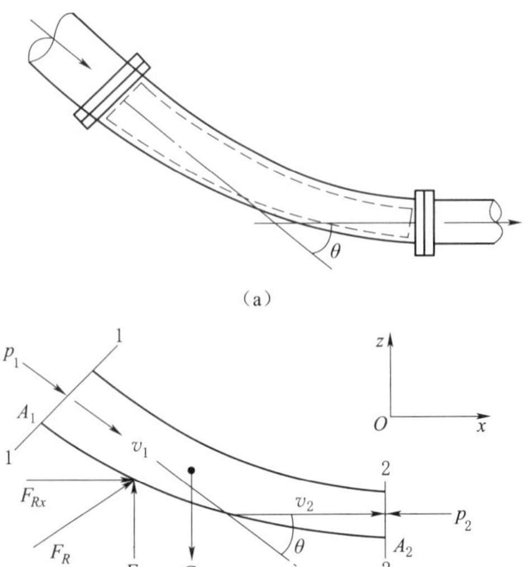

图 3－39　弯管作用力图示

在弯管中，由于水流方向的改变和因管径变化产生流速大小的改变，从而引起弯道水流动量的改变，这种动量改变将引起水流对弯管的作用力。弯管内水流可作为一个总流来应用动量方程，并以 x、z 轴作为动量投影轴。因为液体在 y 轴方向没有流动，不需要研究 y 方向的动量变化问题。因为所提出的问题是确定水流对管壁的作用力，所以控制体的边界必须沿管壁的边界来选取，图中虚线表示控制体。

作用于控制体上的外力，包括控制体边界面上的表面力以及控制体内液体的重力。控制体边界上的表面力，除两端断面上的动水压力外，还有管壁对水流的反作用力 F_R，F_R 和水流对管壁的作用力大小相等、方向相反，互为作用力与反作用力。而水流对管壁的作用力实际上包含了两部分，一部分是动水压力，另一部分是摩擦力。只要求出反作用力 F_R，也就得到了水流对管壁的总作用力。为了分析计算方便，反作用力 F_R 可分解为 x 和 z 方向两个分力 F_{Rx} 与 F_{Rz}。

兹假定两端断面上的动量修正系数相等，即 $\beta_1=\beta_2=\beta$，并假定两端断面上水流符合渐变流条件，其动水总压力等于形心点动水压强和过流断面面积的乘积，即

$$F_{p1}=p_1A_1,\quad F_{p2}=p_2A_2$$

沿 x 轴方向动量方程为

$$\rho Q\beta(v_2-v_1\cos\theta)=p_1A_1\cos\theta-p_2A_2+F_{Rx}$$

因 $v_1=\dfrac{Q}{A_1}$，$v_2=\dfrac{Q}{A_2}$，代入上式可解出

$$F_{Rx}=\beta\rho Q^2\left(\frac{1}{A_2}-\frac{\cos\theta}{A_1}\right)-p_1A_1\cos\theta+p_2A_2 \tag{3-51}$$

沿 z 轴方向动量方程为

$$\rho Q\beta[0-(-v_1\sin\theta)]=-p_1A_1\sin\theta-G+F_{Rz}$$

由上式可解出

$$F_{Rz}=\beta\rho Q^2\frac{\sin\theta}{A_1}+p_1A_1\sin\theta+G \tag{3-52}$$

将 F_{Rx} 与 F_{Rz} 合成即可得到总的反作用力 F_R。

从物理概念不难理解，当液体沿弯管做曲线运动时，液体将对管壁有一个离心力的作用，该离心力指向弯道外侧方向。由于弯管受到这个离心力的作用，弯头有发生位移的趋势，同时由于动水压力的脉动影响（关于动水压力的脉动现象将在本书的下一章讲述）可以使管道产生振动，为此在工程上大型管道转弯的地方，都设置有体积较大的砌体（称为镇墩）将弯道加以固定。

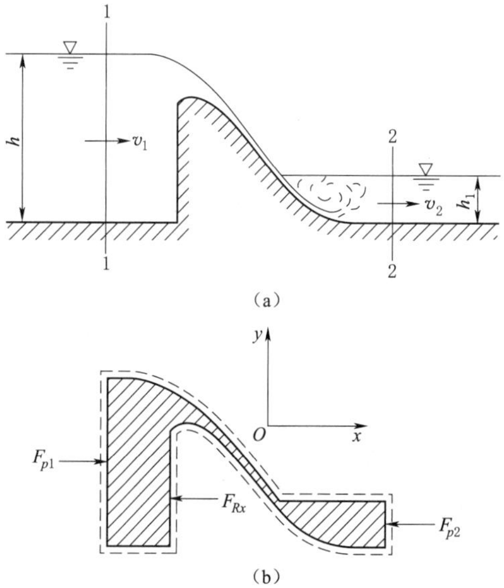

图 3-40　溢流坝作用力图示

（二）水流对溢流坝面的水平总作用力

如图 3-40 所示溢流坝，液体流经坝体附近时，流线弯曲较剧烈，故坝面上流体动压强分布也不符合静压强分布规律，不能按流体静压力计算方法来确定坝面上的动水总压力。

今以最简单的边界条件为例来进行

分析，设河床横断面为矩形，其宽度为 b，坝上游水深为 h，断面 1－1 的平均流速为 v_1，坝下游水深为 h_1，断面 2－2 平均流速为 v_2，今以断面 1－1 和断面 2－2 断面及沿坝面（包括上下游部分河床边界）与水流自由表面所围成的空间（图中虚线所示）作为控制体，并把断面 1－1 和断面 2－2 取在符合渐变流条件的位置，以便于计算这两个断面的动水压力。

若上下游河床均为平底，断面 1－1 和断面 2－2 流速与 x 轴方向平行，这两断面上水流仅有沿 x 方向的流动，应用动量方程时只研究沿 x 轴方向的动量变化。

作用于控制体上的外力在 x 轴方向的投影，包括断面 1－1 上的动水压力 F_{p1}，断面 2－2 上的动水压力 F_{p2}，坝体对水流的反作用力（在水平方向）F_{Rx}，包含了水流与坝面摩擦力在 x 方向的投影。液体的重力在 x 方向投影为零。因

$$F_{p1}=p_{c1}A_1=\frac{1}{2}\rho gbh^2,F_{p2}=p_{c2}A_2=\frac{1}{2}\rho gbh_1^2$$

$$\sum F_x=F_{p1}-F_{p2}-F_{Rx}=\frac{1}{2}\rho gb(h^2-h_1^2)-F_{Rx}$$

沿 x 轴方向动量方程为

$$\rho Q(\beta_2 v_2-\beta_1 v_1)=\sum F_x$$

因

$$v_{1x}=v_1=\frac{Q}{bh},v_{2x}=v_2=\frac{Q}{bh_1}$$

令 $\beta_1=\beta_2=\beta$，于是动量方程为

$$\beta\rho Q^2\left(\frac{1}{bh_1}-\frac{1}{bh}\right)=\frac{1}{2}\rho gb(h^2-h_1^2)-F_{Rx}$$

由上式可解出

$$F_{Rx}=\frac{1}{2}b\left[(\rho gh^2-\rho gh_1^2)-\frac{2\beta\rho Q^2}{b^2}\left(\frac{1}{h_1}-\frac{1}{h}\right)\right] \tag{3-53}$$

F_{Rx} 的大小即为水流对坝体在水平方向的总作用力，它包括了上游坝面和下游坝面水平作用力的总和。

（三）射流对垂直固定平面壁的冲击力

如图 3－41 所示，设从喷嘴中喷出的水流，以速度 v_0 射向一与水流方向垂直的固定平面壁，当水流被平面壁阻挡以后，对称地分开。沿壁面的流速为 v，若所考虑

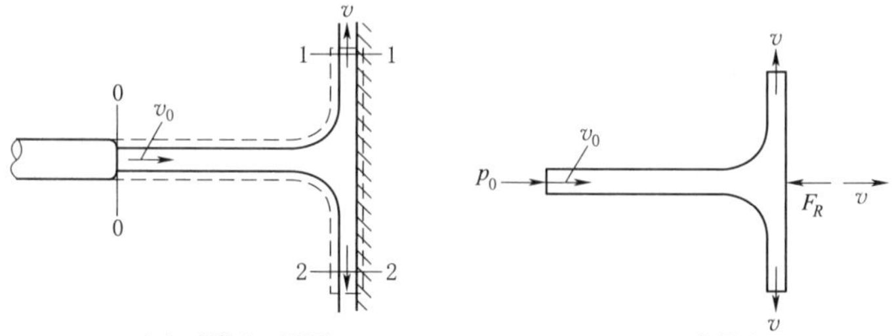

（a）喷嘴出口断面　　（b）作用力

图 3－41　射流作用力图示

的流动在一个水平面上，则重力不起作用，求此时射流对壁面的冲击力。

如图 3-41 所示，今取喷嘴出口断面 0-0 与沿壁面流动的断面 1-1 与断面 2-2 之间总流的外边界线作控制体来应用动量方程，取与 v_0 方向一致的 x 轴为动量投影轴。作用于该控制体上 x 方向的外力有断面 0-0 上的动水压力，以及平面壁对水体的反作用力 F_R。在不计空气阻力时，反作用力 F_R 的大小也就是射流对壁面的冲击力。因射流从喷嘴流入大气后，断面 0-0 上的动水压强 p 可以认为与大气压相等，故其相对压强为零。于是写出 x 方向的动量方程为 $\rho Q(0-\beta_0 v_0)=0-F_R$，故 $F_R=\beta_0 \rho Q v_0$。

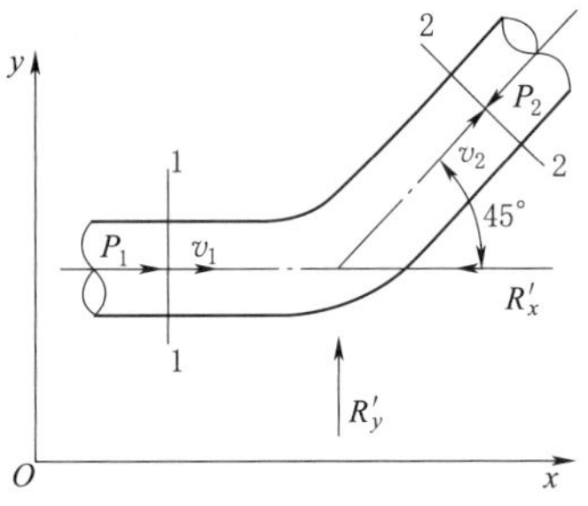

图 3-42　[例 3-10] 图

【例 3-10】 管路中一段水平放置的等截面弯管，直径 d 为 200mm，弯角为 45°（图 3-42）。管中 1-1 断面的平均流速 $v_1=4\text{m/s}$，其形心处的相对压强 $p_1=1$ 个大气压。若不计管流的水头损失，求水流对弯管的作用力 R_x 与 R_y（坐标轴 x 与 y 如图所示）。

解： 利用总流的动量方程求解 R_x 与 R_y。取渐变流过流断面 1-1 与断面 2-2 以及管内壁所围成的封闭曲面为控制面。

作用在控制面上的表面力，以及流入与流出控制面的流速如图 3-43 所示，其中 R'_x 与 R'_y 是弯管对水流的反作用力，p_1 与 p_2 分别是断面 1-1 与断面 2-2 形心处的相对压强。所以作用在这两断面上的总压力分别为 $P_1=p_1A_1$，$P_2=p_2A_2$。作用在控制面内的水流重力，因与所研究的水平面垂直，也就是说和流速垂直，对动量的改变不会产生影响，故不必考虑。

总流的动量方程在 x 轴与 y 轴上的投影为

$$\left.\begin{aligned}\rho Q(\beta_2 v_2\cos45°-\beta_1 v_1)=p_1A_2-p_2A_2\cos45°-R'_x\\ \rho Q(\beta_2 v_2\sin45°-0)=0-p_2A_2\sin45°-R'_y\end{aligned}\right\}$$

则

$$\left.\begin{aligned}R'_x=p_1A_1-p_2A_2\cos45°-\rho Q(\beta_2 v_2\cos45°-\beta_1 v_1)\\ R'_y=p_2A_2\sin45°+\rho Q\beta_2 v_2\sin45°\end{aligned}\right\}$$

其中

$$Q=\frac{1}{4}\pi d^2 v_1=\frac{1}{4}\times3.14\times0.2^2\times4=0.126(\text{m}^3/\text{s})$$

根据总流的连续性方程，$v_2=v_1=4\text{m/s}$，同时，因弯管水平，且不计水头损失，则由总流的伯努利方程得到 $p_2=p_1=1$ 个大气压$=9.8\text{N/cm}^2$，于是

$$p_2A_2=p_1A_1=p_1\ \frac{1}{4}\pi d_1^2=9.8\times\frac{1}{4}\times3.14\times20^2=3077(\text{N})$$

取 $\beta_1=\beta_2=1$，将它们代入得

$$R'_x=3077-3077\times\frac{\sqrt{2}}{2}-1000\times0.126\times4\times\left(\frac{\sqrt{2}}{2}-1\right)=1049(\text{N})$$

$$R'_y=3077\times\frac{\sqrt{2}}{2}+1000\times0.126\times4\times\frac{\sqrt{2}}{2}=2532(\mathrm{N})$$

R_x 与 R'_x、R_y 和 R'_y 分别大小相等、方向相反。

【例 3-11】 水流从喷嘴中水平射向一相距不远的静止固体壁面，接触壁面后分成两股并沿其表面流动，其水平射击平板分析如图 3-43 所示。设固壁及其表面液流对称于喷嘴的轴线。若已知喷嘴出口直径 d 为 40mm，喷射流量 Q 为 $0.0252\mathrm{m^3/s}$，求液流偏转角 θ 分别等于 60°、90° 与 180°时射流对固壁的冲击力 R，并比较它们的大小。

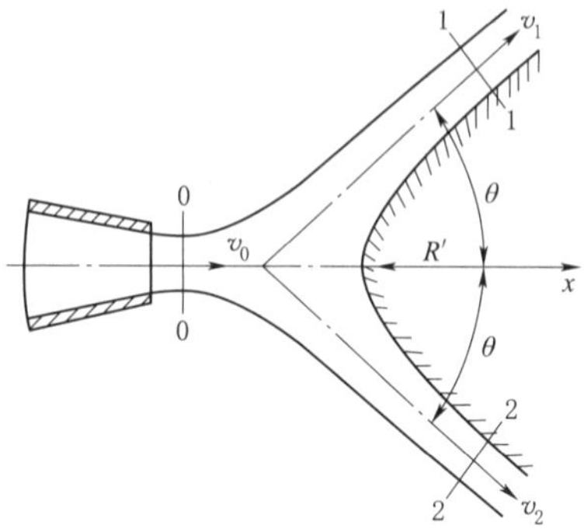

图 3-43 ［例 3-11］图

解： 利用总流的动量方程计算液体射流对固壁的冲击力。取渐变流过流断面 0-0、断面 1-1 与断面 2-2 以及液流边界面所围的封闭曲面为控制面。

为方便起见，选喷嘴轴线为 x 轴（设向右为正）。

若略去水平面上液流的能量损失，则由总流的伯努利方程可得

$$v_1=v_2=v_0$$

进而由连续性方程可得

$$v_1=v_2=v_0=\frac{Q}{\frac{1}{4}\pi d^2}=\frac{0.0252}{\frac{1}{4}\times3.14\times0.04^2}=20(\mathrm{m/s})$$

因液流对称于 x 轴，故 $Q_1=Q_2=Q/2$。取 $\beta_1=\beta_2=1$，规定动量及力的投影与坐标轴同向为正，反向为负，则总流的动量方程在 x 轴上的投影为

$$\frac{\rho Q}{2}v_0\cos\theta+\frac{\rho Q}{2}v_0\cos\theta-\rho Qv_0=-R'$$

得

$$R'=\rho Qv_0(1-\cos\theta)$$

而 $R=-R'$，即两者大小相等，方向相反。

由式得，当 $\theta=60°$时（固壁凸向射流）

$$R=R'=1000\times0.0252\times20\times(1-\cos60°)=252(\mathrm{N})$$

当 $\theta=90°$时（固壁为垂直平面）

$$R=R'=1000\times0.0252\times20\times(1-\cos90°)=504(\mathrm{N})$$

当 $\theta=180°$时（固壁凹向射流）

$$R=R'=1000\times0.0252\times20\times(1-\cos180°)=1008(\mathrm{N})$$

由此可见，三种情况以 $\theta=180°$时（固壁凹向射流）的 R 值最大。斗叶式水轮机的叶片形状就是根据这一原理设计的，以求获得最大的冲击力与输出功率。当然，此时叶片并不固定而做圆周运动，有效作用力应由相对速度所决定。

课　后　习　题

一、选择题

1. 恒定流是（　　）。

A. 流动随时间按一定规律变化

B. 流场中任意空间点的运动要素不随时间变化

C. 各过流断面的流速分布相同

D. 各过流断面的压强相同

2. 在恒定流条件下（　　）。

A. 流线和迹线正交　　B. 流线和迹线重合

C. 流线是平行直线　　D. 迹线是平行直线

3. 变直径管，直径由 100mm 扩大到 200mm，直径变大后的流速为 1.5m/s，直径变化前的流速为（　　）。

A. 2m/s　　B. 3m/s　　C. 6m/s　　D. 9m/s

4. 等直径管（图 3-44），$A-A$ 断面为过流断面，$B-B$ 断面为水平面，1、2、3、4 各点的运动物理量有以下关系（　　）。

A. $z_1+\frac{p_1}{\rho g}=z_2+\frac{p_2}{\rho g}$　　B. $p_3=p_4$

C. $p_1=p_2$　　D. $z_3+\frac{p_3}{\rho g}=z_4+\frac{p_4}{\rho g}$

5. 条件同上题，考虑损失，各点的运动物理量有以下关系（　　）。

A. $z_1+\frac{p_1}{\rho g}=z_2+\frac{p_2}{\rho g}$　　B. $p_3=p_4$

C. $p_1=p_2$　　D. $z_3+\frac{p_3}{\rho g}>z_4+\frac{p_4}{\rho g}$

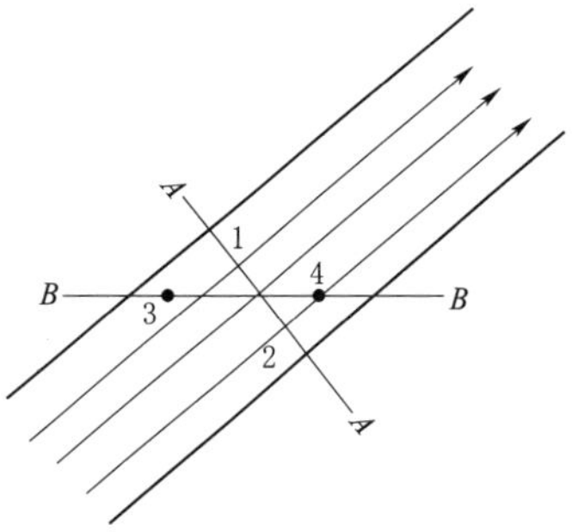

图 3-44

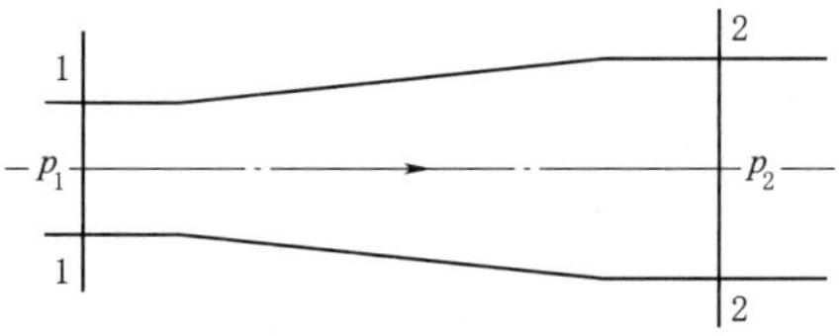

图 3-45

6. 总流能量方程中 $z+\frac{p}{\rho g}+\frac{\alpha v^2}{2g}$ 表示（　　）。

A. 单位重量流体具有的机械能　　B. 单位质量流体具有的机械能

C. 单位体积流体具有的机械能　　　　D. 通过过流断面流体的总机械能

7. 水平放置的渐扩管（图 3-45），如忽略水头损失，断面形心点的压强有以下关系（　　）。

A. $p_1>p_2$　　B. $p_1=p_2$　　C. $p_1<p_2$　　D. 不定

8. 黏性流体总水头线沿程的变化是（　　）。

A. 沿程下降　　B. 沿程上升

C. 保持水平　　D. 前三种情况都有可能

9. 黏性流体测压管水头线的沿程变化是（　　）。

A. 沿程下降　　B. 沿程上升

C. 保持水平　　D. 前三种情况都有可能

二、计算题

1. 管中流为轴对称分布（图 3-46），其分布函数为 $u=\frac{u_{max}}{r_0^2}(r_0^2-r^2)$，$u$ 为距管轴中心为 r 处流速。若已知 r_0 为 3cm，u_{max} 为 0.15m/s，求通过水管流量 Q 及断面平均流速 v。

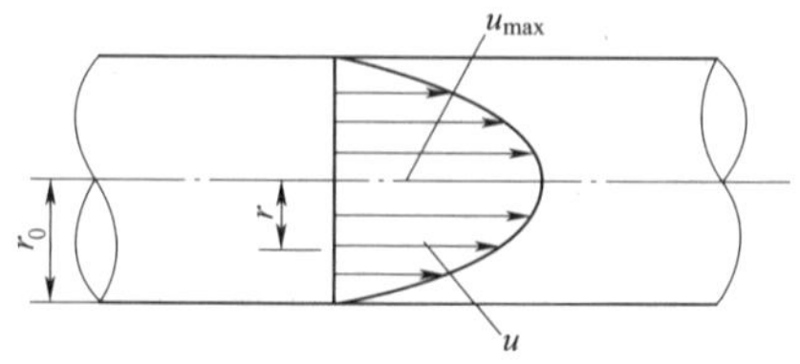

图 3-46

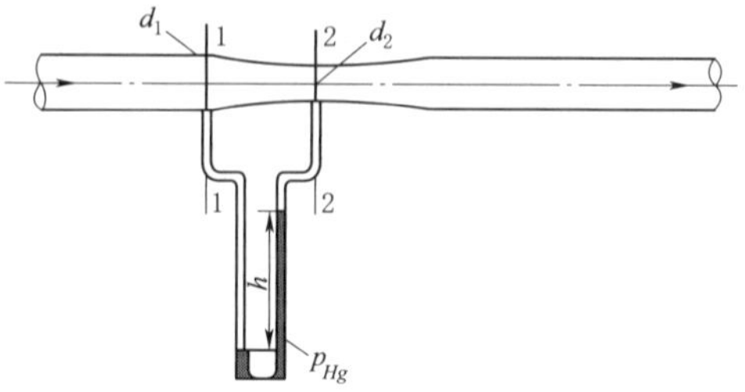

图 3-47

2. 为了测量石油管道的流量，安装文丘里流量计（图 3-47），管道直径 $d_1=200$mm，流量计喉管直径 $d_2=100$mm，石油密度 $\rho=850\text{kg/m}^3$，流量计流量系数 $\mu=0.95$。现测得汞压差计读数 $h=150$mm，问此时管中流量 Q 是多少？

3. 如图 3-48 所示，在一管路上测得过水断面 1-1 的测压管高度 $\frac{p_1}{\rho g}$ 为 1.5m，过水面积 A_1 为 0.05m²。断面 2-2 的过水断面积 A_2 为 0.02m²，两断面间水头损失 h_w 为 $0.5\frac{v_1^2}{2g}$，管中流量 Q 为 20L/s，试求断面 2-2 的测压管高度 $\frac{p_2}{\rho g}$。已知 z_1 为 2.5m，z_2 为 1.6m。

4. 如图 3-49 所示，在水轮机的垂直锥形尾水管中，已知断面 1-1 的直径为 0.6m，断面平均流速 v_1 为 6m/s，出口断面 2-2 的直径为 0.9m，两断面间的水头损失 h_w 为 $0.03\frac{v_1^2}{2g}$，试求当 z 为 5m 时断面 1-1 处的真空度。

5. 有一水平安装的文丘里流量计（图 3-50），已测得 $\frac{p_1}{\rho g}$ 为 1m，$\frac{p_2}{\rho g}$ 为 0.4m，水

管横截面面积 A_1 为 0.002m²，喉管的横截面面积 A_2 为 0.001m²，水头损失 h_w 为 $0.05\dfrac{v_1^2}{2g}$，求通过流量 Q。

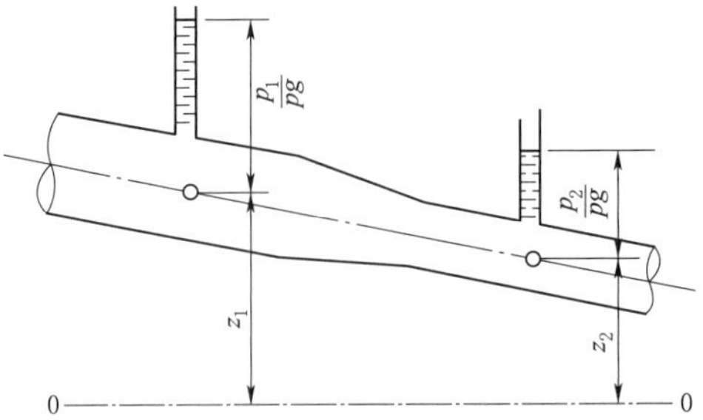

图 3-48

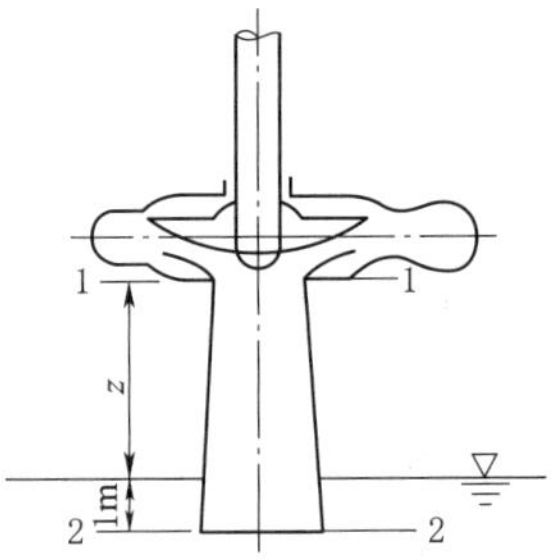

图 3-49

6. 高压管末端的喷嘴如图 3-51 所示，出口直径 d=10cm，管端直径 D=40cm，流量 Q=0.4m³/s，喷嘴和管以法兰盘连接，共用 12 个螺栓，不计水和管嘴的重量，求每个螺栓受力大小。

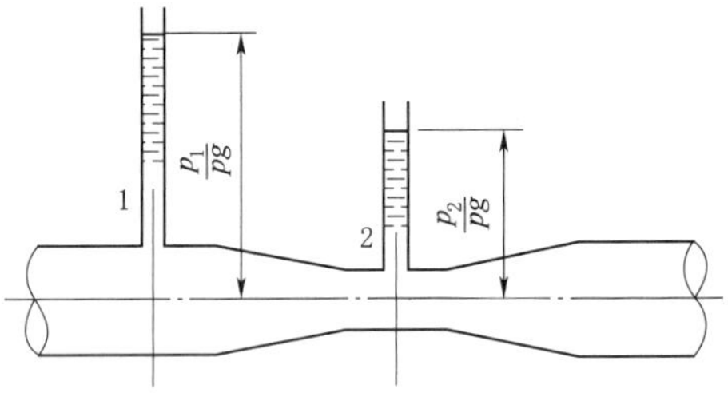

图 3-50

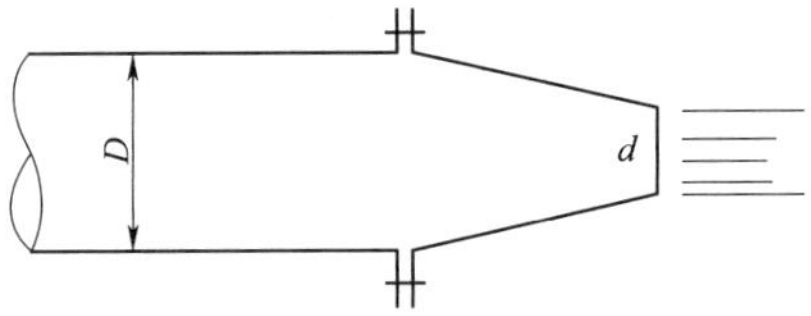

图 3-51

7. 有一沿铅垂直立墙壁敷设的弯管如图 3-52 所示，弯头转角为 90°，起始断面 1-1 与终止断面 2-2 间的轴线长度 L 为 314m，两断面中心高差 Δz 为 2m。已知断面 1-1 中心处动水压强 p 为 1176kPa，两断面之间水头损失 h 为 0.1m，已知管径 d 为 0.2m，试求当管中通过流量 Q 为 0.06m³/s 时，水流对弯头的作用力。

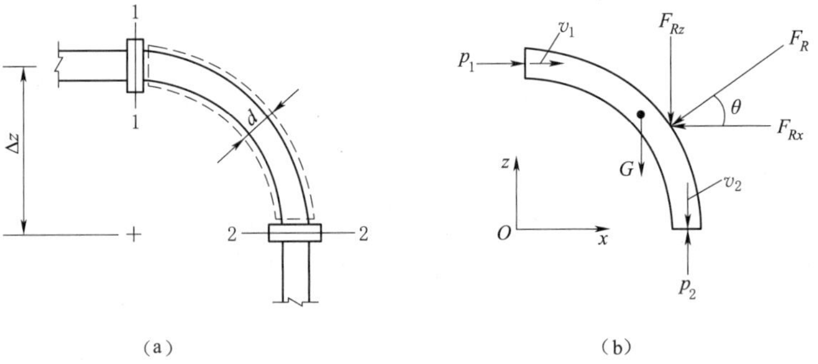

图 3-52

8. 如图 3-53 所示，水流由直径 d_A 为 20cm 的 A 管经一渐缩的弯管流入直径 d_B 为 15cm 的 B 管，管轴中心线在同一水平面内，A 管与 B 管之间的夹角 θ 为 60°。已知通过的流量 Q 为 $0.1m^3/s$，A 端中心处相对压强 p_a 为 120kPa，若不计水头损失，求水流对弯管的作用力。

9. 如图 3-54 所示，直径为 $d_1=700mm$ 的管道在支承面上分支为 $d_2=500mm$ 的两支管，断面 $A-A$ 压强为 $70kN/m^2$，管道流量 $Q=0.6m^3/s$，两支管流量相等：(1) 不计水头损失，求支墩受水平推力。(2) 水头损失为支管流速水头的 5 倍，求支墩受水平推力（不考虑螺栓连接的作用）。

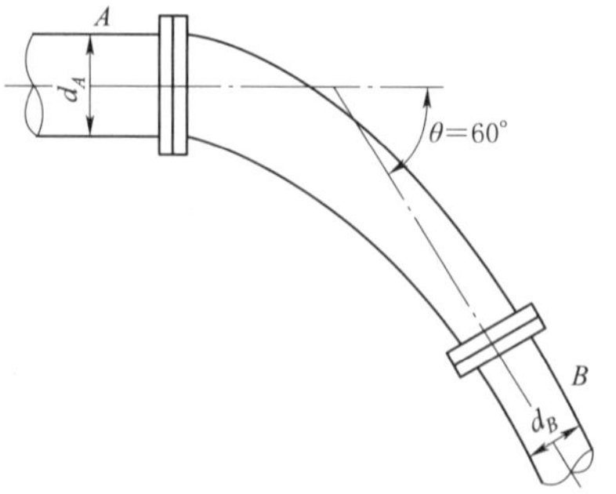

图 3-53

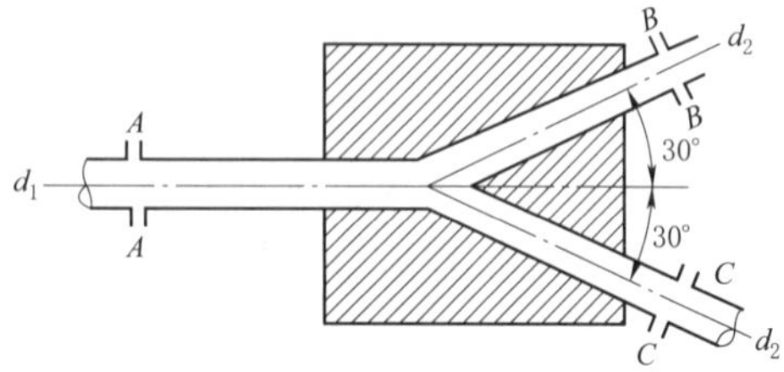

图 3-54

10. 闸下出流（图 3-55），平板闸门宽 $b=2m$，闸前水深 $h_1=4m$，闸后水深 $h_2=0.5m$，出流流量 $Q=8m^3/s$，不计摩擦阻力，试求水流对闸门的作用力。

11. 水力采煤过程中，用水枪在高压下喷射强力水柱冲击煤层（图 3-56），喷嘴出口直径 $d=30mm$，出口水流速 $v=54m/s$，求水流对煤层的冲击力。

资源 3-8
第三章习题
参考答案

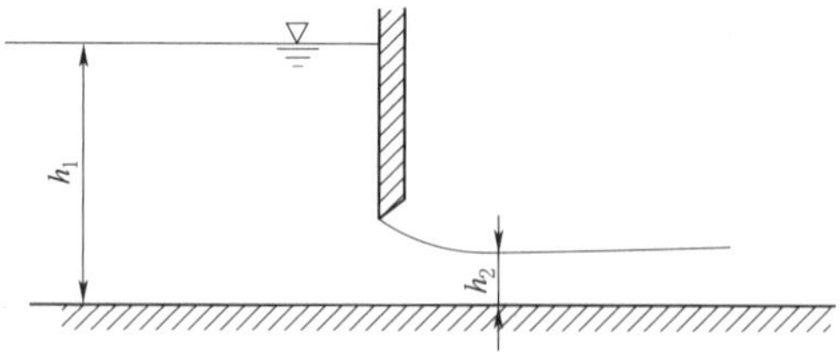

图 3-55

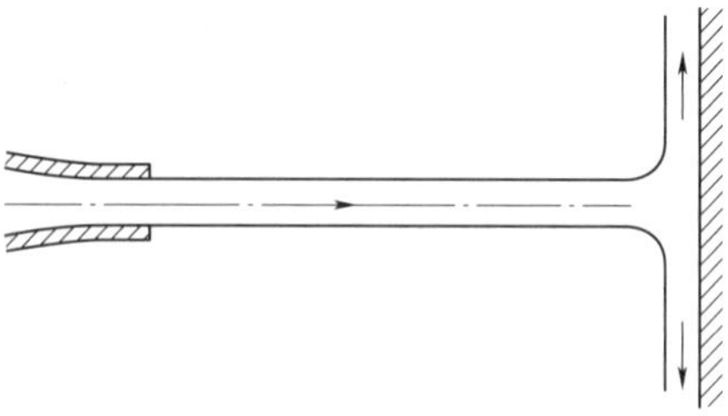

图 3-56

第四章

流动阻力与水头损失

教学目的： 理解水头损失的物理概念及其分类，液流边界几何条件对水头损失的影响；掌握液体运动的两种形态判别及特性，圆管中的层流运动及其沿程水头损失计算；了解紊流的特性，掌握紊流沿程阻力系数的变化规律及计算，熟悉局部水头损失的计算。

资源 4-1 第四章思维导图

教学内容：

1. 流动阻力与水头损失的分类
2. 黏性流体的两种流态
3. 沿程水头损失与剪应力的关系
4. 圆管中层流沿程阻力系数的分析与计算
5. 紊流运动
6. 紊流沿程阻力系数的分析与计算
7. 局部水头损失

教学重点： 液体运动的两种形态，圆管中的层流运动及其沿程水头损失计算，圆管中紊流沿程水头损失的计算。

教学难点： 紊流沿程水头损失的计算。

实际流体在流动过程中，流体内部因流层之间相对运动所产生的切应力以及流体与固体壁面之间的摩擦力都会做功，都需要靠损失流体自身所具有的机械能来进行补偿。这种引起流动能量损失的阻力与流体的黏滞性和惯性以及固体边壁对流体的阻滞作用和扰动作用有关。因此，为了得到能量损失的规律，必须同时分析各种阻力的特性，研究壁面特征的影响，以及产生各种阻力的机理。

同时，为了运用能量方程式确定流动过程中流体所具有的能量变化，确定各断面上位能、压能和动能之间的关系以及计算流动应提供的动力等，都需要解决能量损失项的计算问题。

第一节　流动阻力与水头损失的分类

液体都有黏滞性，因此在流动过程中存在阻力影响，从而造成流动过程中的能量损失，究其根本原因是水流与边界面接触的液体质点黏附于固体表面，流速 u 为零，在边界面的法线方向上 u 从零迅速增大，导致过流断面上流速分布不均匀，这样相邻流层之间存在相对运动，有相对运动的两相邻流层间就产生内摩擦力，水流在流动过程中必然要克服这种摩擦阻力消耗一部分机械能，这部分机械能称为水头损失，在能

量方程中用 h_w 来表示。液流阻力和水头损失的产生取决于两个条件：一是实际液体具有黏性，黏性的存在会使液流具有不同于理想液体的流速分布，并使相邻两层运动液体之间、液体与边界之间除压强外还相互作用着切向力（或摩擦力），而液体流动克服摩擦阻力需消耗能量；二是流动边界的影响，由于黏性、边界条件变化以及其他原因，在液流中产生漩涡，从而改变了水流的内部结构，在这一过程中液流的一部分机械能不可逆地转化为热能而消失，从而造成液流的能量损失。因此，黏性是液流产生阻力和能量损失的内在和根本原因，但是黏性必须通过一定的外部条件（即固体的边界尺寸、形状及粗糙程度）才会起作用。

一、水头损失的分类

在边壁沿程无变化（边壁形状、尺寸、过流方向均无变化）的均匀流流段上，产生的流动阻力称为沿程阻力或摩擦阻力。水流在流动过程中由于摩擦、阻力和其他因素而导致水头（水流的能量）减小的现象称为沿程水头损失。沿程水头损失均匀分布在整个流段上，与流段的长度成比例。流体在等直径的直管中流动的水头损失就是沿程水头损失，以 h_f 表示。由于沿程损失沿管段均匀分布，即与管段的长度成正比，所以也称为长度损失。

在边壁沿程急剧变化，流速分布发生变化的局部区段上，集中产生的流动阻力称为局部阻力。由局部阻力引起的水头损失，称为局部水头损失。发生在管道入口、异径管、弯管、三通、阀门等各种管件处的水头损失，都是局部水头损失，以 h_j 表示。

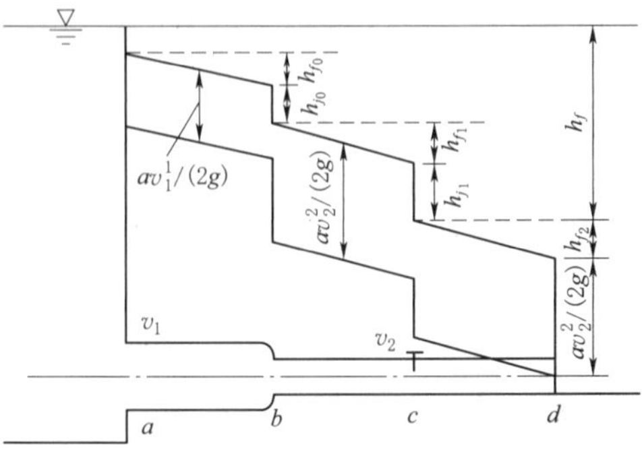

图 4-1

如图 4-1 所示的管道流动，ab、bc、cd 各段只有沿程阻力，h_{fab}、h_{fbc}、h_{fcd} 是各段的沿程水头损失；管道入口、管径突然缩小及阀门处产生局部阻力，h_{ja}、h_{jb}、h_{jc} 是各处的局部水头损失。整个管道的水头损失 h_w 等于各管段的沿程水头损失和所有局部水头损失的总和，即

$$h_w=\sum h_f+\sum h_j=h_{fab}+h_{fbc}+h_{fcd}+h_{ja}+h_{jb}+h_{jc}$$

气体管流的机械能损失用压强损失计算，即

$$p_w=\sum p_f+\sum p_j$$

压强损失与水头损失的关系为

$$p_w=\rho g h_w;\ p_f=\rho g h_f;\ p_j=\rho g h_j$$

二、水头损失的计算公式

（一）沿程水头损失

水头损失计算公式的建立，经历了从经验到理论的发展过程。历史上为了满足供

水工程的需要，自 18 世纪 30 年代起，Couplet（1732 年）、Bossut（1772 年）、Dubuat（1779 年）等相继进行了水头损失的实验。至 19 世纪中叶，法国工程师 Darcy（1803—1858 年）和德国水力学家 Weisbach（1806—1871 年）在归纳总结前人实验的基础上，提出圆管沿程水头损失计算公式

$$h_f=\lambda\frac{l}{d}\frac{v^2}{2g} \tag{4-1}$$

式中　l——管长；

d——管径；

v——断面平均流速；

g——重力加速度；

λ——沿程摩阻系数（沿程阻力系数）。

式（4－1）称为达西-魏斯巴赫公式。式中的沿程摩阻系数 λ 并不是一个确定的常数，一般由实验确定。由此，可以认为达西-魏斯巴赫公式实际上是把沿程水头损失的计算，转化为研究确定沿程摩阻系数 λ 的计算。20 世纪初量纲分析原理被发现以后，学者们使用量纲分析的方法直接导出了公式（4－1），进一步从理论上证明了该式是一个正确、完整地表达圆管沿程水头损失的公式，使它从最初的纯经验公式中分离出来。经过一个多世纪以来的理论发展和实践检验证明，达西-魏斯巴赫公式在结构上是合理的，使用上是方便的。

（二）局部水头损失

局部水头损失是流体在某些局部地方，由于管径的改变，以及方向的改变，或者由于装置了某些配件而产生的额外的能量损失。局部水头损失的原因在于，经过上述局部位置之后，断面流速分布将发生急剧变化，并且流体要生成大量的漩涡。由于实际流体黏性的作用，这些漩涡中的部分能量会不断地转变为热能而散在流体中，从而使流体的总机械能减少。

在实验的基础上，局部水头损失按下式计算

$$h_j=\xi\frac{v^2}{2g} \tag{4-2}$$

式中　ξ——局部水头损失系数（局部阻力系数），由实验确定；

v——ξ 对应的断面平均流速。

这些公式是长期实践的经验总结，其核心问题是各种流动条件下无因次系数 λ 和 ξ 的计算，除了少数简单情况外，主要是用经验或半经验的方法获得的。从应用角度而言，本章的主要内容就是沿程阻力系数 λ 和局部阻力系数 ξ 的计算，以下几节内容主要围绕着 λ 和 ξ 的确定展开。

三、液流边界几何条件对水头损失的影响

产生水头损失的根源是实际液体本身具有黏滞性，但固体边界纵、横方向的几何条件（即边界轮廓的形状和大小）对水头损失也有很大的影响。

（一）横断面形状与大小

液流边界横断面形状和大小对水流的影响可用过流断面的水力要素来表征，如过

流断面的面积 A、湿周 χ 及水力半径 R 等。

仅根据过流断面面积的大小还不足以说明液流边界横断面几何形状和大小对水流的影响。例如两个不同形状的断面，一为正方形，一为扁长矩形，虽其过流断面面积相等，而且其他条件也相同，但扁长矩形渠槽中的液流所受到的阻力要大些，因而水头损失也要大些。这是因为同样的过流面积下扁长矩形渠槽的周长要比正方形槽的周长大，也就是说液流与固体边界接触的周界要长些。液流过流断面与固体边界接触的周界线称为湿周，常用 χ 表示。湿周也是过流断面的重要水力要素之一，湿周越大，水流阻力及水头损失也越大。

但两个过流断面的湿周相等而形状不同，则过流断面面积一般是不相等的，虽通过同样大小的流量，水流阻力和水头损失也不相等，因为面积较小的过流断面液流通过的流速较大，水流阻力及水头损失也大。

所以，以过流断面面积 A 或湿周 χ 中任何一个水力要素来表征过流断面的水力特征都是不够全面的，只有把两者互相结合起来才较为全面。过流断面的面积 A 与湿周 χ 的比值称为水力半径，即

$$R=\frac{A}{\chi} \tag{4-3}$$

水力半径是过流断面的一个非常重要的水力要素，许多重要的水力学公式中都包含有这个要素。水力半径的量纲是长度 L，常用单位为 m。例如直径为 d 的圆管，当充满液流时，$A=\frac{\pi d^2}{4}$，$\chi=\pi d$，故水力半径为$\frac{d}{4}$。

（二）纵断面形状

因边界纵向轮廓的不同，可有两种不同形式的液流：均匀流与非均匀流。

按均匀流的定义可知，沿水流长度方向上各过流断面的水力要素及断面平均流速都是保持不变的。所以，均匀流时只有沿程水头损失，而且各单位长度上的沿程水头损失也是相等的，总水头线应为一直线。又因各过流断面平均流速相等，所以各过流断面上的流速水头也是相等的。由此可知，均匀流时总水头线和测压管水头线是相互平行的直线（图 4-2）。

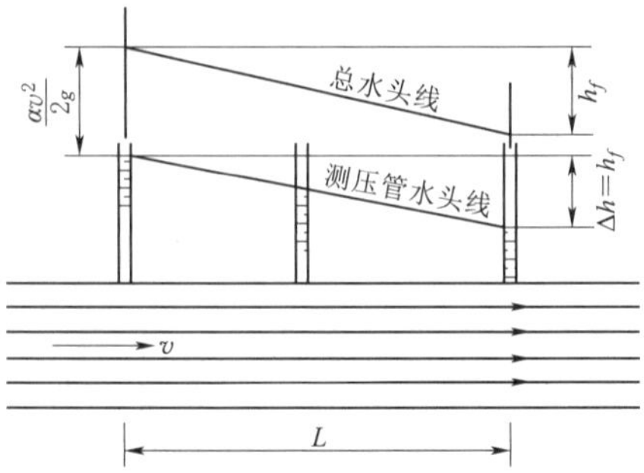

图 4-2　均匀流水头线

非均匀流与均匀流不同，沿水流长度方向上各过流断面的形状及大小是不相等的，各过流断面上的流速也是不等的，所以非均匀流单位长度上的水头损失也不相等，总水头线和测压管水头线是互不平行的曲线（图 4-3）。

均匀流时无局部水头损失，非均匀渐变流时局部水头损失可忽略不计，非均匀急变流时两种水头损失均有。

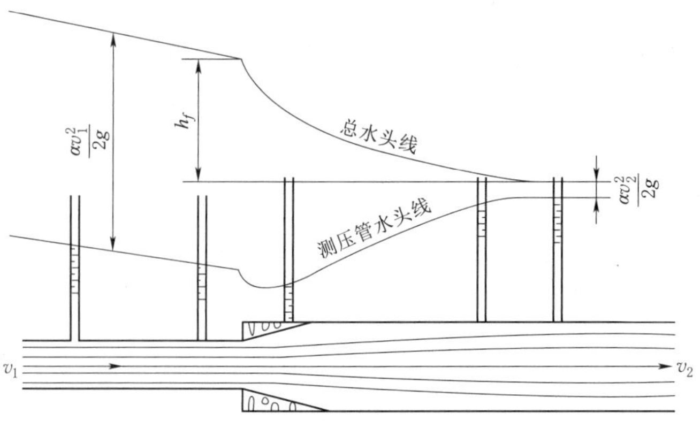

图 4-3　非均匀流水头线

第二节　黏性流体的两种流态

19 世纪 30 年代，科学家们就已经发现沿程水头损失和流速有一定的关系。在流速很小时，沿程水头损失和流速的一次方成比例；在流速很大时，沿程水头损失与流速的二次方或接近二次方成比例。当时就有人指出，液体在流动中可能存在不同的流动形态。直到 1880—1883 年，英国物理学家雷诺进行了水流阻力的实验，研究不同的管径、管壁粗糙度及不同的流速与沿程水头损失之间的关系。实验证实了流体运动时存在两种流动形态：层流和紊流，而且沿程水头损失的变化规律与流态有关。

一、雷诺实验

图 4-4 所示为雷诺实验装置。其中 1 为水箱，2 为溢流板，用以保证水箱中水位恒定；3 为玻璃直管，用以观察水流形态；4 为调节阀门，用以改变水在管中的流速；5 为有色液体容器；6 为有色液体导引细管，用以对流经其出口处的液体质点染色；7 为有色液体细管控制阀门，用以调节进入玻璃直管 3 的有色液体量；8 为测压管，用以测量沿程水头损失与管中流速的关系，显然，根据能量方程，两条测压管水柱的液面高差就等于此管段的沿程水头损失。

在实验操作时，必须注意几点要求：水箱中的水位必须恒定，整个实验台必须避

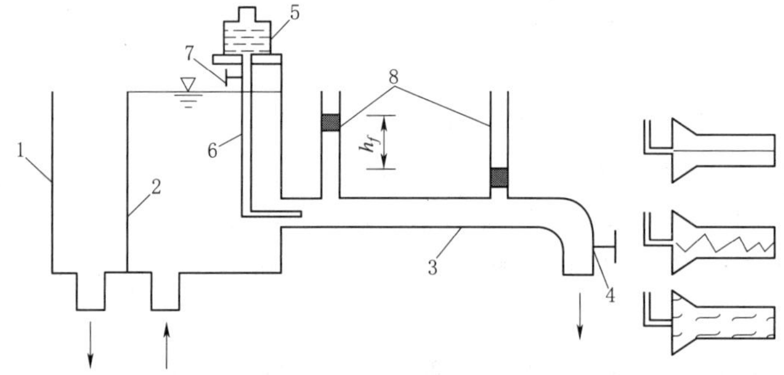

图 4-4　雷诺实验

免受到振动。开关调节阀门 4 必须十分缓慢，避免管中流速急剧变化，水流只能缓慢变速，流速不能忽大忽小，否则将难以看清水流现象的真实变化。有色液体的重度以接近水的重度为宜，注入玻璃直管 3 的有色液体应尽量少。实验室中常用高锰酸钾溶液，但其具有一定的腐蚀性，通常可以用红墨水替代。

实验开始时，往水箱注水。水满后会从溢流板溢流，因此水位保持不变，管流为恒定流。

缓慢打开阀门，水开始在管道中流动，流速由小变大，当流速较小时，可以在管流中清晰地看到从导引细管 6 流出的红色液体为一条直线，这表明管中的水流做分层有序的流动，各流层的流体质点互不混掺，这种流动形态称为层流。若逐渐开大阀门，流速逐渐加大，流速增至大于某一流速时，可以观察到红色液体线发生波动、弯曲。继续开大阀门，当流速超过某一值时，红色液体线突然爆破，与水流掺杂在一起。这说明，尽管流体质点的运动方向仍指向下游，但是流体质点的轨迹曲折、混乱，各流层的流体质点相互混掺，这种流动称为紊流（也称湍流）。紊流状态下流体质点的运动轨迹极不规则，既有沿质点主流方向的运动，又有垂直于主流方向的运动，各点速度的大小和方向随时间无规律地随机变化。介于层流和紊流之间的流态称为过渡流态。

若以相反的程序进行实验，即管中流态已处于紊流状态，逐渐关小阀门，就可以看到红色液体线慢慢变得清晰起来，当流速降到某个值时，红色液体线变为一条直线，这说明流体从紊流又恢复到了层流，即以相反的次序出现。但有一点是不同的：由紊流转变为层流的平均流速 v_c 要比由层流转变为紊流时的平均流速 v_c' 小。把由层流转化为紊流时的管中平均流速 v_c' 称为上临界流速，由紊流转化为层流时的管中平均流速 v_c 称为下临界流速。

实验进一步表明：对于特定的流动装置，上临界流速 v_c' 是不稳定的，即使在同一设备上进行实验，随着流动的起始条件和实验条件的扰动程度不同，v_c' 值可有很大的差异，它与实验操作和外界因素对水流的干扰有很大关系；然而，不论实验是由层流向紊流或是由紊流向层流操作，在 $v<v_c$ 的范围内，其流动状态均为层流，且水流现象十分稳定，且下临界流速 v_c 基本不变。但是，在实际工程中，扰动普遍存在，上临界流速 v_c' 没有实际意义，因此下临界流速常用作判别层流和紊流的重要参数。

为了进一步分析沿程水头损失随流速的变化规律，在玻璃直管 3 的断面加两根测压管 8，根据伯努利方程，测压管的液面差即两断面间的沿程水头损失 h_f。用阀门 4 调节流量（流速），每控制一个流量（流速），对应一个相应的沿程水头损失。通过测量（流速）就可以得到沿程水头损失与断面平均流速的关系，将所测得的试验数据绘出 h_f 与 v 的关系曲线，如图 4－5 所示。实验曲线 $OABDE$ 是在流速由小变大时获得；而流速由大变小时的实验曲线

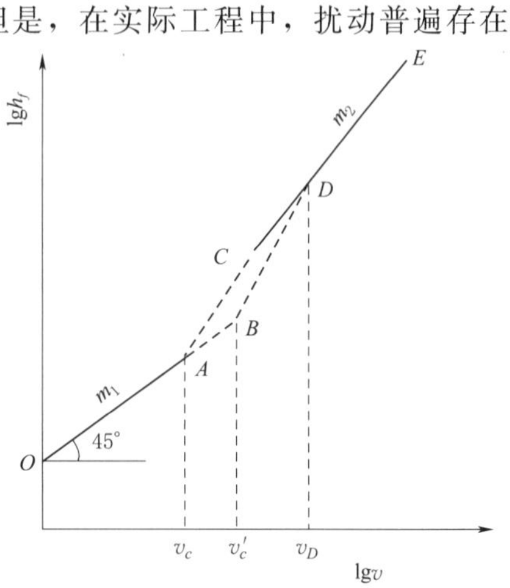

图 4－5　雷诺实验结果

为 $EDCAO$，其中 AD 部分不重合，ED 以及 AO 部分无论是速度由小变大还是由大变小各点均重合在一起。图中 B 点对应的流速即上临界流速，A 点对应的是下临界流速。AC 段和 BD 段实验点分布比较紊乱，是流态不稳定的过渡区域。

实验曲线明显地分为三个部分：

（1）OA 段。当 $v<v_c$ 时，流动为稳定的层流，沿程水头损失 h_f 与流速 v 的一次方成正比。所有实验点都分布在与横坐标轴（$\lg v$ 轴）成 45°的直线上，OA 的斜率 $m_1=1.0$。

（2）DE 段。当 $v>v'_d$ 时，不论是从层流到紊流，还是紊流到层流，流动必为紊流。实验曲线的起始部分与横轴呈 60°15′的角度相交，微微往上弯曲，然后逐渐演变成与横轴呈 63°25′的直线，DE 的斜率 $m_2=1.75\sim2.0$，说明沿程水头损失 h_f 与流速 v 的 1.75～2.0 次方成正比。

（3）AD 段。当 $v_c<v<v_d$ 时，水流状态不稳定，既可能是层流（如 AB 段），也可能是紊流（如 BD 段），取决于实验的程序及水流初始状态，沿程水头损失 h_f 和断面平均流速 v 之间没有明确的关系。此外，在此流速范围内的层流状态若受到任何干扰（如管壁上的个别凸起）而成为紊流时，将不会再恢复到原来的层流状态。

上述实验结果可用下列方程表示

$$\lg h_f=\lg k+m\lg v$$

即

$$h_f=kv^m \tag{4-4}$$

式中　m——指数，由实验确定，层流时 $m=1.0$，紊流时 $m=1.75\sim2.0$，线段 AC 或 BD 的斜率均大于 2；

k——系数。

资源 4-2
雷诺实验
结果对比

上面的实验虽然是在圆管中进行，所用液体只是水，但对其他任何边界形状、任何其他实际液体或气体流动，都可以发现有这两种流动形态（简称流态），因而可以得出如下结论：无论是液体还是气体，实际流动总是存在两种流态，即层流和紊流，这是一切流体运动普遍存在的物理现象。雷诺等实验的意义在于它揭示了层流与紊流不仅是液体质点的运动轨迹不同，它们的水流内部结构（如流速分布、压强特性等）也完全不同，因而导致水头损失的变化规律也不一样。所以计算实际液体流动时的水头损失时，首先必须判别流态。

二、液态判别标准——雷诺数

（一）圆管流态雷诺数

上述实验观察到了两种不同的流态，以及在管道管径和流动介质不变的条件下得到流态与流速有关的结论。雷诺等进一步的实验表明：流动状态不仅和流速 v 有关，还和管径 d、流体的动力黏度 μ 和密度 ρ 有关（运动黏度 ν）。以上 4 个参数可组合成一个无因次数，称为雷诺数，用 Re 表示，即

$$Re=\frac{\rho v_c d}{\mu}=\frac{v_c d}{\nu} \tag{4-5}$$

上式表明，流体的黏度越大，或管径越小，流体就容易保持为层流。这是因为流体的黏性越强，运动的流体质点越不容易发生混掺；同样的，管径越小，管壁对于运

动流体的约束就越强，流体质点越不容易发生混掺，流态就越容易保持为层流。

由于临界速度有上临界速度和下临界速度，因此临界雷诺数也有上临界雷诺数 Re'_c 和下临界雷诺数 Re_c。所以，临界雷诺数的表达式为

$$Re_c=\frac{v_c d}{\nu},Re'_c=\frac{v'_c d}{\nu}$$

雷诺得到下临界雷诺数为 $Re_c=2000$，上临界雷诺数为 $Re'_c=13800$。众多学者也重复了雷诺实验，他们得到的下临界雷诺数基本上也等于 2000，但各人得到的上临界雷诺数的值却相差很大，现在用精密仪器测得的上临界雷诺数高达 10^5。这是因为上临界雷诺数的大小与实验中水流扰动程度有关。理论上讲，层流形态若没有外界扰动，可以一直维持下去，但当层流的雷诺数大于下临界雷诺数时，其层流也是不稳定的，只要流体受到外界一定的干扰，就会发生动荡并迅速转化为紊流。实际工程中总存在扰动，因此上临界雷诺数没有一个固定值，对于判别流态也没有实际意义，只有下临界雷诺数才能作为判别流态的标准，定义管流的雷诺数为

$$Re=\frac{vd}{\nu} \tag{4-6}$$

用雷诺数 Re 可以描述流态，表征流动的惯性力与黏性力的比值。Re 较小时，黏滞作用力大，对流体的质点运动起约束作用，此时质点呈现有秩序的线状运动，互不混掺，这就是层流。当 Re 逐渐加大时，惯性力逐渐增大，黏滞力的控制作用则随之减小，当减弱到一定程度时，层流失去稳定，再加上各种外界原因，如边界的形状变化等原因，流体质点离开线状运动，此时黏滞力不再能控制这种扰动，而惯性作用则将微小扰动不断发展壮大，从而形成了紊流。

工程上一般采用下临界雷诺数作为判定流态的依据，所以，一般可认为层流紊流的判别标准就是下临界雷诺数 $Re_c=2000$，即当 $Re<2000$ 时，管中流态为层流；当 $Re>2000$ 时，管中流态是紊流。

（二）非圆管流态雷诺数

对于明渠流和非圆断面管流，引入综合反映断面大小和几何形状对流动影响的特征尺寸即水力半径 R 和当量直径 d_e，其定义为

$$R=\frac{A}{\chi}=\frac{d}{4},d_e=4R$$

式中　d_e——当量直径，m；

R——水力半径，m；

A——过流断面面积，m^2；

χ——湿周，是过流断面上流体与固体壁面接触的周长，m。

对于非圆断面管流，用当量直径 d_e 代替圆管雷诺数中的直径 d，同样可以用雷诺数判断流态，其临界雷诺数仍为 2000。如图 4－6 所示，矩形断面渠道：$\chi=2h+b$，$R=\frac{bh}{2h+b}$，$d_e=\frac{4bh}{2h+b}$；圆形断面满管管流：$\chi=\pi d$，$R=\frac{\pi d^2}{4\pi d}$，$d_e=$

$4R=d$。

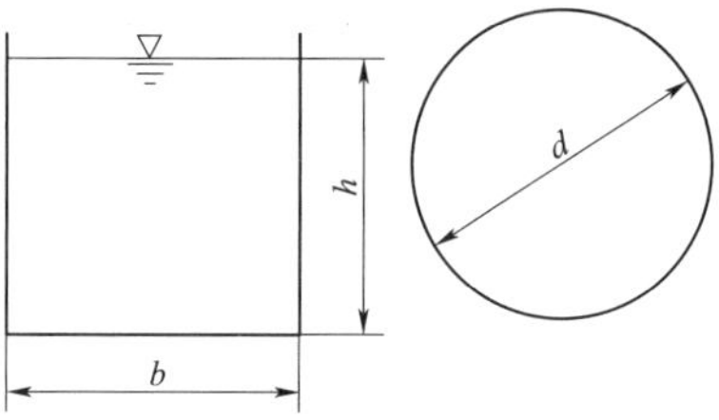

图 4-6　非圆断面管流水力半径

【例 4-1】 有一内径 $d=25\text{mm}$ 的水管，如管中流速 $v=1.0\text{m/s}$，水温为 10℃，(1) 试判别水的流态。(2) 管内保持层流状态的最大流速为多少？

解： (1) 10℃时水的运动黏度 $\nu=1.31\times10^{-6}\text{m}^2/\text{s}$，管内雷诺数为

$$Re=\frac{vd}{\nu}=\frac{1.0\times0.025}{1.31\times10^{-6}}=19084>2000$$

故管中水流为紊流。

(2) 管内保持层流状态的最大流速就是临界流速 v_c。由于

$$Re_c=\frac{v_c d}{\nu}=2000$$

所以

$$v_c=Re_c\frac{\nu}{d}=2000\times\frac{1.31\times10^{-6}}{0.025}=0.105\ (\text{m/s})$$

【例 4-2】 某煤气管道的内径为 15mm，煤气流量为 $2\text{m}^3/\text{h}$，煤气的运动黏度为 $26.3\times10^{-6}\text{m}^2/\text{s}$，试判断该煤气管内的流态。

解： 管内煤气流速为

$$v=\frac{Q}{A}=\frac{2/3600}{(\pi/4)\times(0.015)^2}=3.14(\text{m/s})$$

雷诺数为

$$Re=\frac{vd}{\nu}=\frac{3.14\times0.015}{26.3\times10^{-6}}=1791<2000$$

故管中为层流。

三、流态分析

(一) 层流到紊流的转变

层流和紊流的根本区别在于层流各流层间互不掺混，只存在黏性引起的各流层间的滑动摩擦阻力；紊流时则有大小不等的涡体在各流层之间动荡。除了黏性阻力，还存在由于质点间互相掺混、互相碰撞所造成的惯性阻力。因此，紊流阻力比层流阻力大得多。层流到紊流的转变是与涡体的产生联系在一起的。图 4-7 绘出了涡体产生的过程。

设流体原来做直线层流运动。由于某种原因的干扰，层流发生波动 [图 4-7 (a)]。于是在波峰一侧断面受到压缩，流速增大，压强降低；在波谷一侧由于过流断面增大，流速减小，压强增大。因此层流受到图 4-7 (b) 中箭头所示的压差作用，引起流体向箭头方向发生偏移。这将使波动进一步加大 [图 4-7 (c)]，终于发展成涡体。涡体形成后，由于其一侧的旋转切线速度与流动方向一致，故流速较大，压强较小。而另一侧的旋转切线速度与流动方向相反，流速较小，压强较大。于

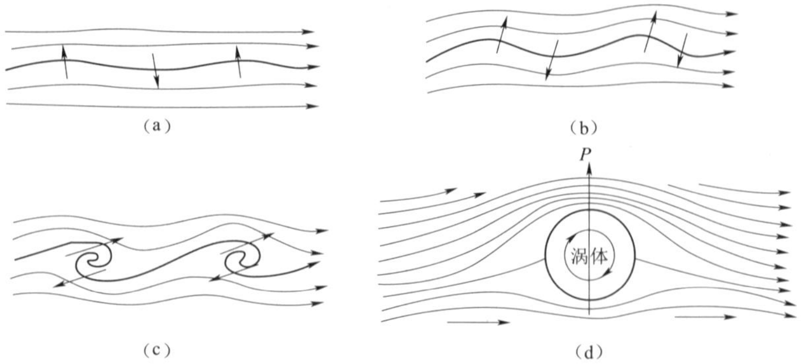

图 4－7　层流到紊流的转变过程

是涡流在其两侧压差作用下，由一层转到另一层，从而使不同区域的流体混合在一起[图 4－7（d）]，这就是紊流掺混的原因。

层流受扰动后，当黏性的稳定作用起主导作用时，扰动就受到黏性的阻滞而衰减下来，层流是稳定的。当扰动占上风，黏性的稳定作用无法使扰动衰减下来，于是流动变为紊流。因此，流动呈现什么流态，取决于扰动的惯性作用和黏性的稳定作用相互较量的结果。

资源 4－3
层流紊流创新性应用——血压计

（二）雷诺数的物理意义

雷诺数之所以能判断流态，正是因为它反映了惯性力和黏性力的对比关系。下面用量纲对雷诺数进行分析。

$$\dim(\text{惯性力})=\dim m\cdot\dim a=\dim\rho\cdot(\dim L)^3\cdot\frac{\dim L}{(\dim T)^2}=\dim\rho\cdot(\dim L)^2\cdot(\dim v)^2$$

$$\dim(\text{黏性力})=\dim\mu\cdot\dim A\cdot\dim\left(\frac{\mathrm{d}u}{\mathrm{d}y}\right)=\dim\mu\cdot(\dim L)^2\cdot\frac{\dim v}{\dim L}$$

$$\frac{\dim(\text{惯性力})}{\dim(\text{黏性力})}=\frac{\dim\rho\cdot\dim L\cdot\dim v}{\dim\mu}=\dim Re$$

当 $Re<2000$，流动受黏性作用控制，流体受扰动而引起紊动衰减，流体保持层流。随着 Re 增大，黏性作用减弱，惯性对紊流的激励作用增强，当 $Re>2000$，流动受惯性作用控制，流动转变为紊流。

四、黏性底层

实验表明，在 $Re=1225$ 左右时，流动的核心部分就已出现线状的波动和弯曲。随着 Re 的增加，其波动的范围和强度增大，但此时黏性仍起主导作用，层流仍是稳定的。直至 Re 达到 2000 左右时，在流动的核心部分惯性力终于克服黏性力的阻滞而开始产生涡体，掺混现象也就出现了。当 $Re>2000$ 后，涡体越来越多，掺混也越来越强烈。直到 $Re=3000\sim4000$ 时，除了在邻近管壁的极小区域外，均已发展为紊流。在邻近管壁的极小区域存在很薄的一层流体，由于固体壁面的阻滞作用，流速较小，惯性力较小，因而仍保持为层流运动。该流层称为黏性底层，管中心部分称为紊流核心，在紊流核心与黏性底层之间还存在一个由层流到紊流的过渡层，如图 4-8 所示。黏性底层的厚度 δ 随着 Re 的不断加大而越来越薄，它的存在对管壁粗糙的扰动作用和导热性能有重大影响。

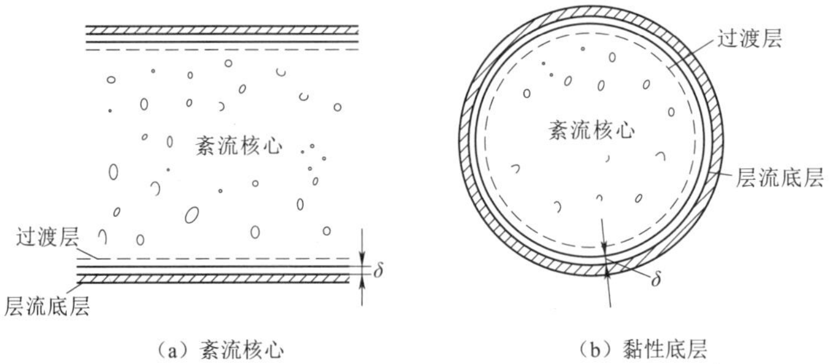

（a）紊流核心　　（b）黏性底层

图 4-8　紊流核心和黏性底层

黏性底层的厚度 δ

$$\delta=\frac{32.8d}{Re\sqrt{\lambda}} \tag{4-7}$$

式中　d——圆管直径，m；

Re——雷诺数；

λ——沿程阻力系数。

第三节　沿程水头损失与剪应力的关系

前面已指出，沿程阻力（均匀流内部流层间的切应力）是造成沿程水头损失的直接原因。因此，建立沿程水头损失与切应力的关系式，再找出切应力的变化规律，就能解决沿程水头损失的计算问题。

一、均匀流动方程式

根据均匀流的定义，若要在圆管有压流动中形成均匀流，则管道必须是管径及圆管壁面材料均沿程不变的长直管。而对于明渠流动，若要在渠道中形成均匀流，流动必须为恒定流的同时，还要求渠道断面的形状、尺寸、壁面粗糙情况都沿程不变，渠道长且直，底坡大于零。因此只有沿程损失，而无局部损失。为了导出沿程阻力系数的计算公式，首先建立沿程损失和沿程阻力之间的关系。在图 4-9 所示的均匀流中，任选断面 1-1 和断面 2-2 两个断面，作用于流段上的外力有压力、壁面剪切力、重力。根据均匀流的特点，其流速沿程不变，相当于做匀速运动，因此速度方向的外力应当相互平衡。

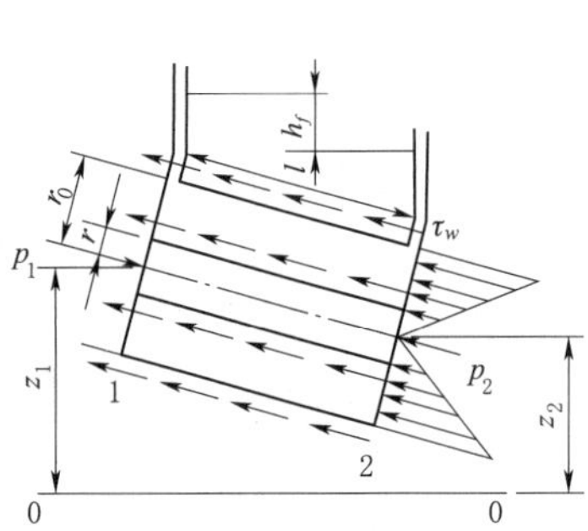

图 4-9　均匀流剪切力分布

（一）表面力

（1）水压力：$P_1=p_1A_1$，$P_2=p_2A_2$，沿流段

轴线垂直指向断面 A_1、A_2。

(2) 壁面剪切力：$T=\tau_w \chi l$，沿流段表面作用且其方向与主流方向相反，τ_w 为边壁上的平均切应力，χ 为湿周，l 为流体流动方向上的长度。

(二) 质量力

$G=\rho g A l=\gamma A l$，方向铅垂向下，通过流段重心 M 沿轴向的分力有

$$G\cos\alpha=\gamma A l\cos\alpha=\gamma A(z_1-z_2)$$

如前所述，均匀流是等流速直线流动，故流段所受的轴向外力必定相互平衡，即

$$p_1 A-p_2 A+\rho g A(z_1-z_2)-\tau_w \chi l=0$$

以 $\rho g A$ 除式中各项，整理得

$$\left(z_1+\frac{p_1}{\rho g}\right)-\left(z_2+\frac{p_2}{\rho g}\right)=\frac{\tau_w \chi l}{\rho g A}$$

又列断面 1－1、断面 2－2 伯努利方程，得

$$\left(z_1+\frac{p_1}{\rho g}\right)-\left(z_2+\frac{p_2}{\rho g}\right)=h_f$$

故

$$h_f=\frac{\tau_w \chi l}{\rho g A}=\frac{\tau_w l}{\rho g R} \tag{4-8}$$

或

$$\begin{cases}\tau_w=\rho g R\dfrac{h_f}{l}=\rho g R J\\[2ex] R=\dfrac{A}{\chi}\\[2ex] J=\dfrac{h_f}{l}\end{cases} \tag{4-9}$$

式中　R——水力半径；

J——水力坡度。

式 (4－8) 或式 (4－9) 给出了圆管均匀流沿程水头损失与切应力的关系，称为均匀流动方程式。对于明渠均匀流，按上式步骤可得到与式 (4－8)、式 (4－9) 相同的结果，只因为是非轴对称过流断面，边壁切应力分布不均匀，式中 τ_w 应为边壁平均切应力。

由于均匀流动方程式是根据作用在恒定均匀流段上的外力相平衡，得到的平衡关系式，并没有反映流动过程中产生沿程水头损失的物理本质。公式推导未涉及流体质点的运动状况，即该式对层流和紊流都适用。然而层流和紊流切应力的产生和变化有本质不同，最终决定两种流态水头损失的规律不同。

二、圆管过流断面上剪应力的分布

在图 4－9 所示圆管恒定均匀流中，取轴线与管轴重合，半径为 r 的流束，用推导式 (4－9) 的相同步骤，便可得出流束的均匀流动方程式

$$\tau=\rho g R' J' \tag{4-10}$$

式中　τ——所取流束表面的切应力；

R'——所取流束的水力半径；

J'——所取流束的水力坡度，与总流的水力坡度相等，$J'=J$。

将 $R=\frac{r_0}{2}$ 及 $R'=\frac{r}{2}$ 分别代入式（4－9）、式（4－10），得

$$\tau_w=\rho g\frac{r_0}{2}J \tag{4-11}$$

$$\tau=\rho g\frac{r}{2}J \tag{4-12}$$

两式相比，得

$$\tau=\frac{r}{r_0}\tau_w \tag{4-13}$$

即圆管均匀流过流断面上切应力呈直线分布，管轴处切应力为零，即 $r=0$，$\tau=0$，管壁处切应力达最大值，即 $r=r_0$，$\tau=\tau_w$。

三、壁剪切速度

在均匀流动方程式的基础上，推导沿程摩阻系数 λ 和壁面切应力的关系。

由式（4－1）可知 $J=\lambda\frac{1}{d}\frac{v^2}{2g}$，将其代入均匀流动方程式（4－11），整理得

$$\sqrt{\frac{\tau_w}{\rho}}=v\sqrt{\frac{\lambda}{8}}$$

定义 $v_*=\sqrt{\frac{\tau_w}{\rho}}$，$v_*$ 有速度的量纲，称为壁剪切速度（摩擦速度）。则

$$v_*=v\sqrt{\frac{\lambda}{8}} \tag{4-14}$$

式（4－14）是沿程摩阻系数和壁剪切速度的关系式，该式在紊流的研究中广为引用。

第四节　圆管中层流沿程阻力系数的分析与计算

工程实际中有些流动，例如石油在运输管道中的流动、润滑油在机械系统内的流动，常属于层流。这种层流运动相对于紊流而言相对简单。研究圆管中的层流运动不仅具有一定的实际意义，也是为后面深入研究紊流运动打好基础。

一、流动特征

如前所述，层流各流层质点互不掺混，对于圆管来说，各层质点沿平行管轴线方向运动。与管壁接触的一层速度为零，管中心轴上速度最大。圆管中的层流运动，可以看成无数无限薄的圆桶层一个套着一个的相对滑动（图 4－10）。层流流动各流层间的切应力大小满足牛顿内摩擦定律，即

$$\tau=\mu\frac{\mathrm{d}u}{\mathrm{d}y}$$

这里 $y=r_0-r$，则

$$\tau=-\mu\frac{\mathrm{d}u}{\mathrm{d}r} \tag{4-15}$$

二、流速分布

将式（4-15）代入均匀流动方程式（4-12）中，得

$$-\mu\frac{du}{dr}=\rho g\frac{r}{2}J$$

分离变量

$$du=-\frac{\rho gJ}{2\mu}r\,dr$$

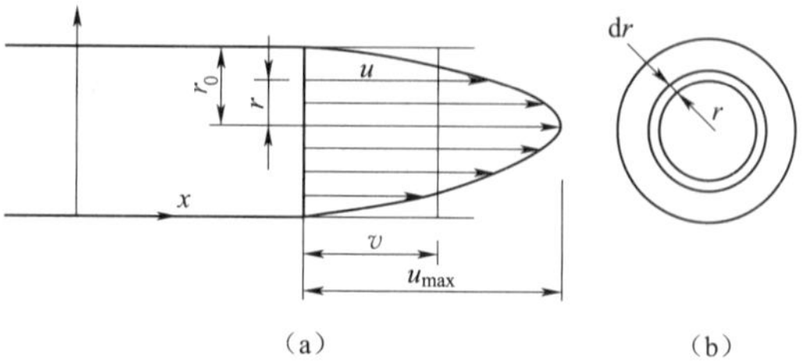

图 4-10　圆管中的层流

其中 ρg 和 μ 都是常数，在均匀流中，J 值不随 r 改变而变，也是常数，积分上式得

$$u=-\frac{\rho gJ}{4\mu}r^2+C$$

代入边界条件：$r=r_0$ 时，$u=0$，得

$$u=-\frac{\rho gJ}{4\mu}(r_0^2-r^2) \tag{4-16}$$

式（4-16）是过流断面上速度分布的解析式，该式为抛物线方程。圆管层流过流断面的流速呈以管中心线为轴的旋转抛物面分布，是圆管层流的重要特征之一。

将 $r=0$ 代入上式时得管轴上的最大流速为

$$u_{max}=\frac{\rho gJ}{4\mu}r_0^2 \tag{4-17}$$

流量

$$Q=\int_A u\,dA=\int_0^{r_0}\frac{\rho gJ}{4\mu}(r_0^2-r^2)\cdot 2\pi r\,dr=\frac{\rho gJ}{8\mu}\pi r_0^4=\frac{\rho gJ}{128\mu}\pi d^4 \tag{4-18}$$

平均流速

$$v=\frac{Q}{A}=\frac{\rho gJ}{8\mu}r_0^2=\frac{\rho gJ}{32\mu}d^2 \tag{4-19}$$

比较式（4-17）和式（4-19），得

$$v=\frac{1}{2}u_{max}$$

即平均流速等于管轴上最大流速的一半。

可见层流的过流断面上流速分布不均，其动能修正系数为

$$\alpha=\frac{\int_A u^3\,dA}{v^3A}=16\int_0^1\left[1-\left(\frac{r}{r_0}\right)^2\right]^3\frac{r}{r_0}d\left(\frac{r}{r_0}\right)=2$$

动量修正系数

$$\beta=\frac{\int_A u^2\,dA}{v^2A}=16\int_0^1\left[1-\left(\frac{r}{r_0}\right)^2\right]^2\frac{r}{r_0}d\left(\frac{r}{r_0}\right)=1.33$$

三、沿程水头损失的计算

以 $J=h_f/l$ 代入式（4-19），整理得

$$h_f=\frac{32\mu l}{\rho g d^2}v \tag{4-20}$$

此式从理论上证明了层流沿程水头损失和平均流速的一次方成正比。

将式（4－20）改写成通用的达西-魏斯巴赫公式形式，即式（4－1），则

$$h_f=\frac{32\mu l}{\rho g d^2}v=64\frac{\nu}{vd}\frac{l}{d}\frac{v^2}{2g}=\frac{64}{Re}\frac{l}{d}\frac{v^2}{2g}$$

圆管层流的沿程阻力系数为

$$\lambda=\frac{64}{Re} \tag{4-21}$$

式（4－21）表明圆管层流的沿程阻力系数只与雷诺数有关，且和雷诺数成反比，而和管壁的粗糙状况无关。

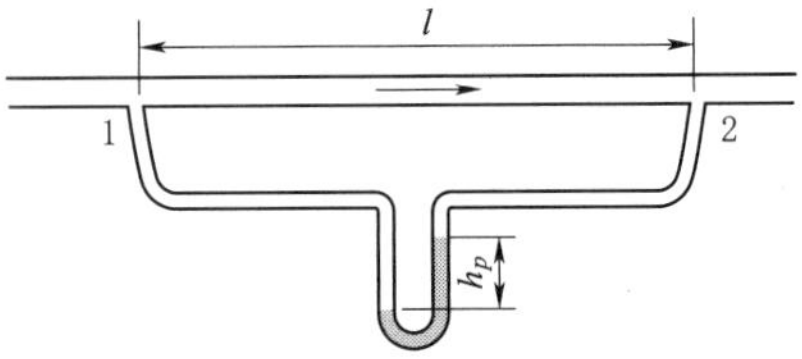

图 4－11　细管黏度计

【例 4－3】 应用细管式黏度计测定油的黏度，已知细管的直径 $d=6\text{mm}$，测量段长 $l=2\text{m}$（图 4－11）。实测油的流量 $Q=77\text{cm}^3/\text{s}$，汞压差计的读值 $h_p=30\text{cm}$，油的密度 $\rho=900\text{kg/m}^3$。试求油的运动黏度和动力黏度。

解： 对细管测量段前后断面 1 和断面 2 列伯努利方程，得

$$h_f=\frac{p_1}{\rho g}-\frac{p_2}{\rho g}=\frac{p_1-p_2}{\rho g}$$

根据静压强计算方法知汞测压计测得压差 $p_1-p_2=h_p(\rho_{Hg}-\rho)g$，故

$$h_f=h_p\left(\frac{\rho_{Hg}}{\rho}-1\right)=0.3\times\left(\frac{13600}{900}-1\right)=4.23(\text{m})$$

假定管内流动为层流

$$v=\frac{Q}{A}=\frac{4Q}{\pi d^2}=2.72(\text{m/s})$$

$$h_f=\frac{64}{Re}\frac{l}{d}\frac{v^2}{2g}=4.23$$

其中 $$Re=\frac{vd}{\nu}$$

解得

$$\nu=h_f\frac{2gd^2}{64lv}=8.57\times10^{-6}(\text{m}^2/\text{s})$$

$$\mu=\nu\rho=7.72\times10^{-3}(\text{Pa}\cdot\text{s})$$

校核流态

$$Re=\frac{vd}{\nu}=\frac{2.72\times 0.006}{8.57\times 10^{-6}}=1904<2000$$

流态为层流，计算成立。

第五节　紊　流　运　动

自然界和工业中的大多数流动都是紊流。工业生产中的许多工艺过程，如流体的管道输送、燃烧过程、掺混过程、传热和冷却等都涉及紊流问题，可见紊流更具有普遍性。

一、紊流的特征与时均化

（一）紊流的特征

紊流中流体质点的运动极不规则，质点的运动轨迹曲折无序，各层质点相互掺混。质点的掺混，使得流场中各点的速度随时间无规则地变化。与之相关联，压强、浓度等量也随时间无规则地变化，这种现象称为紊流脉动（紊流涨落）。质点掺混和紊流脉动从不同的角度表达紊流的不规则性，前者着眼于流体质点的运动状况，后者着眼于流场中各点流动参数的变化。

20 世纪中叶，用流动显示方法测取的紊流图像显示，在紊流中充满大小不等的涡旋，大涡旋包含小涡旋，小涡旋包含更小的涡旋，可见紊流是由不同尺度的大小涡旋组成的不规则流动。20 世纪 70 年代以来，应用现代流动显示方法，观察到紊流中大涡旋以某种确定的次序演化，具有一定的结构，例如，图 4 - 12 所示为圆管紊流中周向和流向大涡旋。可以说不规则性和有涡性是紊流最主要的特征。

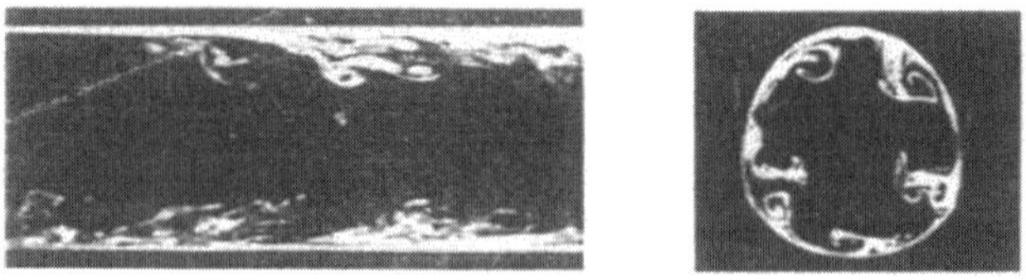

（a）通过远观轴线的纵断面　（b）垂直轴线的横截面

图 4 - 12　圆管紊流图像显示

如上所述，紊流不是单纯的不规则运动，如气体分子运动，在宏观上只有一个特征尺度——分子平均自由程，而是多尺度（理论上是无穷多尺度）、有结构的不规则运动。对于如此复杂的不规则运动，至今尚未能准确描述。

层流和紊流是不同的流动形态，两者的流动特征、物理现象、数学描述和力学规律不同，在速度和温度剖面、流动阻力、传热传质等诸方面都有显著区别。

（二）紊流运动的时均化

紊流流动参数的瞬时值带有偶然性，但不能就此得出紊流不存在规律性的结论。同许多物质运动一样，紊流运动的规律性同它的偶然性是相伴存在的。通过流动参数的时均化，来求得时间平均的规律性，是流体力学研究紊流的有效途径之一。

图 4 - 13 所示是实测平面流动一个空间点上沿流动方向（x 方向）瞬时流速 u_x

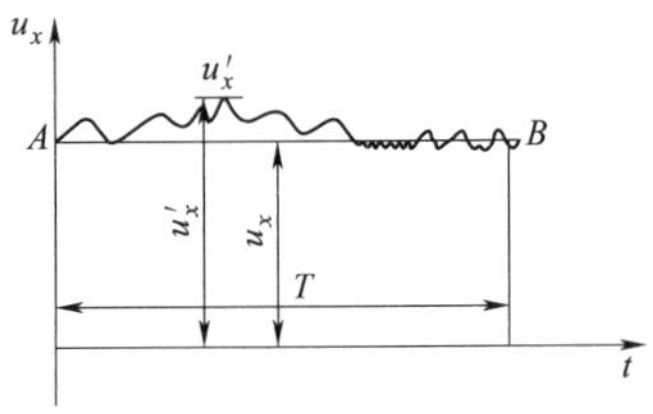

图 4-13　紊流瞬时流速

随时间的变化曲线。由图可见，u_x 随时间无规则地变化，并围绕某一平均值上下跳动。

将 u_x 对某一时段 T 平均，即

$$\overline{u_x}=\frac{1}{T}\int_0^T u_x \mathrm{d}t$$

只要所取时段 T 不是很短（比脉动周期长许多倍），$\bar{u}_x$ 值便与 T 的长短无关，$\bar{u}_x$ 就是该点 x 方向的时均速度。从图形上看，$\bar{u}_x$ 是 T 时段内与时间轴平行的直线 AB 的纵坐标，AB 线与时间轴所包围的面积等于 $u_x=f(t)$ 曲线与时间轴所包围的面积。

定义了时均速度，瞬时速度就等于时均速度与脉动速度的叠加，即

$$u_x=\bar{u}_x+u'_x \tag{4-22}$$

式中　u'_x——该点在 x 方向的脉动速度。

脉动速度随时间变化，时大时小，时正时负，在时段 T 内的时均值为零，即

$$\overline{u'_x}=\frac{1}{T}\int_0^T u'_x \mathrm{d}t=0 \tag{4-23}$$

瞬时压强、平均压强和脉动压强之间的关系为：$p=\bar{p}+p'$。如果紊流流动中各物理量的时均值不随时间而变，仅仅是空间点的函数，即称时均流动是恒定流动，例如

$$\bar{u}_x=\bar{u}_x(x,y,z),\bar{p}=\bar{p}(x,y,z)$$

紊流的瞬时运动总是非恒定的，而平均运动可能是非恒定的，也可能是恒定的。工程上关注的总是时均流动，一般仪器和仪表测量的也是时均值。对紊流参数采用时均化后，前面的连续性方程、伯努利方程及动量方程等仍将适用。

紊流脉动的强弱程度是用紊流强度 ε 来表示的。紊流强度的定义为

$$\varepsilon=\frac{1}{\bar{u}}\sqrt{\frac{1}{3}(\overline{u'^2_x}+\overline{u'^2_y}+\overline{u'^2_z})} \tag{4-24}$$

$$\bar{u}=(\overline{u^2_x}+\overline{u^2_y}+\overline{u^2_z})^{1/2}$$

式中，$\bar{u}$ 即等于速度分量脉动值的均方根与平均运动速度大小的比值。在管流、射流和物体绕流等紊流流动中，初始来流的紊流的强弱将影响流动的发展。

紊流可分为以下三种：

(1) 均匀各向同性紊流。在流场中，不同点以及同一点在不同的方向上的紊流特性都相同，主要存在于无界的流场或远离边界的流场，例如远离地面的大气层等。

(2) 自由剪切紊流。边界为自由面而无固界限制的紊流。例如自由射流、绕流中的尾流等，在自由面上与周围介质发生掺混。

(3) 有壁剪切紊流。紊流在固体壁面附近的发展受限制。如管内紊流及绕流边界层等。与分子运动一样，紊流脉动也将引起流体微团之间的质量、动量和能量的交换。这种交换较分子运动强烈得多，由于流体微团含有大量分子，从而产生了紊流的扩散、紊流摩阻和紊流热传导等。这种特性有时是有益的，例如紊流将强化换热器的

换热效果；在考虑阻力问题时，却要设法减弱紊流摩阻。下面分析与能量损失有关的紊流阻力的特点。

二、紊流的切应力

在紊流中，一方面因时均流速不同，各流层间的相对运动仍然存在黏性切应力 $\overline{\tau_1}$，$\overline{\tau_1}$ 符合牛顿内摩擦定律，即 $\overline{\tau_1}=\mu\dfrac{\mathrm{d}\bar{u}}{\mathrm{d}y}$；另一方面，由于紊流质点存在脉动，相邻流层之间有质量交换。低速流层的质点横向运动进入高速流层后，对高速流层起阻滞作用；反之，高速流层的质点进入低速流层后，对低速流层起推动作用。也就是质量交换形成动量交换，从而在流层分界面上产生了紊流附加切应力 $\overline{\tau_2}$。

用动量定律分析附加切应力的产生原因。如图 4－14 所示，在恒定紊流中，时均流速沿 x 轴方向，脉动流速沿 x 和 y 方向的分量分别为 u'_x 和 u'_y。任取一水平截面 $A-A$，设在某一瞬时，原来位于低流速层 a 点处的质点，以脉动流速 u'_y 向上流动，穿过截面 $A-A$ 到达 a' 点，则单位时间内通过截面 $A-A$ 单位面积的流体质量为 $\rho u'_y$。由于流体具有 x 方向的流速，其瞬时值 $u_x=\overline{u_x}+u'_x$，因而也就有 x 方向的动量由下层传入上层。单位时间内通过单位面积的动量为 $\rho u'_y(\overline{u_x}+u'_x)$，这样，截面 $A-A$ 的下侧流体损失了动量，而上侧流体增加了动量。根据动量定律：动量的变化率等于作用力，这里动量的变化率也就是通过截面 $A-A$ 的动量流量。所以由横向脉动产生的 x 方向的动量传递，使截面 $A-A$ 上产生了 x 方向的作用力，这个单位面积上的切向作用力就称为紊流附加切应力，用 τ_2 表示，即

$$\tau_2=\rho u'_y(\overline{u_x}+u'_x)$$

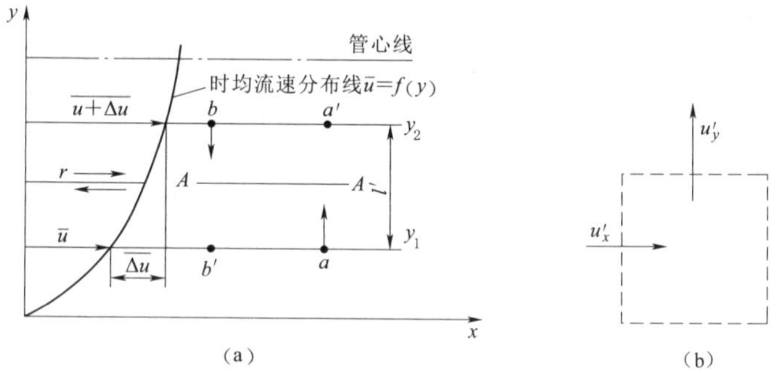

图 4－14　附加切应力分析

这里 u'_x 和 u'_y 可能为正，也可能为负。τ_2 的时均值 $\overline{\tau_2}$ 为

$$\overline{\tau_2}=\rho\frac{1}{T}\int_0^T u'_y(\overline{u'_x}+u'_x)\mathrm{d}t=\rho\overline{u'_x u'_y} \tag{4-25}$$

分析附加切应力 $\overline{\tau_2}$ 的方向。当流体从下往上脉动时，u'_y 为正，由于 a 点处 x 方向的时均流速小于 a' 处的时均流速，因此当 a 处的质点到达 a' 处时，在大多数情况下，对该处原有的质点的运动起阻滞作用，产生负的沿 x 方向的脉动流速 u'_x；反之，原处于高流速层 b 点的流体以脉动流速 u'_y 向下运动，则 u'_y 为负，到达 b' 处时，对该处原有的质点的运动起向前推进作用，产生正值的脉动流速 u'_x。这样正的 u'_x 和负

的 u'_y 相对应，负的 u'_x 和正的 u'_y 相对应，其乘积 $u'_x u'_y$ 总是负值。此外，附加切应力和黏性切应力的方向是一致的，下层流体（低流速层）对上层流体（高流速层）的运动起阻滞作用，而上层流体对下层流体的运动起推动作用。为了使附加切应力的符号与黏性切应力一致，以正值出现，故在式（4－25）中加一负号，得

$$\overline{\tau_2}=-\rho\overline{u'_x u'_y} \tag{4-26}$$

$\overline{\tau_2}$ 是流速横向脉动产生的紊流附加切应力，$\overline{\tau_2}=-\rho\overline{u'_x u'_y}$ 是雷诺于 1895 年首先提出的，故又名雷诺应力。

在紊流流态下，紊流切应力为黏性切应力与雷诺应力之和，即

$$\overline{\tau_1}+\overline{\tau_2}=\mu\frac{\mathrm{d}\bar{u}}{\mathrm{d}y}+(-\rho\overline{u'_x u'_y}) \tag{4-27}$$

两部分切应力的大小随流动情况而有所不同。在雷诺数较小、脉动较弱时，前项占主要地位。随着雷诺数的增加，脉动程度加剧，后项逐渐加大。当雷诺数很大，脉动已充分发展的紊流中，前项远小于后项，前项可以忽略不计。

由于脉动速度瞬息万变，人们对紊流的机理还未彻底了解，式（4－27）不便于直接应用。

目前主要采用半经验的方法，即一方面对紊流进行一定的机理分析，另一方面还得依靠一些具体的实验结果来建立雷诺应力和时均速度的关系。紊流的半经验理论是工程中主要采用的方法。虽然各种理论的出发点不同，但得到的紊流切应力与时均速度的关系式却是基本一致的。

三、黏性底层的速度分布

固体通道内的紊流，以圆管中的紊流为例（图 4－15），只要是黏性流体，不论黏性大小，都满足管壁面上无滑移（黏附）条件，使得在紧靠壁面很薄的流层内，速度由零很快增至一定值，在这一薄层内速度虽小，但速度梯度很大，因而黏性切应力不容忽视。另外，由于壁面限制质点的横向掺混，逼近壁面，速度脉动和雷诺应力趋于消失。黏性底层的内侧是界限不明显的过渡层，向内是紊流核心。黏性底层的厚度，通常不到 1mm，且随雷诺数增大而减小。

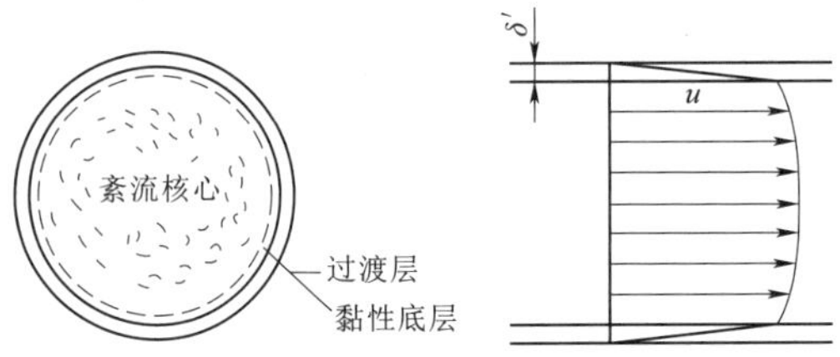

(a) (b)

图 4－15 黏性底层

在黏性底层内，切应力取壁面切应力 $\tau=\tau_w$，则

$$\tau_w=\mu\frac{\mathrm{d}u}{\mathrm{d}y}$$

对上式进行积分得

$$u=\frac{\tau_w}{\mu}y+c$$

由边界条件，壁面上 $y=0$，$u=0$，积分常数 $c=0$，得

$$u=\frac{\tau_w}{\mu}y \tag{4-28}$$

或以 $\mu=\rho\nu$，$v_*=\sqrt{\frac{\tau_w}{\rho}}$ 代入上式，整理得

$$\frac{u}{v_*}=\frac{v_* y}{\nu} \tag{4-29}$$

上式表明，在黏性底层中，速度按线性分布，在壁面上速度为零。

黏性底层虽然很薄，但它对紊流的流速分布和流动阻力却有重大影响，这一点将在下一节得到阐述。

第六节　紊流沿程阻力系数的分析与计算

沿程阻力是造成沿程水头（或压强、能量）损失的原因，如前所述，19 世纪中叶法国工程师达西和德国水力学家魏斯巴赫在归纳总结前人实验的基础上，提出圆管沿程水头损失计算公式。

沿程水头损失的计算，主要是确定沿程阻力系数 λ，第五节已经将层流沿程阻力系数的推导与计算进行了阐述。但由于紊流的复杂性，其 λ 的确定至今不能像层流那样，严格地从理论上推导出来。工程上有两种途径确定 λ 值：一种是以紊流的半经验理论为基础结合实验结果，整理成 λ 的半经验公式；另一种是直接根据实验结果，综合成 λ 的经验公式。为了揭示管流沿程阻力系数的变化规律，1933 年德国科学家和工程师尼古拉兹在人工均匀砂粒粗糙的管道中进行了系统的沿程阻力系数和断面流速分布的测定，为这些经验公式和半经验公式的推导奠定了重要基础。

一、尼古拉兹实验

（一）沿程阻力系数 λ 的影响因素

如上所述，沿程水头损失的计算公式为

$$h_f=\lambda\frac{l}{d}\frac{v^2}{2g}$$

式中　λ——沿程阻力系数。

先来分析一下阻力系数 λ 的影响因素。在圆管层流研究中，从理论上严格推导出 $\lambda=\frac{64}{Re}$，即层流的 λ 仅与雷诺数有关，与其他因素无关。在紊流中，λ 除与反映流动状态的雷诺数有关之外，还因为固体壁面凸入紊流核心的凸起会直接影响流动的紊动程度，因而壁面粗糙度是影响沿程阻力系数的另一个重要因素。

尼古拉兹在实验中使用了一种简化的粗糙模型。他把大小基本相同，形状近似球体的砂粒用漆汁均匀而稠密地黏附于管壁上，得到人工粗糙管（工程实际使用的管道称为工业管道），如图 4－16 所示。这种人工粗糙的特点是凸出部分形状一致，高度一样，而且均匀分布。对于这种特定的粗糙形式，就可以用糙粒

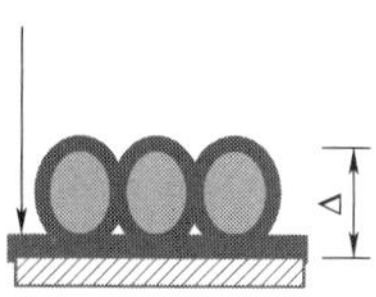

图 4－16　尼古拉兹粗糙管

的突起高度 Δ（即相当于砂粒直径）来表示边壁的粗糙程度。Δ 称为绝对粗糙度，但粗糙对沿程损失的影响不完全取决于粗糙的凸起绝对高度 Δ，而是决定于它的相对高度，即 Δ 与管径 d 或半径 r_0 之比。Δ/d 或 Δ/r_0 称为相对糙度，其倒数 d/Δ 或 r_0/Δ 则称为相对光滑度。这样，影响的因素就是雷诺数和相对粗糙度，即

$$\lambda = f\left(Re, \frac{\Delta}{d}\right)$$

（二）尼古拉兹实验过程及结果

为了探索沿程阻力系数 λ 的变化规律，尼古拉兹在 1933 年进行了著名的实验，他用多种管径和多种粒径的砂粒，得到了 $\Delta/d = \frac{1}{30} \sim \frac{1}{1014}$ 的六种不同的相对粗糙度。在类似于图 4－17 所示的装置中，量测不同流量时的断面平均流速 v 和沿程水头损失 h_f。

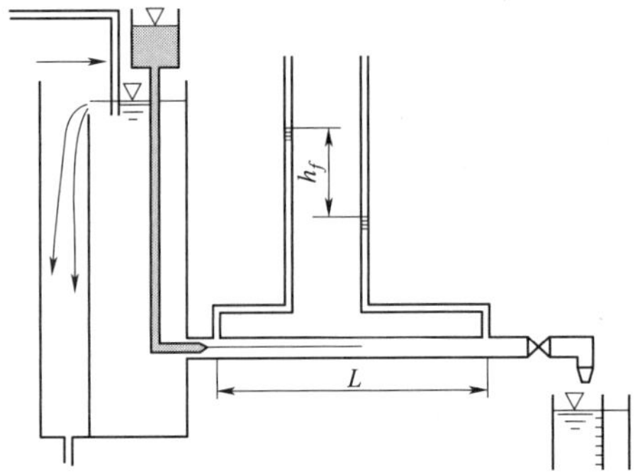

图 4－17　尼古拉兹实验装置

根据 $Re = \frac{vd}{\nu}$ 和 $\lambda = \frac{d}{l}\frac{2g}{v^2}h_f$ 两式，即可算出 Re 数和 λ。以 lgRe 为横坐标，lg100λ 为纵坐标，将各种相对粗糙度情况下的试验结果点绘在坐标纸上，得到相应的曲线，如图 4－18 所示。

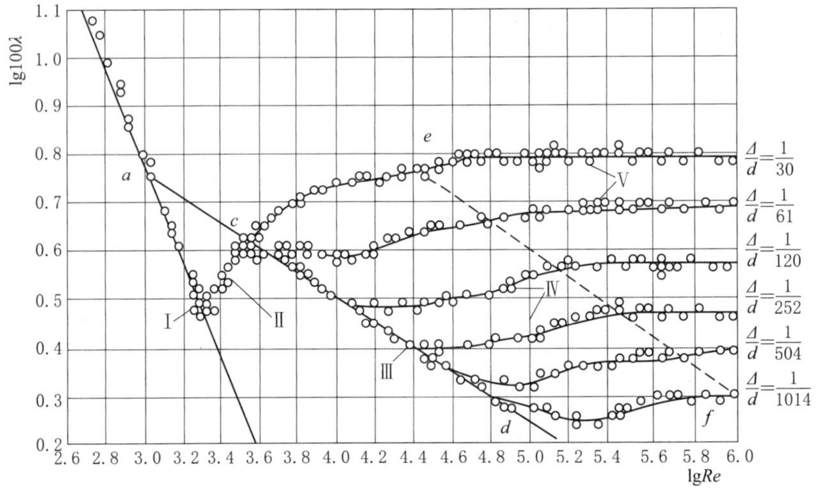

图 4－18　尼古拉兹实验结果

根据 λ 变化的特征，图中曲线可分为五个阻力区。

（1）第Ⅰ区为层流区。对应的雷诺数 $Re < 2320$（$\lg Re < 3.36$），所有的实验点，不论其相对粗糙度如何，都集中在一根直线 ab 上。这表明 λ 与相对粗糙度无关，仅与 Re 值有关，它的方程就是 $\lambda = 64/Re$，实验结果同时也证实了圆管层流理论公式的正确性。还可知，沿程阻力损失 h_f 与断面平均流速 v 的一次方成正比，这也与雷诺

实验的结果一致。

（2）第Ⅱ区为层流向紊流的过渡区。$Re=2320\sim4000$（$\lg Re=3.36\sim3.6$），实验点落在 bc 附近，表明 λ 与相对粗糙度无关，只是 Re 的函数。此区是层流向紊流过渡，这个区的范围很窄，实用意义不大，不予讨论。

（3）第Ⅲ区域为紊流光滑区，$Re>4000$（$\lg Re>3.6$），不同的相对粗糙管的实验点都先后落在同一条线 cd 上。表明 λ 与相对粗糙度 Δ/d 无关，只是 Re 值的函数。随着 Δ/d 的增大，Re 值大的管道，实验点在较低时便离开此线；而相对粗糙度 Δ/d 较小的管道，在 Re 值较大时才离开。

（4）第Ⅳ区为紊流过渡区。在这个区域内，实验点已偏离光滑区曲线。不同相对粗糙度的实验点各自分散成一条条波状的曲线。这说明 λ 既与 Re 值有关，又与 Δ/d 有关。

（5）第Ⅴ区为紊流粗糙区。在这个区域内，不同相对粗糙度的实验点，分别落在一些与横坐标平行的直线上。说明 λ 只与 Δ/d 有关，而与 Re 值无关。当 λ 与 Re 值无关时，由式（4-1）可见，沿程损失就与流速的平方成正比。因此第Ⅴ区又称为阻力平方区，也称自动模型区。

以上实验表明了紊流中 λ 确实决定于 Re 值和 Δ/d 这两个因素。但是为什么紊流分为三个阻力区？各区的变化是如何不同呢？这个问题可用黏性底层的存在来解释。

在光滑区，糙粒的凸起高度 Δ 比黏性底层的厚度 δ_0 小得多，粗糙完全被掩盖在层流底层以内［图 4-19（a）］，它对紊流核心的流动几乎没有影响。粗糙引起的扰动作用完全被层流底层内流体黏性的稳定作用所抑制，管壁粗糙对流动阻力和能量损失不产生影响。

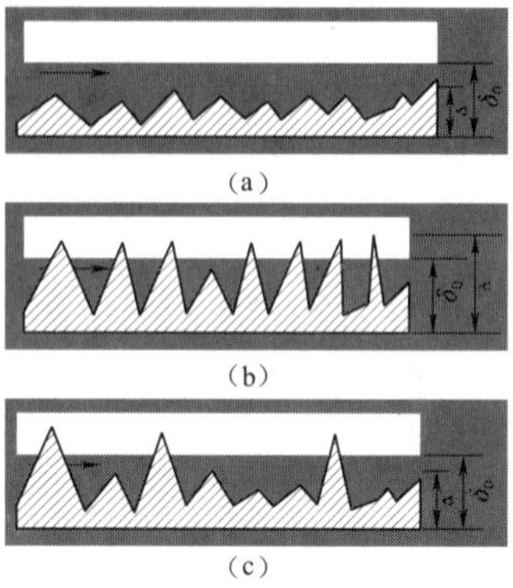

图 4-19 层流底层与管壁粗糙的作用

在过渡区，黏性底层变薄，粗糙开始影响紊流核心区内的流动［图 4-19（b）］，加大了核心区内的紊动强度，因此增加了阻力和能量损失。这时，λ 不仅与 Re 值有关，而且与 Δ/d 有关。

在粗糙区，黏性底层更薄，粗糙凸起高度几乎全部暴露在紊流核心中，$\Delta>\delta_0$［图 4-19（c）］。粗糙的扰动作用已经成为紊流核心中惯性阻力的主要原因。Re 值对紊流强度的影响和粗糙的影响相比已微不足道，Δ/d 成了影响 λ 的唯一因素。

由此可见，流体力学中所说的光滑区和粗糙区，不完全决定于管壁粗糙的凸起高度 Δ，还取决于和 Re 值有关的层流底层的厚度 δ_0。

尼古拉兹实验比较完整地反映了沿程阻力系数 λ 的变化规律，揭露了影响 λ 变化的主要因素，他对 λ 和断面流速分布的测定，推导紊流的半经验公式提供了可靠的依据。

资源 4-4 尼古拉兹实验过程及结果

二、人工粗糙管道沿程阻力系数 λ 的半经验公式

（一）人工粗糙管阻力区的判别

通常将 $Re_*=\dfrac{v_*\Delta}{\nu}$ 称为粗糙雷诺数，Re_* 可作为阻力分区的标准，尼古拉兹由实

验得出判别人工粗糙管阻力分区的标准

$$\left.\begin{array}{ll}\text{紊流光滑区：}0<Re_*\leqslant 5,\delta\geqslant 2.3\Delta, & \lambda=\lambda(Re)\\ \text{紊流过渡区：}5<Re_*\leqslant 70,0.17\Delta\leqslant\delta<2.3\Delta, & \lambda=\lambda(Re,\Delta/d)\\ \text{紊流粗糙区：}Re_*>70,\Delta>6\delta, & \lambda=\lambda(Re)\end{array}\right\}\quad(4-30)$$

（二）沿程阻力系数 λ 的半经验公式

由流速分布及剪切速度式（4－14）推导沿程摩阻系数λ的半经验公式。

（1）光滑区沿程阻力系数。尼古拉兹通过实验数据调整常数，得到紊流光滑区摩阻系数半经验公式

$$\frac{1}{\sqrt{\lambda}}=2\lg Re\sqrt{\lambda}-0.8=2\lg\frac{Re\sqrt{\lambda}}{2.51}\quad(4-31)$$

这是历史上第一次用理论方法，通过速度分布得到的紊流沿程摩阻系数公式，又称尼古拉兹光滑管公式。

普朗特的学生勃拉修斯利用紊流速度的幂次式，提出一个水力光滑沿程阻力系数的公式，称为勃拉修斯公式：

$$\lambda=\frac{0.3164}{Re^{0.25}}\quad(4-32)$$

由实测资料比较结果表明，该式适用于 $4000<Re<10^5$ 的情况。

（2）粗糙区沿程阻力系数。按推导光滑管 λ 半经验公式的相同步骤，可得到紊流粗糙区平均速度和沿程摩阻系数 λ 的半经验公式，有

$$\frac{1}{\sqrt{\lambda}}=2\lg\frac{3.7d}{\Delta}\quad(4-33)$$

该公式称为尼古拉兹粗糙管公式，适用于 $Re>\frac{382}{\sqrt{\lambda}}\left(\frac{r_0}{\Delta}\right)$ 的情况。

【例 4－4】 某水管长 $l=500$m，直径 $d=200$mm，管壁粗糙凸起高度 $\Delta=0.1$mm，如输送流量 $Q=10$L/s，水温 $t=10$℃，试计算沿程水头损失。

解：断面平均流速 $v=Q\Big/\frac{\pi d^2}{4}=10000\Big/\frac{\pi(20)^2}{4}=31.83$（cm/s）

当 $t=10$℃时，水的运动黏度 $\nu=0.01306\text{cm}^2/\text{s}$，雷诺数为

$$Re=\frac{vd}{\nu}=\frac{31.83\times 20}{0.01306}=48744>2300$$

管中水流为紊流。$Re<10^5$，故可先采用勃拉修斯公式计算 λ

$$\lambda=\frac{0.3164}{Re^{0.25}}=0.0213$$

再计算黏性底层厚度为

$$\delta_0=32.9\frac{d}{Re\sqrt{\lambda}}=32.9\times\frac{200}{48744\times\sqrt{0.0213}}=0.92(\text{mm})$$

由式（4－29）及其适用条件可知，因为 $Re=48744<10^5$，$\Delta=0.1$mm，$\delta_0=0.92\text{mm}>2.3\Delta=0.23$mm，所以流态是水力光滑区，勃拉修斯公式适用。沿程水头

损失为

$$h_f=\lambda\frac{l}{d}\frac{v^2}{2g}=0.0213\times\frac{500}{0.2}\times\frac{0.3183^2}{2\times9.8}=0.275(\mathrm{m})$$

三、工业管道沿程摩阻系数 λ 计算的经验公式

除了以上的半经验公式外，还有许多根据实验资料整理而成的经验公式，这里只介绍几个应用最广的公式。

（一）柯列勃洛克公式与穆迪图

由尼古拉兹实验得出了紊流光滑区和粗糙区的半经验公式，但紊流过渡区的公式未能得出。同时，上述经验公式是在人工粗糙管的基础上得到的，而人工粗糙管和工业管道的粗糙有很大差异。实际工程中常用的管道，称为工业管道，它的壁面由于加工原因，其绝对粗糙度及其形状和分布都是不规则的，这与人工加糙的均匀粗糙边界情况完全不同。

在紊流光滑区，工业管道和人工粗糙管虽然粗糙不同，但是都为黏性底层所掩盖，对紊流核心区无影响。实验证明，式（4－31）也适用于工业管道。

在紊流粗糙区，式（4－33）中的 Δ 为均匀绝对粗糙度，故不能直接应用于工业管道计算。但工业管道沿程阻力系数的变化规律仍然相同，只需在计算中引入“当量粗糙度”的概念，把工业管道的绝对粗糙度折算成人工均匀绝对粗糙度后再按式（4－33）计算。把直径相同、紊流粗糙区 λ 值相等的人工粗糙管的粗糙度 K 定义为该管材工业管道的当量粗糙度，就是以工业管道紊流粗糙区实测的 λ 值，代入尼古拉兹粗糙管公式（4－33），反算得到的 K 值。可见工业管道的当量粗糙度是按沿程损失相同的情况下折算后得出的高度，它反映了糙粒各种因素对 λ 值的综合影响。表4－1列出了部分常见壁面材料的当量粗糙度 K 值。

表4－1　工业管道的当量粗糙度值

输水管道	K/mm	通风管道	K/mm
清洁铜管、玻璃管	0.0015～0.01	塑料板制风管	0.01～0.05
白铁皮管	0.15	薄钢板或镀锌薄钢板制风管	0.15～0.18
一般钢管	0.19	矿渣石膏板风管	1.0
清洁镀锌铁管	0.25	胶合板风道	1.0
新生铁管	0.25～0.42	矿渣混凝土板风道	1.5
木管或清洁的水泥面	0.25～1.25	砖砌体风道	3～6

由于工业管道壁面粗糙凸起的不均匀性，它的紊流过渡区范围比人工均匀粗糙管要宽，即它对应的阻力系数曲线，在更小的雷诺数条件下，就偏离了水力光滑区曲线。因为在雷诺数较小、黏性底层厚度较大时，在工业管道壁面的粗糙凸起中，可能存在一些较大的凸起物，它们已经开始对紊流阻力产生影响。所以，尼古拉兹对水力光滑到水力粗糙之间的过渡区的实验结果不能应用于工业管道。柯列勃洛克根据大量工业管道试验资料，综合尼古拉兹光滑区和粗糙区公式，提出工业管道紊流过渡区 λ 值的计算公式，即柯列勃洛克公式

$$\frac{1}{\sqrt{\lambda}}=-2\lg\left(\frac{K}{3.7d}+\frac{2.51}{Re\sqrt{\lambda}}\right) \tag{4-34}$$

式中　K——工业管道的当量粗糙度，可查表 4-1。

式（4-34）适用范围为 $4000<Re<10^6$。尽管式（4-34）只是个经验公式，但它是在合并两个半经验公式的基础上得出的，因此该式被认为既适用于水力光滑区、水力粗糙区紊流，也适用于紊流过渡区的紊流。因此，该式又称为紊流沿程阻力系数 λ 的综合计算式。式（4-34）与工业管道的实验结果相吻合，因此在工业管流的计算中广泛应用。

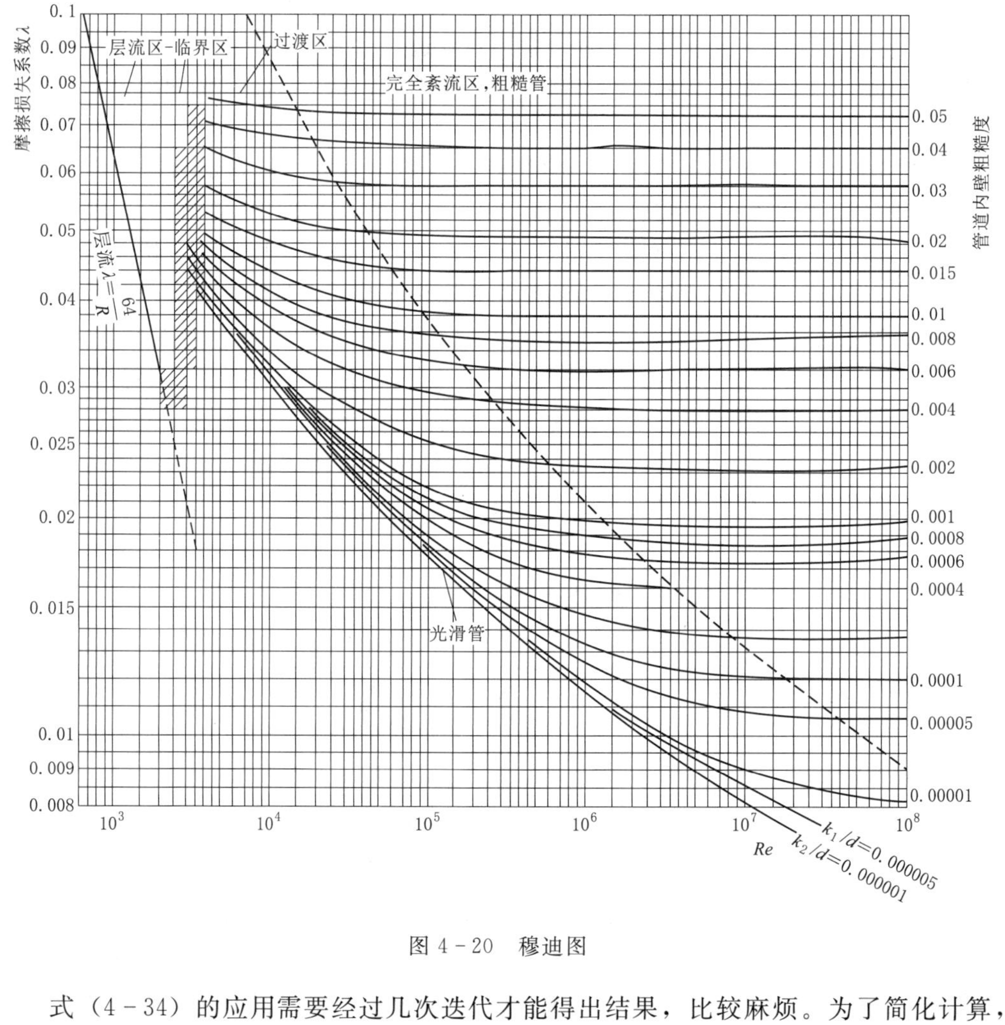

图 4-20　穆迪图

式（4-34）的应用需要经过几次迭代才能得出结果，比较麻烦。为了简化计算，1944 年美国工程师穆迪在柯列勃洛克公式的基础上，以相对粗糙度为参数，把 λ 作为 Re 的函数，绘制出工业管道阻力系数曲线图，即穆迪图，如图 4-20 所示。在进行管流水力计算时，可在表 4-1 中查取管壁的当量粗糙度 K，再在图 4-20 中用内插法查取 λ 的值。

在穆迪图上查得的 λ 值精度有限。目前，许多精密的计算工具已广泛使用，由式（4－34）用迭代法可以求得精度较高的值。例如，使用牛顿迭代法依靠一般的计算器就可以算出 λ 值。方法如下：

由于$\frac{K}{d}$和 Re 已知，设

$$a=\frac{\Delta}{3.7d},b=\frac{2.51}{Re\frac{1}{\sqrt{\lambda}}}$$

则式（4－34）就可以写成

$$f(x)=x+2\lg(a+bx)=0$$

牛顿迭代式为

$$x=x_0-\frac{f(x_0)}{f'(x_0)}$$

其中

$$f(x)=x+2\lg(a+bx)$$

$$f'(x)=1+\frac{2}{\ln10}\frac{b}{a+bx}$$

只要初值 x 选得好，迭代几次就可以得到精度很高的解。

（二）布拉修斯紊流光滑区公式

$$\lambda=\frac{0.3164}{Re^{0.25}} \tag{4-35}$$

此式是布拉修斯于 1913 年在总结前人实验资料的基础上，提出的紊流光滑区经验公式。该式形式简单，计算方便，在 $Re<10^5$ 范围内有极高的精度，得到广泛应用。

（三）希弗林松紊流粗糙区公式

$$\lambda=0.11\left(\frac{K}{d}\right)^{0.25} \tag{4-36}$$

式中　K——工业管道的当量粗糙度，可查表 4－1。

希弗林松紊流粗糙区公式由于形式简单，计算方便，工业上经常应用。

（四）阿里特苏里公式

$$\lambda=0.11\left[\frac{K}{d}+\left(\frac{68}{Re}\right)^{0.25}\right] \tag{4-37}$$

阿里特苏里公式适用于紊流三区，形式简单，计算方便，工业上经常应用。

（五）谢才公式和谢才系数

以上所讲的对沿程阻力系数变化规律的认识是 20 世纪前期研究的成果。要应用上面所讲的公式，必须采用自然管道或天然河道表面粗糙均匀化后的当量粗糙度，因目前尚缺乏这方面较完整的资料，所以这些公式并没有得到广泛应用。

为了满足生产实践的需要，早在 18 世纪中后期，人们即在总结大量实测资料的基础上提出了一些计算沿程水头损失的经验公式，有些公式至今在工程实践中仍被广泛采用，在一定范围内满足工程设计的需要，其中以谢才公式最具代表性和典型性。

谢才总结了明渠均匀流的实测资料，提出计算均匀流的经验公式，后人称为谢才公式。谢才公式的推导需要将式（4-1）变换形式

$$v^2=\frac{2g}{\lambda}d\frac{h_f}{l}$$

对于圆管，以 $d=4R$，$\frac{h_f}{l}=J$ 代入上式，整理得

$$v=\sqrt{\frac{8g}{\lambda}}\sqrt{RJ}=C\sqrt{RJ} \tag{4-38}$$

$$C=\sqrt{\frac{8g}{\lambda}}$$

或者

$$\lambda=\frac{8g}{C^2} \tag{4-39}$$

式中　v——断面平均流速，m/s；

R——水力半径，m；

J——水力坡度，m/m；

C——谢才系数，$m^{1/2}/s$。

式（4-38）称为谢才公式。式（4-39）给出了谢才系数 C 和沿程阻力系数 λ 的关系，该式表明 C 和 λ 一样是反映沿程阻力的系数。谢才公式可应用于不同流态或流区，只是谢才系数的公式不同而已。但在实际工程上所遇到的水流大多数是阻力平方区的紊流，谢才系数的经验公式是根据阻力平方区湍流的大量实测资料求得的，所以只能适用于阻力平方区的紊流。

关于谢才系数的确定，应用最广的是 1889 年爱尔兰工程师曼宁提出的经验公式，也称曼宁公式，即

$$C=\frac{1}{n}R^{1/6} \tag{4-40}$$

式中　n——综合反映壁面对水流阻滞作用的系数，称为粗糙系数，见表 4-2；

R——水力半径，m。

表 4-2　　管渠道粗糙系数

渠道类别	n	渠道类别	n
缸瓦管（带釉）	0.013	水泥砂浆抹面渠道	0.013
混凝土和钢筋混凝土的输水管	0.013	砌砖渠道（不抹面）	0.015
混凝土和钢筋混凝土的污水管	0.014	砂浆块石渠道（不抹面）	0.017
石棉水泥管	0.012	干砌石块渠道	0.020～0.025
铸铁管	0.013	土明渠（包括带草皮的）	0.025～0.030
钢管	0.012	木槽	0.012～0.014

将式（4-40）代入式（4-38），得到谢才公式的常用式

$$v=\frac{1}{n}R^{1/6}\sqrt{RJ}=\frac{1}{n}R^{2/3}J^{1/2} \tag{4-41}$$

将水力坡度 $J=\frac{h_f}{l}=\lambda\frac{1}{d}\frac{v^2}{2g}$，$R=\frac{d}{4}$代入上式，整理得

$$\lambda=\frac{2gn^2 4^{3/4}}{d^{1/3}}=\frac{124.45n^2}{d^{1/3}} \tag{4-42}$$

摩阻系数 λ 只和壁面粗糙系数 n 有关，与雷诺数 Re 无关，表明谢才公式的常用式（4－42）理论上适用于紊流粗糙区。

由于实际工程上所遇到的水流大多数是阻力平方区的紊流，所以谢才公式结合曼宁公式也被默认为紊流沿程阻力系数求解所普遍采纳的公式。

曼宁公式形式简单，粗糙系数可依据长期积累的丰富资料确定。在 $n<0.02$、$R<0.5$ 范围内，进行输水管道和较小渠道的计算，结果和实际相符，至今仍然在各国工程界广泛应用。

【例 4－5】 给水管长 30m，直径 $d=75\text{mm}$，新铸铁管，流量 $Q=7.25\text{L/s}$，水温 $t=10℃$，试求该管段的沿程水头损失。

解： 本题用穆迪图计算。

（1）计算 Re，Δ/d。

$$A=\frac{\pi d^2}{4}=44.1\text{cm}^2,v=\frac{Q}{A}=164.4\text{cm/s}$$

$t=10℃$，水的运动黏度 $\nu=1.31\times10^{-6}\text{m}^2/\text{s}$，则

$$Re=\frac{vd}{\nu}=\frac{164.4\times10^{-2}\times75\times10^{-3}}{1.31\times10^{-6}}=94122$$

查表 4－1，取 $K=0.25\text{mm}$，$K/d=0.003$。

（2）由 Re、K/d 查穆迪图（图 4－20），得 $\lambda=0.023$。

（3）计算 h_f

$$h_f=\lambda\frac{l}{d}\frac{v^2}{2g}=1.54\text{m}$$

【例 4－6】 修建长 300m 的钢筋混凝土输水管，直径 $d=250\text{mm}$，通过流量为 $200\text{m}^3/\text{h}$。试求沿程水头损失。

解： 本题采用谢才公式计算。

（1）计算谢才系数 C。选粗糙系数 n，查表 4－2，钢筋混凝土管，取 $n=0.013$，则

$$R=\frac{A}{x}=\frac{d}{4}=0.0625(\text{m})$$

$$C=\frac{1}{n}R^{1/6}=\frac{1}{0.013}\times0.0625^{1/6}=48.46(\text{m}^{0.5}/\text{s})$$

（2）由式 $h_f=\lambda\frac{l}{d}\frac{v^2}{2g}$计算 h_f。

$$v=\frac{Q}{A}=\frac{4Q}{\pi d^2}=\frac{4\times\frac{200}{3600}}{\pi\times0.25^2}=1.13(\text{m/s})$$

由式（4-39）可知 $\lambda=\frac{8g}{C^2}$，将 $C=48.46\text{m}^{0.5}/\text{s}$ 代入，可得

$$\lambda=\frac{8\times9.8}{48.46^2}=0.03338$$

$$h_f=\lambda\frac{l}{d}\frac{v^2}{2g}=0.03338\times\frac{300}{0.25}\times\frac{1.13}{2\times9.8}=2.61(\text{m})$$

第七节　局部水头损失

在工业管道或渠道中，往往设有转弯、变径、分岔管、阀门等部件，流体经过这些部件时，由于边壁或流量的改变，均匀流遭到破坏，引起了流速的大小、方向或分布的变化。由此产生的流动阻力是局部阻力，所引起的能量损失称为局部水头损失。工程上有不少管道（如通风和采暖管道），局部损失往往占有很大比重。因此了解局部损失的分析方法和计算方法有着重要的意义。

局部水头损失和沿程水头损失一样，不同的流态有不同的规律。由于局部阻碍的强烈扰动作用，流动在较小的雷诺数时就达到充分紊动；另外由于局部损失的种类繁多，形态各异，其边壁的变化大多比较复杂，多数局部阻碍的损失计算还不能从理论上解决，必须借助由实验得来的经验公式或系数。虽然如此，对局部阻力和局部水头损失的规律进行一些定性的分析还是必要的。尽管它解决不了局部水头损失的计算问题，但是对解释和估计不同局部阻碍的局部水头损失的大小，研究改善管道工作条件和减少局部损失的措施，以及提出正确合理的设计方案等方面，都能给我们定性的指导。

一、局部水头损失的一般分析

（一）局部水头损失产生的原因

下面对典型的局部阻碍（图 4-21）处的流动进行分析，并说明局部水头损失产生的原因。

流体流经突然扩大、分岔、转向、突然缩小等局部阻碍时，因惯性作用，主流与壁面脱离，其间形成漩涡区。在渐扩管内沿程减速增压，紧靠壁面的低速质点，因受反向压差作用，速度不断减小至零，主流遂与边壁脱离，并形成漩涡区。局部水头损失同漩涡区的形成有关，这是因为在漩涡区内，质点漩涡运动集中耗能，同时漩涡运动的质点不断被主流带向下游，加剧下游一定范围内主流的紊动强度，从而加大能量损失。除此之外，局部阻碍附近，流速分布不断改组，也将造成能量损失。

综上所述，主流脱离边壁，漩涡区的形成是造成局部水头损失的主要原因。实验结果表明，局部阻碍处漩涡区越大，漩涡强度越大，局部水头损失越大。

（二）局部水头损失系数的影响因素

前面已给出局部水头损失计算公式

$$h_j=\xi\frac{v^2}{2g}$$

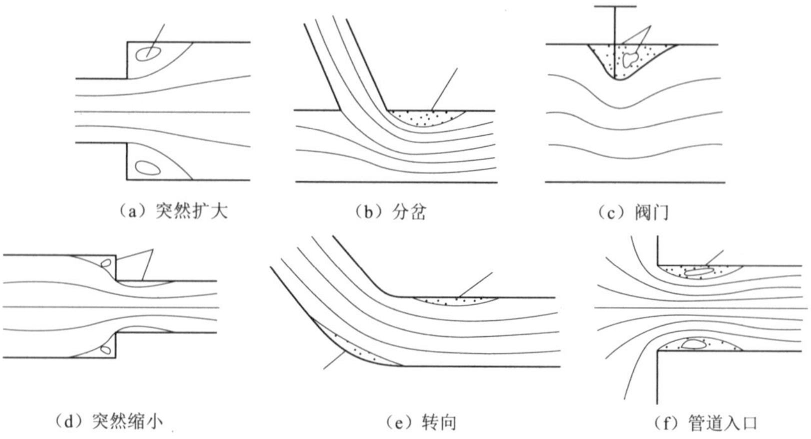

(a) 突然扩大 (b) 分岔 (c) 阀门

(d) 突然缩小 (e) 转向 (f) 管道入口

图 4-21 几种典型的局部障碍

局部水头损失系数理论上应与局部阻碍处的雷诺数 Re 和边界情况有关。但是，因受局部阻碍的强烈扰动，流动在较小的雷诺数时，就已充分紊动，雷诺数的变化对紊动程度的实际影响很小。故一般情况下，ξ 只决定于局部阻碍的形状，与 Re 无关。

因局部阻碍的形式繁多，流动现象极其复杂，局部水头损失系数多由实验确定。

二、几种典型的局部水头损失系数

（一）突扩管

图 4-22 所示为圆管突扩管。列扩前断面 1-1 和扩后流速分布与紊流脉动已接近均匀流正常状态的断面 2-2 的伯努利方程，由于两段面距离很近，忽略断面间的沿程水头损失，得

$$h_j=\left(z_1+\frac{p_1}{\rho g}+\frac{\alpha_1 v_1^2}{2g}\right)-\left(z_2+\frac{p_2}{\rho g}+\frac{\alpha_2 v_2^2}{2g}\right)=\left(z_1+\frac{p_1}{\rho g}\right)-\left(z_2+\frac{p_2}{\rho g}\right)+\left(\frac{\alpha_1 v_1^2}{2g}\frac{\alpha_2 v_2^2}{2g}\right) \tag{4-43}$$

对 AB、断面 2-2 及管道侧壁构成的控制体，列流动方向的动量方程

$$\sum F=\rho Q(\beta_2 v_2-\beta_1 v_1)$$

式中的 $\sum F$ 包括作用在 AB 断面上的总压力 $P_{AB}=p_1A_2$；作用在断面 2-2 上的总压力 $P_2=p_2A_2$；重力在管轴上的投影，$G\cos\theta=\rho g A_2(z_1-z_2)$；边壁上的摩擦阻力忽略不计。将各项代入动量方程得

$$p_1A_2-p_2A_2+\rho g A_2(z_1-z_2)=\rho Q(\beta_2 v_2-\beta_1 v_1)$$

以 $\rho g A_2$ 除各项，整理得

$$\left(z_1+\frac{p_1}{\rho g}\right)-\left(z_2+\frac{p_2}{\rho g}\right)=\frac{v_2}{g}(\beta_2 v_2-\beta_1 v_1)$$

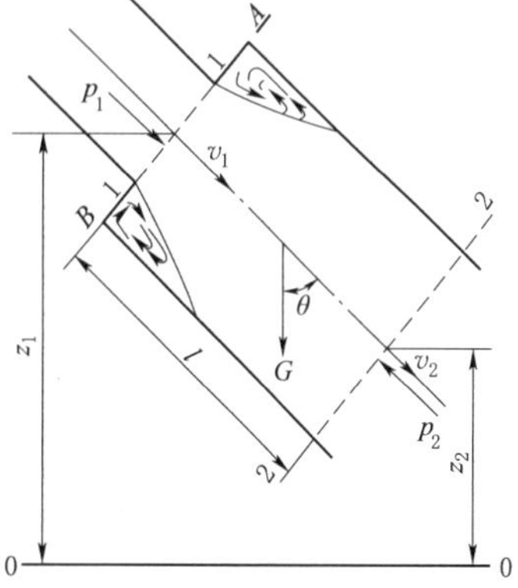

图 4-22 圆管突扩管

将上式代入式（4-43），取 $\alpha_1=\alpha_2=\beta_1=\beta_2=1$，整理得

$$h_j=\frac{(v_1-v_2)^2}{2g} \tag{4-44}$$

上式表明，突扩管的局部水头损失等于以平均流速差计算的流速水头。

要把式（4-44）变换成计算局部损失的一般形式，只需将 $v_2=\frac{A_1}{A_2}v_1$ 或 $v_1=\frac{A_2}{A_1}v_2$ 代入，可得

$$h_j=\left(1-\frac{A_1}{A_2}\right)^2\frac{v_1^2}{2g}=\xi_1\frac{v_1^2}{2g}$$

或

$$h_j=\left(\frac{A_2}{A_1}-1\right)^2\frac{v_2^2}{2g}=\xi_2\frac{v_1^2}{2g}$$

所以突扩管的阻力系数为

$$\xi_1=\left(1-\frac{A_1}{A_2}\right)^2 \tag{4-45}$$

$$\xi_2=\left(\frac{A_2}{A_1}-1\right)^2 \tag{4-46}$$

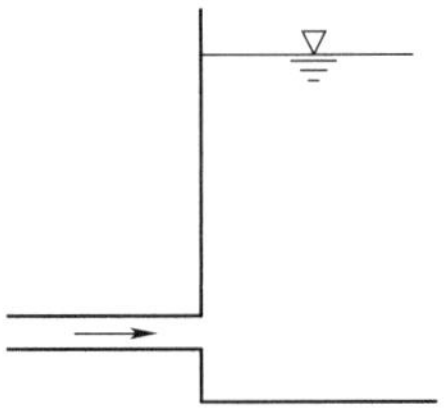

图 4-23　管道出口

以上两个局部阻力系数分别与突然扩大前、后两个断面的平均流速对应，计算时必须注意使选用的阻力系数与流速水头相对应。

当液体从管道流入断面很大的容器中（图 4-23）或气体流入大气时，$A_2 \geqslant A_1$，则 $A_1/A_2\approx 0$，$\xi=1$。这是突然扩大的特殊情况，称为出口阻力系数。

（二）突缩管

突缩管如图 4-24 所示，它的水头损失大部分发生在收缩断面后面的流段上，主要是收缩断面 $c-c$ 附近的漩涡区造成的。突然缩小的阻力系数决定于收缩面积比 A_2/A_1，其值按经验公式计算，与收缩后断面平均速度 v_2 相对应

$$\xi=0.5\left(1-\frac{A_2}{A_1}\right) \tag{4-47}$$

即

$$h_j=0.5\left(1-\frac{A_2}{A_1}\right)\frac{v_2^2}{2g}$$

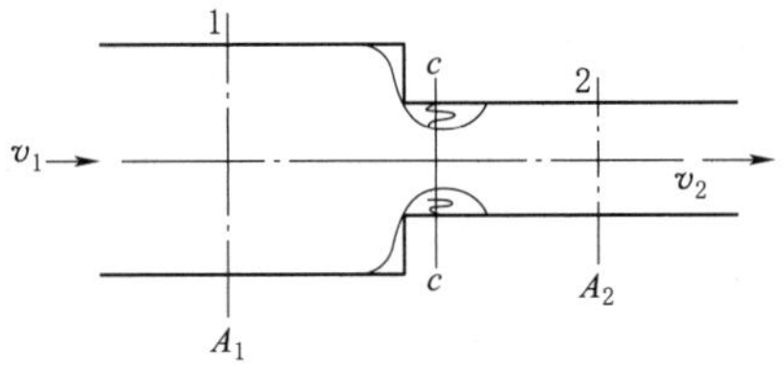

图 4-24　突缩管

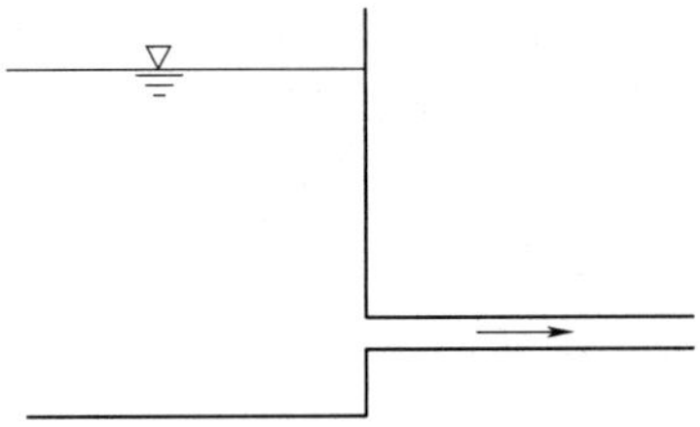

图 4-25　管道出口

当液体从断面很大的容器中流入管道时（图 4-25），同样的道理 $A_2 \leqslant A_1$，$A_2/A_1 \approx 0$，$\xi = 0.5$。这是突缩管的特殊情况，称为进口阻力系数。

（三）渐扩管

圆锥形渐扩管（图 4-26）的形状可由扩大面积比 $n = A_2/A_1$ 和扩散角 α 两个几何参数来确定。渐扩管的水头损失可认为由摩擦损失和扩散损失两部分组成，其摩擦损失可按下式计算

$$h_j = \frac{\lambda}{8\sin\frac{\alpha}{2}}\left(1 - \frac{1}{n^2}\right)\frac{v_1^2}{2g}$$

式中　λ——扩大前管道的沿程阻力系数。

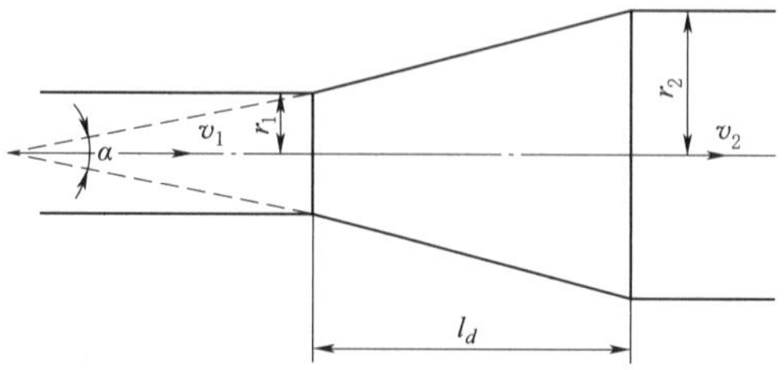

图 4-26　渐扩管

扩散损失是漩涡区和流速分布重组所形成的损失。仍沿用突然扩大的水头损失公式计算，但需乘一个与扩散角有关的系数 k，当 $\alpha \leqslant 20°$时，$k = \sin\alpha$，故

$$h_{ea} = k\left(1 - \frac{1}{n}\right)^2 \frac{v_1^2}{2g}$$

综上两式得到渐扩管的阻力系数 ξ_d（与渐扩前断面的流速水头$\frac{v_1^2}{2g}$相对应）

$$\xi_d = \frac{\lambda}{8\sin\frac{\alpha}{2}}\left(1 - \frac{1}{n^2}\right) + k\left(1 - \frac{1}{n}\right)^2 \tag{4-48}$$

当 n 一定时，渐扩管的摩擦损失随 α 的增大和管段的缩短而减少，但扩散损失却随之增大。在 $\alpha = 5° \sim 8°$，ξ_d 最小；$\alpha > 50°$，ξ_d 和突扩管的局部水头损失相近。

（四）渐缩管

圆锥形渐缩管（图 4-27）的形状，由收缩面积比 $n = A_2/A_1$ 和收缩角 α 两个几何参数确定。局部阻力系数可由图 4-28 查得，与收缩后断面的流速水头$\frac{v_2^2}{2g}$对应。

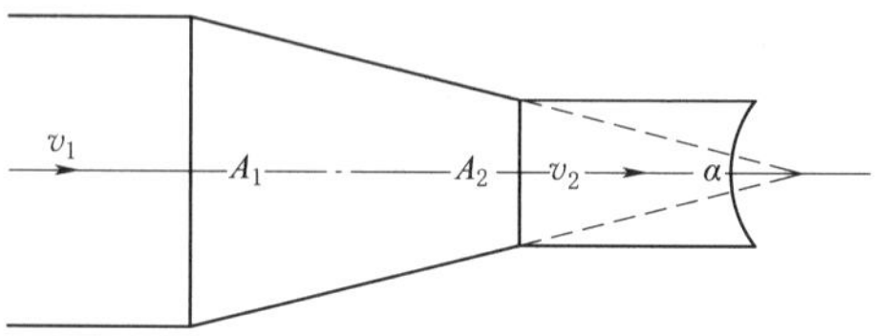

图 4-27　渐缩管

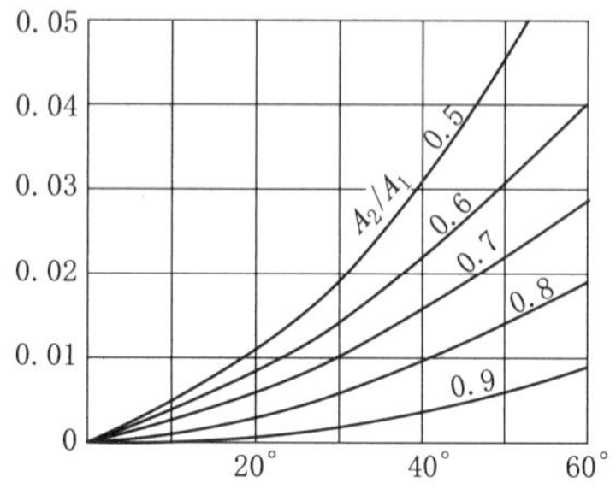

图 4-28　局部阻力系数

（五）弯管

弯管是另一种典型的局部阻碍。它只改变流动方向，不改变平均流速的大小。

流体流经弯管，在弯管的内侧、外侧出现两个漩涡区，同时产生二次流现象。二

次流的产生，是因为流体进入弯管后，由于离心力的作用，弯管外侧的压强增大，内侧的压强减小。而弯管左右两侧压强的变化不大，于是在压强差的作用下，外侧流体沿壁面流向内侧。与此同时，内侧流体沿曲面向外侧回流，这样在弯管内形成一对旋转流，就是二次流。二次流和主流叠加在一起，使流经弯管的流体质点做螺旋运动，从而加大了弯管的水头损失。在弯管内形成的二次流，要经过一段距离之后才能消失，影响距离最长可超过 50 倍管径。

弯管的局部水头损失，包括漩涡损失和二次流损失两部分。局部阻力系数决定于弯管的转角 θ 和曲率半径与管径之比 R/d 或 R/b，见表 4-3。

表 4-3　$Re=10^6$ 时弯管的局部阻力系数

断面形状	R/d 或 R/b	30°	45°	60°	90°
圆形	0.5	0.125	0.270	0.480	1.000
	1.0	0.058	0.100	0.150	0.246
	2.0	0.066	0.089	0.112	0.159
方形 $h/b=1.0$	0.5	0.120	0.270	0.480	1.060
	1.0	0.054	0.079	0.130	0.241
	2.0	0.051	0.078	0.102	0.142
矩形 $h/b=0.5$	0.5	0.120	0.270	0.480	1.000
	1.0	0.058	0.087	0.135	0.220
	2.0	0.062	0.088	0.112	0.155
矩形 $h/b=2.0$	0.5	0.120	0.280	0.480	1.080
	1.0	0.042	0.081	0.140	0.227
	2.0	0.042	0.063	0.083	0.133

【例 4-7】 由高位水箱向低位水箱输水（图 4-29），已知两水箱水面的高差 $H=3\text{m}$，输水管段的直径和长度分别为 $d_1=40\text{mm}$，$l_1=25\text{m}$，$d_2=70\text{mm}$，$l_2=15\text{m}$，沿程阻力系数 $\lambda_1=0.025$，$\lambda_2=0.02$，阀门的局部阻力系数 $\xi=3.5$，试求：(1) 输水流量；(2) 绘总水头线和测压管水头线。

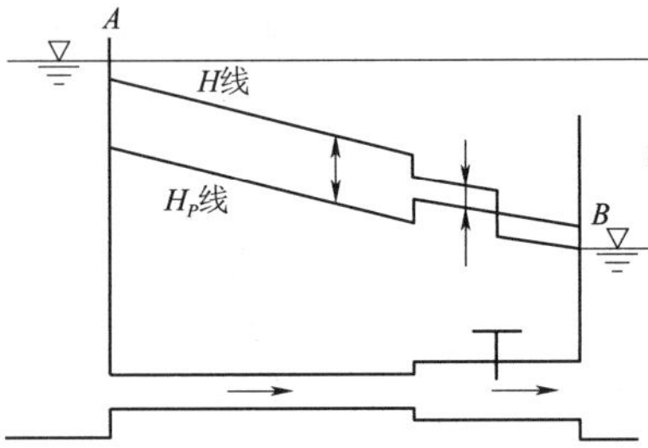

图 4-29 ［例 4-7］图

解：(1) 输水流量。选两水箱水面为 A 和 B 断面，列伯努利方程，取 B 断面为基准，令 $\alpha_1=\alpha_2=1$，得

$$z_1+\frac{p_1}{\rho g}+\frac{v_A^2}{2g}=z_2+\frac{p_2}{\rho g}+\frac{v_B^2}{2g}+h_w$$

$$H+0+0=0+0+0+h_w$$

$$h_w=h_{f1}+h_{j1}+h_{f2}+h_{j2}+h_{j3}+h_{j4}$$

$$H=h_w=\left(\lambda_1\frac{l_1}{d_1}+\xi_1\right)\frac{v_1^2}{2g}+\left(\lambda_2\frac{l_2}{d_2}+\xi_2+\xi_3+\xi_4\right)\frac{v_2^2}{2g}$$

式中局部阻力系数分别为：管道进口 $\xi_1=0.5$；突然扩大 $\xi_2=\left(\frac{A_2}{A_1}-1\right)^2=4.25$；阀门 $\xi_3=3.5$；管道出口 $\xi_4=1.0$。又由连续性方程 $v_2=\frac{A_1}{A_2}v_1=\left(\frac{d_1}{d_2}\right)^2v_1$，代入上式，整理得

$$H=17.515\frac{v_1^2}{2g}$$

$$v_1=1.83\text{m/s}$$

$$Q=2.30\times10^{-3}\text{m}^3/\text{s}=2.30\text{L/s}$$

（2）绘总水头线和测压管水头线。

1）先绘总水头线，按 4 断面的总水头线定出总水头的起始高度，本题总水头线的起始高度与高位水箱的水面齐平。

2）计算各管段的沿程水头损失和局部水头损失，自 4 断面的总水头起，沿程依次减去各项水头损失，便得到总水头线。

3）由总水头线向下减去各管段的流速水头，可得到测压管水头线。在等直径管段，流速水头沿程不变，测压管水头线和总水头线平行。

4）管道淹没出流，测压管水头线落在下游开口容器水面 B 上；自由出流，测压管水头线应置于管道出口断面的形心。

课 后 习 题

一、选择题

1. 雷诺数的物理意义为（　　）。

A. 黏滞力与重力之比　　B. 重力与惯性力之比

C. 惯性力与黏滞力之比　　D. 压力与黏滞力之比

2. 圆管紊流粗糙区的沿程摩阻系数（　　）。

A. 与雷诺数 Re 有关　　B. 与 Re 和管长 l 有关

C. 与 Re 和 D/d 有关　　D. 与管壁相对粗糙度 D/d 有关

3. 在圆管流动中，层流的断面速度分布符合（　　）。

A. 均匀规律　　B. 直线变化规律

C. 抛物线变化规律　　D. 对数曲线规律

4. 流体在管内做层流流动时，其沿程损失 h_f 值与断面平均流速 v 的（　　）次方成正比。

A. 1　　B. 1.75　　C. 1.75～2　　D. 2

5. 有压管道的管径 d 与管流水力半径的比值 $d/R=$（　　）。

A. 8　　B. 4　　C. 2　　D. 1

6. 当某管路流动在紊流粗糙管平方阻力区范围内时，则随着雷诺数 Re 的增大，其沿程损失系数 λ 将（　　）。

A. 增大　　B. 减小　　C. 不变　　D. 增大或减小

7. 水在直径 $d=100\text{mm}$ 的管中流动，流速是 $v=0.5\text{m/s}$，水的运动黏度是 $\nu=1\times10^{-6}\text{m}^2/\text{s}$，则水在管中呈（　　）流动状态。

A. 层流　　B. 紊流

C. 不稳定流　　D. 可能是层流，也可能是紊流

8. 已知液体流动的沿程水力摩擦系数与边壁相对粗糙度和雷诺数 Re 都有关，即可以判断该液体流动属于（　　）。

A. 层流区　　B. 紊流光滑区

C. 紊流过渡粗糙区　　D. 紊流粗糙区

9. 雷诺实验中，由层流向紊流过渡的临界流速 v'_{ci} 和由紊流向层流过渡的临界流速 v_{ci} 之间的关系是（　　）。

A. $v'_{ci}<v_{ci}$　　B. $v'_{ci}>v_{ci}$　　C. $v'_{ci}=v_{ci}$　　D. 不确定

10. 已知某管路截面为正方形，边长为 12cm，其水力半径为（　　）。

A. 12cm　　B. 6cm　　C. 3cm　　D. 不确定

11. 黏性流体总水头线沿程的变化是（　　）。

A. 沿程下降　　B. 沿程上升

C. 保持水平　　D. 前三种情况都有可能

二、计算题

1. 用直径 $d=100\text{mm}$ 的管道，输送流量为 10kg/s 的水，如水温为 5℃，试确定管内水的流态。如用这管道输送同样质量流量的石油，已知石油的密度为 850kg/m^3，运动黏度为 $1.14\text{cm}^2/\text{s}$，试确定石油的流态。

2. 水流经过一个渐扩管，如小断面的直径为 d_1，大断面的直径为 d_2，而 $d_2/d_1=2$，试问哪个断面雷诺数大？这两个断面的雷诺数的比值 Re_1/Re_2 是多少？

3. 设圆管直径 $d=200\text{mm}$，管长 $l=1000\text{m}$，输送石油的流量 $Q_v=40\text{L/s}$，运动黏度 $\nu=1.6\text{cm}^2/\text{s}$，求沿程水头损失。

4. 有一圆管，在管内通过 $\nu=0.013\text{cm}^2/\text{s}$ 的水，测得通过的流量为 $35\text{cm}^3/\text{s}$，在管长 15m 的管段上测得水头损失为 2m，试求该圆管内径 d。

5. 如图 4－30 所示，油在管中以 $v=1\text{m/s}$ 的速度流动，油的密度 $\rho=920\text{kg/m}^3$，$l=3\text{m}$，$d=25\text{mm}$，汞压差计测得 $h=9\text{cm}$，试求：(1) 油在管中的流态；(2) 油的运动黏度 ν；(3) 若保持相同的平均流速反向流动，压差计的读数有何变化？

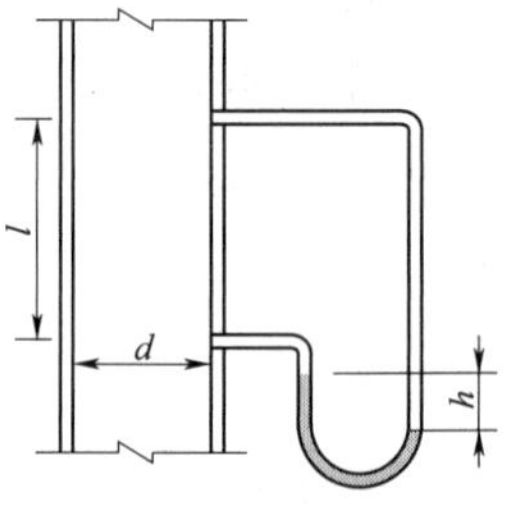

图 4－30

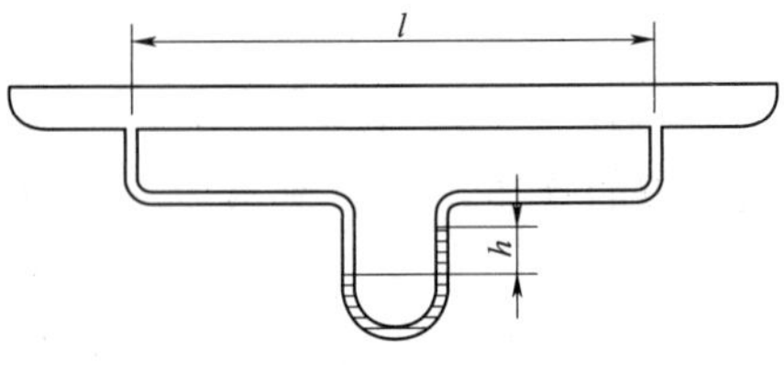

图 4－31

6. 如图 4-31 所示，油的流量 $Q_v=77cm^3/s$，流过直径 $d=6mm$ 的细管，在 $l=2m$ 长的管段两端汞压差计读数 $h=30cm$，油的密度 $\rho=900kg/m^3$，求油的 μ 和 ν 值。

7. 自来水管长 600m，直径 300mm，铸铁管，通过流量 $60m^3/h$，试用穆迪图计算沿程水头损失。

8. 钢筋混凝土输水管直径为 300mm，长度为 500m，沿程水头损失为 1m，试用谢才公式求管道中流速。

9. 圆管和正方形管道的断面面积、长度、相对粗糙度都相等，且通过的流量相等，试求两种形状管道沿程水头损失之比：（1）管流为层流；（2）管流为紊流粗糙区。

10. 如图 4-32 所示突扩管，使管道的平均流速 v_1 减到 v_2，若直径 d_1 及流速 v_1 一定，试求使测压管液面差 h 成为最大的 v_2 及 d_2 是多少？并求最大 h 值。

11. 如图 4-33 所示，水箱中的水经管道出流，已知管道直径为 25mm，长度为 6m，水位 $H=13m$，沿程阻力系数 $\lambda=0.02$，试求流量及管壁切应力。

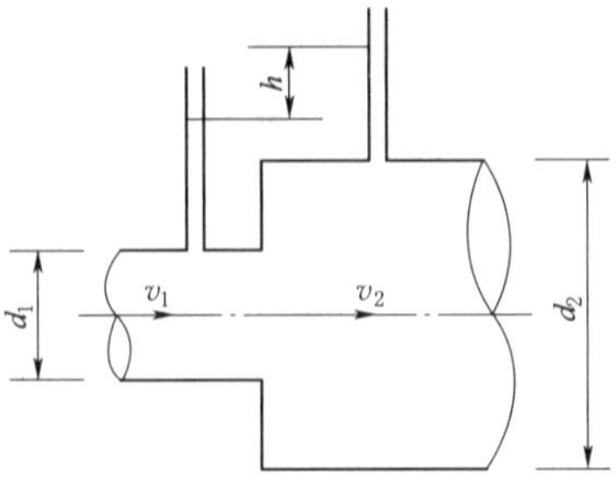

图 4-32

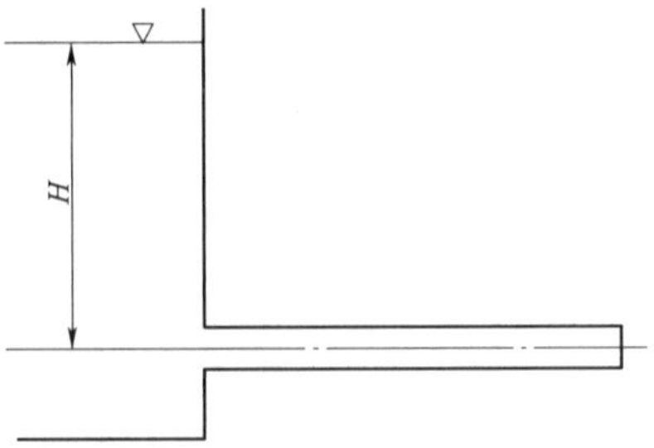

图 4-33

12. 输水管道中设有阀门，如图 4-34 所示，已知管道直径为 50mm，通过流量为 3.34L/s，汞压差计读值 $\Delta h=150mm$，沿程水头损失不计，试求阀门的局部阻力系数。

13. 如图 4-35 所示，水管直径为 50mm，1、2 两断面相距 15m，高差 3m，通过流量 $Q=65L/s$，汞压差计读值为 250mm，试求管道的沿程阻力系数。

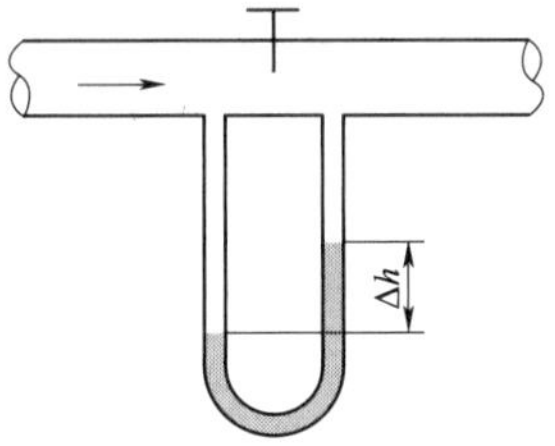

图 4-34

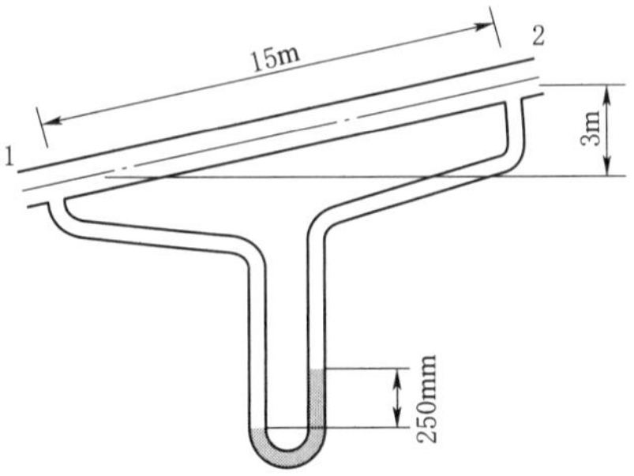

图 4-35

14. 两水池水位恒定，如图 4-36 所示，已知管道直径 $d=10cm$，管长 $l=20m$，

沿程阻力系数 $\lambda=0.042$，局部阻力系数 $\xi_{弯}=0.8$，$\xi_{阀}=0.26$，通过流量 $Q=65\text{L/s}$。试求水池水面高差 H。

15. 为测定 90°弯头的局部阻力系数，可采用如图 4-37 所示的装置。已知 AB 段管长 $l=10\text{m}$，管径 $d=50\text{mm}$，$\lambda=0.03$。实测数据为（1）AB 两断面测压管水头差 $\Delta h=0.629\text{m}$；（2）经 2 分钟流入量水箱的水量为 0.329m^3。求弯头的局部阻力系数 ξ。

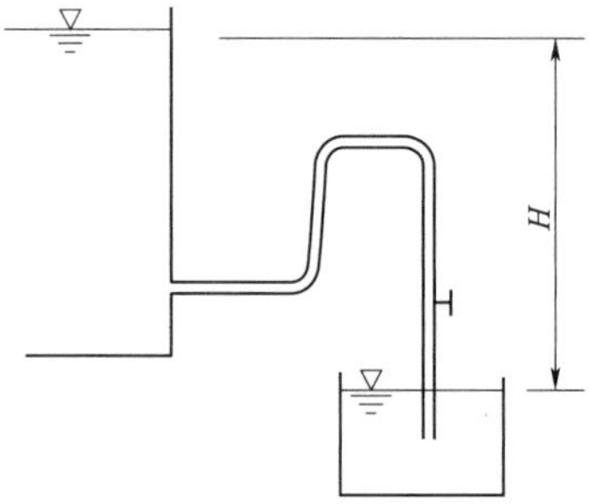

图 4-36

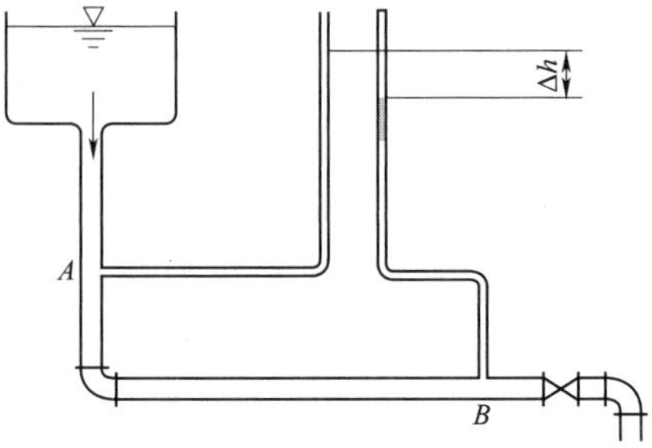

图 4-37

资源 4-5
第四章习题
参考答案

16. 如图 4-38 所示，为测定一阀门的局部阻力系数，需要在阀门的上下游装设了 3 个测压管，其间距 $L_1=1\text{m}$，$L_2=2\text{m}$，若直径 $d=50\text{mm}$，实测 $H_1=150\text{cm}$，$H_2=125\text{cm}$，$H_3=40\text{cm}$，流速 $v=3\text{m/s}$，求阀门的 ξ 值。

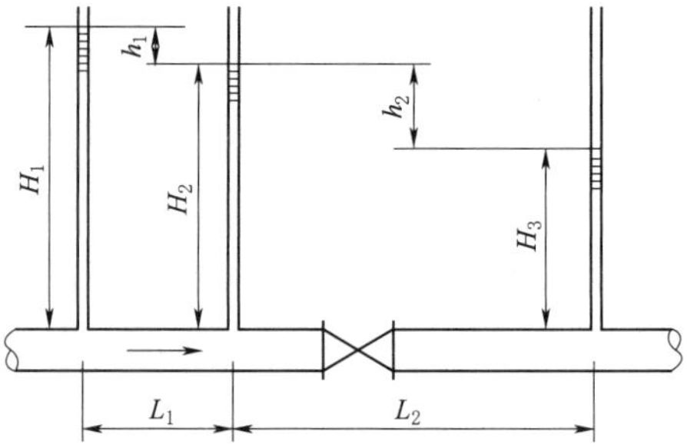

图 4-38

第五章

孔口、管嘴出流和有压管流

教学目的： 掌握连续性方程、能量方程与水头损失的基本规律在孔口、管嘴出流以及简单、复杂管道水力计算中的应用。

教学内容：

1. 孔口出流
2. 管嘴出流
3. 简单短管水力计算
4. 简单短管水力计算特例——虹吸管及水泵装置的水力计算
5. 长管的水力计算

资源 5-1
第五章思维导图

教学重点： 简单管道及复杂管道的水力计算。

教学难点： 复杂管道的水力计算。

孔口、管嘴出流和有压管流是工程中最常见的一类流动现象，其在短距离及长距离输水过程中都会有十分普遍的应用。本书前面几章阐述了流体动力学基本方程和水头损失计算方法等基础理论知识，本章在前述各章的理论基础上，对孔口、管嘴出流和有压管流这种工程中常见的流动现象进行分类研究。其基本任务是应用流体运动的连续性方程、总流伯努利方程以及流体运动的能量损失规律，确定一定条件下该流动现象的过流能力和阻力损失，并解决其在工程实际中的一些问题。

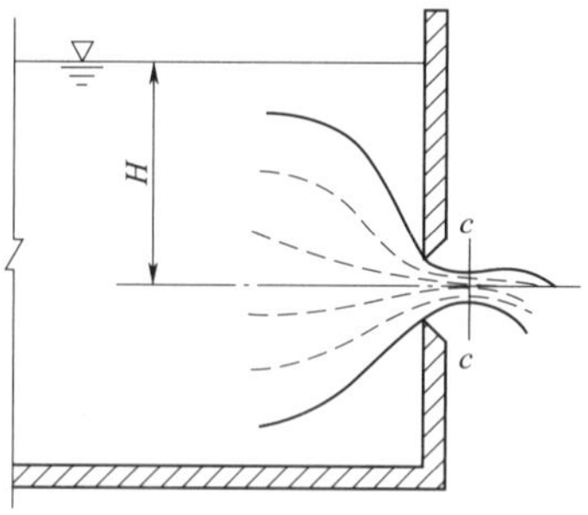

图 5-1　孔口出流

在容器壁上开孔，流体经孔口流出的流动现象称为孔口出流（图 5-1）；在孔口上连接长为 3～4 倍孔径的短管，流体经过短管并在出口断面满管流出的流动现象称为管嘴流出；当孔口上连接的管长超过 4 倍孔径时，流体在管道中内流动现象称为管路流动。

第一节　孔　口　出　流

容器壁上开孔，流体经孔口流出的水力现象称为孔口出流。容器壁上开出的泄流孔、水利和市政工程中的取水、泄水闸孔，以及某些量测流量的孔状设备均属孔口。由于孔口沿流动方向的边界长度很短，水头损失只有局部损失。

孔口出流时，水流与孔壁仅在一条周线上接触，壁厚对出流无影响，这样的孔口称为薄壁孔口。

孔口上、下缘在水面下的深度不同，其作用水头不同。在实际计算中，当孔口的直径 d（或高度 d）与孔口形心在水面下的深度 H 相比很小，如 $d\leqslant H/10$，便可认为孔口断面上各点的水头相等，这样的孔口是小孔口；当 $d>H/10$，应考虑不同高度上的水头不等，这样的孔口是大孔口。本节重点对薄壁小孔口出流问题分类进行讲解。

一、薄壁小孔口恒定出流

（一）自由出流

水由孔口直接流入大气中称为自由出流，如图 5－2 所示。容器内水流的流线自上游各方向向孔口汇集，由于水的惯性作用，流线不能突然改变方向，要有一个连续的变化过程，因此，在孔口断面流线并不平行，流束继续收缩，直至距孔口约为 $d/2$ 处收缩完毕，流线趋于平行，该断面称为收缩断面，如图 5－2 中的$c-c$ 断面。设孔口断面面积为 A，收缩断面面积为 A_c，则

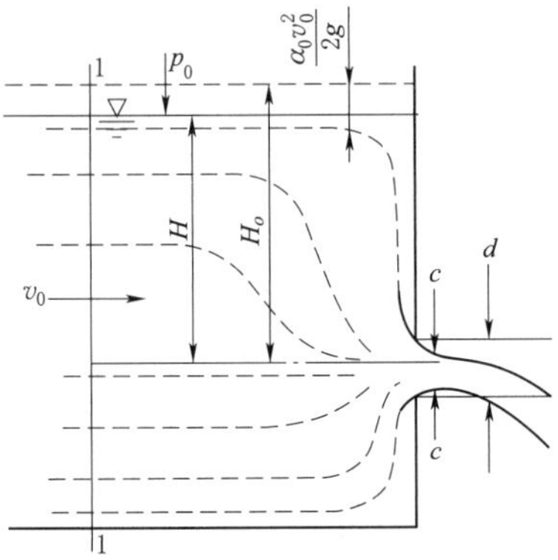

图 5－2　孔口自由出流

$$\varepsilon=\frac{A_c}{A}=\frac{v}{v_c} \tag{5-1}$$

式中　ε——收缩系数。

为推导孔口出流的基本公式，选通过孔口形心的水平面为基准面，取容器内符合渐变流条件的过流断面 1－1、收缩断面 $c-c$，列能量方程

$$H+\frac{p_0}{\rho g}+\frac{\alpha_0 v_0^2}{2g}=0+\frac{p_c}{\rho g}+\frac{\alpha_c v_c^2}{2g}+\xi\frac{v_c^2}{2g}$$

因为断面 1－1 及收缩断面均与大气相接触，则式中 $p_0=p_c=p_a$，化简上式得

$$H+\frac{\alpha_0 v_0^2}{2g}=(\alpha_c+\xi)\frac{v_c^2}{2g}$$

若令 $H_0=H+\frac{\alpha_0 v_0^2}{2g}$，也称之为上游断面的作用水头，将 H_0 代入上式，整理得收缩断面流速为

$$v_c=\frac{1}{\sqrt{\alpha_c+\xi}}\sqrt{2gH_0}=\varphi\sqrt{2gH_0} \tag{5-2}$$

则孔口的流量

$$Q=vA=\varepsilon v_c A=\varepsilon\varphi A\sqrt{2gH_0}=\mu A\sqrt{2gH_0} \tag{5-3}$$

式中　H_0——作用水头，由于 v_0 对应的断面为大断面，称 v_0 为行近流速，通常 $v_0\approx 0$，则 $H_0\approx H$；

ξ——孔口的局部水头损失系数；

φ——孔口的流速系数，$\varphi=\frac{1}{\sqrt{\alpha_c+\xi}}=\frac{1}{\sqrt{1+\xi}}$（$\alpha_c=1$）；

μ——孔口的流量系数，$\mu=\varepsilon\varphi$。

（二）淹没出流

水由孔口直接流入另一部分水体中，并被水体淹没称为淹没出流（图 5-3）。

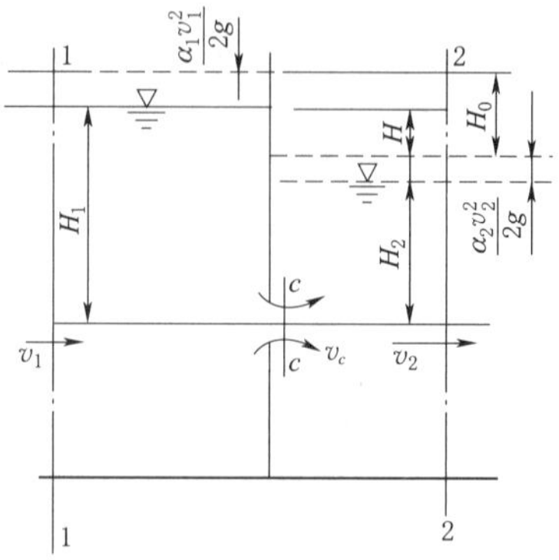

图 5-3　孔口淹没出流

孔口淹没出流也和自由出流一样，由于惯性作用，水流经孔口流束形成收缩断面 $c-c$，然后扩大。选通过孔口形心的水平面为基准面，取上下游过流断面 1-1、断面 2-2，列伯努利方程，式中水头损失项包括孔口的收缩断面 $c-c$ 突然缩小的局部损失和收缩断面 $c-c$ 至断面 2-2 流束突然扩大的局部损失，则列断面 1-1 和断面 2-2 的能量方程为

$$H_1+\frac{p_1}{\rho g}+\frac{\alpha_1 v_1^2}{2g}=H_2+\frac{p_2}{\rho g}+\frac{\alpha_2 v_2^2}{2g}+\xi\frac{v_c^2}{2g}+\xi_{se}\frac{v_c^2}{2g}$$

令 $H_0=H_1-H_2+\frac{\alpha_1 v_1^2}{2g}$，又因为 $p_1=p_2=p_a$，v_2 为行近流速，即 $v_2\approx 0$，代入上式，整理得收缩断面流速为

$$v_c=\frac{1}{\sqrt{\xi_{se}+\xi}}\sqrt{2gH_0}=\varphi\sqrt{2gH_0} \tag{5-4}$$

孔口的流量

$$Q=v_cA_c=v_c\varepsilon A=\varphi\varepsilon A\sqrt{2gH_0}=\mu A\sqrt{2gH_0} \tag{5-5}$$

式中　H_0——作用水头，如 $v_1\approx 0$，则 $H_0=H_1-H_2=H$；

ξ——孔口的局部水头损失系数，与自由出流相同；

ξ_{se}——水流自收缩面突然扩大的局部水头损失系数，根据计算，当 $A_2\gg A_c$ 时，$\xi_{se}\approx 1$；

φ——淹没孔口的流速系数，$\varphi=\frac{1}{\sqrt{\xi_{se}+\xi}}\approx\frac{1}{\sqrt{1+\xi}}$；

μ——淹没孔口的流量系数，$\mu=\varepsilon\varphi$。

比较孔口出流的基本公式（5-3）、式（5-5），两式的形式相同，各项系数值也相同。但要注意，自由出流的水头 H 是水面至孔口形心的高度，而淹没出流的水头 H 乃是上下游水面高差。因为淹没出流孔口断面各点的水头相同，所以淹没出流无“大”“小”孔口之分。

资源 5-2
孔口自由出流和淹没出流的关系

（三）孔口出流的各项系数

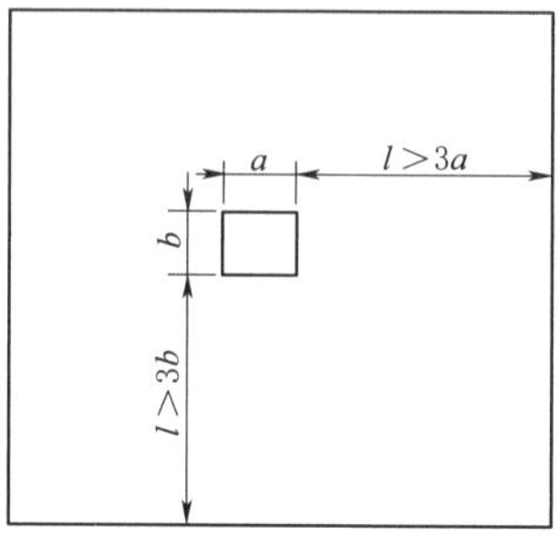

图 5-4　全部完善收缩孔口

孔口出流的流速系数 φ 和流量系数 μ 值，取决于孔口的局部水头损失系数 ξ 和收缩系数 ε，孔口周边距离邻近壁面较远（图 5-4），出流流束能各方向全部完善收缩的小孔口，实测各项系数数值列入表 5-1。

进一步指出，小孔口出流的基本公式（5-3）也适用于大孔口。由于大孔口的收缩系数 ε 值较大，因而流

量系数 μ 也较大，见表 5-2。

表 5-1　　薄壁小孔口各项系数

收缩系数 ε	损失系数 ξ	流速系数 φ	流量系数 μ
0.64	0.06	0.97	0.62

表 5-2　　大孔口的流量系数

收缩情况	μ	收缩情况	μ
完全不完善收缩	0.70	底部无收缩，侧向很小收缩	0.70～0.75
底部无收缩，侧向有适度收缩	0.65～0.70	底部无收缩，侧向极小收缩	0.80～0.90

【例 5-1】 水箱上有两个完全相同的孔口，$H_1=6\text{m}$，$H_2=2\text{m}$，如图 5-5 所示。试求密封容器上的表压强 p。

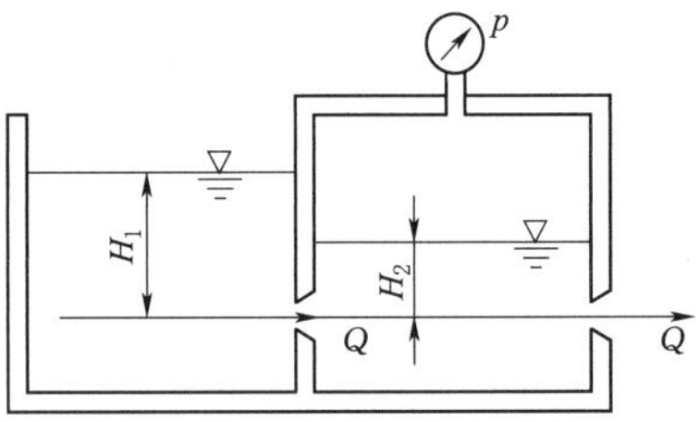

图 5-5 ［例 5-1］图

解：设两个孔口的流量系数均为 μ，由于两孔口的流量相等，故可得

$$Q=\mu A\sqrt{2g\left[(H_1-H_2)-\frac{p}{\rho g}\right]}$$

$$=\mu A\sqrt{2g\left(\frac{p}{\rho g}+H_2\right)}$$

解得　$H_1-H_2-\frac{p}{\rho g}=\frac{p}{\rho g}+H_2$

即

$$\frac{p}{\rho g}=\frac{1}{2}(H_1-2H_2)$$

所以

$$p=\frac{\rho g}{2}(H_1-2H_2)=\frac{9800}{2}\times(6-2\times2)=9800(\text{Pa})$$

二、薄壁小孔口非恒定出流

孔口出流（或入流）过程中，容器内水位随时间变化（降低或升高），导致孔口的流量随时间变化的流动，称为孔口的非恒定出流或变水头出流。变水头出流是非恒定流，但如若容器中水位的变化缓慢，则可把整个出流过程划分为许多微小的时段，在每一微小时段内，认为水位不变，孔口出流的基本公式仍适用，这样就把非恒定流问题转化为恒定流问题处理。容器泄流时间、蓄水库的流量调节等问题，都可按变水头出流计算。

下面分析截面积为 F 的柱形容器，水经孔口变水头自由出流流量及出流时间等相关问题（图 5-6）。

设孔口出流过程中，某时刻容器中水面高度为 h，在微小时段 $\text{d}t$ 内，孔口流出体积

$$\text{d}V=Q\text{d}t=\mu A\sqrt{2gh}\,\text{d}t$$

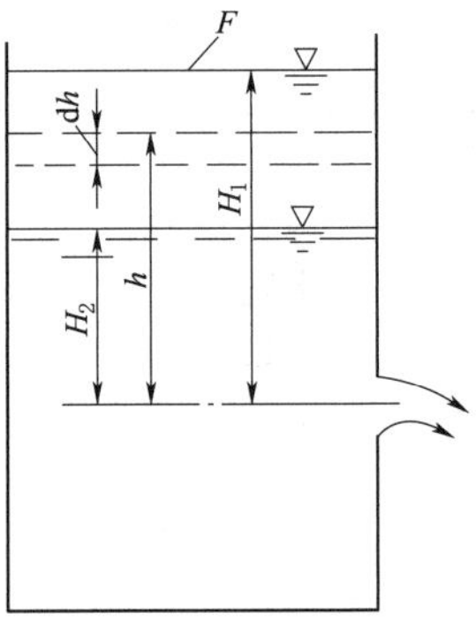

图 5-6　柱形容器

等于该时段容器内因水面下降而减少的体积

$$dV = -F\,dh$$

由此得

$$\mu A\sqrt{2gh}\,dt = -F\,dh$$

$$dt = -\frac{F}{\mu A\sqrt{2g}}\frac{dh}{\sqrt{h}}$$

对上式积分，得到水位由 H_1 降至 H_2 所需时间

$$t = \int_{H_1}^{H_2} -\frac{F}{\mu A\sqrt{2g}}\frac{dh}{\sqrt{h}} = \frac{2F}{\mu A\sqrt{2g}}(\sqrt{H_1}-\sqrt{H_2}) \tag{5-6}$$

令 $H_2=0$，即得容器放空时间

$$t = \frac{2F\sqrt{H_1}}{\mu A\sqrt{2g}} = \frac{2FH_1}{\mu A\sqrt{2gH_1}} = \frac{2V}{Q_{max}} \tag{5-7}$$

式中 V——容器放空的体积；

Q_{max}——开始出流时的最大流量。

式（5－7）表明，变水头出流容器的放空时间，等于在起始水头 H_1 作用下，流出同体积水所需时间的 2 倍。

【例 5－2】 储水罐（图 5－7）底面积 3m×2m，储水深 $H_1=4$m，由于锈蚀，距罐底 0.2m 处形成一个直径 $d=5$mm 的孔洞，试求：（1）水位恒定，一昼夜的漏水量；（2）因漏水水位下降，一昼夜的漏水量。

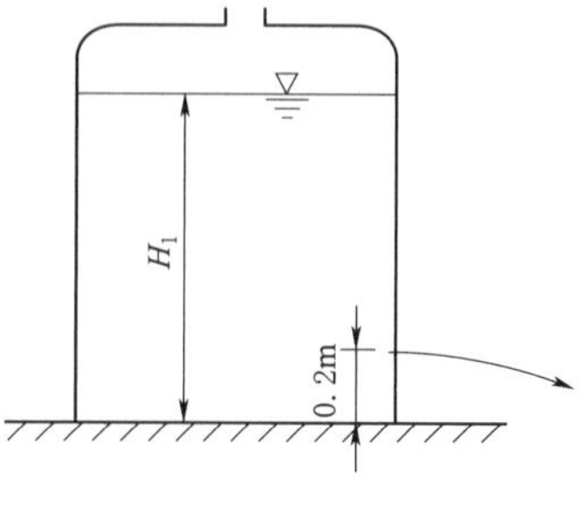

图 5－7 ［例 5－2］图

解：（1）水位恒定，一昼夜的漏水量按薄壁小孔口恒定出流计算，由式（5－3）

$$Q = \mu A\sqrt{2gH}$$

其中 $\mu=0.62$（表 5－1），$A=\frac{\pi d^2}{4}=19.63\times10^{-6}\text{m}^2$，$H=H_1-0.2=3.8$（m）。代入上式得

$$Q = 0.62\times19.63\times10^{-6}\times\sqrt{2\times9.8\times3.8} = 105.03\times10^{-6}(\text{m}^3/\text{s})$$

一昼夜的漏水量 $V=Qt=105.03\times10^{-6}\times24\times60\times60=9.07(\text{m}^3)$

（2）水位下降，按孔口变水头出流计算，由式（5－6）

$$t = \frac{2F}{\mu A\sqrt{2g}}(\sqrt{H_1}-\sqrt{H_2})$$

解得

$$H_2 = 2.44\text{m}$$

一昼夜的漏水量 $V=(H_1-H_2)F=(4-2.44)\times6=9.36(\text{m}^3)$

第二节 管 嘴 出 流

若孔口的壁厚是孔口直径的 3～4 倍，或在薄壁孔口外接一段管长 $l=(3\sim4)d$ 的短管，水通过短管并在出口断面满管流出的水力现象称为管嘴出流。管嘴出流的沿程

损失与局部损失相比，沿程损失可忽略不计，水头损失仍只计局部损失。

水经圆柱管嘴或扩张管嘴流出时，由于水的惯性作用，在管嘴内形成收缩断面，然后扩大并充满管嘴全断面流出。实验观察表明，在收缩断面处，水流与管壁脱离形成环状真空区。由于真空区的存在，相当于增大了管嘴的作用水头，虽然管嘴的局部阻力大于孔口的局部阻力，但还是提高了管嘴的过流能力，这是管嘴出流与孔口出流所不同的。

本节讨论圆柱形外管嘴恒定出流的计算方法。

一、圆柱形外管嘴恒定出流

在孔口上外接长度 $l=(3\sim4)d$ 的短管，就是圆柱形外管嘴。水流入管嘴在距进口不远处，形成收缩断面 $c-c$，在收缩断面处主流与壁面脱离，并形成漩涡区，其后水流逐渐扩大，在管嘴出口断面满管出流（图 5-8）。

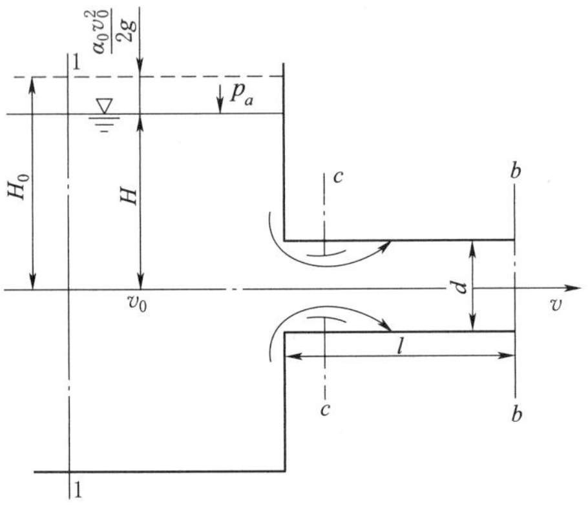

图 5-8　管嘴出流

设开口容器，水由管嘴自由出流，取容器内过流断面 1-1 和管嘴出口断面 $b-b$ 列伯努利方程

$$H+\frac{p_0}{\rho g}+\frac{\alpha_0 v_0^2}{2g}=\frac{p_b}{\rho g}+\frac{\alpha_b v_b^2}{2g}+\xi\frac{v_b^2}{2g}$$

因为 1-1 断面及出口断面均与大气相接触，则式中 $p_0=p_b=p_a$，令 $v_b=v$，化简上式得

$$H+\frac{\alpha_0 v_0^2}{2g}=\frac{\alpha v^2}{2g}+\xi\frac{v^2}{2g}$$

进一步令 $H_0=H+\frac{\alpha_0 v_0^2}{2g}$，代入上式，整理得管嘴出口流速为

$$v=\frac{1}{\sqrt{\alpha+\xi_n}}\sqrt{2gH_0}=\varphi_n\sqrt{2gH_0} \tag{5-8}$$

管嘴流量

$$Q=vA=\varphi_n A\sqrt{2gH_0}=\mu_n A\sqrt{2gH_0} \tag{5-9}$$

式中　H_0——作用水头，如 $v_0\approx0$，则 $H_0=H$；

ξ_n——管嘴的局部水头损失系数，相当于管道锐缘进口的损失系数，$\xi_0=0.5$；

φ_n——管嘴的流速系数，$\varphi_n=\frac{1}{\sqrt{\alpha+\xi_n}}=\frac{1}{\sqrt{1+0.5}}=0.82$；

μ_n——管嘴的流量系数，因出口断面无收缩，$\mu_n=\varphi_n=0.82$。

比较式（5-9）和式（5-3），两式形式上完全相同，然而流量系数 $\mu_n=1.32\mu$，可见在相同的作用水头下，同样出水面积时，管嘴的过流能力是孔口过流能力的 1.32 倍。

二、收缩断面的真空

孔口外接短管成为管嘴，增加了阻力，但流量不减，反而增加，这是由于收缩断面处所形成的真空作用。

对收缩断面（图 5－8）$c-c$ 和出口断面 $b-b$ 列伯努利方程

$$z_c+\frac{p_c}{\rho g}+\frac{\alpha_c v_c^2}{2g}=z_b+\frac{p_a}{\rho g}+\frac{\alpha v^2}{2g}+\xi_{se}\frac{v^2}{2g}$$

则

$$\frac{p_a-p_c}{\rho g}=\alpha_c\frac{v_c^2}{2g}-\alpha\frac{v^2}{2g}-\xi_{se}\frac{v^2}{2g}$$

其中

$$v_c=\frac{A}{A_c}v=\frac{1}{\varepsilon}v$$

局部水头损失主要发生在主流扩大断面上，则

$$\xi_{se}=\left(\frac{A}{A_c}-1\right)^2=\left(\frac{1}{\varepsilon}-1\right)^2$$

代入上式，得

$$\frac{p_a-p_e}{\rho g}=\frac{p_v}{\rho g}=\left[\frac{\alpha_c}{\varepsilon^2}-\alpha-\left(\frac{1}{\varepsilon}-1\right)^2\right]\frac{v^2}{2g}=\left[\frac{\alpha_c}{\varepsilon^2}-\alpha-\left(\frac{1}{\varepsilon}-1\right)^2\right]\varphi_n^2 H_0$$

将各项系数 $\alpha_c=\alpha=1$，$\varepsilon=0.64$，$\varphi_n=0.82$ 代入上式，得收缩断面的真空度

$$\frac{p_v}{\rho g}=0.75H_0 \tag{5-10}$$

比较孔口自由出流和管嘴出流，前者收缩断面在大气中，而后者的收缩断面为真空区，真空高度是作用水头的 0.75 倍，相当于把孔口出流的作用水头增大 75%，这正是圆柱形外管嘴的流量比孔口流量大的原因。

三、圆柱形外管嘴的正常工作条件

从式（5－8）可知，H_0 越大，管嘴内收缩断面的真空高度也越大。但实际上，当收缩断面的真空高度超过 $7\text{mH}_2\text{O}$，空气将会从管嘴出口断面被“吸入”，使得收缩断面的真空被破坏，管嘴不能保持满管出流。为了限制收缩断面的真空高度 $\frac{P_v}{\rho g}\leqslant 7\text{m}$，规定管嘴作用水头的限值 $[H_0]=\frac{7\text{m}}{0.75}\approx 9\text{m}$。

其次，对管嘴的长度也有一定限制。长度过短，流束在管嘴内收缩后来不及扩大到整个出口断面，不能阻断空气进入，收缩断面不能形成真空，管嘴仍不能发挥作用；长度过长，沿程水头损失不容忽略，管嘴出流变为短管出流。

所以，圆柱形外管嘴的正常工作条件是：

（1）作用水头 $H_0\leqslant 9\text{m}$。

（2）管嘴长度 $l=(3\sim4)d$。

【例 5－3】 箱壁上连接一圆柱形外管嘴，如图 5－9 所示。已知液面压强 $p_0=14.7\text{kPa}$，管嘴内径 $d=50\text{mm}$，管嘴中心线到液面的高度 $H=1.5\text{m}$，管嘴流量系数 $\mu=0.82$，试求管嘴出流量 Q。

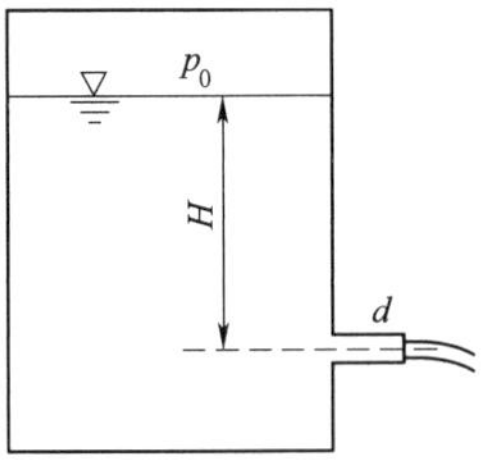

图 5-9 ［例 5-3］图

资源 5-3 孔口、管嘴综合应用案例

解： 管嘴作用水头

$$H_0=H+\frac{P_0}{\rho g}=1.5+\frac{14.7\times10^3}{9.8\times10^3}=3(\mathrm{m})$$

管嘴出流量

$$Q=\mu A\sqrt{2gH_0}=\mu\frac{\pi}{4}d^2\sqrt{2gH_0}$$

$$=0.82\times\frac{\pi}{4}\times0.05^2\times\sqrt{2\times9.8\times3}$$

$$=0.0123(\mathrm{m^3/s})=12.3(\mathrm{L/s})$$

第三节　简单短管水力计算

有压管流是输送液体和气体的主要方式。由于有压管流沿程具有一定的长度，分析恒定有压管流，主要是应用连续性方程、伯努利方程和能量损失的计算公式，能量损失包括沿程损失和局部损失。

管道的直径沿程不发生变化，则称为简单管道。工程上为了简化计算，按两类水头损失在全部损失中所占比例的不同，将简单管道分为短管和长管。所谓短管是指局部水头损失和流速水头在总水头损失中所占比重较大，与沿程水头损失相比不能忽略（一般情况下短管局部水头损失和流速水头占沿程水头损失的5%～10%），必须同时考虑两种水头损失，如水泵吸水管、虹吸管、铁路涵管以及工业送风管等都是短管；长管是指沿程水头损失在总水头损失中占绝大部分，局部水头损失和流速水头可以忽略不计，仍能满足工程要求的管道（一般情况下长管局部水头损失和流速水头占沿程水头损失的5%以下），如城市室外给水管道就属于长管。

一、短管自由出流基本公式

如果管道出口暴露在大气之中，管道出口水流直接流入大气，称为自由出流。设自由出流短管（图 5-10）水箱水位恒定，以出口断面管轴线为基准面 0-0，对满足渐变流条件的断面 1-1 和断面 2-2 列出能量方程

$$H+\frac{p_1}{\rho g}+\frac{\alpha_1 v_1^2}{2g}=0+\frac{p_2}{\rho g}+\frac{\alpha_2 v_2^2}{2g}+h_w$$

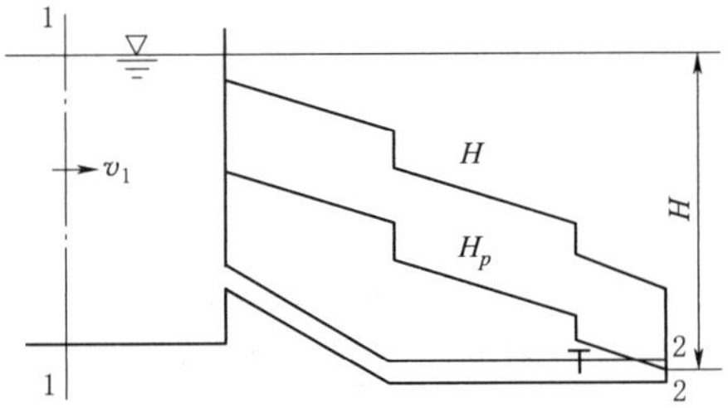

图 5-10　短管自由出流

因为断面 1-1 及断面 2-2 均与大气相接触，则式中 $p_1=p_2=p_a$，令 $v_2=v$，化简上式得

$$H+\frac{\alpha_1 v_1^2}{2g}=0+\frac{\alpha v^2}{2g}+h_w$$

相对于管道断面积来说，上游水池的过流断面远大于管道断面，因此 $v_1\approx0$，则有

$$H=\frac{\alpha v^2}{2g}+h_w$$

上式表明，管道的总水头 H 的一部分转换为出口的流速水头，而另一部分则在流动过程中以水头损失的形式消耗于整个管道上。由于水头损失由沿程水头损失和局部水头损失两部分组成，即水头损失 $h_w=\left(\lambda\dfrac{l}{d}+\sum\xi\right)\dfrac{v^2}{2g}$，代入上式得

$$H_0=\left(\alpha+\sum\lambda\frac{l}{d}+\sum\xi\right)\frac{v^2}{2g}$$

整理得

流速
$$v=\frac{1}{\sqrt{\alpha+\lambda\dfrac{l}{d}+\sum\xi}}\sqrt{2gH}$$

流量
$$Q=vA=\frac{1}{\sqrt{\alpha+\lambda\dfrac{l}{d}+\sum\xi}}A\sqrt{2gH}=\mu A\sqrt{2gH} \tag{5-11}$$

上式是短管自由出流的基本公式，式中 μ 称为管道的流量系数，取动能修正系数 $\alpha=1$，则流量系数为流量系数 $\mu=\dfrac{1}{\sqrt{\alpha+\lambda\dfrac{l}{d}+\sum\xi}}=\dfrac{1}{\sqrt{1+\lambda\dfrac{l}{d}+\sum\xi}}$。

二、短管淹没出流基本公式

如果管道出口淹没在水面以下，称为淹没出流或水下出流（图 5-11）。与简单管道自由出流相似，以管道出口中心的水平面为基准面，取符合渐变流条件的断面 1-1 和断面 2-2 列出能量方程

$$H_1+\frac{p_1}{\rho g}+\frac{\alpha_1 v_1^2}{2g}=H_2+\frac{p_2}{\rho g}+\frac{\alpha_2 v_2^2}{2g}+h_w$$

式中　H_1、H_2——上、下游水池的水面与基准面之间的高差。

式中 $p_1=p_2=p_a$，相对于管道断面积来说，上、下游水池的过流断面远大于管道断面，因此，可以近似认为，$v_1\approx 0$，$v_2\approx 0$。

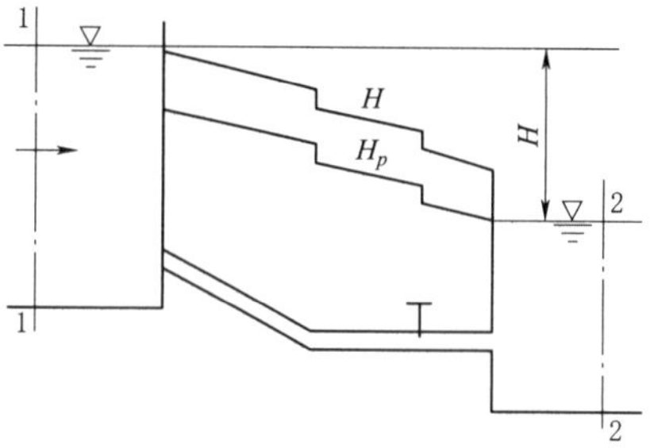

图 5-11　短管淹没出流

由此得出　　$H_1-H_2=H=h_w$

其中　　$h_w=\left(\lambda\dfrac{l}{d}+\sum\xi\right)\dfrac{v^2}{2g}$

则流速
$$v=\frac{1}{\sqrt{\lambda\dfrac{l}{d}+\sum\xi}}\sqrt{2gz}$$

流量
$$Q=vA=\frac{1}{\sqrt{\lambda\dfrac{l}{d}+\sum\xi}}A\sqrt{2gz}=\mu A\sqrt{2gz} \tag{5-12}$$

上式是淹没出流短管的基本公式，式中流量系数 $\mu=\dfrac{1}{\sqrt{\lambda\dfrac{l}{d}+\sum\xi}}$。

比较自由出流和淹没出流的流量系数，可以看到只要管道水流条件相同，自由出流的流量系数中包含一个动能修正系数（$\alpha=1$），而在淹没出流的流量系数中无此项，但却多了一项管道淹没出口的局部水头损失系数 $\xi=1$。如果管道出口水池的流速很小，近似认为 $v_2\approx0$。由此可见，虽然自由出流和淹没出流流量系数计算公式形式不同，但其他条件相同时流量系数的数值是相等的。管流流量系数用符号 μ 来表示。

资源 5-4 短管自由出流和淹没出流的比较

自由出流和淹没出流的流量公式中，如果忽略上游行近流速水头，则在自由出流中管道的作用水头为上游水位与管道出口中心线之间的高差 H，而淹没出流中管道的作用水头为上游水位与下游水位之差 z。

三、测压管水头线与总水头线的绘制

由图 5-10 和图 5-11 可知，测压管水头线与总水头线变化可揭示管道能量的组成及消耗形式。图 5-12 所示为一泄水管简图。若以管道出口断面中心的水平面为基准面，入口前断面 1-1 的总水头为由于通过管道的流量和管径皆为已知，各断面的平均流速即可求出，由入口至任一断面 i-i 之间的全部水头损失 h_{wi} 也可算出。则按能量方程该断面上高程为 z_i 的某点上的压强水头为

$$\frac{p_i}{\rho g}=H_1-z_i-\frac{\alpha_i v_i^2}{2g}-h_{wi}$$

式中　p_i——i 断面位置的动水压强；

$\dfrac{p_i}{\rho g}$——测压管高度；

z_i——位能；

$\dfrac{\alpha_i v_i^2}{2g}$——动能。

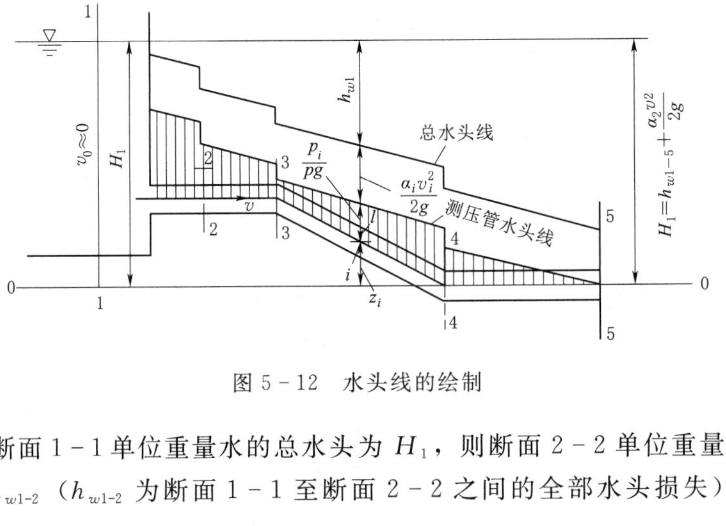

图 5-12　水头线的绘制

若入口断面 1-1 单位重量水的总水头为 H_1，则断面 2-2 单位重量水的总水头 $H_2=H_1-h_{w1\text{-}2}$（$h_{w1\text{-}2}$ 为断面 1-1 至断面 2-2 之间的全部水头损失）；同理断面

3－3 的总水头 $H_3=H_2-h_{w2\text{-}3}$；依此类推，可从入口至出口将各断面总水头按比例绘在图上，即可连成总水头线。存在局部损失的管段，一般可假设局部损失集中于一个断面上；只有沿程损失的管段，可用直线连接两断面间的总水头，而得总水头线。

根据能量方程，总水头可表示为

$$H_{总}=z+\frac{p}{\rho g}+\frac{\alpha v^2}{2g}$$

因测压管水头比总水头少一项流速水头，即

$$\left(z+\frac{p}{\rho g}\right)_{测压管水头}=H_{总}-\frac{\alpha v^2}{2g}$$

所以在比总水头线低一个流速水头的位置上绘出各管段的测压管水头线，两线之间的间隔为流速水头。若管径不变，各断面流速水头相等，则测压管水头线和总水头线平行。各断面测压管水头线与该断面中心的距离即为该断面中心点的压强水头。如测压管水头线在某断面中心的上方，则该断面中心点的压强为正值；测压管水头线在某断面中心的下方，则该断面中心点的压强为负值。当管内存在较大负压时，其水流常处于不稳定状态，且可能产生空蚀现象，致使管道遭到破坏，因此实际工程中应采取必要措施以改变管内的受压情况。

具体计算与绘制水头线的步骤为：

（1）确定水平基准面及管道突变控制断面，如图 5－12 中的管道出口中心为水平基准面，2－2、3－3、4－4 及进出口为突变控制断面。

（2）绘制总水头线。根据计算沿程水头的达西公式 $h_f=\lambda\frac{l}{d}\frac{v^2}{2g}$，在管径与糙率相同的断面，沿程水头损失将随管长呈线性增加，则总水头线为向下倾斜的直线，而局部水头损失可假定集中在突变断面，根据其大小，用跌坎表示。

（3）绘制测压管水头线。在比总水头线低一个流速水头 $\frac{\alpha v^2}{2g}$ 的位置上，绘制测压管水头线。

（4）利用测压管水头 $\left(z+\frac{p}{\rho g}\right)_{测压管水头}$ 与管径中心位置 z_i 变化图，可求出相应点或断面处的动水压强。

绘制总水头线和测压管水头线，要注意考虑管道进出口的水流条件，图 5－13 给出了考虑进口行近流速和淹没出流特性的水头线连接方式。若进口行近流速 $v_0\neq 0$，即上游流速水头 $\frac{\alpha_1 v_0^2}{2g}\neq 0$［图 5－13（a）］，总水头线绘于水面线之上；若 $v_0\approx 0$［图 5－13（b）］，流速水头 $\frac{\alpha_1 v_0^2}{2g}\approx 0$，总水头线与水面线重合。管道进口水流受突缩进口局部损失的影响，管道进口段总水头线采用集中降落方式衔接；管道进口段的测压管水头线可通过总水头减管道进口流速水头 $\frac{\alpha v^2}{2g}$ 后绘制。对于出口为淹没水流情况，当出口流速 $v_2\approx 0$［图 5－13（c）］，出口局部水头损失 $\xi\frac{v^2}{2g}=1.0\frac{v^2}{2g}$（直角出口 $\xi=$

1.0)，其值与管道的流速水头相等，因此管道出口测压管水头线与下游水面线重合。若出口流速 $v_2 \neq 0$ 时，管道出口前后为突扩水流［图 5-13 (d)］，由于出口断面的局部水头损失集中绘于出口处，即总水头在此消耗局部水头损失 $\xi \frac{v^2}{2g} = 1.0 \frac{v^2}{2g}$（直角出口 $\xi = 1.0$）后，管道出口测压管水头线由管道出口至下游还有一个回升，而后与水面相接。如果管道出口为自由出流，测压管水头线则应中止于管道中心处。

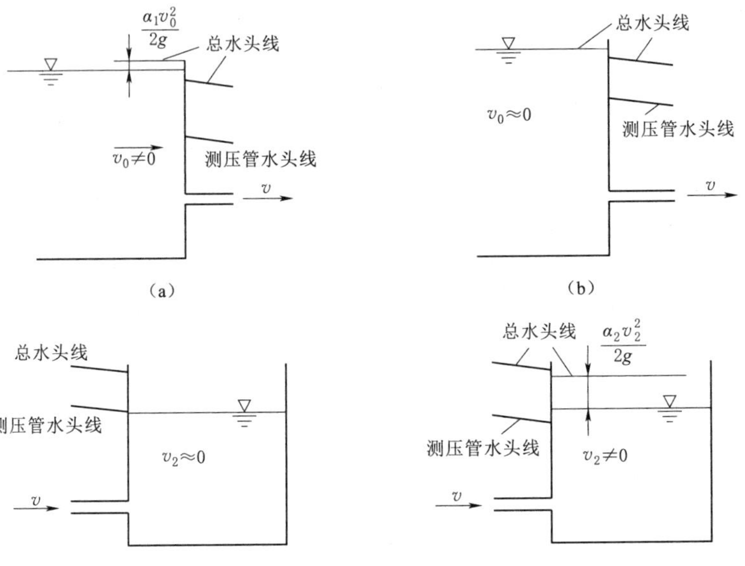

图 5-13　水头线连接方式

四、短管水力计算的类型

第一类：已知作用水头、管道长度、直径、管材（管壁粗糙情况）、局部障碍的组成，求流量 Q。

第二类：已知流量、管道长度、直径、管材（管壁粗糙情况）、局部障碍的组成，求作用水头 H。

第三类：已知流量、作用水头、管道长度、管材（管壁粗糙情况）、局部障碍的组成，求直径 d。

以上三类问题都能通过建立伯努利方程求解，也可以直接用式（5-9）或式（5-10）求解，事实上式（5-9）、式（5-10）也是通过能量方程推导出来的。

第四节　简单短管水力计算特例——虹吸管及水泵装置的水力计算

一、虹吸管的水力计算

虹吸管是一种压力输水管道，管道轴线的一部分高出无压的上游供水水面，这样的管道称为虹吸管（图 5－14）。由于虹吸管的部分管道高于上游液面（或供水自由液面），为使虹吸发生作用，必须排出管道中的气体，若在虹吸管内造成真空，使作用在上游水面的大气压强和虹吸管内压强之间产生压差，水流即能超过虹吸管最高处流向低处。由此可见，虹吸管是一种在真空状态下工作的管道，即表明管道内的压强比大气压强低。真空的存在使得溶解在液体中的气体分离出来，随着负压的增大即绝对压强的降低，分离出来的气体会急剧增加，这样在管道的顶部会集结大量的气体挤压有效的过流断面，阻碍水流的流动，严重时会造成断流。为了保证虹吸管能通过设计流量，虹吸管顶部的真空理论上不能大于最大真空值，即 $10mH_2O$。实际上当虹吸管内压强接近该温度下的汽化压强时，液体将产生汽化，破坏水流的连续性，故一般不使虹吸管中的真空值大于 7～$8mH_2O$。虹吸管的优点在于能跨越高地，减少挖方。

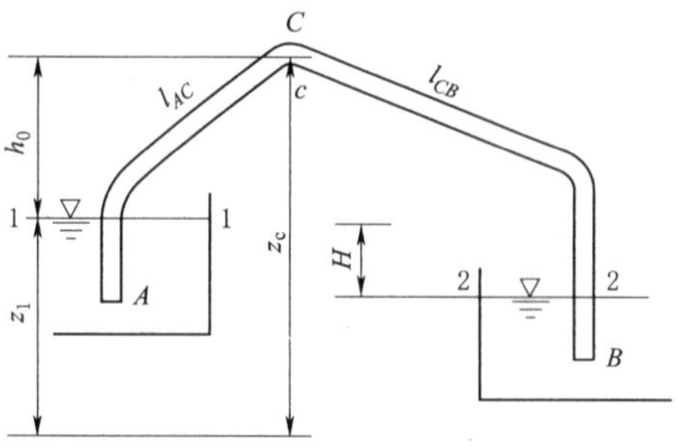

图 5－14　虹吸管装置

设虹吸管各部分尺寸及局部障碍如图 5－14 所示。

资源 5－5 虹吸管的应用

（一）虹吸管的流量

断面 1－1 及断面 2－2 的能量方程为

$$z_1+\frac{p_1}{\gamma}+\frac{\alpha_1 v_1^2}{2g}=z_2+\frac{p_2}{\gamma}+\frac{\alpha_2 v_2^2}{2g}+h_{w12}$$

$$\frac{\alpha_1 v_1^2}{2g}\approx 0$$

$$\frac{\alpha_2 v_2^2}{2g}\approx 0$$

$$p_1=p_2=p_a$$

由此得出

$$z=h_w$$

其中

$$z=H_1-H_2$$

$$h_w=\left(\lambda\frac{l_{AB}}{d}+\sum_{1-2}\xi\right)\frac{v^2}{2g}$$

则流速

$$v=\frac{1}{\sqrt{\lambda\dfrac{l_{AB}}{d}+\sum\limits_{1-2}\xi}}\sqrt{2gH}$$

式中　$\sum\xi$——断面 1－1、断面 2－2 间各项局部水头损失系数：管道入口 ξ_e，转弯 ξ_{b1}、ξ_{b2}、ξ_{b3}，管道出口 $\xi_c=1$ 的和，即

$$\sum_{1-2}\xi=\xi_e+\xi_{b1}+\xi_{b2}+\xi_{b3}+1$$

则流量
$$Q=vA=v\frac{\pi d^2}{4}$$

如果令 $\mu_c=\dfrac{1}{\sqrt{\lambda\dfrac{l_{AB}}{d}+\sum\limits_{1-2}\xi}}$，称为流量系数，则 $Q=vA=\mu_c A\sqrt{2gH}$。

（二）虹吸管最大真空高度

取断面 1-1、断面 $c-c$ 列伯努利方程

$$z_1+\frac{p_1}{\gamma}+\frac{\alpha_1 v_1^2}{2g}=z_c+\frac{p_c}{\gamma}+\frac{\alpha_c v_c^2}{2g}+h_{w1c}$$

由行近流速 $v_1\approx 0$，$p_1=p_a$，有

$$\frac{p_a-p_c}{\rho g}=(z_c-z_1)+\left(a_c+\lambda\frac{l_{AC}}{d}+\sum_{1-c}\xi\right)\frac{v^2}{2g}$$

即
$$h_{v\max}=h_s+\left(\alpha+\lambda\frac{l_{AC}}{d}+\sum_{1-c}\xi\right)\frac{v^2}{2g}<[h_v] \tag{5-13}$$

或
$$h_{v\max}=h_s+\frac{\alpha+\lambda\dfrac{l_{AC}}{d}+\sum\limits_{1-c}\xi}{\lambda\dfrac{l_{AB}}{d}+\sum\limits_{1-2}\xi}\cdot H<[h_v] \tag{5-14}$$

其中
$$\sum_{1-c}\xi=\xi_e+\xi_{b1}+\xi_{b2}$$

为保证虹吸管正常工作，必须满足 $h_{v\max}<[h_v]$，由式（5-14）可知，虹吸管的最大安装高度 h_s 和作用水头 H 都受［h_v］的制约。

【例 5-4】 如图 5-15 所示，用直径 $d=0.4$m 的钢筋混凝土虹吸管从河道向灌溉渠道引水，河道水位为 120m，灌溉渠道水位 118m，虹吸管各段长度为 $l_1=10$m，$l_2=5$m，$l_3=12$m，虹吸管进口安装无底阀的滤网（$\xi=2.5$），管道有两个 60°的折角弯管（$\xi=0.55$）。

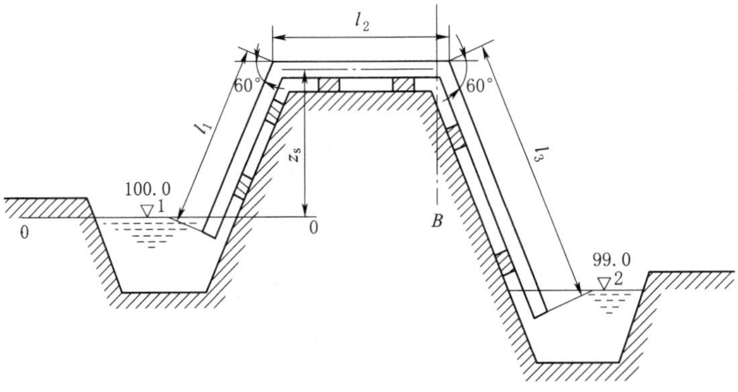

图 5-15 ［例 5-4］图

求：(1) 通过虹吸管的流量。

(2) 当虹吸管内最大允许真空值 $h_v=7.0$m 时，虹吸管的最大安装高度。

解：（1）计算通过虹吸管的流量

$$C=\frac{1}{n}R^{\frac{1}{6}}=\frac{1}{0.014}\times\left(\frac{0.4}{4}\right)^{\frac{1}{6}}=48.66(\mathrm{m}^{\frac{1}{2}/\mathrm{s}})$$

$$\lambda=\frac{8g}{C^2}=\frac{8\times9.8}{48.66^2}=0.033$$

$$\mu_c=\frac{1}{\sqrt{\lambda\frac{L}{d}+\sum\xi}}=\frac{1}{\sqrt{0.033\times\frac{27}{0.4}+2.5+2\times0.55+0.1}}=0.411$$

$$Q=\mu_c A\sqrt{2gz}=0.383\times0.785\times0.4^2\times\sqrt{2\times9.8\times2}=0.30(\mathrm{m}^3/\mathrm{s})$$

（2）计算虹吸管的最大安装高度。列河道水面和虹吸管下游转弯前过流断面的能量方程

$$z_1+\frac{p_1}{\gamma}+\frac{\alpha_1 v_1^2}{2g}=z_c+\frac{p_c}{\gamma}+\frac{\alpha_c v_c^2}{2g}+h_{w1c}$$

由行近流速 $v_1\approx0$，$p_1=p_a$，得

$$(z_c-z_1)=\frac{p_a-p_c}{\rho g}-\left(a_c+\lambda\frac{l_{AC}}{d}+\sum_{1-c}\xi\right)\frac{v^2}{2g}$$

即

$$h_s=h_{v\max}-\left(\alpha+\lambda\frac{l_{AC}}{d}+\sum_{1-c}\xi\right)\frac{v^2}{2g}$$

其中

$$v=\frac{Q}{A}=\frac{0.30}{0.785\times0.4^2}=2.39(\mathrm{m/s})$$

则

$$h_s=7.9-\left(1+0.033\times\frac{10+5}{0.4}+2.5+0.55\right)\times\frac{2.39^2}{19.6}=5.46(\mathrm{m})$$

【例 5-5】 如图 5-14 所示，虹吸管上下游水位的水位差 H 为 2.5m，管长 l_{AC} 段为 15m，l_{CB} 段为 25m，管径 d 为 200mm，沿程摩阻系数 $\lambda=0.025$，入口水头损失系数 $\xi_e=1.0$，各转弯的水头损失系数 $\xi_b=0.2$，管顶允许真空高度 $[h_v]=7\mathrm{m}$。试求通过流量及最大允许超高。

解：通过虹吸管水流的流速

$$v=\frac{1}{\sqrt{\lambda\frac{l_{AB}}{d}+\xi_e+3\xi_b+1}}\sqrt{2gH}=\frac{1}{\sqrt{0.025\times\frac{40}{0.2}+1.0+3\times0.2+1}}\times\sqrt{2\times9.8\times2.5}$$

$$=2.54(\mathrm{m/s})$$

虹吸管的流量

$$Q=v\frac{\pi d^2}{4}=2.54\times\frac{3.14\times0.2^2}{4}=0.08(\mathrm{m}^3/\mathrm{s})$$

虹吸管的最大允许超高，由式（5-13）可知，式中 $h_{v\max}$ 以 $[h_v]=7\mathrm{m}$ 代入，整理得

$$h_s=[h_v]-\left(\alpha+\lambda\frac{l_{AC}}{d}+\xi_e+2\xi_b\right)\frac{v^2}{2g}=7-\left(1+0.025\times\frac{15}{0.2}+1.0+2\times0.2\right)\times\frac{2.54^2}{2\times9.8}$$

$$=5.59(\mathrm{m})$$

二、水泵吸水管的水力计算

离心泵吸水管的水力计算，主要为确定泵的安装高度，即泵轴线在吸水池水面以上的高度 H_s（图 5-16）。离心泵在其吸水口处由于叶轮的高速旋转，而把空气和液体一并甩出，导致水泵进口处的压强是“最低”的，它低于吸水管上任何点上的压强，从而形成真空，这样后续流体才能不断地被压入泵体。但该处的压强小于一定温度下液体的汽化压强时，液体就会形成大量气泡，这些气泡随液体进入泵内高压区，由于压强升高，气泡迅速破灭，于是在局部地区形成高频率、高冲击力的水击，从而使水泵的部分部件破损，这种现象称为气蚀。为了防止气蚀的发生，通常水泵厂由实验给出允许吸水真空高度 $[h_v]$，作为水泵的性能指标之一。在已知水泵进口的允许真空度的条件下，可计算出水泵的最大安装高度 H_s。安装高度的计算过程和思路与虹吸管安装高度的计算类似。

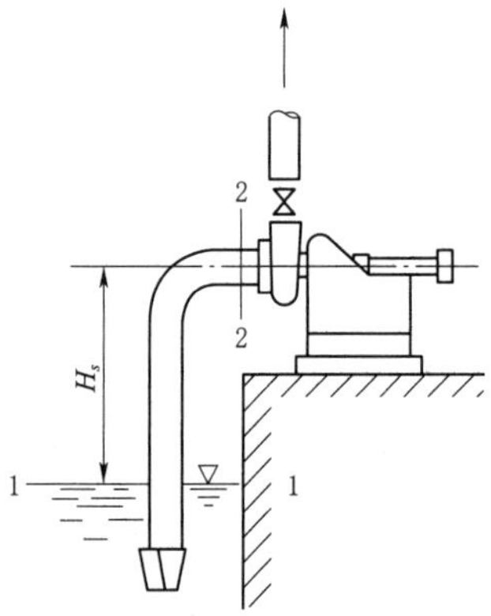

图 5-16　水泵装置

取吸水池水面 1-1 和水泵进口断面 2-2 列伯努利方程，得

$$z_1+\frac{p_1}{\gamma}+\frac{\alpha_1 v_1^2}{2g}=z_2+\frac{p_2}{\gamma}+\frac{\alpha_2 v_2^2}{2g}+h_{w12}$$

忽略吸水池水面流速，即 $\frac{\alpha_1 v_1^2}{2g}\approx 0$，且 $p_1=p_a$，则

$$\frac{p_a}{\rho g}=H_s+\frac{p_2}{\rho g}+\frac{\alpha v_2^2}{2g}+h_{w1\text{-}2}$$

整理得

$$H_s=\frac{p_a-p_2}{\rho g}-\frac{\alpha v^2}{2g}-h_w=h_v-\left(\alpha+\lambda\frac{l}{d}+\sum\xi\right)\frac{v^2}{2g} \tag{5-15}$$

式中　H_s——水泵安装高度，m；

h_v——水泵进口断面允许真空高度，$h_v=\frac{p_a-p_2}{\rho g}$；

λ——吸水管沿程阻力系数；

$\sum\xi$——吸水管各项局部水头损失系数之和。

式（5-15）表明，水泵的安装高度与进口的真空高度互相制约。

【例 5-6】 如图 5-16 所示的离心泵，抽水流量 $Q=8.11\text{L/s}$，吸水管长度 $l=9.0\text{m}$，直径 $d=100\text{mm}$，沿程摩阻系数 $\lambda=0.035$，局部水头损失系数为：有滤网的底阀 $\xi=7.0$，90°弯管 $\xi_b=0.3$，泵的允许吸水真空高度 $[h_v]=5.7\text{m}$，确定水泵的最大安装高度。

解： 由式（5-15）

$$H_s=h_v-\left(\alpha+\lambda\frac{l}{d}+\sum\xi\right)\frac{v^2}{2g}$$

式中，流速 $v=\frac{4Q}{\pi d^2}=1.03\text{m/s}$，$H_s$ 以允许吸水真空高度 $[h_v]=5.7\text{m}$ 代入，得最大安装高度

$$H_s=5.7-\left(1+0.035\times\frac{9}{0.1}+7+0.3\right)\times\frac{1.03^2}{19.6}=5.08(\text{m})$$

三、短管直径的计算

管道直径的计算，最后化简为解算高次代数方程，难以由方程直接求解，一般可采用试算法，更适于编程电算。

【例 5-7】 圆形有压涵管（图 5-17），管长 $l=50\text{m}$，上、下游水位差 $H=2.5\text{m}$，涵管为钢筋混凝土管，各局部阻碍的水头损失系数：进口 $\xi_e=0.5$，转弯 $\xi_b=0.55$，出口 $\xi_o=1$，通过流量 $Q=2.9\text{m}^3/\text{s}$，计算所需管径。

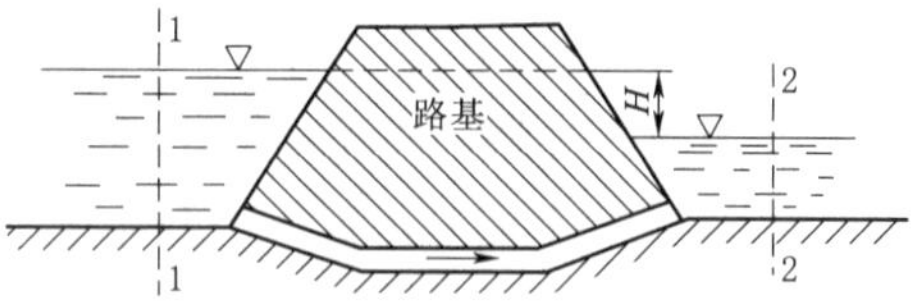

图 5-17　[例 5-7] 图

解：取上、下游过流断面 1-1、断面 2-2 列伯努利方程，忽略上、下游流速，得

$$H=h_w=\left(\lambda\frac{l}{d}+\xi_e+2\xi_b+\xi_o\right)\frac{1}{2g}\left(\frac{4Q}{\pi d^2}\right)^2$$

式中 λ 与直径 d 有关，为使求解简化，设 $\lambda=0.02$ 代入前式，化简得

$$2.5d^2-1.81d-0.696=0$$

用试算法求 d，设 $d=1.0\text{m}$ 代入上式

$$2.5\times1-1.81\times1-0.696\approx0$$

采用管径 $d=1.0\text{m}$。

验算计算结果：按 $d=1.0\text{m}$，计算 $Re=\frac{vd}{\nu}=\frac{3.69\times1}{1.31\times10^{-6}}=2.82\times10^6$；$\frac{k_s}{d}=\frac{1}{1000}=0.001$，由穆迪图 4-20，查得 $\lambda\approx0.02$ 与所设 λ 值相符，计算结果成立。

第五节　长管的水力计算

长管是有压管道的简化模型。由于长管不计流速水头和局部水头损失，水力计算大为简化，并可利用专门编制的计算表进行辅助计算，将有压管道分为短管和长管的目的就在于此。

一、简单长管

沿程直径不变，流量也不变的管道称为简单管道。简单管道是一切复杂管道水力计算的基础。

如图 5-18 所示，由水箱引出简单管道，长度 l，直径 d，水箱水面距管道出口高度为 H，现分析其水力特点和计算方法。

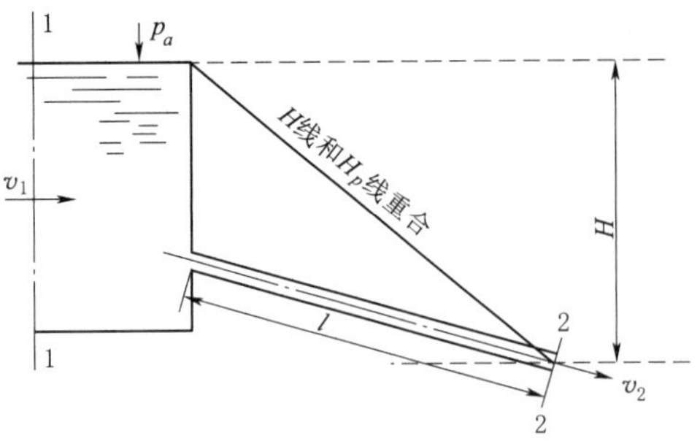

图 5-18　简单长管

同短管一样，取水箱内过流断面 1-1 和管道出口断面 2-2，列伯努利方程，并考虑行近流速 $v_1\approx 0$，且 $p_1=p_a$，$p_2=p_a$，得

$$H=\frac{\alpha_2 v_2^2}{2g}+h_f+h_j$$

因为对于长管 $\left(\frac{\alpha_2 v_2^2}{2g}+h_j\right)\ll h_f$ 可以忽略不计，则

$$H=h_f \tag{5-16}$$

上式表明，长管的全部作用水头都消耗于沿程水头损失，总水头线是连续下降的直线，并与测压管水头线重合。其中

$$h_f=\lambda\frac{l}{d}\frac{v^2}{2g}$$

将 $v=\frac{4Q}{\pi d^2}$ 代入得

$$h_f=\frac{8\lambda}{g\pi^2 d^5}lQ^2$$

令

$$a=\frac{8\lambda}{g\pi^2 d^5} \tag{5-17}$$

称为比阻，单位 s^2/m^6。

得

$$H=h_f=alQ^2 \tag{5-18}$$

式（5-18）是简单管道按比阻计算的基本公式。式中比阻 a 取决于沿程摩阻系数 λ 和管径 d，而 λ 的计算公式有多种，需按不同行业的设计规范选用。下面只引用土木工程中通用的一种。

由谢才公式 $\lambda=\frac{8g}{C^2}$ 结合曼宁公式 $C=\frac{R^{1/6}}{n}$，并代入水力半径 $R=\frac{d}{4}$，由此导出 λ 的计算公式为

$$\lambda=\frac{2gn^2 4^{4/3}}{d^{1/3}}$$

代入式（5-17），得

$$a=\frac{10.3n^2}{d^{5.32}} \tag{5-19}$$

由式（5-19）可知，a 取决于糙率 n 及管径 d，而糙率 n 又取决于管材，通常铸铁管 $n=0.013$，混凝土管和钢筋混凝土管 $n=0.013\sim0.014$，按式（5-18）编制出水管通用比阻计算表（表 5-3）用于查表计算沿程水头损失，理论上适用于紊流粗糙区，而实际工程中的水流运动基本都属于紊流粗糙区。

表 5-3　　水管通用比阻计算表

水管直径/mm	比阻 a 值/(s^2/m^6)			水管直径/mm	比阻 a 值/(s^2/m^6)		
	$n=0.012$	$n=0.013$	$n=0.014$		$n=0.012$	$n=0.013$	$n=0.014$
75	1480	1740	2010	450	0.105	0.123	0.143
100	319	375	434	500	0.0598	0.0702	0.0815
150	36.7	43.0	49.9	600	0.0226	0.0265	0.0307
200	7.92	9.30	10.8	700	0.00993	0.0117	0.0135
250	2.41	2.83	3.28	800	0.00487	0.00573	0.00663
300	0.911	1.07	1.24	900	0.00260	0.00306	0.00354
350	0.401	0.471	0.545	1000	0.00148	0.00174	0.00201
400	0.196	0.230	0.267				

【例 5-8】 从水塔向车间供水（图 5-19），采用铸铁管，管长 2500m，管径 350mm，水塔地面标高$\nabla_1=61$m，水塔水面距地面的高度 H_1 为 18m，车间地面标高 $\nabla_2=45$m，供水点需要的最小服务水头 H_2 为 25m，求供水流量。

解： 由式（5-18）可知：$Q=\sqrt{\dfrac{H}{al}}$，式中，作用水头 $H=(\nabla_1+H_1)-(\nabla_2+H_2)=9$m；

比阻查表 5-3，350mm 铸铁管（$n=0.013$），$a=0.471s^2/m^6$，代入上式，得

$$Q=\sqrt{\frac{H}{al}}=\sqrt{\frac{9}{0.471\times2500}}=0.087(m^3/s)$$

【例 5-9】 图 5-19 中，管线布置、地面标高及供水点需要的最小服务水头都不变，供水流量增至 100L/s，试求管道直径。

解： 作用水头不变，$H=9$m。

要求比阻　　$$a=\frac{H}{lQ^2}=\frac{9}{2500\times0.1^2}=0.36(s^2/m^6)$$

由表 5-3 查得，$d_1=400$mm，$a=0.230s^2/m^6$；$d_2=350$mm，$a=0.471s^2/m^6$。

可见所需管径在 d_1 和 d_2 之间，由于无此规格的产品，采用较大管径将浪费管材，合理的办法是用两段不同管径（400mm 和 350mm）的管段串联，见串联管道的相关内容。

【例 5-10】 如图 5-20 所示，一简单管道长为 800m，管径为 0.1m，水头为 20m，

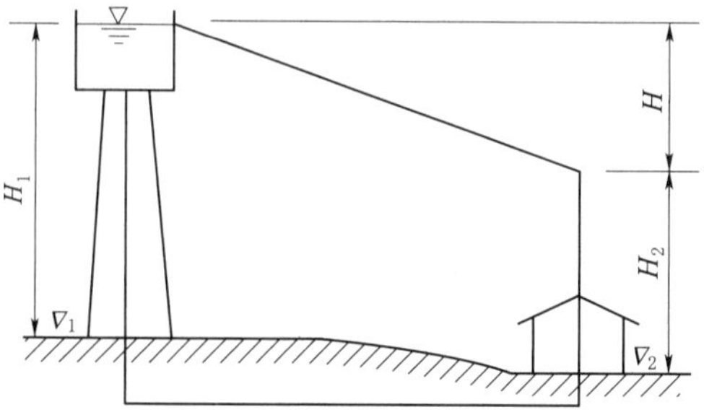

图 5-19 ［例 5-8］图

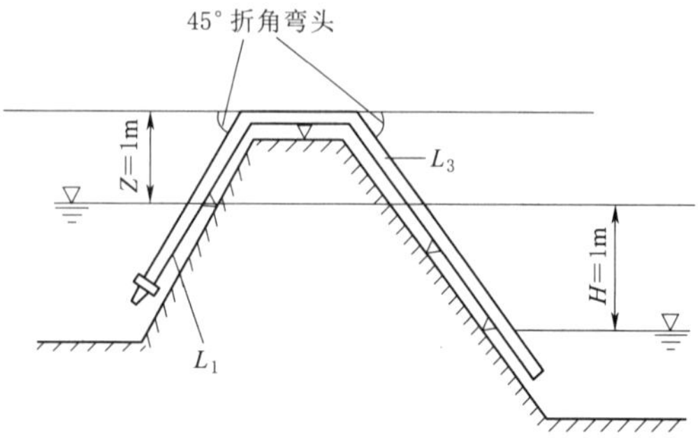

图 5-20 ［例 5-10］图

管道中间有 2 个弯头，每个弯头的局部水头损失系数为 0.3，已知沿程阻力系数为 0.025，试求通过管道的流量。

解：（1）先将管道作为短管，求通过管道的流量。由题意可知，进口损失系数和弯头损失系数分别为 $\xi_e=0.5$，$\xi_{弯}=0.3$，根据式（5-11）并且不考虑行近流速水头，则

$$Q=\mu_c A\sqrt{2gH}=\frac{1}{\sqrt{1+\lambda\dfrac{l}{d}+\sum\xi}}A\sqrt{2gH}$$

$$=\frac{1}{\sqrt{1+0.025\times\dfrac{800}{0.1}+0.5+2\times0.3}}\times\frac{3.14\times0.1^2}{4}\times\sqrt{2\times9.8\times20}$$

$$=0.01093(m^3/s)$$

（2）计算沿程损失及局部损失。按长管计算时，沿程损失为

$$h_f=\lambda\frac{l}{d}\frac{v^2}{2g}=\lambda\frac{l}{d}\frac{1}{2g}\frac{Q^2}{A^2}=0.025\times\frac{800}{0.1}\times\frac{1}{2\times9.8}\times\frac{4^2\times0.01093^2}{3.14^2\times0.1^4}=19.78(m)$$

而局部损失为

$$\sum h_j=\sum\xi\frac{v^2}{2g}=(\xi_e+2\xi_{弯})\frac{Q^2}{2gA^2}=(0.5+2\times0.3)\times\frac{4^2\times0.01093^2}{2\times9.8\times3.14^2\times0.1^4}$$

$$=0.109(m)$$

故沿程水头损失占总水头的百分数为

$$\frac{h_f}{H}\times100\%=\frac{19.78}{20}\times100\%=98.9\%$$

因 98.9%>95%，则该管道按长管计算即可。

（3）按长管计算管道所通过的流量。根据 $H=h_f=\lambda\dfrac{l}{d}\dfrac{v^2}{2g}=\lambda\dfrac{l}{d}\dfrac{1}{2g}\dfrac{Q^2}{A^2}$ 得

$$Q=A\sqrt{\frac{2g}{\lambda}}\sqrt{d}\sqrt{\frac{H}{l}}=\frac{3.14\times0.1^2}{4}\times\sqrt{\frac{2\times9.8}{0.025}}\times\sqrt{0.1}\times\sqrt{\frac{20}{800}}$$

$$=0.01099(m^3/s)$$

故按长管计算与短管计算所得流量相差 $0.00006m^3/s$，相对误差为 $\dfrac{0.00006}{0.01093}\times100\%=0.55\%$。由此可见，将上述管道按长管计算，误差很小。

二、复杂长管

（一）串联管道

由直径不同的管段首尾相连接起来的管道，称为串联管道，如图 5-21 所示。串联管道常用于沿程向几处输水，经过一段距离便有流量分出，随着沿程距离的增加，流量逐渐减少，所采用的管径也相应减少的情况。

设串联管道（图 5-21），各管段的长度分别为 l_1，l_2，…，直径为 d_1，d_2，…，

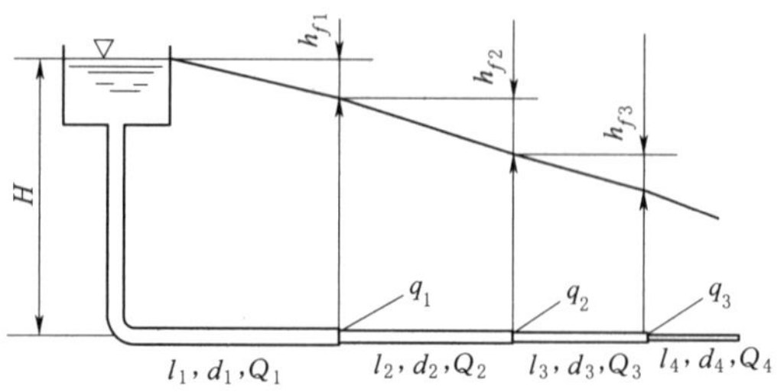

图 5-21　串联管道

通过流量为 Q_1，Q_2，…，节点分出流量为 q_1，q_2，…。

串联管道中，两管段的连接点称为节点，流向节点的流量等于流出节点的流量，满足节点流量平衡，即

$$Q_1 = q_1 + Q_2$$

$$Q_2 = q_2 + Q_3$$

一般式

$$Q_i = q_i + Q_{i+1} \tag{5-20}$$

每一管段均为简单管道，水头损失按比阻计算

$$h_{fi} = a_i l_i Q_i^2 = S_i Q_i^2$$

式中　S_i——管段的阻抗，定义 $S_i = a_i l_i$，单位 s^2/m^5。

串联管道的总水头损失等于各管段水头损失之和，即

$$H = \sum_{i=1}^{n} h_{fi} = \sum_{i=1}^{n} S_i Q_i^2 \tag{5-21}$$

串联管道的总水头损失等于各管段水头损失之和，当节点无流量分出，通过各管段的流量相等，也就是说 $Q_1 = Q_2 = \cdots = Q_i$，式（5-21）化简为

$$H = Q^2 \sum a_i l_i = Q^2 \sum S_i \tag{5-22}$$

串联管道的水头线是一折线，这是因为各管段水头损失不同而导致的水力坡度不等。

【例 5-11】　在［例 5-9］中，为了充分利用水头和节省管材，采用 400mm 和 350mm 两种直径的管段串联，求每段的长度。

解：设 $d_1 = 400\text{mm}$ 的管段长 l_1，$d_2 = 350\text{mm}$ 的管段长 l_2，由表 5-3 查得，$d_1 = 400\text{mm}$，$a_1 = 0.230 s^2/m^6$；$d_2 = 350\text{mm}$，$a_2 = 0.471 s^2/m^6$。

由式（5-22）$H = (a_1 l_1 + a_2 l_2) Q^2 = [a_1 l_1 + a_2 (2500 - l_1)] Q^2$

代入数值，解得：$l_1 = 1151.45\text{m}$，$l_2 = 1348.55\text{m}$。

（二）并联管道

在两节点之间，两根及两根以上的管道从同一点处分叉，又在同一点处汇合，则称为并联管道，如图 5-22 中，节点 A、B 之间就是三根并联的管道，管道并联能提高输送流体的可靠性，一旦其中一根管道出现事故，剩余其他管道可承担输送流体的任务。

设并联节点 A、B 间各管段分配流量为 Q_2、Q_3、Q_4（待求），节点分出流量为 q_A、q_B，由节点流量平衡条件

$$A：Q_1 = q_A + Q_2 + Q_3 + Q_4$$

$$B：Q_2 + Q_3 + Q_4 = q_B + Q_5$$

分析并联管段的水头损失，因各管段的首端 A 和末端 B 是共同的，则单位重量流体由断面 A 通过节点 A、B 间的任一根管段至断面 B 的水头损失，均等于 A、B 两断面的总水头差，故并联各管段的水头损失相等，则

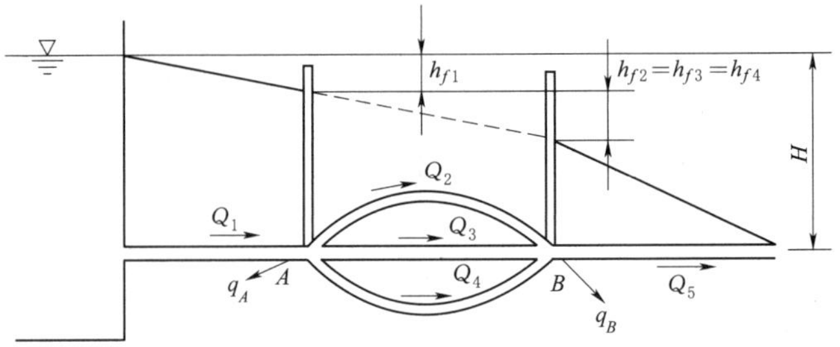

图 5－22　并联管道

$$h_{f2}=h_{f3}=h_{f4}=h_{fz} \tag{5-23}$$

以阻抗和流量表示

$$S_2Q_2^2=S_3Q_3^2=S_4Q_4^2 \tag{5-24}$$

由式（5－24）得出并联管段的流量之间的关系，将其代入节点流量平衡关系式，就可以得出并联管段分配的流量。

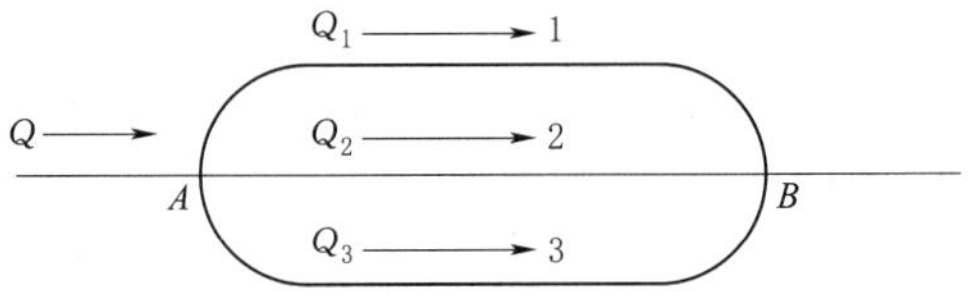

图 5－23［例 5－12］图

【例 5－12】 并联输水管道如图 5－23 所示，已知主干管流量 $Q=0.07\text{m}^3/\text{s}$，并联管段均为铸铁管，直径 $d_1=d_3=100\text{mm}$，$d_2=150\text{mm}$，管长 $l_1=l_3=200\text{m}$，$l_2=150\text{m}$，试求各并联管段的流量及 AB 间的水头损失。

解： 各并联管段的比阻，由表 5－3 查得：$a_1=a_3=375\text{s}^2/\text{m}^6$，$a_2=43.0\text{s}^2/\text{m}^6$

令阻抗 $S=al$，则

$$S_1=S_3=a_1l_1=375\times200=75000(\text{s}^2/\text{m}^5)$$

$$S_2=a_2l_2=43\times150=6450(\text{s}^2/\text{m}^5)$$

由式（5－24）

$$S_1Q_1^2=S_2Q_2^2=S_3Q_3^2$$

$$Q_2=\sqrt{\frac{S_1}{S_2}}Q_1=3.41Q_1\text{；}Q_3=Q_1$$

节点流量平衡

$$Q=Q_1+Q_2+Q_3=5.41Q_1$$

得

$$Q_1=Q_3=\frac{Q}{5.41}=\frac{0.07}{5.41}=0.013(\text{m}^3/\text{s})$$

$$Q_2=3.41Q_1=3.41\times0.013=0.044(\text{m}^3/\text{s})$$

A、B 间的水头损失

$$h_{fAB}=S_1Q_1^2=S_2Q_2^2=S_3Q_3^2=75000\times0.013^2=12.7(\text{m})$$

三、沿程均匀泄流管道

前面所述管道流动，在每根管段间通过的流量是不变的，称为通过流量（转输流量）。在工程中，如灌溉用人工降雨管道，管道中除通过流量外，还有沿管长由开在管壁上的孔口泄出的流量，称为途泄流量（沿线流量）。其中最简单的情况是单位长度上泄出相等的流量，这种管道称为沿程均匀泄流管道。例如人工降雨管道、各类穿孔配水管、滤池的反冲洗管等均为沿程泄流管路。通常沿程泄流量是不均匀的，若单位长度上泄出的流量均为 g，则为沿程均匀泄流管道。这里仅研究沿程均匀泄流管道。

设沿程均匀泄流管段长度为 l，直径为 d，通过流量 Q_z，沿途总的泄流量 Q_t，如图 5-24 所示。

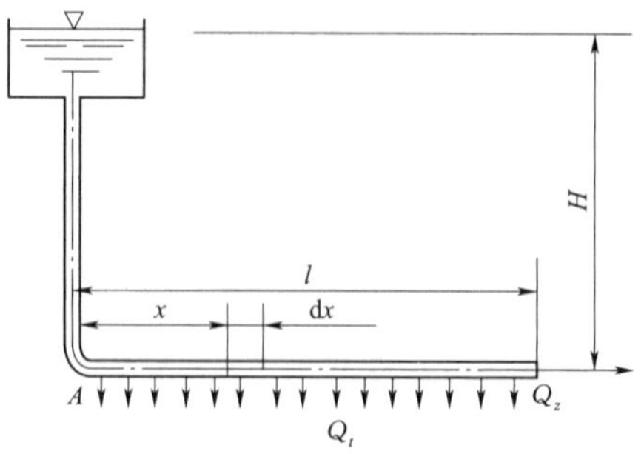

图 5-24　均匀泄流管道

距开始泄流断面 x 处，取长度 $\mathrm{d}x$ 的管段，认为通过该管段的流量 Q_x 不变，其水头损失按简单管道计算，即

$$Q_x = Q_z + Q_t - \frac{Q_t}{l}x$$

$$\mathrm{d}h_f = aQ_x^2\mathrm{d}x = a\left(Q_z + Q_t - \frac{Q_t}{l}x\right)^2\mathrm{d}x$$

整个泄流管段的沿程水头损失为

$$h_f = \int_0^l \mathrm{d}h_f = \int_0^l a\left(Q_z + Q_t - \frac{Q_t}{l}x\right)^2\mathrm{d}x$$

当管段直径和粗糙一定，且流动处于粗糙管区，比阻 a 是常量，上式积分得

$$h_f = al\left(Q_z^2 + Q_zQ_t + \frac{1}{3}Q_t^2\right) \tag{5-25}$$

上式可近似写为

$$h_f = al(Q_z + 0.55Q_t)^2 = alQ_c^2 \tag{5-26}$$

这里

$$Q_c = Q_z + 0.55Q_t$$

式（5-26）将途泄流量折算成通过流量来计算沿程均匀泄流管段的水头损失。

若管段无通过流量，只有途泄流量，即 $Q_z = 0$，由式（5-25）得

$$h_f = \frac{1}{3}alQ_t^2 \tag{5-27}$$

式（5-27）表明，只有途泄流量的管道，水头损失是通过相同数量的通过流量的三分之一。

【例 5-13】　水塔供水的输水管道，由三段铸铁管串联而成，BC 为沿程均匀泄流管段（图 5-25），其中 $l_1 = 300\text{m}$，$d_1 = 200\text{mm}$，$l_2 = 150\text{m}$，$d_2 = 150\text{mm}$，$l_3 = 200\text{m}$，$d_3 = 100\text{mm}$。节点 B 分出流量 $q = 0.01\text{m}^3/\text{s}$，通过流量 $Q_z = 0.02\text{m}^3/\text{s}$，途泄流量 $Q_t = 0.015\text{m}^3/\text{s}$，试求需要的作用水头。

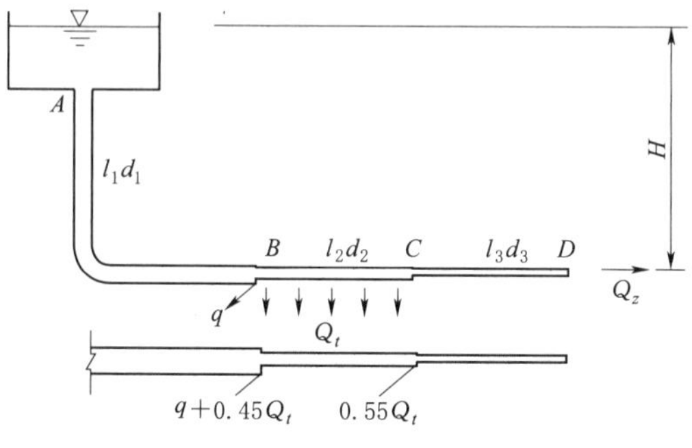

图 5-25　［例 5-13］图

解： 首先将 BC 段途泄流量折算成通过流量，按式（5-26），把 $0.55Q_t$ 加在节点 C，其余 $0.45Q_t$ 加在节点 B，

则各管段流量为

$$Q_1 = q + Q_z + Q_t = 0.01 + 0.02 + 0.015 = 0.045(\mathrm{m^3/s})$$

$$Q_2 = Q_z + 0.55Q_t = 0.02 + 0.55 \times 0.015 = 0.028(\mathrm{m^3/s})$$

$$Q_3 = Q_z = 0.02\mathrm{m^3/s}$$

整个管道由三段串联而成，作用水头等于各管段水头损失之和，即

$$H = \sum h_{fi} = a_1 l_1 Q_1^2 + a_2 l_2 Q_2^2 + a_3 l_3 Q_3^2$$

各管段的比阻由表 5-3 查得，代入上式

$$H = 9.30 \times 300 \times 0.045^2 + 43.0 \times 150 \times 0.028^2 + 375 \times 200 \times 0.02^2 = 40.71(\mathrm{m})$$

在实际工程中，为满足向更多用户供水、供热、供燃气，往往将简单管道串、并联组合成管网，如图 5-26 所示。管网的水力计算，以简单管道和串、并联管道为基础，在有关的专业教材中阐述。

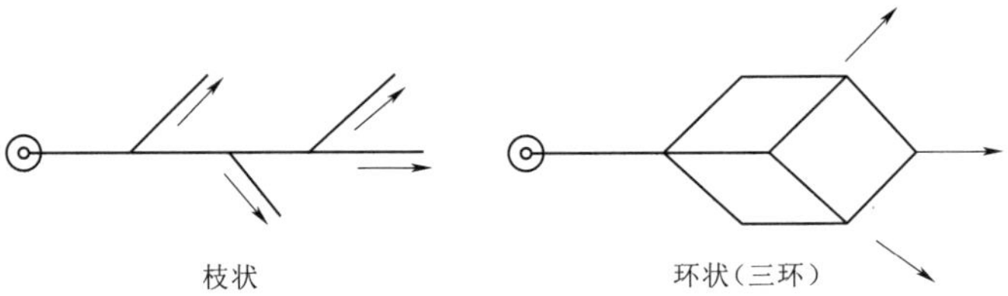

图 5-26　管网

课　后　习　题

一、选择题

1. 比较在正常工作条件下，作用水头 H、直径 d 相等时，小孔口的流量 Q 和圆柱形外管嘴的流量 Q_n 大小关系为（　　）。

A. $Q > Q_n$　　B. $Q < Q_n$　　C. $Q = Q_n$　　D. 不定

2. 圆柱形外管嘴的正常工作条件是（　　）。

A. $l = (3 \sim 4)d$，$H_0 > 9\mathrm{m}$

B. $l = (3 \sim 4)d$，$H_0 < 9\mathrm{m}$

C. $l > (3 \sim 4)d$，$H_0 > 9\mathrm{m}$

D. $l < (3 \sim 4)d$，$H_0 < 9\mathrm{m}$

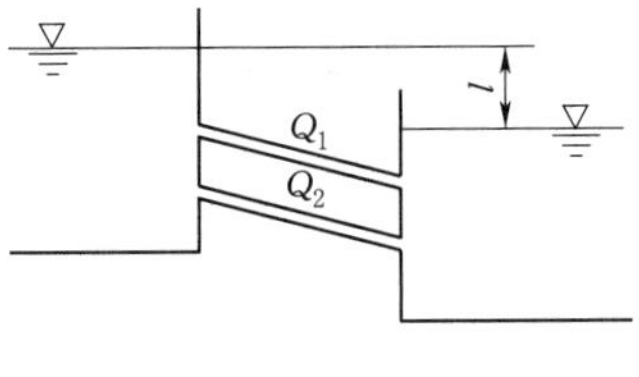

图 5-27

3. 图 5-27 所示两根完全相同的长管道，只是安装高度不同，两管的流量关系为（　　）。

A. $Q_1 < Q_2$　　B. $Q_1 > Q_2$　　C. $Q_1 = Q_2$　　D. 不定

4. 图 5-28 所示并联管道 1、2，两管的直径相同，沿程阻力系数相同，长度 $l_2 = 3l_1$，通过的流量为（　　）。

A. $Q_1 = Q_2$　　B. $Q_1 = 1.5Q_2$　　C. $Q_1 = 1.73Q_2$　　D. $Q_1 = 3Q_2$

5. 如图 5-29 所示，并联管段 1、2、3、A、B 之间的水头损失是（　　）。

A. $h_{fAB}=h_{f1}+h_{f2}+h_{f3}$　　B. $h_{fAB}=h_{f1}+h_{f2}$

C. $h_{fAB}=h_{f2}+h_{f3}$　　D. $h_{fAB}=h_{f1}=h_{f2}=h_{f3}$

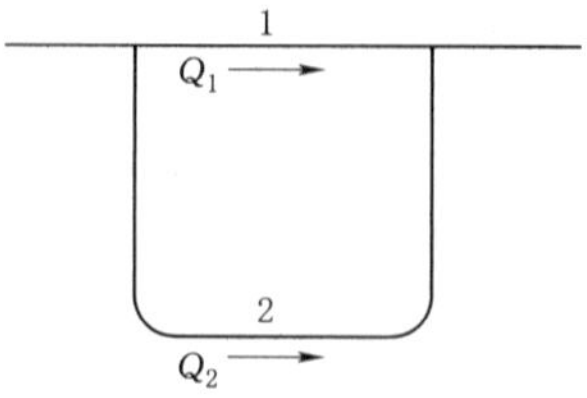

图 5-28

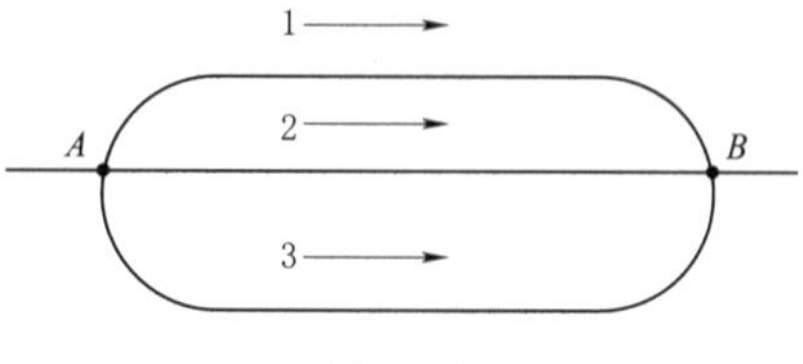

图 5-29

6. 长管并联管道各并联管段的（　　）相等。

A. 水头损失　　B. 水力坡度　　C. 总能量损失　　D. 通过流量

二、计算题

1. 一薄壁圆形孔口，直径 d 为 10mm，水头 H 为 2m。现测得射流收缩断面的直径 d 为 8mm，在 32.8s 时间内，经孔口流出的水量为 $0.01m^3$，试求孔口的收缩系数 ε、流量系数 μ、流速系数 φ 及孔口局部损失系数 ξ。

2. 从水塔向车间供水（图 5-30），采用铸铁管，管长 2500m，管径 350mm，水塔地面标高$\nabla_1=61$m，水塔水面距地面的高度为 18m，车间地面标高$\nabla_2=45$m，供水点需要的自由水头为 25m，求供水流量。

3. 如图 5-31 所示，水从密闭容器 A 沿直径 $d=25$mm、长 $l=10$m 的管道流入容器 B，已知容器 A 水面的相对压强 $p_1=2at$，水面高 $H_1=1$m，$H_2=5$m，沿程阻力系数 $\lambda=0.025$，局部损失系数：阀门 $\xi_1=4.0$，弯头 $\xi_2=0.3$，试求流量。

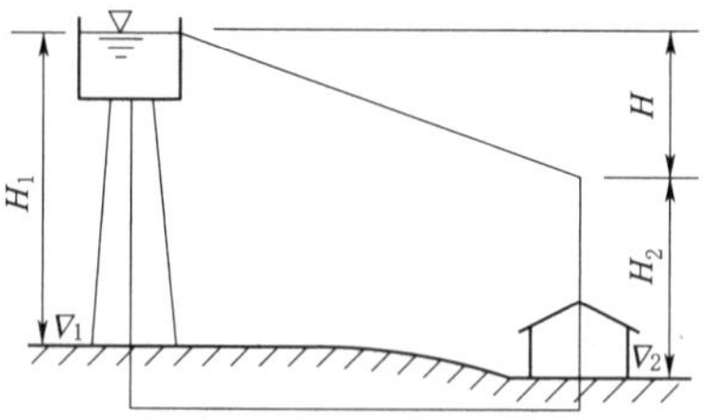

图 5-30

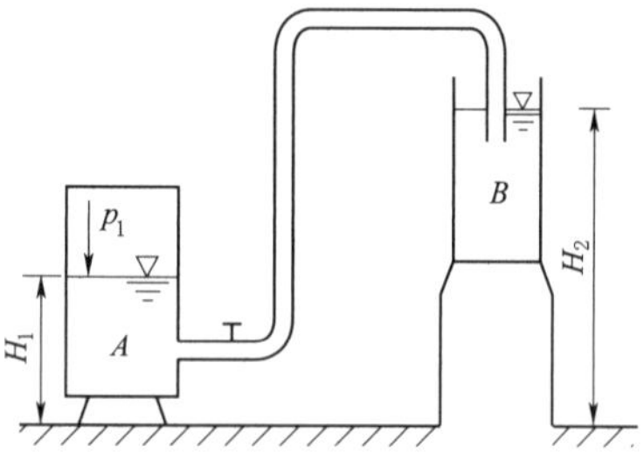

图 5-31

4. 如图 5-32 所示水箱，用薄隔板分成 A、B 两室。隔板上开一直径 40mm 的孔口；在 B 室底部设一圆柱形外管嘴，直径为 30mm。已知 $h=0.5$m，$H=3$m，水流为恒定出流。试求 A、B 两室的水位差及水箱出流流量 Q。

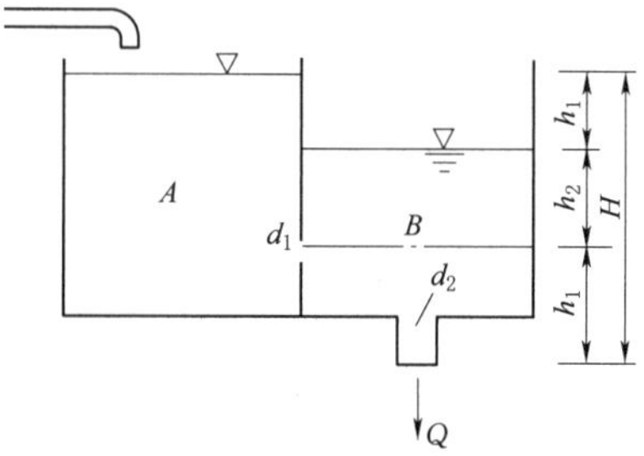

图 5-32

5. 如图 5-33 所示，坝下埋设一预制混凝土引水管，直径 D 为 1m，长 40m，进口处有一道平板闸门控制流量，引水管出口底部高程

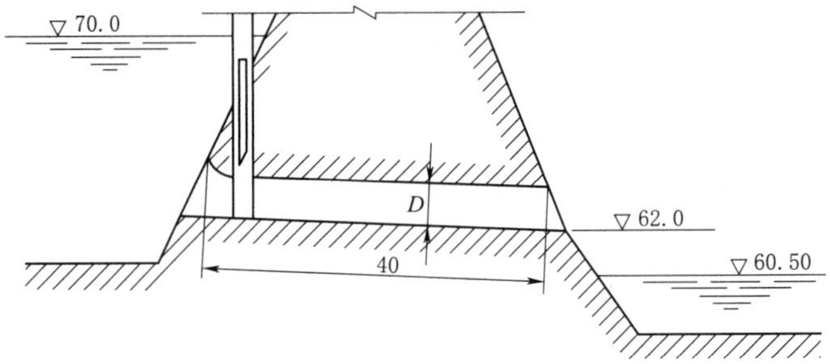

图 5-33

62.00m，当上游水位为 70.00m，下游水位为 60.50m，闸门全开时能引多大流量？

6. 如图 5-34 所示，用虹吸管从蓄水池引水灌溉。虹吸管采用直径 0.4m 钢管，管道进口处安装一莲蓬头，有 2 个 40°转角；上下游水位差 H 为 4m；上游水面至管顶高程 z 为 1.8m；管段长度 l_1 为 8m，l_2 为 4m，l_3 为 12m。要求计算：

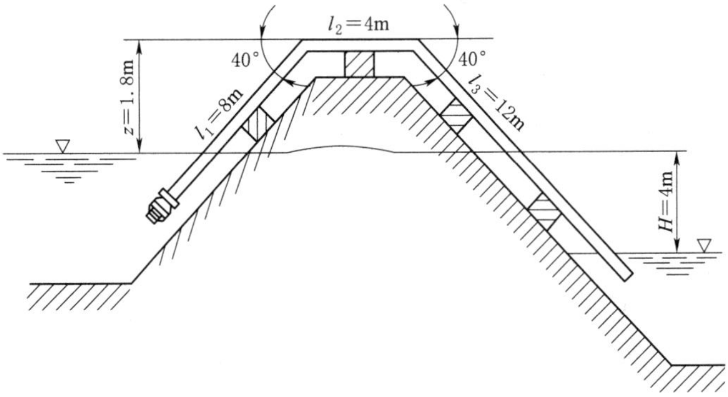

图 5-34

（1）通过虹吸管的流量。

（2）虹吸管中压强最小的断面在哪里？其最大真空值是多少？

7. 水泵自吸水井抽水，吸水井与蓄水池用自流管相接，其水位均不变，如图 5-35 所示。水泵安装高度 z_s 为 4.5m；自流管长 l 为 20m，直径 d 为 150mm；水泵吸水管长 l_1 为 12m，直径 d_1 为 150mm；自流管与吸水管的沿程阻力系数 $\lambda=0.03$；自流管滤网的局部水头损失系数 $\xi=2.0$；水泵底阀的局部水头损失系数 $\xi=9.0$；90°弯头的局部水头损失系数 $\xi=0.3$；若水泵进口真空值不超过 6mmHg，求水泵的最大流量是多少？在这种流量下，水池与水井的水位差 z 将为若干？

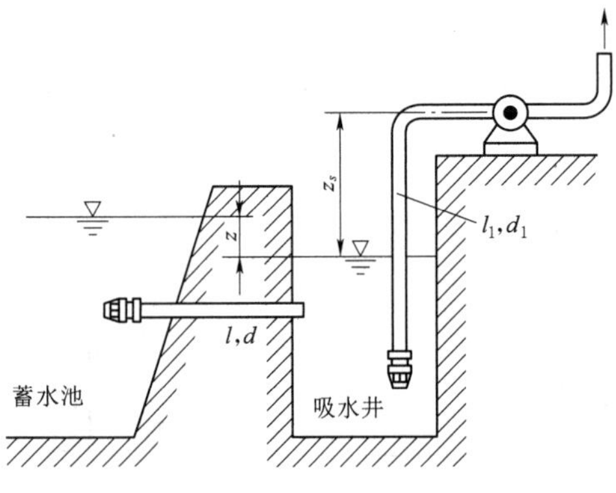

图 5-35

8. 如图 5－36 所示，水泵压水管为铸铁管，向 B、C、D 点供水。D 点的服务水头为 4m；A、B、C、D 点在同一高程上。已知 $q_B=10000\text{cm}^3/\text{s}$，$q_C=5000\text{cm}^3/\text{s}$，$q_D=10000\text{cm}^3/\text{s}$；管径 $d_1=200\text{mm}$，管长 $l_1=500\text{m}$；管径 $d_2=150\text{mm}$，管长 $l_2=450\text{m}$；管径 $d_3=100\text{mm}$，管长 $l_3=100\text{m}$，求水泵出口处压强。

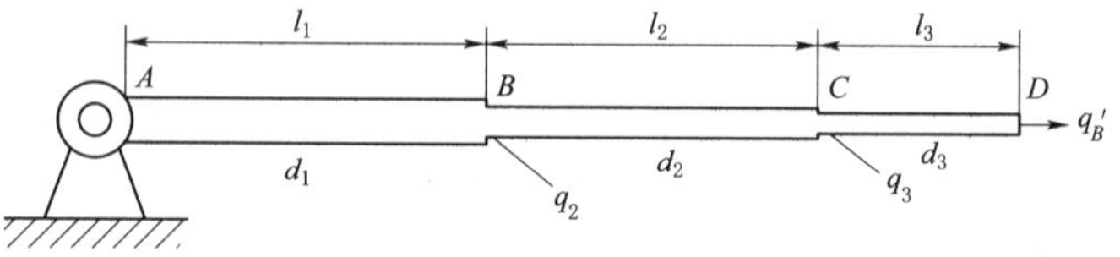

图 5－36

9. 如图 5－37 所示，一条串联管道自水池引水至大气中。第一段管道长 l_1 为 24m，直径 d_1 为 75mm；第二段管道长 l_2 为 15m，直径 d_2 为 50mm；管道流量 Q 为 2.8L/s；管道进口为锐缘形，两段管道的连接处为突然缩小管件。两管的沿程损失系数分别是 $\lambda_1=0.0232$，$\lambda_2=0.0192$。求所需水头 H，并绘制测压管水头线和总水头线。

10. 用长度为 l 的两根平行管路由水池 A 向水池 B 引水，管道直径 $d_2=2d_1$，如图 5－38 所示。两管的糙率 n 相同，局部水头损失不计，试求两管的流量比。

资源 5－6
第五章习题
参考答案

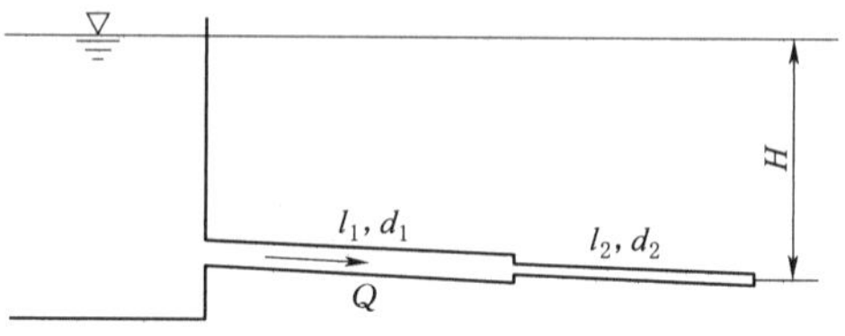

图 5－37

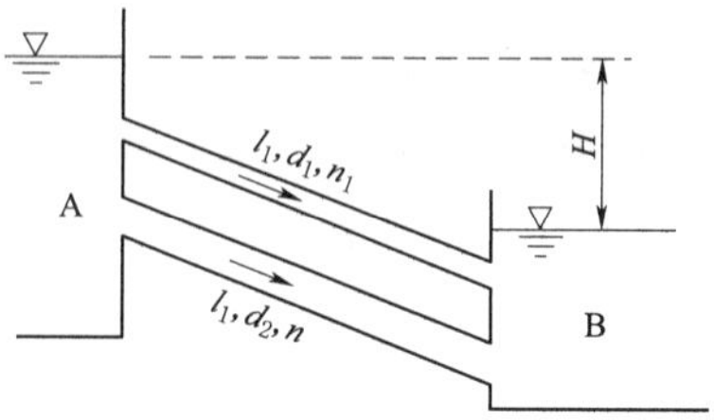

图 5－38

第六章

明渠流动

教学目的： 理解明渠均匀流的基本概念，掌握按照水力最优断面及允许流速进行渠道断面的设计方法，掌握明渠均匀流各类问题的水力计算方法。理解明渠非均匀流中断面单位能量、临界水深等基本概念，掌握恒定明渠流流动状态的判别方法，能进行水面曲线的定性分析与绘制。

教学内容：

资源 6-1 第六章思维导图

1. 明渠概述
2. 明渠均匀流
3. 无压圆管均匀流
4. 明渠非均匀流流动状态
5. 水跃和水跌
6. 棱柱体渠道非均匀渐变流水面曲线的分析
7. 明渠非均匀渐变流水面曲线的计算

教学重点： 明渠均匀流的基本计算公式及水力计算，水力最优断面及允许流速，无压圆管均匀流的水力计算。断面单位能量、临界水深、恒定明渠流其流动状态的判别方法，水面曲线的分析与绘制。

教学难点： 水力最优断面条件，无压圆管均匀流水力计算。临界水深、恒定明渠流其流动状态的判别方法，水面曲线的分析与绘制。

上一章讨论了管道中的有压流动，这一章讨论另一类流动——明渠流动。明渠是一种人工修建或自然形成的渠槽，当液体通过渠槽而流动时，形成与大气相接触的自由表面，表面上各点压强均为大气压强，所以，这种渠槽中的水流称为明渠水流或无压流。输水渠道、无压隧洞、渡槽、涵洞以及天然河道的水流都属于明渠水流（图6-1），明渠流动理论将为输水、排水、灌溉渠道的设计和运行控制提供科学的依据。

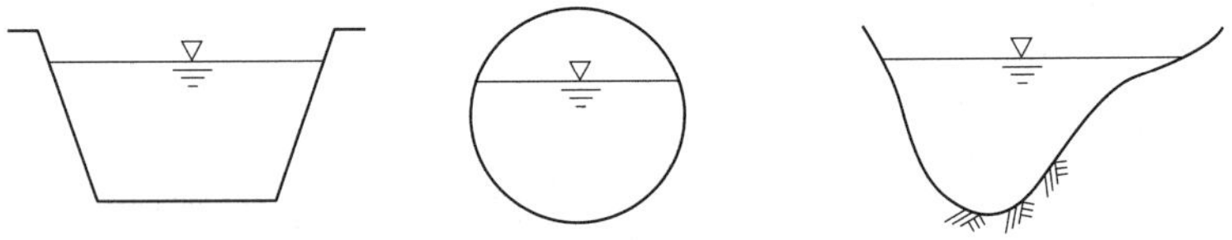

(a) 输水渠道　　(b) 无压隧洞　　(c) 天然河道

图 6-1　明渠水流断面形态

当明渠中水流的运动要素不随时间而变时，称为明渠恒定流；否则称为明渠非恒定流。明渠恒定流中，如果流线是一簇平行直线，则水深、断面平均流速及流速分布均沿程不变，称为明渠恒定均匀流；反之则称为明渠恒定非均匀流。

设想在产生均匀流动的明渠中取出一单位长度的流段 $ABCD$ 进行分析（图 6-2）。设此流段水体重量为 G，周界的摩阻力为 F_f，流段两端的动水压力各为 F_{P1}、F_{P2}。从力学观点看，明渠均匀流是一种等速直线运动。则作用于流段上所有外力在流动方向的分量必达到平衡，即

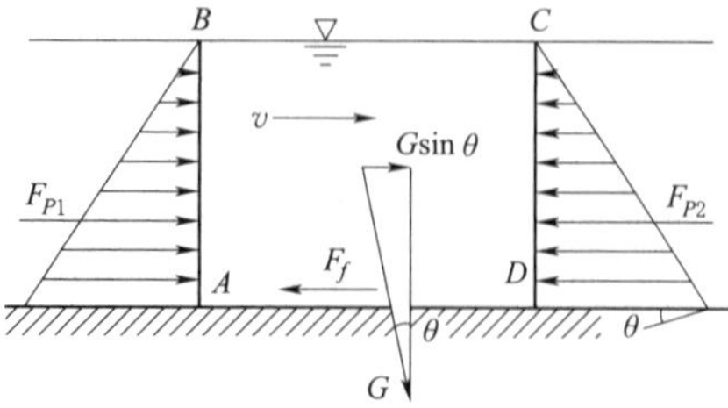

图 6-2　明渠流段

$$F_{P1}+G\sin\theta-F_{P2}-F_f=0$$

式中　θ——渠底线与水平线的夹角。

因为均匀流中过流断面上的压强按静水压强分布，而且各过流断面的水深及过流断面面积相同，故 $F_{P1}=F_{P2}$。则由上式可得

$$G\sin\theta=F_f$$

上式表明：明渠均匀流中摩阻力 F_f 与水流重力在流动方向的分力相平衡。当 $G\sin\theta\neq F_f$ 时，明渠中将产生非均匀流。

第一节　明　渠　概　述

一、明渠流动的特点

与有压管流相比，明渠流动有以下特点：

(1) 明渠流动具有自由表面，沿程各断面的表面压强都是大气压，重力对流动起主导作用。

(2) 明渠底坡的改变对流速和水深有直接影响，如图 6-3 所示。底坡 $i_1\neq i_2$，则流速 $v_1\neq v_2$，水深 $h_1\neq h_2$。而有压管流，只要管道的形状、尺寸一定，管线坡度变化，对流速和过流断面面积无影响。

(3) 明渠局部边界的变化，如设置控制设备、渠道形状和尺寸的变化、改变底坡等，都会造成水深在很长的流程上发生变化，因此，明渠流动存在均匀流和非均匀流（图 6-4）。而在有压管流中，局部边界变化影响的范围很短，只需计入局部水头损失，仍按均匀流计算。

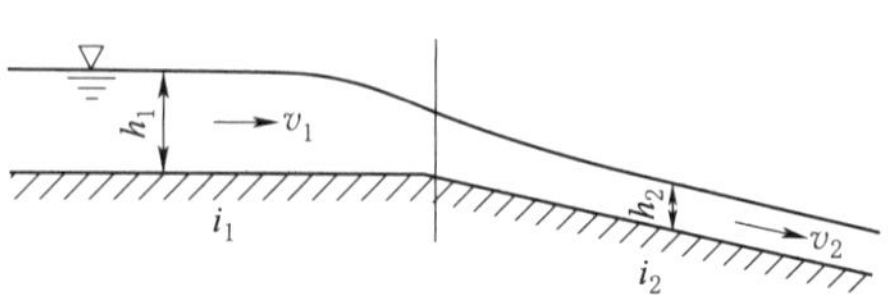

图 6-3　底坡影响

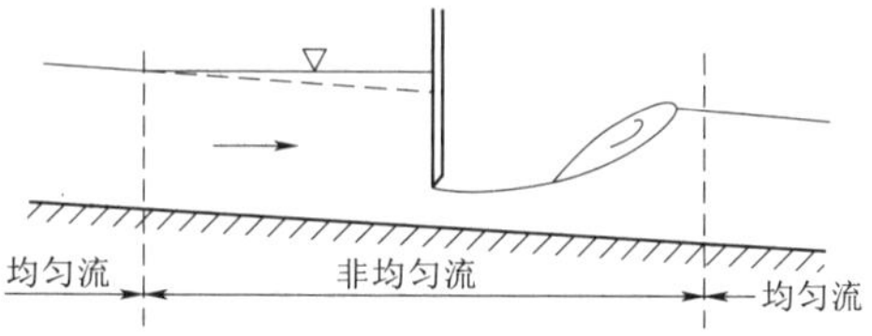

图 6-4　局部边界的影响

如上所述，重力作用、底坡影响、水深可变是明渠流动有别于有压管流的特点。

二、明渠底坡

如图 6-5 所示，明渠渠底与纵剖面的交线称为渠底线。渠底线沿流程单位长度

的降低值称为渠道纵坡或底坡，以符号 i 表示，即

$$i=\frac{\nabla_1-\nabla_2}{l}=\sin\theta \tag{6-1}$$

通常渠道底坡 i 很小，为便于量测和计算，以水平距离 l_x 代替流程长度 l，同时以铅垂断面作为过流断面，以铅垂深度 h 作为过流断面的水深。于是

$$i=\frac{\nabla_1-\nabla_2}{l_x}=\tan\theta \tag{6-2}$$

底坡分为三种类型：底线高程沿程降低（$\nabla_1>\nabla_2$），$i>0$，称为正底坡或顺坡［图 6-6（a)］；底线高程沿程不变（$\nabla_1=\nabla_2$），$i=0$，称为平底坡［图 6-6（b)］；底线高程沿程抬高（$\nabla_1<\nabla_2$），$i<0$，称为反底坡或逆坡［图 6-6（c)］。

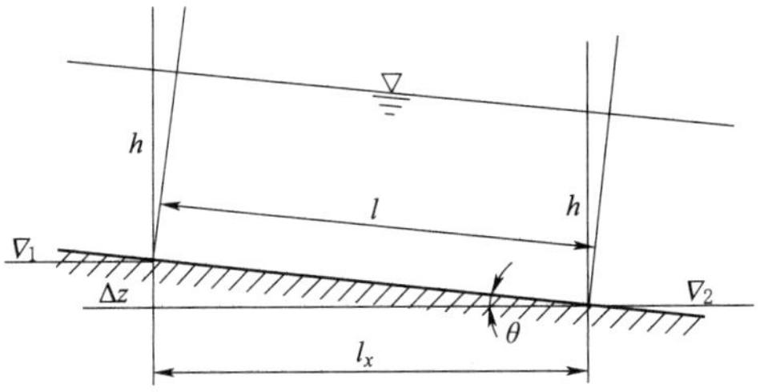

图 6-5　明渠的底坡

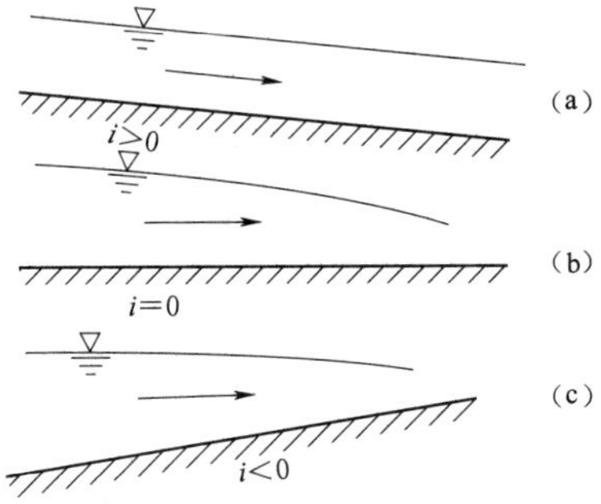

图 6-6　底坡类型

三、棱柱体渠道与非棱柱体渠道

根据渠道的几何特性，分为棱柱体渠道和非棱柱体渠道。断面形状、尺寸及底坡沿程不变的长直渠道称为棱柱体渠道。例如棱柱体梯形渠道，其底宽 b、边坡 m、底坡 i 皆沿程不变（图 6-7）。对于棱柱体渠道，过流断面面积只随水深改变，即

$$A=f(h)$$

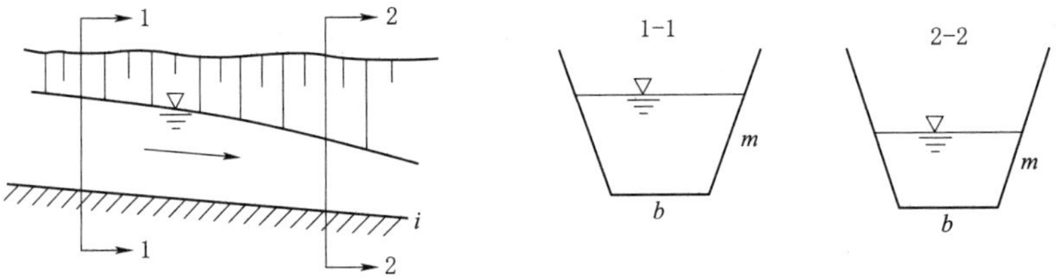

图 6-7　棱柱体渠道

断面的形状、尺寸或底坡任意要素沿程有变化的渠道是非棱柱体渠道。如图 6-8 所示的非棱柱体梯形渠道，其底宽 b、边坡 m 或底坡 i 沿程有变化。对于非棱柱体渠道，过流断面面积既随水深改变，又随位置改变，即

$$A=f(h,S)$$

由以上定义可知，棱柱体渠道只存在于渠道的局部范围内；通常渠道的连接过渡段是典型的非棱柱体渠道，天然河道的断面不规则，都属于非棱柱体渠道。

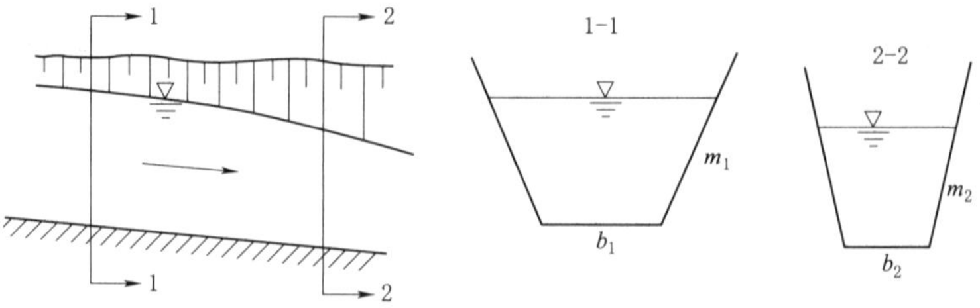

图 6-8　非棱柱体渠道

第二节　明渠均匀流

明渠均匀流是流线为平行直线的明渠水流，也就是具有自由表面的等深、等速的明渠水流（图 6-9）。明渠均匀流是明渠流动最简单的形式。

一、明渠均匀流特性及形成条件

（一）明渠均匀流的特性

由于明渠均匀流的流线为一簇相互平行的直线，因此，它具有下列特性：

（1）过流断面的形状、尺寸及水深沿程不变。

（2）过流断面上的流速分布、断面平均流速沿程不变；因而，水流的动能修正系数及流速水头也沿程不变。

（3）总水头线、水面线及底坡线三者相互平行，即 $J=J_z=i$（图 6-10）。

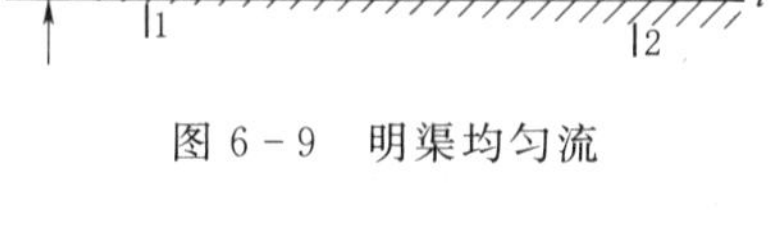

图 6-9　明渠均匀流

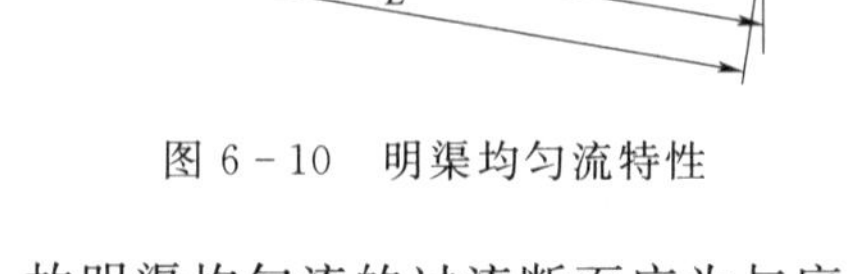

图 6-10　明渠均匀流特性

必须指出，因过流断面应与流线正交，故明渠均匀流的过流断面应为与底坡线相垂直（同时也与水面线相垂直）的平面，所以应在垂直于底坡线的方向量取水深值（图 6-10，此水深以 h'表示）。但在实际工程中，如水电站的引水渠道、灌溉输水渠道等，底坡一般不大，为方便计，常用铅垂方向的水深 h 代替真实的水深h'；并用渠段的水平投影长度 L_x 代替渠段的实际长度 L'。当底坡 $i\leqslant 0.1$（$\theta\leqslant 6°$左右）时，这样处理对水深或长度引起的误差均小于 1%。但当渠道坡度很大时，将引起显著的误差，不能做这样的处理。

（二）明渠均匀流的形成条件

在明渠中实现等深、等速流动是有条件的。为了说明明渠均匀流形成的条件，在均匀流中（图 6－9）取过流断面 1－1、断面 2－2 列伯努利方程

$$(h_1+\Delta z)+\frac{p_1}{\rho g}+\frac{\alpha_1 v_1^2}{2g}=h_2+\frac{p_2}{\rho g}+\frac{\alpha_2 v_2^2}{2g}+h_w$$

明渠均匀流中，$p_1=p_2=0$，$h_1=h_2=h_0$，$v_1=v_2$，$\alpha_1=\alpha_2$，$h_w=h_f$，则上式化为

$$\Delta z=h_f$$

除以流程，则有

$$i=J$$

上式表明，明渠均匀流的形成条件是水流高程降低提供的重力势能与沿程水头损失相平衡，而水流的动能保持不变。按这个条件，明渠均匀流只能出现在底坡不变，断面形状、尺寸、糙率都不变的顺坡（$i>0$）长直渠道中。在平坡、逆坡渠道，非棱柱体渠道以及天然河道中，都不能形成均匀流。

同时，从力学角度分析，均匀流为等速直线运动，没有加速度，则作用在水体上沿速度方向的力必然是平衡的，即 $G\sin\theta=F_f$。该式表明均匀流动是重力沿流动方向的分力和阻力相平衡时产生的流动，这是均匀流的力学本质。平坡渠道中，重力 G 方向竖直向下，不会产生速度方向的分量；逆坡渠道中，重力 G 在速度方向的分量与摩擦阻力方向一致，不具备产生力的平衡的条件；而只有顺坡渠道中 G 在速度方向的分量与摩擦阻力方向相反，才有可能使二力平衡，因此从力学角度来讲明渠均匀流也只能出现在底坡不变，断面形状、尺寸、糙率都不变的顺坡（$i>0$）长直渠道中。

人工渠道一般都尽量使渠线顺直，并在长距离上保持断面形状、尺寸、底坡、壁面粗糙度不变，这样的渠道基本上符合均匀流形成的条件，可按明渠均匀流计算。

因为明渠均匀流是等深流，水面线即测压管水头线与渠底线平行，坡度相等，有

$$J_p=i$$

明渠均匀流又是等速流，总水头线与测压管水头线平行，坡度相等，有

$$J=J_p$$

由以上分析得出明渠均匀流的特征是各项坡度皆相等，有

$$J=J_p=i \tag{6-3}$$

由于明渠均匀流有上述特性，它的形成就需要有一定的条件：

（1）水流应为恒定流 Q，因为在明渠非恒定流中必然伴随着波浪的产生，流线不可能是平行直线。

（2）流量应沿程不变，即无支流的汇入或分出。

（3）渠道必须是长而直的棱柱体顺坡明渠，糙率沿程不变。

（4）渠道中无闸、坝或跌水等建筑物的局部干扰。

显然，实际工程中的渠道并不是都能严格满足上述要求的，特别是许多渠道中总有这种或那种建筑物存在，因此，大多数明渠中的水流都是非均匀流。但是，在顺直棱柱体渠道中的恒定流，当流量沿程不变时，只要渠道有足够的长度，在离开渠道进

口、出口或建筑物一定距离的渠段，水流仍近似于均匀流（图 6-11），实际上常按均匀流处理。至于天然河道，因其断面几何尺寸、坡度、糙率一般均沿程改变，所以不会产生均匀流。但对于较为顺直、整齐的河段，当其余条件比较接近时，也常按均匀流公式求近似解。

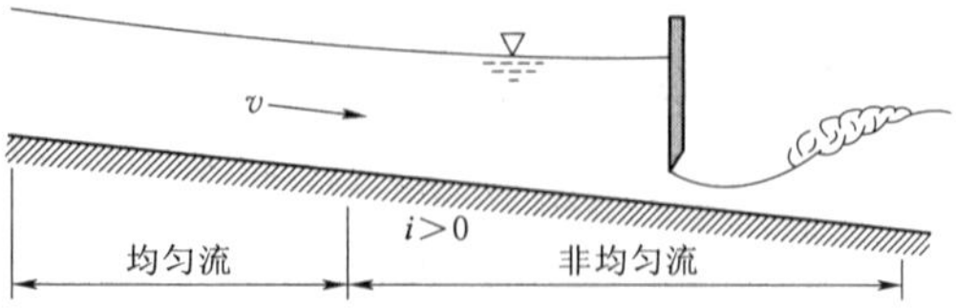

图 6-11　渠道水流

二、明渠横断面几何要素

明渠横断面是指和渠道的中心线垂直的面，与渠底及渠壁的交线构成明渠的横断面。渠道的横断面形状有很多种，人工修建的明渠，为便于施工和管理，一般为规则断面，常见的有梯形断面、矩形断面、U 形断面等，具体的断面形式还与当地地形及筑渠材料有关。一般而言，矩形断面的渠道常用于岩石中开凿、两侧用条石砌成的渠、混凝土渠；梯形断面适用于土基渠道；圆形断面适用于无压隧洞。梯形断面是渠道中应用最广泛，也最具有代表性的一类渠道断面形式。

（一）梯形断面的几何要素

明渠断面以梯形最具代表性（图 6-12），其几何要素包括以下基本量：

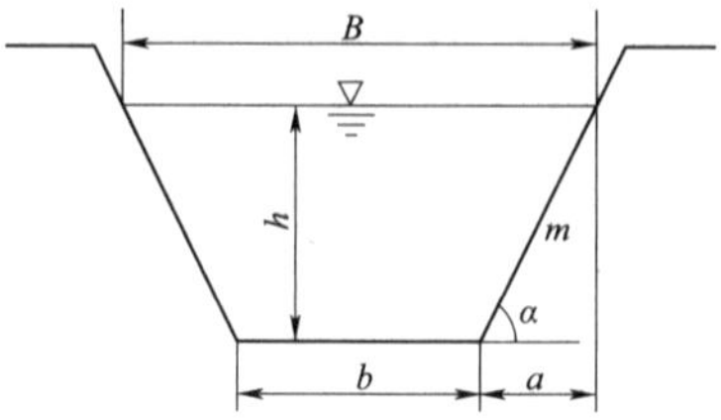

图 6-12　梯形断面

b——渠底宽；

h——水深，均匀流的水深沿程不变，称为正常水深，习惯上以 h_0 表示；

m——边坡系数，是表示边坡倾斜程度的系数，有

$$m=\frac{a}{h}=\cot\alpha \tag{6-4}$$

边坡系数的大小，决定于渠壁地质条件或护面的性质，见表 6-1。由基本量可以得到导出量，有

$$\left.\begin{aligned}&\text{水面宽} && B=b+2mh\\&\text{过流断面积} && A=(b+mh)h\\&\text{湿周} && \chi=b+2h\sqrt{1+m^2}\\&\text{水力半径} && R=\frac{A}{\chi}\end{aligned}\right\} \tag{6-5}$$

表 6-1　　梯形明渠边坡

地质类型	边坡系数 m	地质类型	边坡系数 m
粉砂	3.0～3.5	半岩性土	0.5～1.0
松散的细砂、软砂和粗砂	2.0～2.5	风化岩石	0.25～0.5
密实的细砂、中砂、粗砂或黏质粉土	1.5～2.0	岩石	0.1～0.25
粉质黏土、黏土砾石或卵石	1.25～1.5		

（二）矩形断面的几何要素

对于矩形过流断面，边坡系数 $m=0$，则

$$A=bh$$

$$\chi=b+2h$$

$$R=\frac{bh}{b+2h}$$

三、明渠均匀流的基本公式

（一）公式基本形式

明渠恒定均匀流的流速及流量，通常采用经验公式谢才公式进行计算，即

$$v=C\sqrt{RJ}$$

这一公式是均匀流的通用公式，既适用于有压管道均匀流，也适用于明渠均匀流。由于明渠均匀流中，水力坡度 J 与渠道底坡 i 相等，故有

$$v=C\sqrt{Ri} \tag{6-6}$$

流量

$$Q=Av=AC\sqrt{Ri}=K\sqrt{i} \tag{6-7}$$

式中　K——流量模数，$K=AC\sqrt{R}$。

流量模数综合反映明渠断面形状、尺寸和粗糙度对过水能力的影响。在底坡一定的情况下，流量与流量模数成正比。上式中谢才系数 C 可以用曼宁公式计算，即 $C=\frac{1}{n}R^{1/6}$。将曼宁公式代入谢才公式中便可得到

$$v=\frac{1}{n}R^{\frac{2}{3}}\sqrt{i}$$

或

$$Q=A\ \frac{1}{n}R^{\frac{2}{3}}\sqrt{i}$$

式中　n——糙率（又称粗糙系数）。

式（6-6）、式（6-7）是明渠均匀流的基本公式。

（二）糙率 *n* 的选定

在设计渠道选择糙率 n 值时，应注意以下几点：

（1）选定了糙率 n 值，就意味着将渠槽粗糙情况对水流阻力的影响做出了综合估计。因此，必须对前述的水流阻力和水头损失的各种影响因素及一般规律要有正确的理解。

（2）要尽量参考一些比较成熟的典型糙率资料。

（3）应尽量参照本地和外地同类型的渠道实测资料和运用情况，使糙率 n 的选择切合实际。

（4）为保证选定的糙率 n 值达到设计要求，设计文件中应对渠槽的施工质量和运行维护提出有关要求。

严格来讲，糙率除与渠槽表面的粗糙程度有关外，还与水深、流量、水流是否挟带泥沙等因素有关。对于人工渠道，在长期的实践中积累了丰富的资料，实际应用时

可参照这些资料选择糙率。天然河道的情况比较复杂，通常要根据对实际河流的实际量测来确定。对于重要的工程，除参考前人总结的资料外，最好能采用实测资料。当渠道边界各部分的糙率不同时，应采用综合糙率来进行计算。

四、明渠均匀流的水力计算类型

明渠均匀流的水力计算，可分为三类基本问题，以梯形断面渠道为例分述如下。

（一）验算渠道的输水能力

因为渠道已经建成，过流断面的形状、尺寸（b、h、m），渠道的壁面材料 n 及底坡 i 都已知，只需由式（6－5）和曼宁公式算出 A、R、C 值，代入明渠均匀流基本公式，便可算出通过的流量。

$$Q=AC\sqrt{Ri}$$

【例 6－1】 有一段长 1km 的小河，$n=0.030$，过流断面为梯形，其底部落差为 0.5m，底宽 3m，水深 0.8m，边坡系数 $m=\cot\alpha=1.5$，求流量模数 K 和流量 Q。

解：

$$Q=AC\sqrt{Ri}=K\sqrt{i}$$

$$i=\frac{\Delta z}{l}=\frac{0.5}{1000}=0.0005$$

$$A=(b+mh)h=(3+1.5\times0.8)\times0.8=3.36(\mathrm{m}^2)$$

$$\chi=b+2h\sqrt{1+m^2}=3+2\times0.8\times\sqrt{1+1.5^2}=5.88(\mathrm{m})$$

所以

$$R=\frac{A}{\chi}=\frac{3.36}{5.88}=0.57(\mathrm{m})$$

$$C=\frac{1}{n}R^{\frac{1}{6}}=\frac{1}{0.03}\times(0.57)^{\frac{1}{6}}=30.35(\mathrm{m}^{\frac{1}{2}}/\mathrm{s})$$

$$K=AC\sqrt{R}=3.36\times30.35\times\sqrt{0.57}=76.99(\mathrm{m}^3/\mathrm{s})$$

$$Q=K\sqrt{i}=76.99\times\sqrt{0.0005}=1.72(\mathrm{m}^3/\mathrm{s})$$

（二）决定渠道底坡

此时过流断面的形状、尺寸（b、h、m），渠道的壁面材料 n 以及输水流量 Q 都已知，只需算出流量模数 $K=AC\sqrt{R}$，代入明渠均匀流基本公式，便可决定渠道底坡。

$$i=\frac{Q^2}{K^2}$$

【例 6－2】 某灌溉渠道上，拟建一座渡槽，初步确定采用铜丝网水泥喷浆薄壳渡槽，表面用水泥砂浆抹面、断面为 U 形，底部半圆直径 d 为 2.5m，上部接垂直侧墙高 0.8m（包括超高 0.3m）。设计流量 Q 为 5.5m^3/s，试计算渡槽底坡。

解：

$$i=\frac{Q^2}{K^2}$$

$$K=AC\sqrt{R}$$

$$A=d(0.8-0.3)+\frac{1}{2}\pi\left(\frac{d}{2}\right)^2=2.5\times(0.8-0.3)+\frac{1}{2}\times3.14\times\left(\frac{2.5}{2}\right)^2=3.71(\text{m}^2)$$

$$\chi=2\times(0.8-0.3)+\pi\left(\frac{d}{2}\right)=2\times0.5+3.14\times\frac{2.5}{2}=4.93(\text{m})$$

$$R=\frac{A}{\chi}=\frac{3.71}{4.93}=0.752(\text{m})$$

水泥灰浆抹面，$n=0.013$，由曼宁公式求得

$$C=\frac{1}{0.013}\times0.752^{1/6}\approx73.4(\text{m}^{1/2}/\text{s})$$

则底坡　$$i=\frac{Q^2}{C^2A^2R}=\frac{5.5^2}{73.4^2\times3.71^2\times0.752}=0.00054\approx\frac{1}{2000}$$

（三）设计渠道断面

设计渠道断面是在已知通过流量 Q、渠道底坡 i、边坡系数 m 及糙率 n 的条件下，决定底宽 b 和水深 h。而用一个基本公式计算 b、h 两个未知量，将有多组解答，为得到确定解，需要另外补充条件。

（1）水深 h 已定，确定相应的底宽 b。如水深 h 已经由通航或施工条件限定，底宽 b 是有确定解的。为避免直接由式（6－7）求解的困难，给底宽 b 以不同值，计算相应的流量模数 $K=AC\sqrt{R}$，作 $K=f(b)$ 曲线（图 6－13）。再由已知 Q、i，算出应有的流量模数 $K_A=Q/\sqrt{i}$，并由图 6－13 找出 K_A 所对应的 b 值，即为所求。

（2）底宽 b 已定，确定相应的水深 h。如底宽 b 已由施工机械的开挖作业宽度限定，用与上面相同的方法，作 $K=f(h)$ 曲线（图 6－14）。然后找出 $K_A=Q/\sqrt{i}$ 所对应的 h 值，即为所求。

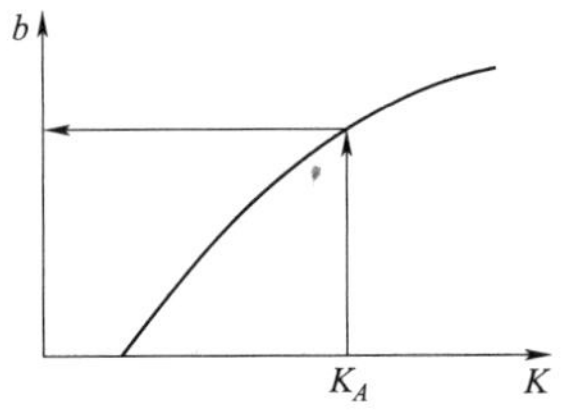

图 6－13　$K=f(b)$

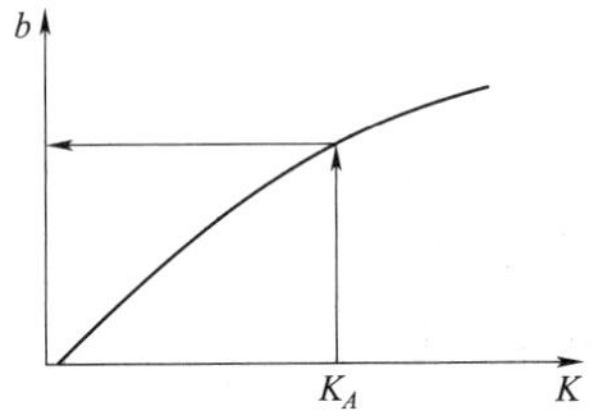

图 6－14　$K=f(h)$

【例 6－3】 某灌溉渠道上有一渡槽，拟采用混凝土（用刮泥刀抹平）预制构件拼接成矩形断面（图 6－15），$n=0.013$，根据渡槽两端渠道尺寸及渠底高程，初步拟定渡槽的底坡 i 为 1/1000，水深 h 为 3.5m，设计流量 Q 为 $31\text{m}^3/\text{s}$。试计算渠道底宽 b。

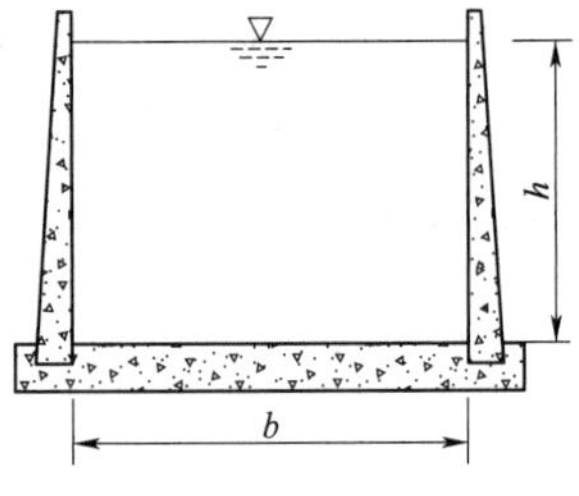

图 6－15　［例 6－3］图

解： 采用试算-图解法。设底宽 $b=2.5$m，计算断面水力要素 A、χ、R、C 及流量 Q，有

$$A=bh=2.5\times3.5=8.75(\text{m}^2)$$

$$\chi=b+2h=2.5+2\times3.5=9.5(\text{m})$$

$$R=\frac{A}{\chi}=\frac{8.75}{9.5}=0.921(\text{m})$$

当 $R=0.921\text{m}$，$n=0.013$ 时，由曼宁公式求得

$$C=\frac{1}{0.013}\times 0.921^{1/6}=75.9(\text{m}^{1/2}/\text{s})$$

则 $Q=AC\sqrt{Ri}=8.75\times 75.9\times\sqrt{0.921\times\frac{1}{1000}}=20.2\ (\text{m}^3/\text{s})<31\text{m}^3/\text{s}$

又设 $b=3.0\text{m}$、3.5m、4.0m，计算结果见表 6-2。

表 6-2　$Q=AC\sqrt{Ri}$ 计算表

b/m	A/m²	χ/m	R/m	C/(m$^{1/2}$/s)	$Q=AC\sqrt{Ri}$/(m³/s)
2.5	8.75	9.5	0.92	75.9	20.20
3.0	10.50	10.0	1.05	77.5	26.30
3.5	12.25	10.5	1.17	78.7	32.90
4.0	14.00	11.0	1.28	79.7	39.70

根据表 6-2 绘制 b-Q 曲线（图 6-16）。由曲线查得当 $Q=31\text{m}^3/\text{s}$ 时，$b=3.35\text{m}$。

【例 6-4】 灌溉渠道经过密实砂壤土地段，断面为梯形，边坡系数 $m=1.5$，糙率 $n=0.025$，根据地形底坡采用 $i=0.0003$，设计流量 $Q=9.68\text{m}^3/\text{s}$，选定底宽 $b=7\text{m}$。试确定断面深度 h。

解： 断面深度等于正常水深加超高（图 6-17）。设不同的正常水深 h_0，计算相应的流量模数 $K=AC\sqrt{R}$，列入表 6-3 中，并作 $K=f(h)$ 曲线（图 6-18）。

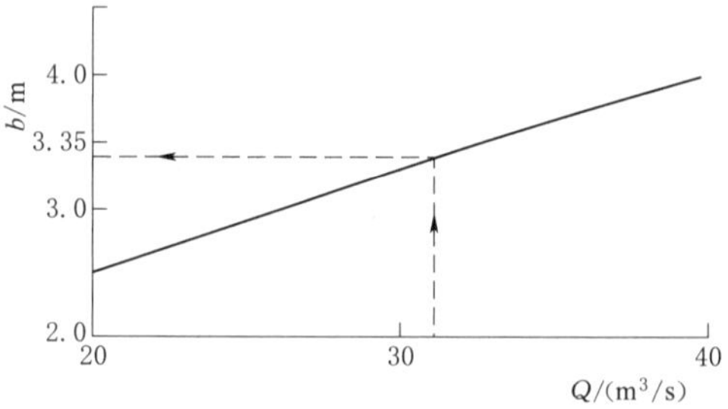

图 6-16　b-Q 曲线

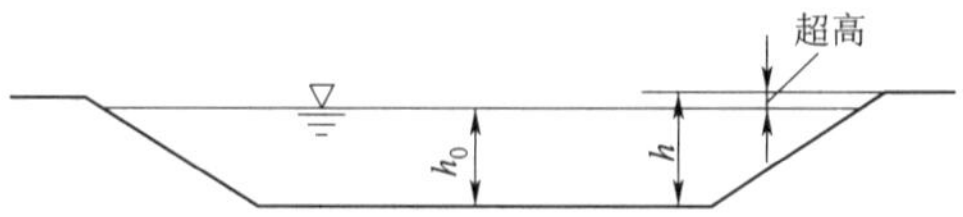

图 6-17　[例 6-4] 图

表 6-3　$K=AC\sqrt{R}$ 计算表

h/m	A/m²	χ/m	R/m	C/(m$^{1/2}$/s)	K/(m³/s)
1.0	8.5	10.6	0.8	38.5	292.7
1.5	13.87	12.4	1.12	40.6	595.95
2.0	20.0	14.2	1.43	42.5	1016.45

根据已知 Q、i，计算所需流量模数

$$K_A=\frac{Q}{\sqrt{i}}=\frac{9.68}{\sqrt{0.0003}}=558.88(\text{m}^3/\text{s})$$

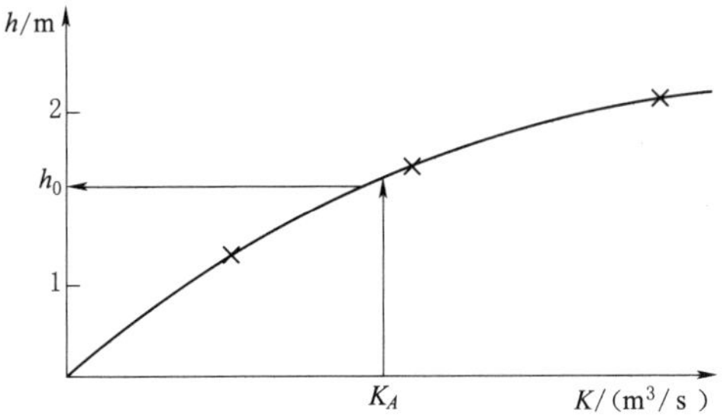

图 6-18 $K=f(h)$ 曲线

由图 6-18 找出 K_A 对应的 $h_0=1.45$m。

超高与渠道的级别和流量有关，本题取 0.25m，断面深度

$$h=h_0+0.25=1.45+0.25=1.70(\text{m})$$

(3) 宽深比 $\beta=\dfrac{b}{h}$ 已定，确定相应的 b、h。小型渠道的宽深比 β 可按水力最优条件 $\beta=\beta_h=2(\sqrt{1+m^2}-m)$ 给出，有关水力最优的概念将在后面说明。大型渠道的宽深比 β 由综合技术经济比较给出。

因宽深比 β 已定，方程中只有一个独立未知量，用与上面相同的方法，作 $K=f(b)$ 或 $K=f(h)$ 曲线，找出 $K_A=Q/\sqrt{i}$ 对应的 b 或 h 值。

(4) 限定最大允许流速 $[v]_{max}$ 时，确定相应的 b、h。以渠道不发生冲刷的最大允许流速 $[v]_{max}$ 为控制条件，则渠道的过流断面积和水力半径为定值。

$$A=\frac{Q}{[v]_{max}}$$

$$R=\left[\frac{n[v]_{max}}{i^{1/2}}\right]^{3/2}$$

再由几何关系

$$\left.\begin{aligned}A&=(b+mh)h\\R&=\frac{(b+mh)h}{b+2h\sqrt{1+m^2}}\end{aligned}\right\}$$

两式联立可以解得 b、h。

【例 6-5】 已知一梯形渠道，Q 为 19.6m³/s，v 为 1.45m/s，边坡系数 m 为 1，糙率 n 为 0.02，底坡 i 为 0.0007，求所需的水深及底宽。

解： 过水面积 $A=\dfrac{Q}{v}=\dfrac{19.6}{1.45}=13.5(\text{m}^2)$

$$R=\left(\frac{nv}{i^{1/2}}\right)^{3/2}=\left(\frac{0.02\times1.45}{0.0007^{1/2}}\right)^{3/2}=1.15(\text{m})$$

$$\chi=\frac{A}{R}=\frac{13.5}{1.15}=11.7(\text{m})=b+2h\sqrt{1+m^2}$$

$$h^2(m-2\sqrt{1+m^2})+11.7-13.5=0$$

$$h=\frac{-11.7\pm\sqrt{11.7^2+4\times13.5\times(1-2\sqrt{1+1^2})}}{2\times(1-2\sqrt{1+1^2})}=\begin{cases}1.51(\text{m})\\4.89(\text{m})\end{cases}$$

则对应的底宽为

$$b=\chi-2\sqrt{1+m^2}h=11.7-2\sqrt{1+1^2}h\begin{cases}h=1.51\text{m 时}, & b=7.43\text{m}\\h=4.89\text{m 时}, & b<0\end{cases}$$

故所需的断面尺寸为 $h=1.51$m，$b=7.43$m。

五、水力最优断面和允许流速

（一）水力最优断面

（1）水力最优断面的定义：在流量、底坡、糙率已知时，设计的过流断面形式具有最小的面积；或者在过流断面面积、底坡、糙率已知时，设计的过流断面形式能使渠道通过的流量最大。凡符合这种条件的过流断面称为水力最优断面。

（2）水力最优断面的条件：由明渠均匀流基本公式 $Q=AC\sqrt{Ri}$ 及谢才系数 $C=\frac{1}{n}R^{1/6}$，得

$$Q=\frac{1}{n}AR^{2/3}i^{1/2}$$

将 $R=\frac{A}{\chi}$ 代入上式得

$$Q=\frac{A^{5/3}\sqrt{i}}{n\chi^{2/3}}$$

上式指出了明渠均匀流输水能力的影响因素，其中底坡 i 随地形条件而定，糙率 n 决定于壁面材料，在这种情况下输水能力 Q 只决定于过流断面的大小和形状。由上式可知，当 i、n 和 A 一定时，要使所通过的流量 Q 达到最大，或者使水力半径 R 最大，很显然需要保证湿周 χ 最小，将这样的断面形状定义为水力最优断面。

另外，在土中开挖的渠道通常多采用梯形断面，其边坡系数 m 决定于土体的稳定性和施工条件，也可以预先确定出来，于是渠道断面的形状只由宽深比 b/h 决定。下面讨论边坡系数 m 一定时，梯形断面渠道的水力最优断面条件。

梯形渠道断面的几何关系为

$$A=(b+mh)h$$

边坡系数 m 已知，由于面积 A 给定，b 和 h 相互关联，从中解得 $b=\frac{A}{h}-mh$，代入湿周的关系式 $\chi=b+2h\sqrt{1+m^2}$，得到

$$\chi=\frac{A}{h}-mh+2h\sqrt{1+m^2}$$

通常函数的最大值点或者最小值点都存在于一阶导数为零的地方，因此在水力最优条件下要求湿周 χ 的最小值，应有

$$\begin{aligned}\frac{\mathrm{d}\chi}{\mathrm{d}h}&=-\frac{A}{h^2}-m+2\sqrt{1+m^2}=-\frac{(b+mh)h}{h^2}-m+2\sqrt{1+m^2}\\&=-\frac{b}{h}-2m+2\sqrt{1+m^2}=0\end{aligned} \tag{6-8}$$

从而得到水力最优的梯形断面宽深比条件

$$\beta=\frac{b}{h}=2(\sqrt{1+m^2}-m) \tag{6-9}$$

上式表明：梯形水力最优断面的 b/h 值仅与边坡系数 m 有关。

因为

$$R=\frac{A}{\chi}=\frac{(b+mh)h}{b+2h\sqrt{1+m^2}}=\frac{(\beta+m)h}{(\beta+2\sqrt{1+m^2})}$$

将 $\beta=\frac{b}{h}=2(\sqrt{1+m^2}-m)$ 代入上式，可得

$$R=\frac{h}{2} \tag{6-10}$$

上式证明，在任何边坡系数值的情况下，水力最优梯形断面的水力半径 R_h 为水深 h 的一半。

而对于矩形断面，$m=0$，所以

$$\beta=\frac{b}{h}=2(\sqrt{1+m^2}-m)=2$$

即水力最优矩形断面的底宽为水深的两倍 $b=2h$。

以上有关水力最优断面的概念，只是按渠道边壁对流动的影响最小提出的，所以“水力最优”不同于“技术经济最优”。对于工程造价基本上由土方及衬砌量决定的小型渠道，水力最优断面接近于技术经济最优断面。大型渠道需由工程量、施工技术、运行管理等各方面因素综合比较，方能定出经济合理的断面。

（二）渠道的设计流速

为确保渠道能长期稳定地通水，设计流速应控制在不冲刷渠槽，也不使水中悬浮的泥沙沉降淤积，流速保持在这样不冲不淤的范围之内，即 $[v]_{max}>v>[v]_{min}$，称为渠道的设计流速。其中 $[v]_{max}$ 为渠道不被冲刷的最大设计流速，即最大设计流速；$[v]_{min}$ 为渠道不被淤积的最小设计流速，即最小设计流速。

渠道的最大设计流速 $[v]_{max}$ 的大小决定于土质情况、衬砌材料，以及通过的流量等因素，排水渠道的最大设计流速见表 6-4。为防止水中悬浮的泥沙淤积，防止水草滋生，最小设计流速 $[v]_{min}$ 分别为 0.4m/s、0.6m/s。

表 6-4　　明渠最大设计流速

土质或衬砌材料	最大设计流速/(m/s)	土质或衬砌材料	最大设计流速/(m/s)
粗砂或低塑性粉质黏土	0.80	草皮护面	1.60
粉质黏土	1.00	干砌块石	2.00
黏土	1.20	浆砌块石或浆砌砖	3.00
石灰岩及中砂岩	4.00	混凝土	4.00

注　1. 本表适用于明渠水深 $h=0.4\sim1.0$m 范围内。

2. 如 h 在 0.4～1.0m 范围以外时，表列流速应乘以下列系数：$h<0.4$m，系数 0.85；$2\text{m}>h>1$m，系数 1.25；$h\geqslant2$m，系数 1.40。

【例 6-6】 有一梯形渠道，在土层中开挖，边坡系数 $m=1.5$，底坡 $i=0.0005$，

糙率 $n=0.025$，设计流量 $Q=1.5m^3/s$。按水力最优条件设计渠道断面尺寸。

解：水力最优宽深比

$$\frac{b}{h}=2(\sqrt{1+m^2}-m)=2\times(\sqrt{1+1.5^2}-1.5)=0.606$$

则

$$b=0.606h$$

$$A=(b+mh)h=(0.606h+1.5h)h=2.106h^2$$

水力最优断面的水力半径

$$R=0.5h$$

将 A、R 代入基本公式

$$Q=AC\sqrt{Ri}=\frac{A}{n}R^{2/3}i^{1/2}=\frac{2.106h^2}{0.025}\times(0.5h)^{2/3}\times0.0005^{\frac{1}{2}}=1.187h^{8/3}$$

解得

$$h=\left(\frac{Q}{1.187}\right)^{3/8}=\left(\frac{1.5}{1.187}\right)^{3/8}=1.09(m)$$

$$b=0.606\times1.09=0.66(m)$$

【例 6-7】 试按允许流速和水力最优条件，分别设计一土质为细砂土的梯形断面渠道的断面尺寸，并考虑渠道是否需要加固。已知设计流量 $Q=3.5m^3/s$，底坡 $i=0.005$，边坡系数 $m=1.5$，糙率 $n=0.025$，最小设计流速 $[v]_{min}=0.5m/s$。

解：(1) 按允许流速：$[v]_{min}=0.5m/s$，则

$$A=\frac{Q}{v}=\frac{3.5}{0.5}=7(m^2)$$

由 $v=C\sqrt{Ri}$，$C=\frac{1}{n}R^{\frac{1}{6}}$ 得 $R=0.074m$。

$$\text{又}\begin{cases}A=(b+mh)h=7m^2\\ R=\dfrac{A}{b+2h\sqrt{1+m^2}}=0.074m\end{cases}$$

$$\text{得}\qquad\begin{cases}h=44.76m\\ b=-66.98m\end{cases}\quad\text{或}\quad\begin{cases}h=0.0742m\\ b=94.33m\end{cases}$$

上述两组数据无实际意义。

(2)按水力最优条件。

$$\beta_m=\frac{b}{h}=2(\sqrt{1+m^2}-m)=0.61$$

$$b=0.61h$$

$$A=(b+mh)h=2.11h^2$$

$$R=\frac{h}{2}$$

又水力最优时，有

$$Q=AC\sqrt{Ri}=AR^{\frac{2}{3}}i^{\frac{1}{2}}/n=3.77h^{\frac{8}{3}}=3.5\text{m/s}$$

得 $h=0.97\text{m}$，$b=0.61h=0.59\text{m}$。

验算：$v=C\sqrt{Ri}=1.75\text{m/s}>[v]_{\min}$

资源 6－2
水力最优断面与允许流速综合应用例题

第三节　无压圆管均匀流

继上一节讨论渠道中的均匀流动之后，本节补充说明无压圆管均匀流。无压圆管是指圆形断面不满流的长管道，主要用于排水管道中。因为排水流量时有变动，为避免在流量增大时管道承压，污水涌出排污口污染环境，以及为保持管道内通风，避免污水中溢出的有毒、可燃气体聚集，排水管道通常为非满管流，以一定的充满度流动。

一、无压圆管均匀流的特征

无压圆管均匀流只是明渠均匀流特定的断面形式，它的形成条件、水力特征以及基本公式都和前述明渠均匀流相同。

$$J=J_p=i$$

$$Q=AC\sqrt{Ri}$$

二、过流断面的几何要素

无压圆管过流断面的几何要素如图 6－19 所示。其基本量如下：

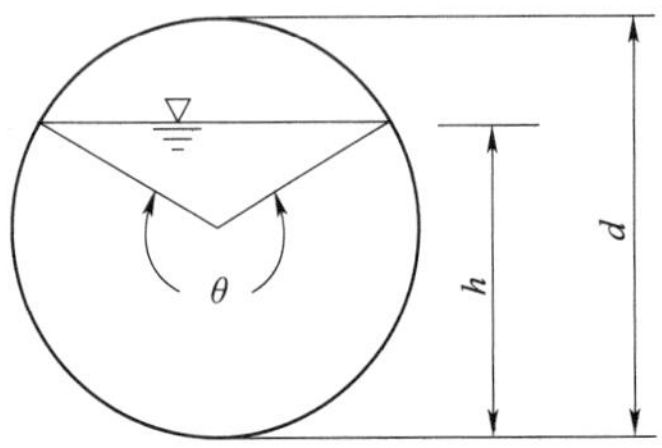

图 6－19　无压圆管过流断面

d——直径；

h——水深；

α——充满度，$\alpha=\dfrac{h}{d}$；

θ——充满角，水深方对应的圆心角。

充满度与充满角的关系为

$$\alpha=\sin^2\frac{\theta}{4} \tag{6-11}$$

导出量为

$$\left.\begin{aligned}&\text{过流断面面积}\quad A=\frac{d^2}{8}(\theta-\sin\theta)\\&\text{湿周}\quad \chi=\frac{d}{2}\theta\\&\text{水力半径}\quad R=\frac{d}{4}\left(1-\frac{\sin\theta}{\theta}\right)\end{aligned}\right\} \tag{6-12}$$

不同充满度的圆管过流断面的几何要素见表 6－5。

表 6-5　不同充满度的圆管过流断面的几何要素

充满度 α	过流断面面积 A/m^2	水力半径 R/m	充满度 α	过流断面面积 A/m^2	水力半径 R/m
0.05	$0.0147d^2$	$0.0326d$	0.55	$0.4426d^2$	$0.2649d$
0.10	$0.0400d^2$	$0.0635d$	0.60	$0.4920d^2$	$0.2776d$
0.15	$0.0739d^2$	$0.0929d$	0.65	$0.05404d^2$	$0.2881d$
0.25	$0.1535d^2$	$0.1466d$	0.75	$0.6319d^2$	$0.3017d$
0.30	$0.1982d^2$	$0.1709d$	0.80	$0.6736d^2$	$0.3042d$
0.35	$0.2450d^2$	$0.1935d$	0.85	$0.7115d^2$	$0.3033d$
0.40	$0.2934d^2$	$0.2142d$	0.90	$0.7445d^2$	$0.2980d$
0.45	$0.3428d^2$	$0.2331d$	0.95	$0.7707d^2$	$0.2865d$
0.50	$0.3927d^2$	$0.2500d$	1.00	$0.785d^2$	$0.2500d$

三、无压圆管的水力计算

无压圆管的水力计算也可以分为三类问题。

（一）验算输水能力

因为管道已经建成，管道直径 d、管壁糙率 n 及管线坡度 i 都已知，充满度 α 由 GB 50014—2021《室外排水设计标准》确定。从而只需按已知 d、α，由表 6-5 查得 A、R，并算出 $C=\frac{1}{n}R^{1/6}$，代入基本公式便可算出通过流量

$$Q=AC\sqrt{Ri}$$

（二）决定管道坡度

此时管道直径 d、充满度 α、管壁糙率 n 以及输水流量 Q 都已知。只需按已知 d、α，由表 6-5 查得 A、R，计算出 $C=\frac{1}{n}R^{1/6}$，以及流量模数 $K=AC\sqrt{R}$，代入基本公式便可决定管道坡度

$$i=\frac{Q^2}{K^2}$$

（三）计算管道直径

这是通过流量 Q、管道坡度 i、管壁糙率 n 都已知，充满度 α 按有关规范预先设定的条件下，求管道直径 d。按所设定的充满度 α，由表 6-5 查得 A、R 与直径 d 的关系，代入基本公式

$$Q=AC\sqrt{Ri}=f(d)$$

便可解出管道直径 d。

四、输水性能最优充满度

对于一定的无压管道（d、n、i 一定），流量 Q 随水深 h 变化，由基本公式 $Q=AC\sqrt{Ri}$、谢才系数 $C=\frac{1}{n}R^{1/6}$、水力半径 $R=\frac{A}{\chi}$，得

$$Q=A\ \frac{1}{n}R^{2/3}i^{1/2}=\frac{i^{1/2}}{n}\frac{A^{5/3}}{\chi^{2/3}}$$

分析过流断面积 A 和湿周 χ 随水深 h 的变化。在水深很小时，水深增加，水面增宽，过流断面面积增加很快，接近管轴处增加最快。水深超过半管后，水深增加，水面宽减小，过流断面面积增势减慢，在满流前增加最慢。湿周随水深的增加与过流断面面积不同，接近管轴处增加最慢，在满流前增加最快。由此可知，在满流前（$h<d$），输水能力达最大值，相应的充满度是最优充满度。

将几何关系 $A=\frac{d^2}{8}(\theta-\sin\theta)$、$\chi=\frac{d}{2}\theta$ 代入前式得

$$Q=\frac{i^{1/2}}{n}\frac{\left[\frac{d^2}{8}(\theta-\sin\theta)\right]^{5/3}}{\left(\frac{d}{2}\theta\right)^{2/3}}$$

对上式求导，并令 $\frac{\mathrm{d}Q}{\mathrm{d}\theta}=0$，解得水力最优充满角 $\theta_h=308°$。

由式（6-11），得水力最优充满度

$$\alpha_h=\sin^2\frac{\theta_h}{4}=0.95$$

用同样方法，有

$$v=\frac{1}{n}R^{2/3}i^{1/2}=\frac{i^{1/2}}{n}\left[\frac{d}{4}\left(1-\frac{\sin\theta}{\theta}\right)\right]^{2/3}$$

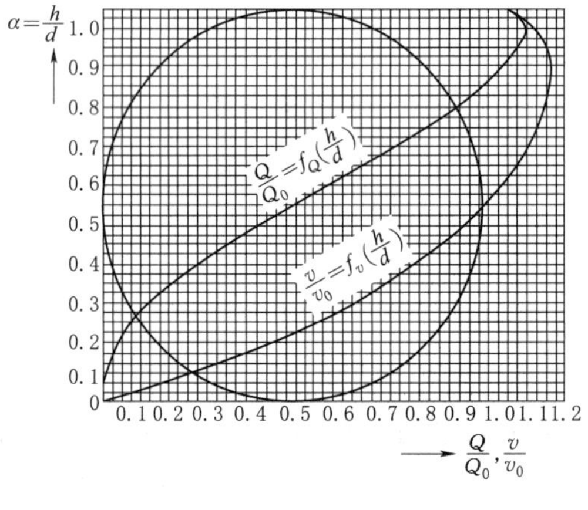

图 6-20　无量纲参数图

令 $\frac{\mathrm{d}v}{\mathrm{d}\theta}=0$ 解得过流速最大的充满角和充满度

$$\theta_h=257.5°\quad \alpha_h=0.81$$

由以上分析得出，无压圆管均匀流在水深 $h=0.95d$，即充满度 $\alpha_h=0.95$ 时，输水能力最优；在水深 $h=0.81d$，即充满度 $\alpha_h=0.81$ 时，过流速度最大。需要说明的是，水力最优充满度并不就是设计充满度，实际采用的设计充满度，尚需根据管道的工作条件以及直径的大小来确定。

无压圆管均匀流的流量和流速随水深变化，可用无量纲参数图（图 6-20）表示。

图中

$$\frac{Q}{Q_0}=\frac{AC\sqrt{Ri}}{A_0C_0\sqrt{R_0i}}=\frac{A}{A_0}\left(\frac{C}{C_0}\right)^{2/3}=f_Q\left(\frac{h}{d}\right)$$

$$\frac{v}{v_0}=\frac{C\sqrt{Ri}}{C_0\sqrt{R_0i}}=\left(\frac{R}{R_0}\right)^{2/3}=f_v\left(\frac{h}{d}\right)$$

式中　Q_0、v_0——满流（$h=d$）时的流量和流速；

Q、v——不满流（$h<d$）时的流量和流速。

由图可见，当$\frac{h}{d}=0.955$时，$\frac{Q}{Q_0}$达最大值，$\left(\frac{Q}{Q_0}\right)_{max}=1.087$，此时管中通过的流量$Q_{max}$超过管内满管时流量的8.7%；当$\frac{h}{d}=0.81$时，$\frac{v}{v_0}$达最大值，$\left(\frac{v}{v_0}\right)_{max}=1.16$，此时管中流速超过满流时流速的16%。

五、最大充满度、设计流速

在工程上进行无压管道的水力计算，还需符合有关的规范规定。对于重力流污水管道，为避免因流量变动形成有压流，充满度不能过大，GB 50014—2021《室外排水设计标准》规定，污水管道最大设计充满度见表6-6。雨水管道应按满流水力计算。

表6-6　　最大设计充满度

管径 d 或暗渠高 H/mm	最大设计充满度（$\alpha=\frac{h}{d}$或$\frac{h}{H}$）	管径 d 或暗渠高 H/mm	最大设计充满度（$\alpha=\frac{h}{d}$或$\frac{h}{H}$）
150～300	0.55	500～900	0.70
350～450	0.65	≥1000	0.75

为防止管道发生冲刷和淤积，最大设计流速金属管为10m/s，非金属管为5m/s；最小设计流速，污水管在设计充满度下为0.6m/s。

此外，对最小管径和最小设计坡度均有规定。

【例6-8】　钢筋混凝土圆形污水管，管径d为1000mm，管壁糙率n为0.014，管道坡度i为0.002。求最大设计充满度时的流速和流量。

解： 由表6-6查得管径为1000mm的污水管最大设计充满度$\alpha=\frac{h}{d}=0.75$。再由表6-5查得$\alpha=0.75$时过流断面的几何要素为

$$A=0.6319d^2=0.6319\times1^2=0.6319(m^2)$$

$$R=0.3017d=0.3017\times1=0.3017(m)$$

谢才系数　$$C=\frac{1}{n}R^{1/6}=\frac{1}{0.014}\times(0.3017)^{1/6}=58.5(m^{1/2}/s)$$

流速　$$v=C\sqrt{Ri}=58.5\times\sqrt{0.3017\times0.002}=1.44(m/s)$$

流量　$$Q=vA=1.44\times0.6319=0.91(m^3/s)$$

在实际工程中，还需验算流速v是否在设计流速范围之内。本题为钢筋混凝土管，最大设计流速$[v]_{max}$为5m/s，最小设计流速$[v]_{min}$为0.6m/s，管道流速v在允许范围之内，$[v]_{max}>v>[v]_{min}$。

第四节　明渠非均匀流流动状态

明渠横断面的几何形状或尺寸的沿流程改变，粗糙度或底坡沿流程改变，或者在

明渠中修建水工建筑物（闸、桥梁、涵洞等），都能使明渠水流产生非均匀流。明渠非均匀流中也存在渐变流和急变流两种流态，若流线是接近于相互平行的直线，或流线间夹角很小、流线的曲率半径很大，这种水流称为明渠非均匀渐变流；反之，则为明渠非均匀急变流。

前面所述明渠均匀流是等深、等速流动，无须研究沿程水深的变化。明渠非均匀流是不等深、不等速流动，水深的变化同明渠流动的状态有关。因此，在继续讨论明渠非均匀流之前，需进一步认识明渠流动状态。

观察发现，明渠水流有两种截然不同的流动状态。一种常见于底坡平缓的灌溉渠道、枯水季节的平原河道中，水流流态徐缓，遇到障碍物（如河道中的孤石）阻水，则障碍物前水面壅高，逆流动方向向上游传播［图 6－21（a）］。另一种多见于陡槽、瀑布、险滩中，水流流态湍急，遇到障碍物阻水，则水面隆起、越过，上游水面不发生壅高，障碍物的干扰对上游来流无影响［图 6－21（b）］。以上两种明渠流动状态，前者是缓流，后者是急流。

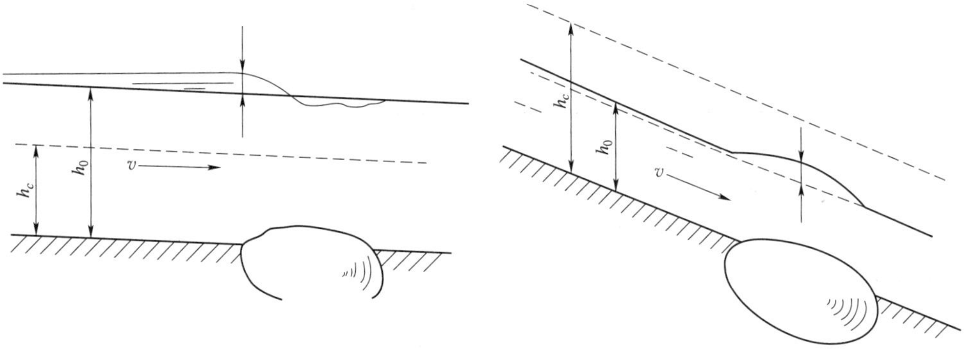

(a)　　　　(b)

图 6－21　明渠流动状态

掌握不同流动状态的实质，对认识明渠流动现象，分析明渠流动的运动规律，有着重要意义。下面从运动学的角度和能量的角度分析明渠水流的流动状态。

一、微幅干扰波波速与弗劳德数

（一）微幅干扰波波速

缓流和急流遇障碍物干扰，流动现象不同。从运动学的角度看，缓流受干扰引起的水面波动，既向下游传播，也向上游传播；而急流受干扰引起的水面波动，只向下游传播，不能向上游传播。为说明这个问题，首先分析微幅干扰波（简称微波）的波速。

从另一个角度来看，若在静水中沿铅垂方向丢下一颗石子，水面将产生一个微小波动，这个波动以石子落点为中心，以一定的速度 v_w 向四周传播，平面上的波形将是一连串的同心圆，如图 6－22（a）所示。这种在静水中传播的微波速度 v_w 称为相对波速。若把石子投入流动着的明渠均匀流中，则微波的传播速度应是水流的流速与相对波速的矢量和。当水流断面平均流速 v 小于相对波速 v_w 时，微波将以绝对速度

资源 6－3
微波波速
传播

$v_w' = v_w - v$ 向上游传播，同时又以绝对速度 $v_w' = v_w + v$ 向下游传播［图 6－22（b）］，这种水流称为缓流；当水流断面平均流速 v 等于相对波速 v_w 时，微波向上游传播的绝对速度 $v_w' = 0$，而向下游传播的绝对速度 $v_w' = 2v_w$［图 6－22（c）］，这种水流称为临界流。当水流断面平均流速 v 大于相对波速力 v_w 时，微波只以绝对速度 $v_w' = v_w + v$ 向下游传播，而对上游水流不发生任何影响［图 6－22（d）］，这种水流称为急流。

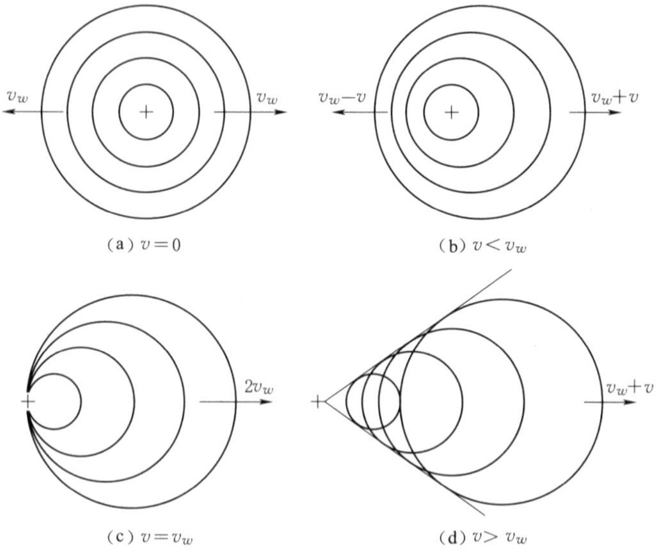

图 6－22　微波的传播形式

如图 6－23 所示，在平底矩形棱柱体明渠中，假设渠中水深为 h。设开始时，渠中水流处于静止状态，用一竖直平板以一定的速度向左拨动一下，在平板的左侧将激起一个干扰的微波。微波波高为 Δh，微波以波速 v_w 向左移动。某观察者若以波速 v_w 随波前进，他将看到微波是静止不动的，而水流则以波速 v_w 向右移动。这正像人们坐在火车上观察到车厢是不动的，而窗外铁路沿线的树木则以火车的速度向后运动一样。

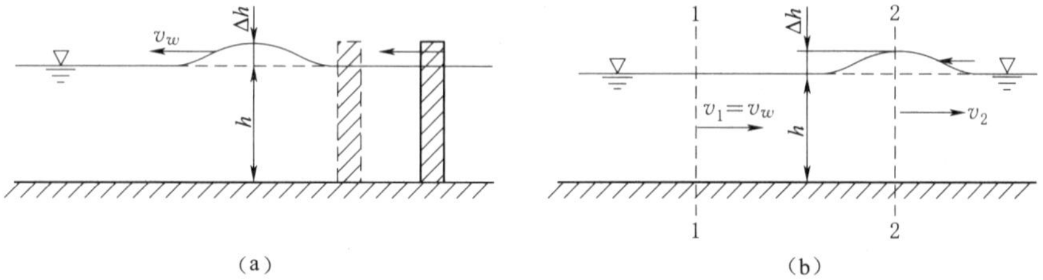

图 6－23

对上述移动坐标系来说，水流是做恒定非均匀流，忽略摩擦阻力，以底线为基准面，取相距很近的断面 1－1、断面 2－2，列伯努利方程，其中 $v_1 = v_w$，由连续性方程 $v_w A = v_2(A + \Delta A)$，得 $v_2 = \dfrac{v_w A}{A + \Delta A}$

于是
$$h+\frac{v_w^2}{2g}=h+\Delta h+\frac{{v_w}^2}{2g}\left(\frac{A}{A+\Delta A}\right)^2$$

展开 $(A+\Delta A)^2$，忽略 ΔA^2，由图 6－23（a）可知，$\Delta h\approx\Delta A/B$。代入上式，整理得

$$v_w=\pm\sqrt{g\,\frac{A}{B}\left(1+\frac{2\Delta A}{2}\right)}$$

微幅波 $\Delta h\ll h$，$\frac{\Delta A}{A}\ll 1$，上式近似简化为

$$v_w=\pm\sqrt{g\,\frac{A}{B}} \tag{6-13}$$

矩形断面渠道 $A=Bh$，得

$$v_w=\pm\sqrt{gh} \tag{6-14}$$

在实际的明渠中，水总是流动的，若水流流速为 v，则微波的绝对速度 v_w' 为水流速度 v 与静水中的波速 v_w 之和，即

$$v_w'=v+v_w=v\pm\sqrt{g\,\frac{A}{B}}=v\pm\sqrt{gh} \tag{6-15}$$

式中：微波顺水流方向传播取“＋”号，逆水流方向传播取“－”号。

当水流断面平均流速 v 小于相对波速 v_w 时，微波将以绝对速度 $v_w'=v-v_w$ 向上游传播，同时又以绝对速度 $v'_w=v+v_w$ 向下游传播［图 6－22（b）］，这种水流称为缓流。

当水流断面平均流速 v 等于相对流速 v_w 时，微波向上游传播的绝对速度 $v_w'=0$，而向下游传播的绝对速度 $v_w'=2v_w$［图 6－22（c）］，这种水流称为临界流。

当水流断面平均流速 v 大于相对波速 v_w 时，微波只以绝对速度 $v_w'=v+v_w$ 向下游传播，而对上游水流不发生任何影响［图 6－22（d）］，这种水流称为急流。

由此可知，只要比较水流的断面平均流速 v 和微波相对速度 v_w 的大小，就可判断干扰微波是否会往上游传播，也可判别水流是属于哪一种流态，对此总结如下：

当 $v<v_w$ 时，水流为缓流，干扰波既能向上游传播，又能向下游传播。

$v=v_w$ 时，水流为临界流，干扰波不能向上游传播，只能向下游传播。

$v>v_w$ 时，水流为急流，干扰波不能向上游传播，只能向下游传播。

（二）弗劳德数

1. 定义

根据上面以明渠流速 v 和微波速度 v_w 相比较来判别流动状态的原理，取两者之比，正是以平均水深为特征长度的无量纲量弗劳德数，有

$$\frac{v}{v_w}=\frac{v}{\sqrt{g\,\frac{A}{B}}}=\frac{v}{\sqrt{gh}}=Fr \tag{6-16}$$

故弗劳德数可作为流动状态的判别数：$Fr<1$，$v<v_w$，流动为缓流；$Fr>1$，$v>v_w$，流动为急流；$Fr=1$，$v=v_w$，流动为临界流。

由式（6-16），得

$$Fr^2=\frac{v^2}{gh}=\frac{\frac{v^2}{2g}}{\frac{h}{2}}$$

由上式可见，弗劳德数的平方值代表了单位重量液体的动能与平均势能一半的比值。当水流中的动能超过$\frac{1}{2}$平均势能时，$Fr>1$，则流动为急流；当水流中的动能小于$\frac{1}{2}$平均势能时，$Fr<1$，则流动为缓流。因此，缓流和急流从能量的角度分析，实际上是水流所蕴藏的能量不同的表现形式。

2. 物理意义

弗劳德数的物理意义，还可以从液体质点的受力情况来认识。设水流中某质点的质量为 $\mathrm{d}m$，流速为 u，则它所受到的惯性力 F 的量纲式为

$$[F]=\mathrm{d}m\cdot\frac{\mathrm{d}u}{\mathrm{d}t}=\mathrm{d}m\cdot\frac{\mathrm{d}u}{\mathrm{d}x}\cdot\frac{\mathrm{d}x}{\mathrm{d}t}=\rho L^3\cdot\frac{v}{L}v=[\rho L^2v^2]$$

重力 G 的量纲式为

$$[G]=[g\cdot\mathrm{d}m]=[\rho gL^3]$$

而惯性力和重力之比开平方的量纲式为

$$\frac{F^{\frac{1}{2}}}{G^{\frac{1}{2}}}=\left(\frac{\rho L^2v^2}{\rho gL^3}\right)^{\frac{1}{2}}=\frac{v}{\sqrt{gL}}$$

因此，弗劳德数的物理意义表征的是惯性力与重力之比。

二、断面单位能量（断面比能）

（一）断面单位能量的定义

明渠水流沿程水深、流速的变化，是水流势能、动能沿程转换的表现，这样的认识，引导人们从能量的角度去研究明渠流动状态，由此引入断面单位能量。

设明渠非均匀渐变流，如图 6-24 所示，某断面单位重量液体的机械能可表示为

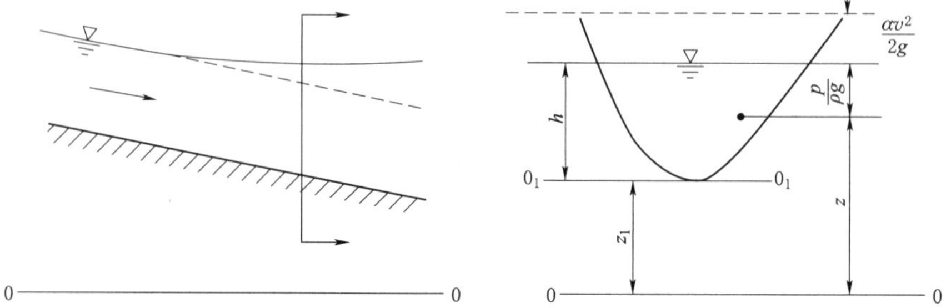

图 6-24　明渠非均匀流横断面

$$E=z+\frac{p}{\rho g}+\frac{\alpha v^2}{2g}$$

将基准面抬高 z_1，使其通过该断面渠底的最低点，单位重量液体相对于新基准面 0_1-0_1 的单位重量液体的机械能可表示为

$$e=E-z_1=h\cos\theta+\frac{\alpha v^2}{2g} \tag{6-17}$$

式中 e——断面单位能量，是单位重量液体相对于通过该断面渠底最低点的基准面的机械能。

断面单位能量 e 和以前定义的单位重量流体的机械能 E 是不同的能量概念。单位重量流体的机械能 E 是相对于沿程同一基准面的机械能，其值必沿程减少；而断面单位能量 e 是以通过各自断面最低点的基准面计算的，只和水深、流速有关，与该断面位置的高低无关。

(1) 对于明渠均匀流，$i=J$，且明渠均匀流水深 h_0 及流速 v 沿程不变，即断面单位能量沿程不变，$\frac{\mathrm{d}e}{\mathrm{d}s}=0$。

(2) 在明渠非均匀流中，对于平坡 $i=0$ 和逆坡 $i<0$ 的渠道，根据方程$\frac{\mathrm{d}e}{\mathrm{d}s}$总是负值，即$\frac{\mathrm{d}e}{\mathrm{d}s}<0$，这说明断面单位能量在此情况下总是沿程减少的；而在顺坡渠道 $i>0$ 的情形，断面单位能量沿程变化的情况，则要看能坡 $J=-\frac{\mathrm{d}e}{\mathrm{d}s}$与底坡 i 的相对大小来决定了。因为非均匀流 $i\neq J$，如果水流的能量损失强度（坡度）$J<i$，则$\frac{\mathrm{d}e}{\mathrm{d}s}>0$；反之，如水流的能量损失强度 $J>i$，则$\frac{\mathrm{d}e}{\mathrm{d}s}<0$。

（二）断面单位能量曲线

1. 定义

在实用上，因一般明渠底坡较小，可认为 $\cos\theta\approx1$，故常采用

$$e=h+\frac{\alpha v^2}{2g}$$

或写作

$$e=h+\frac{\alpha v^2}{2g}=h+\frac{\alpha Q^2}{2gA^2}=f(h) \tag{6-18}$$

当流量 Q 和过流断面的形状及尺寸一定时，断面单位能量仅仅是水深的函数，即 $e=f(h)$，按照此函数可以绘出断面单位能量随水深变化的关系曲线，该曲线称为断面单位能量曲线。

很明显，要具体绘出一条断面单位能量曲线必须首先给定流量 Q 和渠道断面的形状及尺寸。对于一个已经给定尺寸的渠道断面，当通过不同流量时，其断面单位能量曲线是不相同的；同样，对某一指定的流量，渠道断面的形状及尺寸不同时，其断面单位能量曲线也是不相同的。

2. 绘制

假定已经给定某一流量和渠道断面的形状及尺寸，现在来定性地讨论一下断面单位能量曲线的特性。若过流断面面积 A 是水深 h 的连续函数，以水深 h 为纵坐标，断面单位能量 e 为横坐标，作 $e=f(h)$ 曲线（图 6-25）。

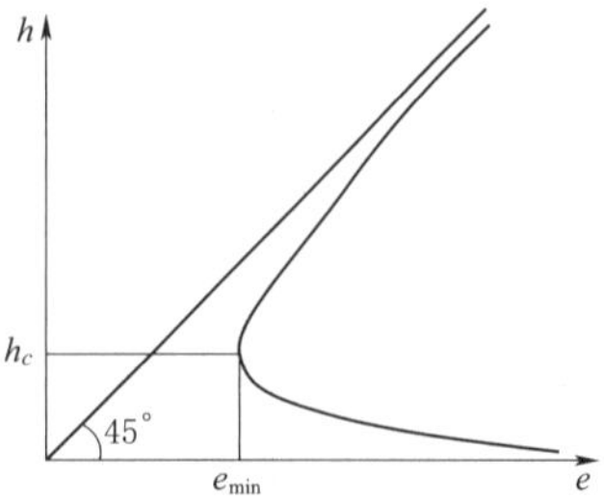

图 6-25　$e=f(h)$ 曲线

当 $h\to 0$ 时，$A\to 0$，则 $e\approx\dfrac{\alpha Q^2}{2gA^2}\to\infty$，曲线以横轴为渐近线；当 $h\to\infty$ 时，$A\to\infty$，则 $e\approx h\to\infty$，曲线以通过坐标原点与横轴成 45°角的直线为渐近线。其间有极小值 e_{min}，该点将 $e=f(h)$ 曲线分为上下两支。在上支，断面单位能量随水深的增加而增加；在下支，断面单位能量随水深的增加而减小。

若将式（6-18）对 h 取导数，结合一阶导数的特点，可以进一步了解断面单位能量曲线的变化规律

$$\frac{\mathrm{d}e}{\mathrm{d}h}=1-\frac{\alpha Q^2}{gA^3}\frac{\mathrm{d}A}{\mathrm{d}h}=1-\frac{\alpha Q^2}{gA^3}B=1-\frac{\alpha v^2}{g\dfrac{A}{B}}=1-Fr^2 \tag{6-19}$$

上式说明，明渠水流的断面单位能量随水深的变化规律是取决于断面上的弗劳德数。对照前面由弗劳德数 Fr 判别流动状态，可知：

资源 6-4
断面比能曲线的绘制

对于缓流，$Fr<1$，则 $\dfrac{\mathrm{d}e}{\mathrm{d}h}>0$，相当于断面单位能量曲线的上支，断面单位能量随水深的增加而增加。

对于急流，$Fr>1$，则 $\dfrac{\mathrm{d}e}{\mathrm{d}h}<0$，相当于断面单位能量曲线的下支，断面单位能量随水深的增加而减少。

对于临界流，$Fr=1$，则 $\dfrac{\mathrm{d}e}{\mathrm{d}h}=0$，相当于断面单位能量曲线上下两支的分界点，断面单位能量为最小值。

三、临界水深

（一）临界水深定义及基本公式

上面由能量分析得出，当断面单位能量最小的时候，明渠水流是临界流，其所对应的水深称为临界水深，以 h_c 表示。由式（6-19），临界水深时

$$\frac{\mathrm{d}e}{\mathrm{d}h}=1-\frac{\alpha Q^2}{gA^3}B=0$$

得

$$\frac{\alpha Q^2}{g}=\frac{A_c^3}{B_c} \tag{6-20}$$

式中　A_c、B_c——临界水深时的过流断面面积和水面宽度。

式（6-20）是隐函数式，左边是已知量，右边是临界水深 h_c 的隐函数，可解得

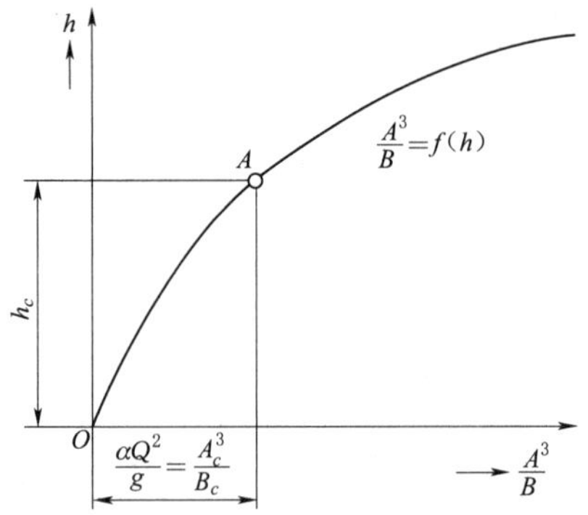

图 6-26 $h-\frac{A^3}{B}$关系曲线

h_c，常采用试算或作图的方法来求解。对于给定的断面，设各种 h 值，依次算出相应的 A、B 和$\frac{A^3}{B}$值，如图 6-26 所示。以$\frac{A^3}{B}$为横坐标，以 h 为纵坐标作图。从式知，图中对应于$\frac{A^3}{B}$恰等于$\frac{\alpha Q^2}{g}$的水深 h 便是 h_c。

（二）矩形断面临界水深

对于矩形断面渠道，水面宽等于底宽 $B=b$，代入式（6-20），则

$$\frac{\alpha Q^2}{g}=\frac{(bh_c)^3}{b}=b^2h_c^3$$

得

$$h_c=\sqrt[3]{\frac{\alpha Q^2}{gb^2}}=\sqrt[3]{\frac{\alpha q^2}{g}} \tag{6-21}$$

式中 q——单宽流量，$q=\frac{Q}{b}$。

临界流（$h=h_c$）的流速是临界流速 v_c。由式（6-20）得

$$v_c=\sqrt{g\frac{A_c}{B_c}}$$

上式与微波速度式（6-13）相同。

将渠道中的水深 h 与临界水深 h_c 相比较，同样可以判别明渠水流的流动状态，即 $h>h_c$，$v<v_c$，流动为缓流；$h<h_c$，$v>v_c$，流动为急流；$h=h_c$，$v=v_c$，流动为临界流。

【例 6-9】 梯形断面渠道，底宽 $h=5\text{m}$，边坡系数 $m=1.0$，通过流量 $Q=8\text{m}^3/\text{s}$，试求临界水深 h_c。

解： 由式（6-21）

$$\frac{\alpha Q^2}{g}=\frac{A_c^3}{B_c}$$

其中 $$\frac{\alpha Q^2}{g}=6.53\text{m}^5$$

为免去直接由上式求解 h_c 的困难，给 h 以不同值，计算相应的$\frac{A^3}{B}$，列入表 6-7 中，并作好 $h-\frac{A^3}{B}$关系曲线（图 6-27）。在图上找出$\frac{\alpha Q^2}{g}=6.53\text{m}^5$ 对应

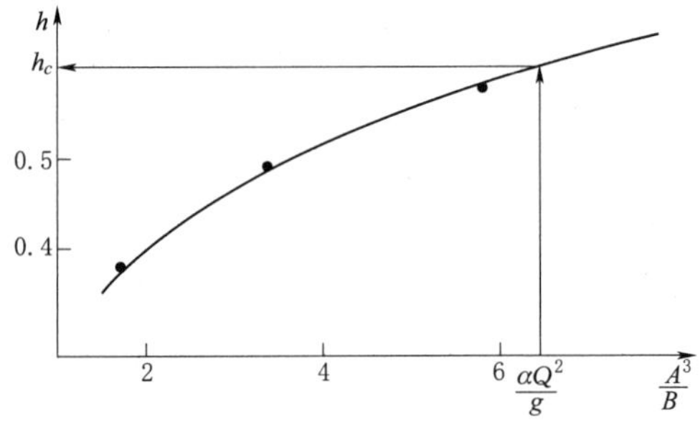

图 6-27 ［例 6-9］图

的水深，就是所求的临界水深 $h_c=0.61\text{m}$。

表 6-7　　$h-\dfrac{A^3}{B}$ 的计算表

h/m	B/m	A/m^2	$\dfrac{A^3}{B}$/m^5
0.4	5.8	2.16	1.74
0.5	6.0	2.75	3.47
0.6	6.2	3.36	6.12
0.65	6.3	3.67	7.86

四、临界底坡、缓坡与陡坡

（一）定义

设想在流量和断面形状、尺寸一定的棱柱体明渠中，当水流做均匀流时，所对应的水深 h_0 称为正常水深。由明渠均匀流的基本公式 $Q=AC\sqrt{Ri}$ 可知，在断面形状、尺寸和壁面粗糙度一定，流量也一定的棱柱体渠道中，均匀流的水深即正常水深 h_0 的大小只取决于渠道的底坡 i，不同的底坡 i 有相应的正常水深 h_0，i 越大，h_0 越小，如图 6-28 所示。如果改变明渠的底坡，相应的均匀流正常水深 h_0 亦随之而改变。如果变至某一底坡，其均匀流的正常水深 h_0 恰好等于该流量下的临界水深，相应的渠道底坡称为临界底坡，以符号 i_c 表示，即 $h_0=h_c$，$i_0=i_c$。如图 6-28 所示曲线上 C 点所对应的底坡 i_c 即为临界底坡。

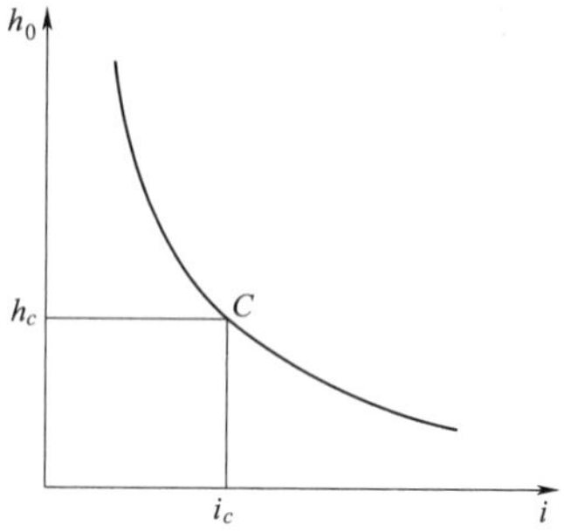

图 6-28　临界底坡

在临界底坡上做均匀流时，一方面它要满足临界流方程式

$$\frac{\alpha Q^2}{g}=\frac{A_c^3}{B_c}$$

另一方面又要同时满足均匀流的基本方程式

$$Q=A_cB_c\sqrt{R_ci_c}$$

联解上列两式可得临界底坡的计算式为

$$i_c=\frac{gA_c}{\alpha C_c^2R_cB_c}=\frac{g\chi_c}{\alpha C_c^2B_c} \tag{6-22}$$

对于宽浅渠道 $\chi_c\approx B_c$，则

$$i_c=\frac{g}{\alpha C_c^2} \tag{6-23}$$

式中　R_c、χ_c、C_c——渠中水深为临界水深时所对应的水力半径、湿周、谢才系数。

由式不难看出，明渠的临界底坡 i_c 与断面形状与尺寸、流量及渠道的糙率有关，而与渠道的实际底坡无关。

（二）底坡的分类

临界底坡是为便于分析明渠流动而引入的特定的假想的坡度。渠道的实际底坡 i

与临界底坡 i_c 相比较，有三种情况：$i<i_c$ 为缓坡；$i>i_c$ 为陡坡（或称急坡）；$i=i_c$ 为临界坡。三种底坡的渠道中，均匀流分别为三种流动状态，即 $i<i_c$，$h_0>h_c$，均匀流是缓流；$i>i_c$，$h_0<h_c$，均匀流是急流；$i=i_c$，$h_0=h_c$，均匀流是临界流。即缓坡渠道中的均匀流是缓流，急坡渠道中的均匀流是急流。

资源 6-5 水流流态的判别总结

还需指出，因为在断面一定的棱柱体渠道中，临界水深 h_c 与流量有关，则相应的 C_c、χ_c、B_c 各量同流量有关，由式（6-22）临界底坡 i_c 的大小也同流量有关。因此，底坡 i 一定的渠道，是缓坡或是陡坡，会因流量的变动而改变，如流量小时是缓坡渠道，随着流量增大，i_c 减小而变为陡坡。在工程上，为保证渠道通水后保持稳定的流动状态，尽量使设计底坡 i 与设计流量下相应的临界底坡 i_c 相差两倍以上。

【例 6-10】 梯形断面渠道，已知流量 $Q=45\text{m}^3/\text{s}$，底宽 $b=10\text{m}$，边坡系数 $m=1.5$，壁面糙率 $n=0.022$，底坡 $i=0.0009$。要求：计算临界底坡 i_c，并判断渠道底坡属缓坡还是陡坡。

解： $i_c=\dfrac{g\chi_c}{\alpha C_c^2 B_c}$，运用查图法计算 $h_c=1.2\text{m}$，则

$$\chi_c=b+2\sqrt{1+m^2}h_c=10+2\times\sqrt{1+1.5^2}\times1.2=14.33(\text{m})$$

$$A_c=(b+mh_c)h_c=(10+1.5\times1.2)\times1.2=14.16(\text{m}^2)$$

$$B_c=b+2mh_c=10+2\times1.5\times1.2=13.6(\text{m})$$

$$R_c=\frac{A_c}{\chi_c}=\frac{14.16}{14.33}=0.988(\text{m})$$

$$C_c=\frac{1}{n}R^{\frac{1}{6}}=\frac{1}{0.022}\times0.988^{\frac{1}{6}}=45.36(\text{m}^{\frac{1}{2}}/\text{s})$$

$$i_c=\frac{9.8\times14.33}{1\times45.36^2\times13.6}=0.00502$$

因 $i_c>i$，所以渠道属于缓坡。

综上所述，本节讨论了明渠水流的流动状态及其判别，其中微波速度 v_w、弗劳德数 Fr 及临界水深 h_c 作为判别标准是等价的，无论均匀流或非均匀流都适用，是普遍标准。临界底坡 i_c 作为判别标准，只适用于明渠均匀流，是专属标准。

【例 6-11】 试分析矩形明渠，水流过时：(1) 底高变化；(2) 宽度变化的断面，不考虑水头损失，水深的变化。

【分析】 (1) 底高变化。渠道底面抬高如图 6-29 (a) 所示。取渠底抬高前、后断面 A、B 列伯努利方程

$$h_A+\frac{\alpha v_A^2}{2g}+z_{bA}=h_B+\frac{\alpha v_B^2}{2g}+z_{bB}$$

以断面单位能量表示

$$e_A+z_{bA}=e_B+z_{bB}$$

则

$$e_B=e_A-\Delta z \tag{6-24}$$

其中

$$\Delta z=z_{bB}-z_{bA}>0$$

式中 e_A、e_B——断面 A、B 的断面单位能量。

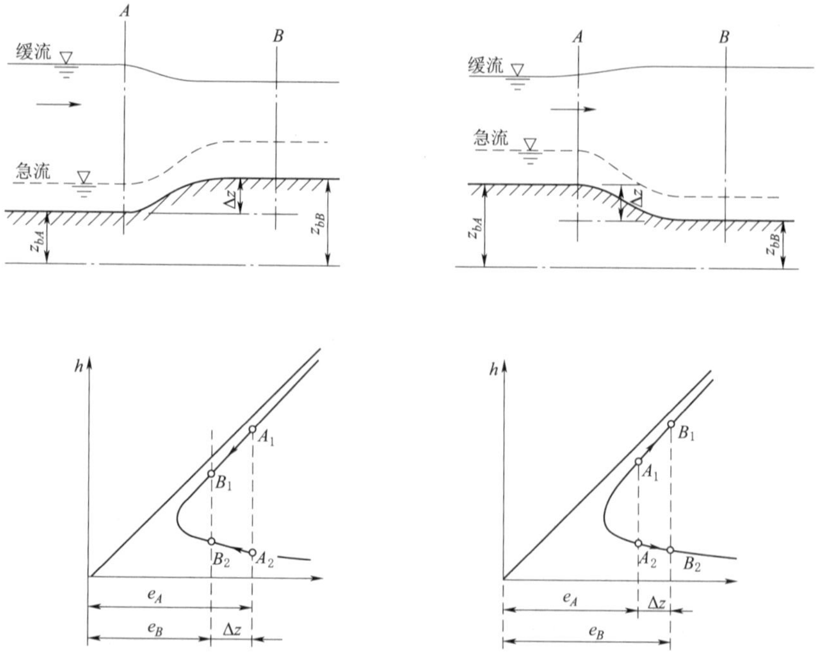

(a) 底面抬高　　(b) 底面降低

图 6-29　底高变化的缓、急流水深变化

绘 $e=f(h)$ 曲线图，根据式（6-24），断面 B 的状态点在断面 A 的左侧。水流由断面 A 流向断面 B，对照 A 曲线图：缓流的状态点在曲线上支，由 A_1 移向 B_1，水深减小；急流的状态点在曲线下支，由 A_2 移向 B_2，水深增加。

渠道底面降低如图 6-29（b）所示，按与上面相同的分析方法得出：缓流水深增加，急流水深减小。

（2）宽度变化。渠道断面缩窄如图 6-30（a）所示。

取渠底缩窄前、后断面 A、B 列伯努利方程

$$h_A+\frac{\alpha v_A^2}{2g}=h_B+\frac{\alpha v_B^2}{2g}$$

以断面单位能量表示

$$e_A=e_B \tag{6-25}$$

断面 A、B 宽度不同，需分别绘出两断面的 $e=f(h)$ 曲线图，根据式（6-25），断面 A、B 的状态点在与 h 轴平行的同一直线上。水流由断面 A 流向断面 B，对照 $e=f(h)$ 曲线图：缓流的状态点由 A_1 移向 B_1，水深减小；急流的状态点由 A_2 移向 B_2，水深增加。

渠道断面扩宽如图 6-30（b）所示，按与上面相同的分析方法得出：缓流水深增加，急流水深减小。

总结以上分析，明渠水流因渠道断面突变的干扰、水深变化，不同的流动状态（缓流、急流）水深的增减变化相反。

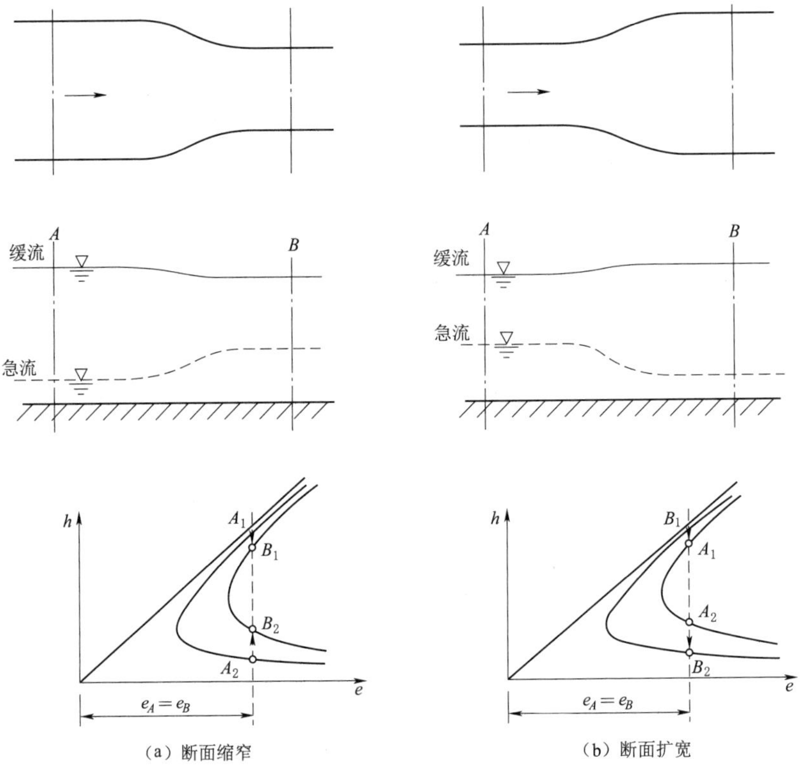

图 6－30　断面变化的缓、急流水深

【例 6－12】　长直的矩形断面渠道，底宽 $b=1$，糙率 $n=0.014$，底坡 $i=0.0004$，渠内均匀流正常水深 $h_0=0.6$m，试判别水流的流动状态。

解：（1）用微波速度判别。断面平均流速

$$v=C\sqrt{Ri}$$

式中

$$R=\frac{bh_0}{b+2h_0}=\frac{1\times0.6}{1+2\times0.6}=0.273(\text{m})$$

$$C=\frac{1}{n}R^{1/6}=\frac{1}{0.014}\times0.273^{1/6}=57.5(\text{m}^{0.5}/\text{s})$$

得

$$v=57.5\times\sqrt{0.273\times0.0004}=0.601(\text{m/s})$$

微波速度

$$v_w=\sqrt{gh}=\sqrt{9.8\times0.6}=2.43(\text{m/s})$$

$v<v_w$，流动为缓流。

（2）用弗劳德数判别。弗劳德数

$$Fr=\frac{v}{\sqrt{gh}}=\frac{0.601}{2.43}=0.25$$

$Fr<1$，流动为缓流。

（3）用临界水深判别。由式（6－21）$h_c=\sqrt[3]{\dfrac{\alpha q^2}{g}}$

其中
$$q=vh_0=0.601\times0.6=0.361(\mathrm{m^2/s})$$
得
$$h_c=0.237\mathrm{m}$$
实际水深（均匀流即正常水深）$h_0>h_c$，流动为缓流。

（4）用临界底坡判别。由临界水深 $h_c=0.237\mathrm{m}$，计算相应量

$$B_c=b=1\mathrm{m}$$

$$\chi_c=b+2h_c=1+2\times0.237=1.474(\mathrm{m})$$

$$R_c=\frac{bh_c}{\chi_c}=\frac{1\times0.237}{1.474}=0.1608(\mathrm{m})$$

$$C_c=\frac{1}{n}R^{1/6}=\frac{1}{0.014}\times0.1608^{1/6}=52.7(\mathrm{m^{0.5}/s})$$

临界底坡由式（6-22）

$$i_c=\frac{g\chi_c}{\alpha C_c^2B_c}$$

$i<i_c$，为缓坡渠道，均匀流是缓流。

第五节　水 跃 和 水 跌

上一节讨论了明渠水流的两种流动状态——缓流和急流。工程中往往由于明渠沿程流动边界的变化，导致流动状态由急流向缓流，或由缓流向急流过渡。如闸下出流，水冲出闸孔后是急流，而下游渠道中是缓流，水从急流过渡到缓流（图6-31）；渠道从缓坡变为陡坡或形成跌坎（$i=\infty$），水流将由缓流向急流过渡（图6-32）。水跃和水跌就是水流由急流过渡到缓流，或由缓流过渡到急流时发生的急变流现象。

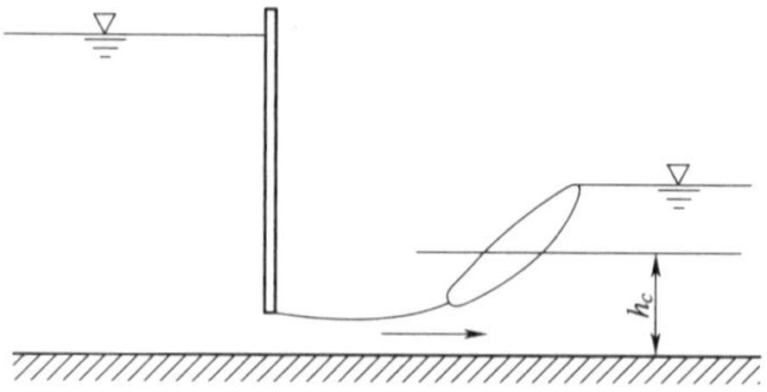

图6-31　急流过渡到缓流

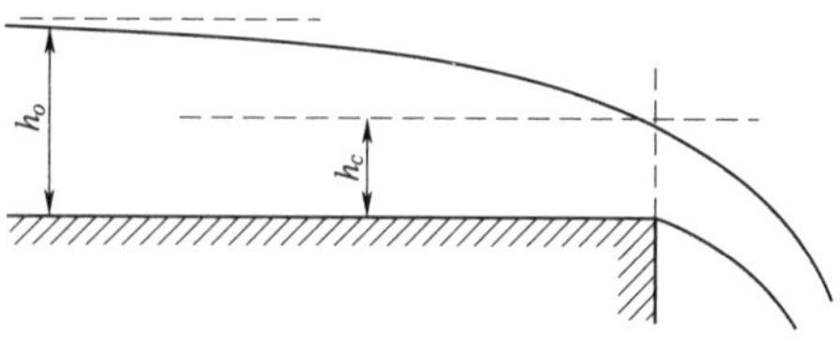

图6-32　缓流过渡到急流

上述水流由一种状态过渡到另一种流动状态，理论上是水面升、降变化经过临界水深的过程，研究水流衔接、流态过渡问题，均需由此入手。

一、水跃

（一）水跃现象

水跃是明渠水流从急流状态（水深小于临界水深）过渡到缓流状态（水深大于临界水深）时，水面骤然跃起的急变流现象。

水跃区如图6-33所示。上部是急流冲入缓流所激起的表面旋流，翻腾滚动，饱掺空气，称为表面水滚。水滚下面是断面向前扩张的主流。确定水跃区的几何要素

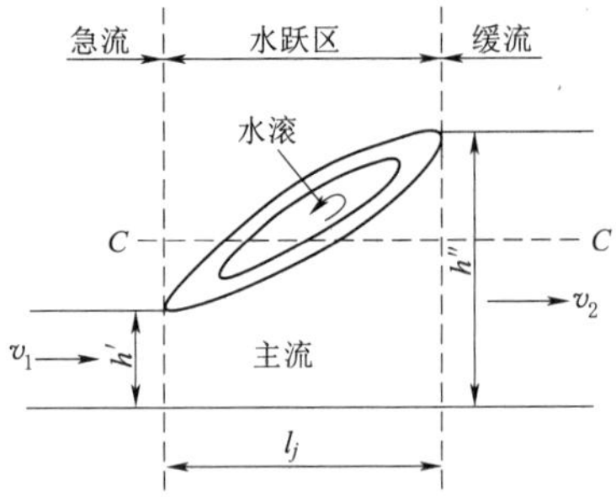

图 6-33　水跃区结构

有：①跃前水深 h'——跃前断面（表面水滚起点所在过流断面）的水深；②跃后水深 h''——跃后断面（表面水滚终点所在过流断面）的水深；③水跃高度 $a=h''-h'$；④水跃长度 l_j——跃前断面与跃后断面之间的距离。

由于表面水掺杂大量气体、旋转、内部极强的紊动掺混作用，以及主流流速分布不断改组，集中消耗大量机械能，可达跃前断面急流能量的60%～70%，水跃成为主要的消能方式，具有重大的意义。

（二）水跃方程

下面推导平坡（$i=0$）棱柱体渠道中水跃的基本方程。

设平坡棱柱体渠道，通过流量 Q 时发生水跃（图 6-34）。跃前断面水深 h'，平均流速 v_1；跃后断面水深 h''，平均流速 v_2。

引用假设条件：

（1）渠道边壁摩擦阻力较小，忽略不计。

（2）跃前、跃后断面为渐变流断面，断面上动水压强按静水压强的规律分布。

（3）跃前、跃后断面的动量校正系数 $\beta_1=\beta_2=1$。

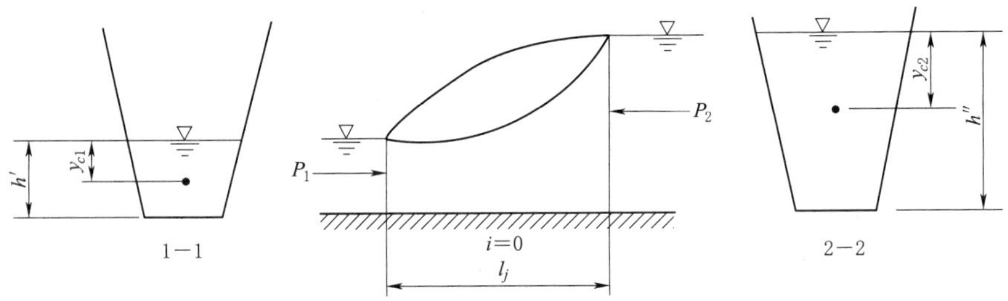

图 6-34　水跃方程

取跃前断面 1-1、跃后断面 2-2 之间的水跃区为控制体，列流动方向总流的动量方程

$$\sum F=\rho Q(\beta_2 v_2-\beta_1 v_1)$$

因平坡渠道重力与流动方向正交，又边壁摩擦阻力忽略不计，故作用在控制体上的力只有过流断面上的动水压力：$P_1=\rho g y_{c1}A_1$，$P_2=\rho g y_{c2}A_2$，代入上式得

$$\rho g y_{c1}A_1-\rho g y_{c2}A_2=\rho Q\left(\frac{Q}{A_1}-\frac{Q}{A_1}\right)$$

$$\frac{Q^2}{gA_1}+y_{c1}A_1=\frac{Q^2}{gA_1}+y_{c2}A_2 \qquad (6-26)$$

式中　y_{c1}、y_{c2}——跃前、跃后断面形心点的水深；

A_1、A_2——跃前、跃后断面的面积。

上式就是平坡棱柱体渠道中水跃的基本方程。它说明水跃区单位时间内，流入跃前断面的动量与该断面动水总压力之和，同流出跃后断面的动量与该断面动水总压力之和相等。

式（6－26）中，A 和 y_c 都是水深的函数，其余量均为常量，所以可写出下式

$$\frac{Q^2}{gA}+y_cA=J(h) \tag{6-27}$$

式中　$J(h)$——水跃函数，类似断面单位能量曲线，可以画出水跃函数曲线，如图6－35所示。

可以证明，曲线上对应水跃函数最小值的水深，恰好也是该流量在已给明渠中的临界水深 h_c，即 $J(h_c)=J_{\min}$。当 $h>h_c$ 时，$J(h)$ 随水深增大而增大；当 $h<h_c$ 时，$J(h)$ 随水深增大而减小。

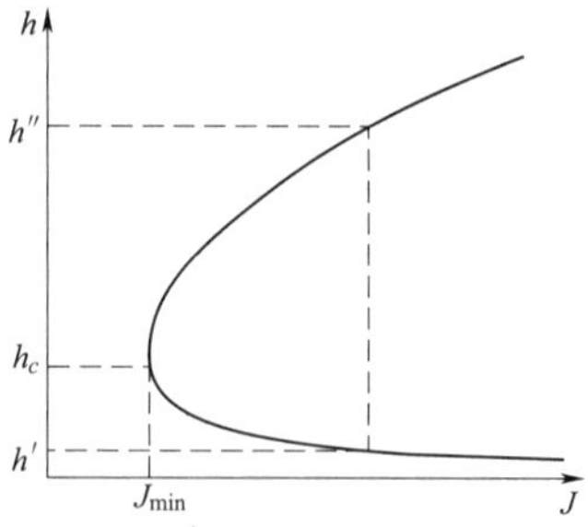

图6－35　水跃函数曲线

水跃方程式（6－26）可简写为

$$J(h')=J(h'') \tag{6-28}$$

式中　h'、h''——跃前和跃后水深，是使水跃函数值相等的两个水深，这一对水深称为共轭水深。

由图6－36可以看出，跃前水深越小，对应的跃后水深越大；反之，跃前水深越大，对应的跃后水深越小。

（三）水跃计算

1. 共轭水深计算

共轭水深计算是各项水跃计算的基础。若已知共轭水深中的一个（跃前水深或跃后水深），算出这个水深相应的水跃函数 $J(h')$ 或 $J(h'')$，再由式（6－28）求解另一个共轭水深，一般采用图解法计算。

对于矩形断面渠道，$A=bh$，$y_c=\frac{h}{2}$，$q=\frac{Q}{b}$，消去 b，得

$$\frac{q^2}{gh'}+\frac{h'^2}{2}=\frac{q^2}{gh''}+\frac{h''^2}{2}$$

经过整理，得二次方程式

$$h'h''(h'+h'')=\frac{2q^2}{g} \tag{6-29}$$

分别以跃后水深 h'' 或跃前水深 h' 为未知量，解上式得

$$h''=\frac{h'}{2}\left(\sqrt{1+\frac{8q^2}{gh'^3}}-1\right) \tag{6-30}$$

$$h'=\frac{h''}{2}\left(\sqrt{1+\frac{8q^2}{gh''^3}}-1\right) \tag{6-31}$$

其中

$$\frac{q^2}{gh'^3}=\frac{v_1^2}{gh'}=Fr_1^2$$

$$\frac{q^2}{gh''^3}=\frac{v_2^2}{gh''}=Fr_2^2$$

上两式可写作

$$h''=\frac{h'}{2}(\sqrt{1+8Fr_1^2}-1) \tag{6-32}$$

$$h'=\frac{h''}{2}(\sqrt{1+8Fr_2^2}-1) \tag{6-33}$$

式中　Fr_1、Fr_2——跃前和跃后水流的弗劳德数。

2. 水跃长度计算

水跃长度是泄水建筑物消能设计的主要依据之一。由于水跃现象的复杂性，目前理论研究尚不成熟，水跃长度的确定仍以实验研究为主。现介绍用于计算平底坡矩形渠道水跃长度的经验公式。

(1) 以跃后水深表示的公式

$$l_j=6.1h''$$

适用范围为 $4.5<Fr_1<10$。

(2) 以跃高表示的公式

$$l_j=6.9(h''-h')$$

(3) 含弗劳德数的公式

$$l_j=9.4(Fr_1-1)h'$$

(4) 消能计算。跃前断面与跃后断面单位重量液体机械能之差是水跃消除的能量，以 ΔE_j 表示。对于平底坡矩形渠道

$$\Delta E_j=\left(h'+\frac{\alpha_1 v_1^2}{2g}\right)-\left(h''+\frac{\alpha_2 v_2^2}{2g}\right) \tag{6-34}$$

由式 (6-29) 得

$$\frac{\alpha_1 v_1^2}{2g}=\frac{q^2}{2gh'^2}=\frac{1}{4}\frac{h''}{h'}(h'+h'')$$

$$\frac{\alpha_2 v_2^2}{2g}=\frac{q^2}{2gh''^2}=\frac{1}{4}\frac{h'}{h''}(h'+h'')$$

将以上两式代入式 (6-34)，经化简得

$$\Delta E_j=\frac{(h''-h')^3}{4h'h''} \tag{6-35}$$

式 (6-35) 说明，在给定流量下，跃前与跃后水深相差越大，水跃消除的能量值越大。

【例 6-13】 某泄水建筑物下游矩形断面渠道，泄流单宽流量 $q=15\text{m}^2/\text{s}$。产生水跃，跃前水深 $h'=0.8\text{m}$。试求：(1) 跃后水深 h''；(2) 水跃长度 l_j；(3) 水跃消能率 $\Delta E_j/E_1$。

解： (1)

$$Fr_1^2=\frac{q^2}{gh'^3}=\frac{15^2}{9.8\times0.8^3}=44.84$$

$$h''=\frac{h'}{2}(\sqrt{1+8Fr_1^2}-1)=7.19(\text{m})$$

(2)

按 $l_j=6.1h''=6.1\times7.19=43.86(\text{m})$

按 $l_j=6.9(h''-h')=6.9\times6.39=44.09(\text{m})$

按 $l_j=9.4(Fr_1-1)h'=9.4\times(6.69-1)\times0.8=42.83(\text{m})$

(3) $\Delta E_j=\dfrac{(h''-h')^3}{4h'h''}=\dfrac{(7.19-0.8)^3}{4\times0.8\times7.19}=11.34(\text{m})$

$$\frac{\Delta E_j}{E_1}=\frac{\Delta E_j}{h'+\dfrac{q^2}{2gh'^2}}=61\%$$

二、水跌

水跌是明渠水流从缓流过渡到急流，水面急剧降落的急变流现象。这种现象常见于渠道底坡由缓坡（$i<i_c$）突然变为陡坡（$i>i_c$）或下游渠道断面形状突然改变处。下面以缓坡渠道末端跌坎上的水流为例来说明水跌现象（图 6－36）。

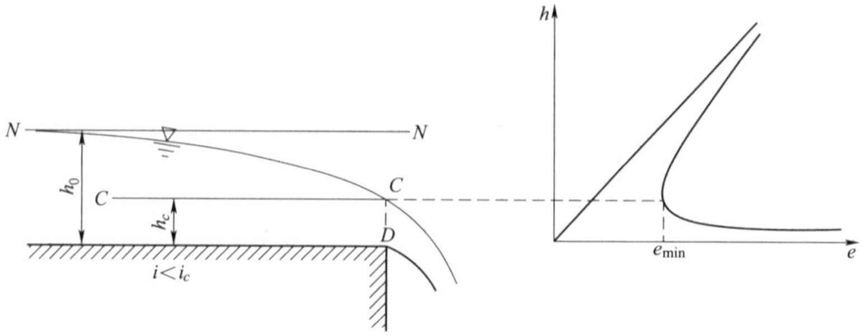

图 6－36 水跌现象

设想该渠道的底坡无变化，一直向下游延伸下去，渠道内将形成缓流状态的均匀流，水深为正常水深 h_0，水面线 $N-N$ 与渠底平行。现在渠道在 D 断面截断成为跌坎，失去了下游水流的阻力，使得重力的分力与阻力不相平衡，造成水流加速，水面急剧降低，临近跌坎断面水流变为非均匀急变流。

跌坎上水面沿程降落，应符合机械能沿程减小，末端断面最小，$E=E_{\min}$ 的规律，

$$E=z_1+h+\frac{\alpha v^2}{2g}=z_1+e$$

式中 z_1——某断面渠底在基准面 0－0 以上的高度；

e——断面单位能量。

在缓流状态下，水深减小，断面单位能量随之减小，跌坎端断面水深降至临界水深 h_c，断面单位能量达最小值，$e=e_{\min}$，该断面的位置高度 z_1 也最小，所以机械能最小，符合机械能沿程减小的规律。缓流以临界水深通过跌坎断面或变为陡坡的断面，过渡到急流是水跌现象的特征。

需要指出的是，上述断面单位能量和临界水深的理论，都是在渐变流的前提下建立的，跌坎端断面附近，水面急剧下降，流线显著弯曲，流动已不是渐变流。由实验

得出，实际跌坎端水深 h_D 略小于按渐变流计算的临界水深 h_c，$h_D \approx 0.7h_c$。h_c 值发生在距跌坎端断面（3～4）h_c 的位置。但一般的水面分析和计算，仍取跌坎端断面的水深是临界水深 h_c 作为控制水深。

第六节　棱柱体渠道非均匀渐变流水面曲线的分析

明渠非均匀流是不等深、不等速的流动。根据沿程流速、水深变化程度的不同，分为非均匀渐变流和非均匀急变流。例如，在缓坡渠道中，设有顶部泄流的溢流坝，渠道末端为跌坎（图 6-37）。此时，坝上游水位抬高，并影响一定范围，这一段为非均匀渐变流，再远可视为均匀流；坝下游水流收缩断面至水跃前断面，以及水跌上游流段均属非均匀渐变流，而水沿溢流坝面下泄及水跃、水跌均为非均匀急变流。

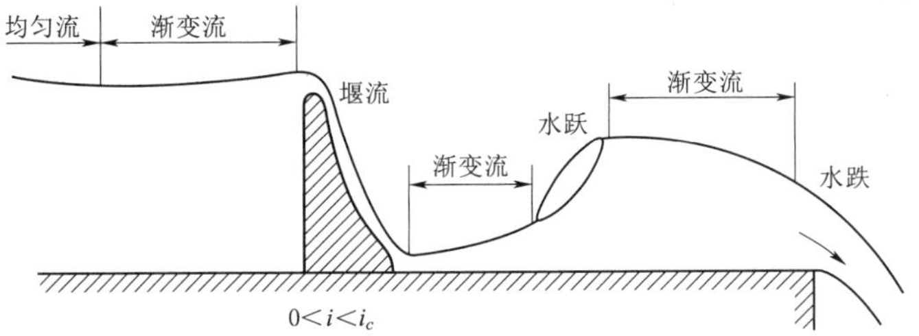

图 6-37　明渠水流流动状态

明渠非均匀渐变流水深沿程变化，自由水面线是和渠底不平行的曲线，称为水面曲线，$h=f(s)$。水深沿程变化的情况，直接关系到河渠的淹没范围、堤防的高度、渠道内的冲淤变化等诸多工程问题。因此，水深沿程变化的规律，是明渠非均匀渐变流主要研究的内容。明渠水深变化规律的研究，可分为定性和定量两方面，前者可给出水深变化的趋势（壅高或降低）；后者定量绘出水面曲线。

一、棱柱体渠道非均匀渐变流微分方程

明渠中水面曲线的分析和计算，在实际工程中具有重要的意义。而水面曲线的分析和计算，是从明渠恒定非均匀流必须满足的基本微分方程出发而得出的，下面就来讨论其微分方程。

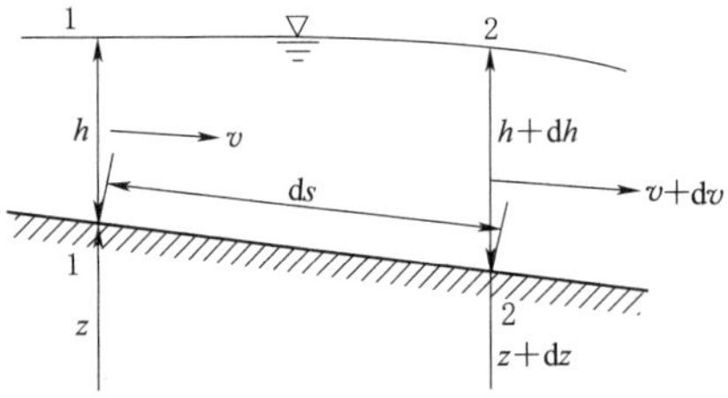

图 6-38　非均匀渐变流

设明渠恒定非均匀渐变流段，取过流断面 1-1、断面 2-2，相距 ds，因为是非均匀渐变流，两断面的运动要素相差甚微（图 6-38）。

列断面 1-1、断面 2-2 伯努利方程

$$(z+h)+\frac{\alpha v^2}{2g}=(z+dz+h+dh)+\frac{\alpha(v+dv)^2}{2g}+dh_w$$

展开 $(v+dv)^2$，并忽略 $(dv)^2$，整理得

$$(z+dz+h+dh)+\frac{\alpha(v+dv)^2}{2g}+dh_w=0$$

因是渐变流，局部水头损失忽略不计，$dh_w=dh_f$，并以 ds 除上式得

$$\frac{dz}{ds}+\frac{dh}{ds}+\frac{d}{ds}\left(\frac{\alpha v^2}{2g}\right)+\frac{dh_f}{ds}=0$$

其中

$$\frac{dz}{ds}=-\frac{z_1-z_2}{ds}=-i$$

$$\frac{d}{ds}\left(\frac{\alpha v^2}{2g}\right)=\frac{d}{ds}\left(\frac{\alpha Q^2}{2gA^2}\right)=-\frac{\alpha Q^2}{gA^3}\frac{dA}{ds}$$

$$\frac{dh_f}{ds}=J$$

棱柱体渠道过流断面面积只随水深变化 $A=f(h)$，而水深 h 又是流程 s 的函数，则

$$\frac{dA}{ds}=\frac{dA}{dh}\frac{dh}{ds}=B\frac{dh}{ds}$$

于是

$$\frac{d}{ds}\left(\frac{\alpha v^2}{2g}\right)=-\frac{\alpha Q^2}{gA^3}B\frac{dh}{ds}$$

非均匀渐变流过流断面沿程变化很缓慢，可以认为水头损失只有沿程水头损失，近似按均匀流计算，由谢才公式

$$J=\frac{Q^2}{A^2C^2R}=\frac{Q^2}{K^2}$$

将 $\frac{dz}{ds}$、$\frac{d}{ds}\left(\frac{\alpha v^2}{2g}\right)$、$\frac{dh_f}{ds}$ 的计算式代入前式，可得

$$-i+\frac{dh}{ds}-\frac{\alpha Q^2}{gA^3}B\frac{dh}{ds}+J=0$$

$$\frac{dh}{ds}=\frac{i-J}{1-\frac{\alpha Q^2}{gA^3}B}=\frac{i-J}{1-\frac{\alpha v^2}{gh}}=\frac{i-J}{1-Fr^2} \tag{6-36}$$

式（6-36）是棱柱体渠道恒定非均匀渐变流微分方程式。该式是在顺坡（$i>0$）的情况下得出的。

对于平坡渠道 $i=0$，则有

$$\frac{dh}{ds}=\frac{-J}{1-Fr^2} \tag{6-37}$$

对于逆坡渠道 $i<0$，以渠底坡度的绝对值的负值代入式（6-36），得

$$\frac{dh}{ds}=-\frac{|i|-J}{1-Fr^2} \tag{6-38}$$

其中 $\frac{dh}{ds}$ 表示水深沿程变化率，其变化共有以下几种情况：

（1）$\frac{dh}{ds}>0$，表示水深沿程增大，流速沿程减小，这种水面曲线称为壅水曲线。

（2）$\frac{dh}{ds}<0$，表示水深沿程减小，流速沿程增大，这种水面曲线称为降水曲线。

（3）$\frac{dh}{ds}\to 0$，表示水深沿程不变，水流趋近于均匀流，水面曲线趋于 $N-N$ 线。

（4）$\frac{dh}{ds}=i$，表示水面曲线是水平线。

（5）$\frac{dh}{ds}\to\infty$，相当于水深沿程变化微分方程中的分母趋于零，即水流趋于临界流。

非均匀流水深趋于临界水深，预示着水流的流态将发生转变。此时，水面曲线很陡，与临界水深线 $C-C$ 线呈正交趋势，水流不再属于渐变流。

二、水面曲线的分析

棱柱体渠道非均匀渐变流水面曲线的变化，决定于式（6－36）中分子、分母的正负变化。因此，使分子、分母为零的水深，就是水面曲线变化规律不同的区域的分界。实际水深等于正常水深，即 $h=h_0$ 时，$J=i$，分子为零；实际水深等于临界水深，即 $h=h_c$ 时，$Fr=1$，分母 $1-Fr^2=0$。由此可见，在棱柱体渠道中其水深沿程变化的规律与上述两方面的因素有关。水面曲线形式必然与底坡 i 以及实际水深 h 与正常水深 h_0、临界水深 h_c 之间的相对位置有关，为此，可将水面线根据底坡的情况和实际水深变化的范围加以区分。

对于每一种情况，实际水深又可以在不同水深范围内变化。凡水深在既大于正常水深 h_0 又大于临界水深 h_c 的范围内变化者，视为第 1 区；凡水深在既小于正常水深 h_0 又小于临界水深 h_c 范围内变化者，称为第 3 区；凡水深在 h_0 及 h_c 之间变化者，称为第 2 区。

为此，画出平行于渠底线的两条平行线。一条与渠底的铅垂距离为正常水深 h_0，称为正常水深参考线 $N-N$；另一条与渠底铅垂距离为临界水深 h_c，称为临界水深参考线 $C-C$。由于是棱柱体渠道，断面形式和尺寸沿程不变，因此，正常水深 h_0 及临界水深 h_c 沿流程均不变化，据此分区及确定各区的水面曲线名称。

（一）顺坡（$i>0$）渠道

顺坡渠道分为缓坡（$i<i_c$）、陡坡（$i>i_c$）、临界坡（$i=i_c$）三种，均可由微分方程

$$\frac{dh}{ds}=\frac{i-J}{1-Fr^2}=i\frac{1-\left(\frac{K_0}{K}\right)}{1-Fr^2}$$

分析水面曲线。

1. 缓坡（$i<i_c$）渠道

缓坡渠道中，正常水深 h_0 大于临界水深 h_c，由 $N-N$ 线和 $C-C$ 线将流动空间分成三个区域，明渠水流在不同的流域内流动，水面曲线的变化不同（图 6－39）。

（1）第 1 区（$h>h_0>h_c$）。实际水深 h 大于正常水深 h_0，也大于临界水深 h_c，流动是缓流。该区水深变化的趋势，在式（6－36）中，分子：$h>h_0$，流量模数

$K>K_0$，$J<i$，$i-J>0$；分母：$h>h_c$，$Fr<1$，$1-Fr^2>0$，所以$\frac{dh}{ds}>0$，水深沿程增加，水面线是壅水曲线，称为 M_1 型水面线。

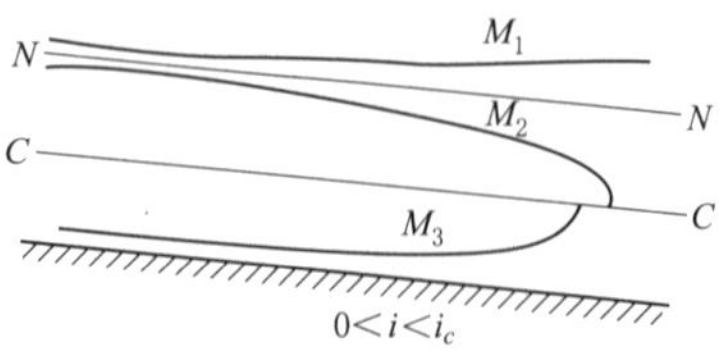

图 6-39　M 型水面线

两端的极限情况：上游 $h\to h_0$，$J\to i$，$i-J\to 0$；$h\to h_0>h_c$，$Fr<1$，$1-Fr^2>0$，所以$\frac{dh}{ds}\to 0$，水深沿程不变，水面线以 $N-N$ 线为渐近线。下游 $h\to\infty$，流量模数 $K\to\infty$，$J\to 0$，$i-J\to i$；$h\to\infty$，$Fr\to 0$，$1-Fr^2\to 1$，所以$\frac{dh}{ds}\to i$，单位距离上水深的增加等于渠底高程的降低，水面线为水平线。

综合以上分析，M_1 型水面线是一条形状下凹的壅水曲线，上游端以 $N-N$ 线为渐近线，下游端趋于水平线（图 6-39）。

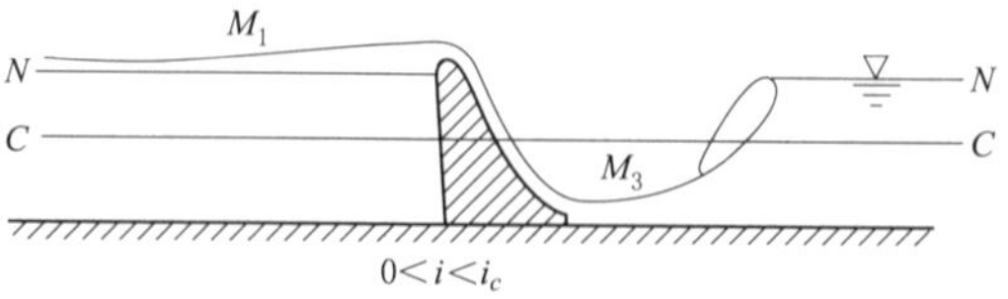

图 6-40　M_1、M_3 型水面线

在缓坡渠道上修建溢流坝，抬高水位的控制水深 h 超过该流量的正常水深 h_0，溢流坝上游将出现 M_1 型水面线（图 6-40）。

（2）第 2 区（$h_0>h>h_c$）。水深 h 小于正常水深 h_0，但大于临界水深 h_c，流动仍是缓流。该区水深变化的趋势，在式（6-36）中，分子：$h<h_0$，$J>i$，$i-J<0$；分母：$h>h_c$，$Fr<1$，$1-Fr^2>0$，所以$\frac{dh}{ds}<0$，水深沿程减小，水面线是降水曲线，称为 M_2 型水面线。

两端的极限情况：上游 $h\to h_0$，与分析 M_1 型水面线类似，得$\frac{dh}{ds}\to 0$，水深沿程不变，水面线以 $N-N$ 线为渐近线。下游 $h\to h_c<h_0$，$J>i$，$i-J<0$；$h\to h_c$，$Fr\to 1$，$1-Fr^2\to 0$，所以$\frac{dh}{ds}\to -\infty$，水面线与 $C-C$ 线正交，此处已不再是渐变流，而是发生水跃现象。

综合以上分析，M_2 型水面线是一条形状上凸的降水曲线，上游端以 $N-N$ 线为渐近线，下游发生水跃（图 6-41）。

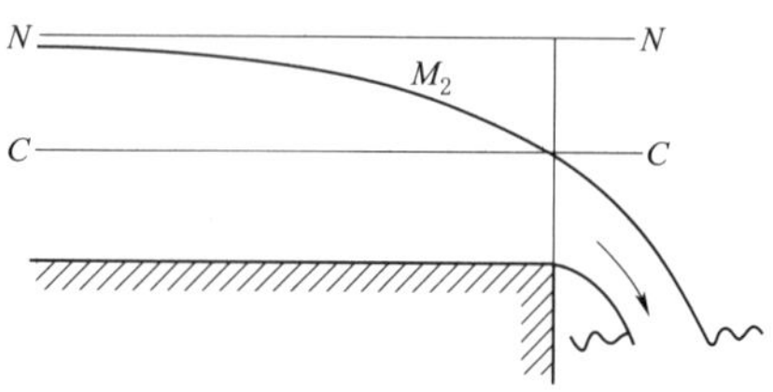

图 6-41　M_2 型水面线

缓坡渠道末端为跌坎，渠道内为 M_2 型水面线，跌坎断面水深为临界水深。

（3）第 3 区（$h_0>h_c>h$）。水深 h 小于正常水深 h_0，也小于临界水深 h_c，流动是急流。该区水深变化的趋势，在式（6-36）中，分子：$h<h_0$，$J>i$，$i-J<0$；分母：$h<h_c$，$Fr>1$，$1-Fr^2<0$，所以$\frac{dh}{ds}>0$，水深沿程增加，水面线是壅水曲线，

称为 M_3 型水面线。

两端的极限情况：上游水深由出流条件控制，下游 $h\to h_c<h_0$，$J>i$，$i-J<0$；$h\to h_c$，$Fr\to 1$，$1-Fr^2\to 0$，所以$\frac{dh}{ds}\to\infty$，发生水跃现象。

综合以上分析，M_3 型水面线是一条形状下凹的壅水曲线，上游由出流条件控制，下游发生水跃。

在缓坡渠道中修建溢流坝，下泄水流的收缩水深小于临界水深，下泄的急流受下游缓流的阻滞，流速沿程减小，水深增加，形成 M_3 型水面线（图 6－40）。

2. 陡坡（$i>i_c$）渠道

根据关于渠道底坡及临界水深的论述，陡坡渠道中，正常水深 h 小于临界水深 h_c，由 $N-N$ 线和 $C-C$ 线将流动空间分成三个区域（图 6－42）。

（1）第 1 区（$h>h_0>h_c$）。水深 h 大于正常水深 h_0，也大于临界水深 h_c，流动是缓流。用类似前面分析缓坡渠道水面线的方法，由式（6－36）可得$\frac{dh}{ds}>0$，水深沿程增加，水面线是壅水曲线，称为 S_1 型水面线。当上游 $h\to h_c$，$\frac{dh}{ds}\to\infty$，发生水跃；当下游 $h\to\infty$时，$\frac{dh}{ds}\to i$，水面线为水平线（图 6－43）。

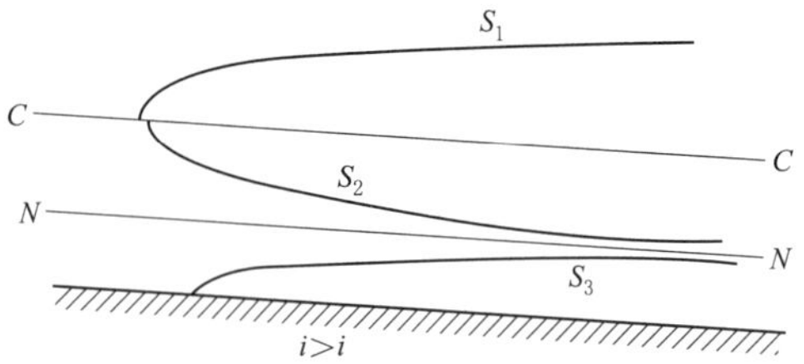

图 6－42　S 型水面线

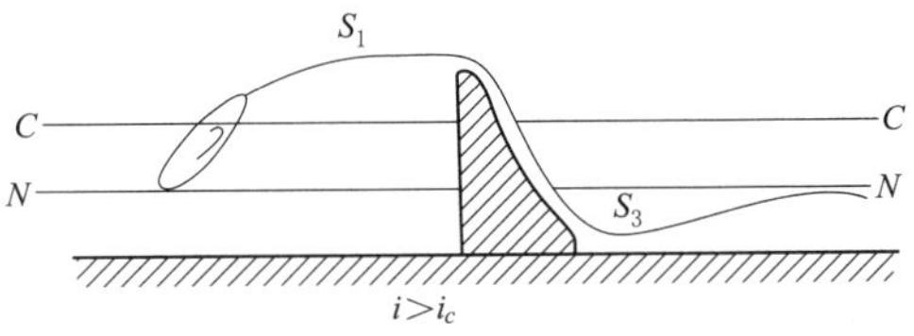

图 6－43　S_1S_3 型水面线

在陡坡渠道中修建溢流坝，上游形成 S_1 型水面线。

（2）第 2 区（$h_c>h>h_0$）。水深 h 大于正常水深 h_0，但小于临界水深 h_c，流动是急流。由式（6－36）可得$\frac{dh}{ds}<0$，水深沿程减小，水面线是降水曲线，称为 S_2 型水面线。当上游 $h\to h_c$ 时，$\frac{dh}{ds}\to-\infty$，发生水跃；当下游 $h\to h_0$ 时，$\frac{dh}{ds}\to 0$，水深沿程不变，水面线以 $N-N$ 线为渐近线。

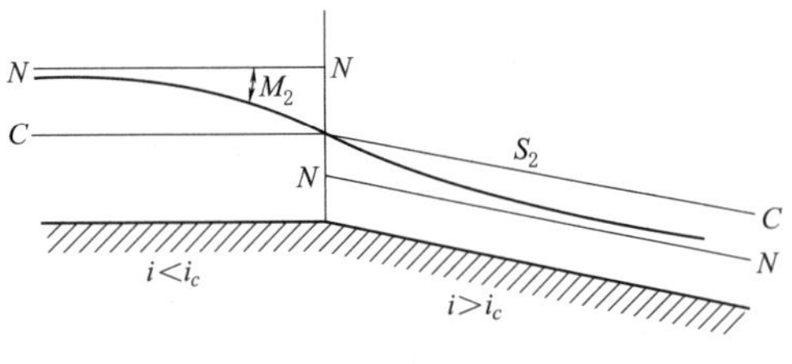

图 6－44　M_2S_2 型水面线

水流由缓坡渠道流入陡坡渠道，在缓坡渠道中为 M_2 型水面线，在变坡断面水深降至临界水深，发生水跃，与下游陡坡渠道中形成的 S_2 型水面线衔接（图 6－44）。

（3）第 3 区（$h_c>h_0>h$）。水深 h

小于正常水深 h_0，也小于临界水深 h_c，流动是急流。由式（6－36）可$\frac{dh}{ds}>0$，水深沿程增加，水面线是壅水曲线，称为 S_3 型水面线。上游水深由出流断面控制，当下游 $h\to h_0$ 时，$\frac{dh}{ds}\to 0$，水深沿程不变，水面线以 $N-N$ 线为渐近线。

在陡坡渠道中修建溢流坝，下泄水流的收缩水流小于正常水流，也小于临界水深，下游形成 S_3 型水面线（图 6－43）。

3. 临界坡（$i=i_c$）渠道

临界坡渠道中，正常水深 h_0 等于临界水深 h_c，$N-N$ 线与 $C-C$ 线重合，流动空间分为 1、3 两个区域，无 2 区。水面线分别称为 C_1 型水面线和 C_3 型水面线，都是壅水曲线，且在趋近 $N-N$（$C-C$）线时，趋于水平线（图 6－45）。

在临界坡渠道（实际工程不适用）泄水闸门上、下游，可形成 C_1C_3 型水面线（图 6－46）。

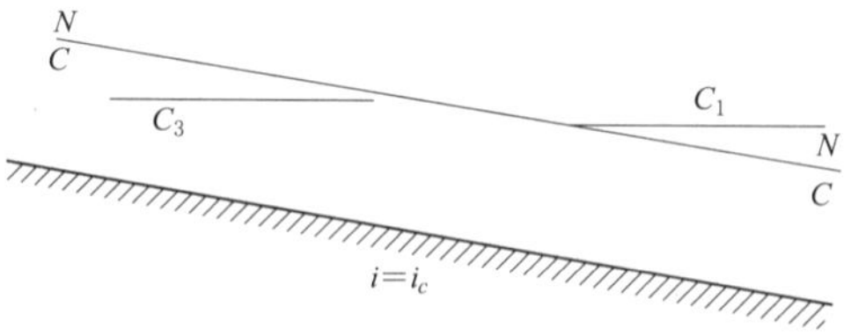

图 6－45　C 型水面线

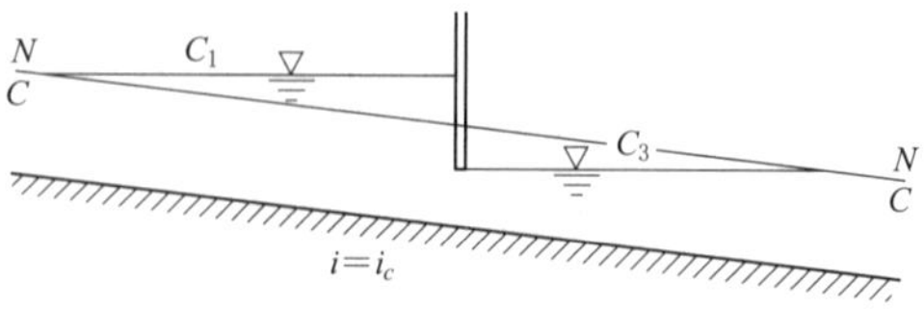

图 6－46　C_1C_3 型水面线

（二）平坡（$i=0$）渠道

平坡渠道中，不能形成均匀流，无 $N-N$ 线，只有 $C-C$ 线，流动空间分为 2、3 两个区域。

平坡渠道中水面线的变化，由式（6－37）得到：2 区（$h>h_c$），$\frac{dh}{ds}<0$，水面线是降水曲线，称为 H_2 型水面线；3 区（$h_c>h$），$\frac{dh}{ds}>0$，水面线是壅水曲线，称为 H_3 型水面线（图 6－47）。

在平坡渠道中，设有泄水闸门，闸门的开启高度小于临界水深，渠道足够长，末端为跌坎时，闸门下游将形成 H_3H_2 型水面线（图 6－48）。

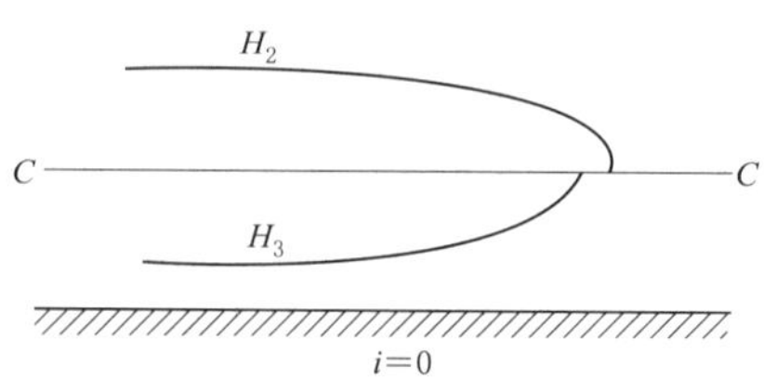

图 6－47　H 型水面线

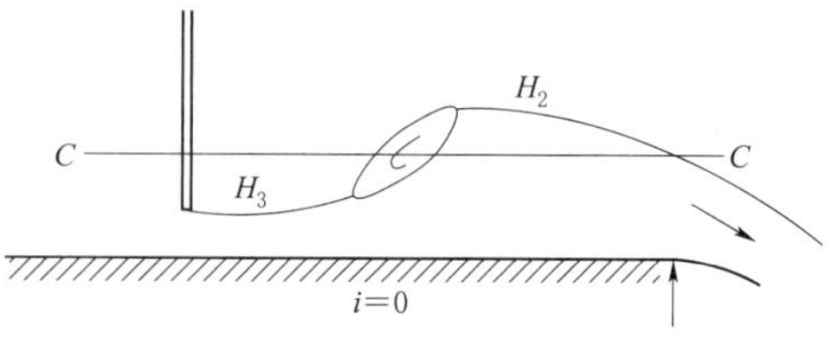

图 6－48　H_2H_3 型水面线

（三）逆坡（$i<0$）渠道

逆坡渠道中，不能形成均匀流，无 $N-N$ 线，只有 $C-C$ 线，流动空间分为 2、3

两个区域。

逆坡渠道中水面线的变化，由式（6-38）得到：2 区（$h>h_c$），$\frac{dh}{ds}<0$，水面线是降水曲线，称为 A_2 型水面线；3 区（$h_c>h$），$\frac{dh}{ds}>0$，水面线是壅水曲线，称为 A_3 型水面线（图 6-49）。

在逆坡渠道中，设有泄水闸门，闸门的开启高度小于临界水深，渠道足够长，末端为跌坎时，闸门下游将形成 A_2A_3 型水面线（图 6-50）。

资源 6-6
水面曲线
的绘制

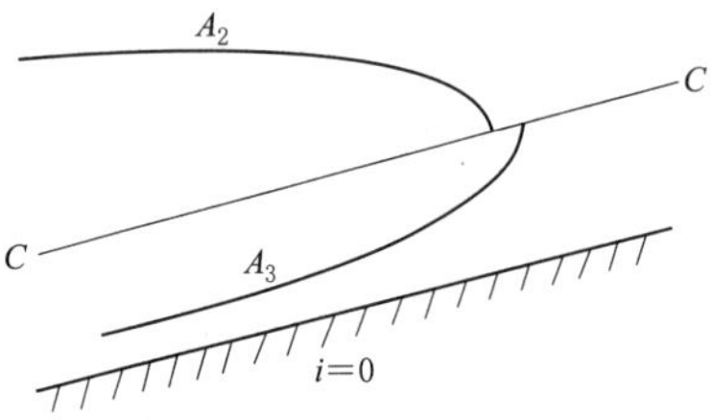

图 6-49　A 型水面线

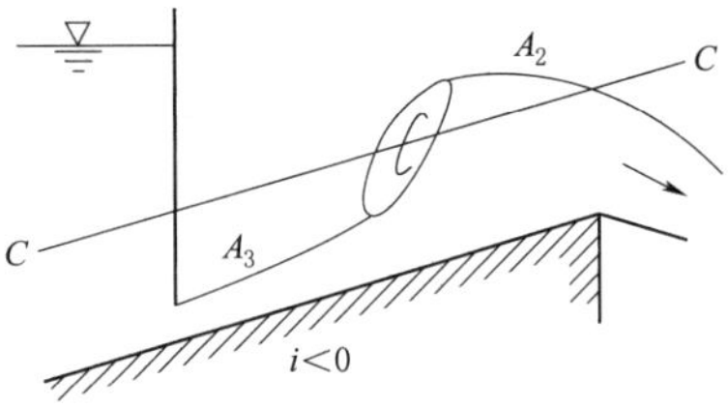

图 6-50　A_2A_3 型水面线

三、水面曲线的分析总结

本节分析了棱柱体渠道可能出现的 12 种渐变流水面曲线。工程中最常见的是 M_1、M_2、M_3、S_2 型四种。总结对水面线的分析。

（1）棱柱体渠道非均匀渐变流微分方程 $\frac{dh}{ds}=\frac{i-J}{1-Fr^2}$ 是分析和计算水面线的理论基础。通过分析函数的单调增、减性，便可得到水面线沿程变化的趋势及两端的极限情况。

（2）为得出分析结果，该流量下用正常水深线 $N-N$ 与临界水深线 $C-C$，将明渠流动空间分区。这里 $N-N$、$C-C$ 不是渠道中的实际水面线，而是流动空间分区的界线。

（3）微分方程式（6-36）在每一区域内的解是唯一的，因此，每一区域内水面线也是唯一确定的。如缓坡渠道 2 区，只可能发生 M_2 型降水曲线，不可能有其他型的水面线。

（4）在各区域中，1、3 区的水面线（M_1、M_3、S_1、S_3、C_1、C_3、H_3、A_3 型水面线）是壅水曲线，2 区的水面线（M_2、S_2、H_2、A_2 型水面线）是降水曲线。

（5）除 C_1、C_2 型外，所有水面线在水深趋于正常水深 $h\to h_0$ 时，以 $N-N$ 线为渐近线。在水深趋于临界水深 $h\to h_C$ 时，与 $C-C$ 线正交，发生水跃或水跌。

（6）因急流的干扰波只能向下游传播，急流状态的水面线（M_3、S_2、S_3、C_3、H_3、A_3 各型）控制水深必在上游。缓流的干扰影响可以上传，缓流状态的水面线（M_1、M_2、S_1、C_1、H_2、A_2 各型）控制水深在下游。

综上所述，在棱柱体渠道的恒定非均匀渐变流中，共有 12 种水面曲线，即顺坡渠道 8 种，平坡与逆坡渠道各 2 种。

在具体进行水面曲线分析时，可参照以下步骤进行：

（1）根据已知条件，给出 $N-N$ 线和 $C-C$ 线（平坡和逆坡渠道无 $N-N$ 线）。

（2）从水流边界条件出发，即从实际存在的或经水力计算确定的，已知水深的断面（即控制断面）出发（急流从上游往下游分析，缓流从下游往上游分析），确定水面曲线的类型，并参照其壅水、降水的性质和边界情形，进行描绘。

（3）如果水面曲线中断，出现了不连续而产生水跌或水跃时，要做具体分析。一般情况下，水流至跌坎处便形成水跌现象。水流从急流到缓流，便发生水跃现象。至于形成水跃的具体位置，则还要根据水跃原理以及水面曲线计算理论做具体分析后才能确定。

为了能正确地分析水面曲线还必须了解以下几点：

（1）上述 12 种水面曲线，只表示了棱柱体渠道中可能发生的渐变流的情况，至于在某一底坡上出现的究竟是哪一种水面曲线，则根据具体情况而定，但每一种具体情况的水面曲线都是唯一的。

（2）在正底坡长渠道中，在距干扰物相当远处，水流仍为均匀流。这是水流重力与阻力相互作用，力矩达到平衡的结果。

（3）由缓流向急流过渡时产生水跌，由急流向缓流过渡时产生水跃。

（4）由缓流向缓流过渡时只影响上游，下游仍为均匀流；由急流向急流过渡时只影响下游，上游仍为均匀流。

（5）临界底坡中的流动形态，视其相邻底坡的缓急而定其急缓流，如上游相邻底坡为缓坡，则视为缓流过渡到缓流，只影响上游。

【例 6－14】 底坡改变引起的水面曲线连接分析实例。

现设有顺直棱柱体渠道在某处发生变坡，为了分析变坡点前后产生何种水面曲线连接，需按以下两个步骤进行：

步骤一：根据已知条件（流量 Q、渠道断面形状尺寸、糙率 n 及底坡 i）可以判别两个底坡 i_1 及 i_2 各属何种底坡，从而定性地画出 $N-N$ 线及 $C-C$ 线。

步骤二：根据各渠段上控制断面水深（对充分长的顺坡渠道可以认为有均匀流段存在）判定水深的变化趋势（沿程增加或是减少）；根据这个趋势，在这两种底坡上选择符合要求的水面曲线进行连接。

以下举例均认为已完成步骤一，仅讲述步骤二。

（1）$0<i_1<i_2<i_c$。由于 i_1 及 i_2 均为顺坡，故 i_1 的上游与 i_2 的下游可以有均匀流段存在，即上游水面应在正常水深线 N_1-N_1 处，下游水面则在 N_2-N_2 处，如图 6－51 所示。这时水深应由较大的 h_{01} 降到较小的 h_{02}，所以水面曲线应为降水曲线。在缓坡上降水曲线只有 M_2 型曲线。即水深从 h_{01} 通过 M_2 曲线逐渐减小，到交界处恰等于 h_{02}，而 i_2 渠道上仅有均匀流。

（2）$0<i_2<i_1<i_c$。这里上、下游均为缓流，没有从急流过渡到缓流的问题，故无水跃发生，又因 $i_1>i_2$，则 $h_{01}<h_{02}$。可见连接段的水深应当沿程增加，这看来必须是上游段为 M_1 型水面曲线和下游段为均匀流才有可能，如图 6－52 所示。

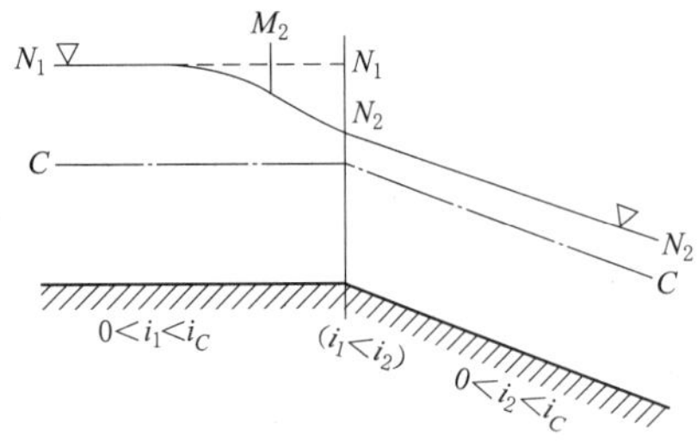

图 6-51

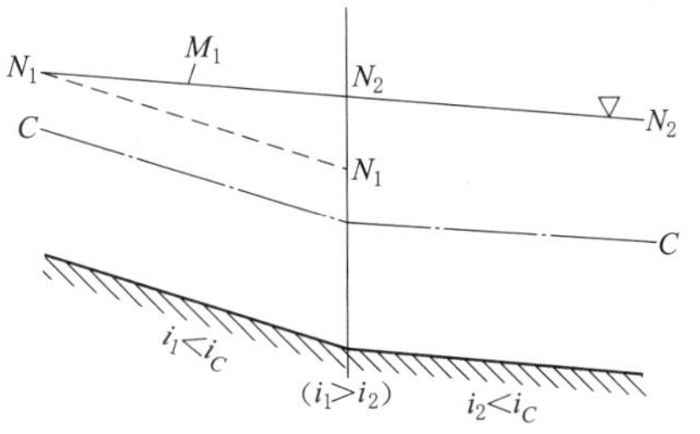

图 6-52

(3) $0<i_1<i_c$、$i_2>i_C$。由坡度变化可知，$h_{01}>h_c$、$h_{02}<h_c$，据此绘制正常水深线 N_1-N_1、N_2-N_2 与临界水深线 $C-C$。

此时水深将由较大的 h_{01} 逐渐下降到较小的 h_{02}，水面必须采取降水曲线的形式。在这两种底坡上只有 M_2 及 S_2 型曲线可以满足这一要求，因此在 i_1 上发生 M_2 型曲线，在 i_2 上发生 S_2 型曲线。它们在变坡处形成水跌互相衔接，如图 6-53 所示。

(4) $i_1>i_C$、$0<i_2<i_C$。由于 $h_{01}<h_C$ 是急流，而 $h_{02}<h_C$ 是缓流，所以从 h_{01} 过渡到 h_{02} 乃是急流过渡为缓流，此时必然发生水跃。这种连接又有三种可能，如图 6-55 所示。究竟发生哪一种，在何处发生，应根据 h_{01} 和 h_{02} 的大小具体分析，如图 6-54 所示。

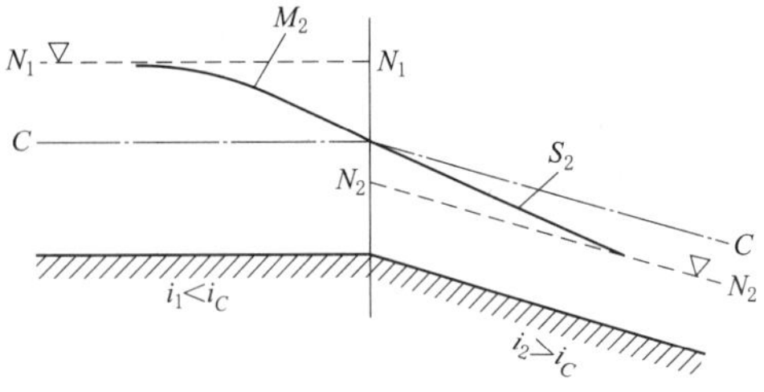

图 6-53

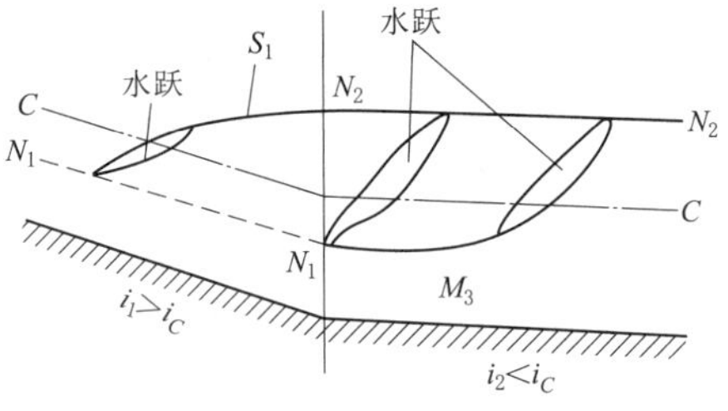

图 6-54

求出与 h_{01} 共轭的跃后水深 h''_{01}，并与 h_{02} 比较，有以下三种可能：

$h_{02}<h''_{01}$——水跃发生在 i_2 渠道上，称为远驱式水跃（remote hydraulic jump）。这说明下游段的水深 h_{02}，挡不住上游段的急流而被冲向下游。水面连接由 M_3 型壅水曲线及其后面的水跃组成，为远驱式水跃连接。

$h_{02}=h''_{01}$——水跃发生在底坡交界断面处，称为临界水跃。

$h_{02}>h''_{01}$——水跃发生在 i_1 渠道上，即发生在上游渠段，称为淹没水跃。

【例 6-15】 储水池引出的输水长渠道，中间设有闸门，末端为跌坎，试画出：(1) 输水渠道为缓坡，闸门开启高度小于临界水深［图 6-55 (a)］，水面曲线示意图；(2) 输水渠道为陡坡，闸门开启高度小于正常水深［图 6-55 (b)］，水面曲线示意图。

解：(1) 缓坡（$0<i<i_C$）渠道。绘 $N-N$、$C-C$ 线将流动空间分区，找出闸前水深、闸下出流收缩水深及渠道末端临界水深为各渠段水面线的控制水深。闸前

段：因闸门阻水，闸前水面升高超过 $N-N$ 线，闸前段为 M_1 型壅水曲线，向上延伸到储水池出口，影响水池出流。闸后段：闸下水深小于临界水深，自收缩断面向下为 M_3 型壅水曲线，又渠道末端为临界水深，向上为 M_2 型降水曲线，在与 M_3 型水面曲线的水深成共轭水深的断面间发生水跃。

(2) 陡坡（$i>i_C$）渠道。绘 $N-N$、$C-C$ 线将流动空间分区，找出渠道进口水深、闸前水深及闸下出流收缩水深为各渠段水面线的控制水深。闸前段：因闸门阻水，闸前水面升高超过 $C-C$ 线，闸前段为 S_1 型壅水曲线，向上延伸到 $C-C$ 线，不影响储水池出流，输水渠道自进口向下为 S_2 型降水曲线，在与 S_1 型水面曲线的水深成共轭水深的断面间发生水跃。闸后段：自收缩断面向下为 S_3 型壅水曲线，下游以 $N-N$ 线为渐近线流出跌坎。

以上水面曲线直接绘于图 6-55 (a)、(b) 上。

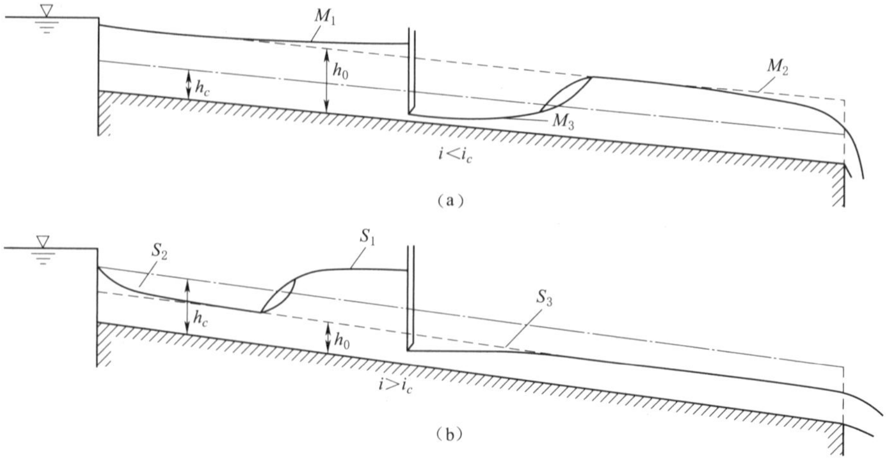

图 6-55　水面曲线绘制

【例 6-16】 试分析由陡坡变为缓坡的长渠道（图 6-56），水面曲线可能的衔接形式。

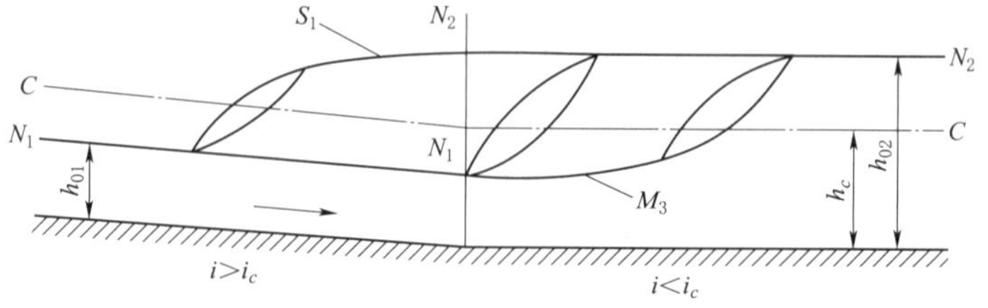

图 6-56　水面曲线衔接

【分析】 绘出陡坡渠段的正常水深（h_{01}）线 N_1-N_1，缓坡渠段的正常水深（h_{02}）线 N_1-N_1，临界水深线 $C-C$，将流动空间分区。渠道变底坡在一定范围内造成非均匀流，再远处不受变坡影响仍为均匀流，故渠中水流是从上渠远处均匀流的急流（h_{01}）过渡到下渠远处均匀流的缓流（h_{02}）。急流向缓流过渡要发生水跃，水跃的位置将决定水面曲线衔接的形式，以水深 h_{01} 的共轭水深 h''_{01} 与水深 h_{02} 相比较：

（1）$h''_{01}=h_{02}$，水跃发生在变坡断面，称为临界水跃，水跃前后为均匀流急流和均匀流缓流。

（2）$h''_{01}>h_{02}$，急流冲入缓坡渠段，形成 M_3 型壅水曲线，水深沿程增加，增至与水深 h_{02} 成共轭水深时发生水跃，此时水跃远离变坡断面，称为远驱式水跃。

（3）$h''_{01}<h_{02}$，缓流淹没变坡断面，将水跃阻挡在陡坡渠段，跃前为均匀流急流，跃后以 S_1 型壅水曲线与缓坡渠段均匀流缓流衔接，这样的水跃称为淹没水跃。

资源 6－7
水面曲线的
绘制举例

第七节　明渠非均匀渐变流水面曲线的计算

实际明渠工程除要求对水面线做出定性分析之外，有时还需定量计算和绘出水面线。水面线常用分段求和法计算，这个方法是将整个流程分为若干个流段 Δl，并以有限差式来代替微分方程式，然后根据有限差计算水深和相应的距离。

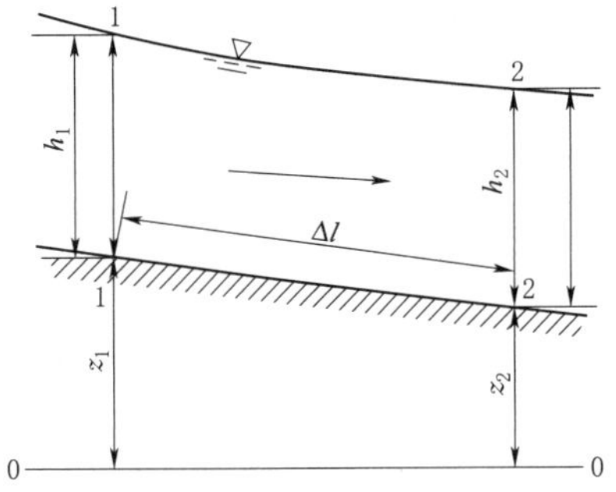

图 6－57　水面曲线计算

设明渠非均匀渐变流，取其中某流段 Δl（图 6－57），列断面 1－1、断面 2－2 断面伯努利方程式

$$z_1+h_1+\frac{\alpha_1 v_1^2}{2g}+=z_2+h_2+\frac{\alpha_2 v_2^2}{2g}+\Delta h_w$$

$$\left(h_2+\frac{\alpha_2 v_2^2}{2g}\right)-\left(h_1+\frac{\alpha_1 v_1^2}{2g}\right)=(z_1-z_2)-\Delta h_w$$

其中　$z_1-z_2=i\Delta l$，$\Delta h_w\approx\Delta h_j=\overline{J}\Delta l$

渐变流沿程水头损失近似按均匀流公式计算。该流段平均水力坡度

$$\overline{J}=\frac{\overline{v}^2}{\overline{C}^2\overline{R}}$$

其中

$$\overline{v}=\frac{v_1+v_2}{2}，\overline{R}=\frac{R_1+R_2}{2}，\overline{C}=\frac{C_1+C_2}{2}$$

又

$$e_1=h_1+\frac{\alpha_1 v_1^2}{2g}，e_2=h_2+\frac{\alpha_2 v_2^2}{2g}$$

将各项代入前式，整理得

$$\Delta l=\frac{e_2-e_1}{i-\overline{J}}=\frac{\Delta e}{i-\overline{J}} \tag{6-39}$$

式（6－39）就是分段求和法计算水面线的计算式。

以控制断面水深作为起始水深 h_1（或 h_2），假设相邻断面水深 h_2（或 h_1），算出 Δe 和 $\overline{J}$，代入式（6－39）即可求第一个分段的长度 Δl_1。再以 Δl_1 处的断面水深作为下一分段的起始水深，用同样方法求出第二个分段的长度 Δl_2。依次计算，直至分段总和等于渠道总长 $\sum\Delta l=l$。根据所求各断面的水深及各分段的长度，即可绘制定量的水面线。

由于分段求和法直接由伯努利方程导出，对棱柱体渠道和非棱柱体渠道都适用，是水面线计算的基本方法。此外，对于棱柱体渠道，还可对式（6－36）近似积分计算。

【例 6－17】 矩形排水长渠道，底宽 $b=2$m，糙率 $n=0.025$，底坡 $i=0.0002$，排水流量 $Q=2.0\text{m}^3/\text{s}$，渠道末端排入河中（图 6－58）。试绘制水面曲线。

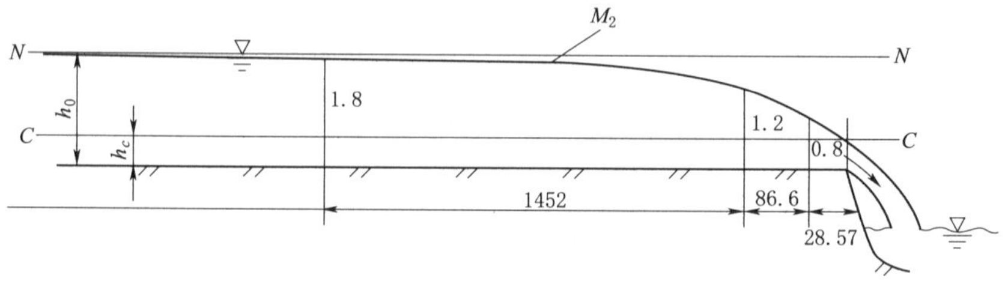

图 6－58 ［例 6－17］图（单位：m）

解：(1) 判别渠道底坡性质及水面线类型。正常水深由式（6－17）试算得 $h_0=2.26$m，临界水深由式（6－21）算得 $h_c=0.467$m。

按 h_0、h_c 计算值，在图中标出 $N-N$ 线和 $C-C$ 线：$h_0>h_c$ 为缓坡渠道，末端（跌坎）水深为 h_c，渠内水流在缓坡渠道第 2 区流动，水面线为 M_2 型降水曲线。

(2) 水面线计算。渠道内为缓流，末端水深 h_c 为控制水深，向上游推算。取 $h_2=h_c=0.467\text{m}$，$A_2=Bh_2=0.934\text{m}^2$，$v_2=\dfrac{Q}{A_2}=2.14\text{m/s}$，$\dfrac{v_2^2}{2g}=0.234\text{m}$，$e_2=h_2+\dfrac{v_2^2}{2g}=0.7\text{m}$，$R_2=\dfrac{A_2}{\chi^2}=0.32\text{m}$，$C_2=\dfrac{1}{n}R_2^{1/6}=33.07\text{m}^{1/2}/\text{s}$。

设 $h_1=0.8\text{m}$，$A_1=Bh_1=1.6\text{m}^2$，$v_1=\dfrac{Q}{A_1}=1.25\text{m/s}$，$\dfrac{v_1^2}{2g}=0.08\text{m}$，$e_1=h_1+\dfrac{v_1^2}{2g}=0.88\text{m}$，$R_1=\dfrac{A_1}{\chi^1}=0.44\text{m}$，$C_1=\dfrac{1}{n}R_1^{1/6}=34.94\text{m}^{1/2}/\text{s}$，则

平均值 $\overline{v}=\dfrac{v_1+v_2}{2}=1.695\text{m/s}$，$\overline{R}=\dfrac{R_1+R_2}{2}=0.38\text{m}$，$\overline{C}=\dfrac{C_1+C_2}{2}=34\text{m}^{0.5}/\text{s}$，$\overline{J}=\dfrac{\overline{v}^2}{\overline{C}^2\overline{R}}=0.0065$

$$\Delta l_{1-2}=\frac{\Delta e}{i-\overline{J}}=\frac{-0.18}{-0.0063}=28.57(\text{m})$$

继续按 $h=1.2$m、1.8m、2.1m，重复以上步骤计算各类长度，各段计算结果见表 6－8。根据计算值，便可绘制泄水渠内水面线。

表 6-8　　**水面曲线计算表**

断面	h/m	A/m^2	v/(m/s)	$\overline{v}$/(m/s)	$v^2/2g$/m	e/m	Δe/m
1	0.476	0.934	2.14	1.695	0.234	0.7	−0.18
2	0.8	1.6	1.25	1.64	0.08	0.88	−0.355
3	1.2	2.4	0.833	0.694	0.035	1.235	−0.581
4	1.8	3.6	0.556	0.516	0.016	1.816	−0.296
5	2.1	4.2	0.476		0.012	2.112	

断面	R/m	$\overline{R}/m^2$	$C/(m^{1/2}/s)$	$\overline{C}/(m^{1/2}/s)$	$\overline{J}$	$i-\overline{J}$	Δl/m	$\Sigma\Delta l$/m
1	0.32	0.38	33.07	34.0	0.0065	−0.0063	28.57	28.57
2	0.44	0.493	34.94	35.55	0.0043	−0.0041	86.59	115.16
3	0.545	0.594	36.15	36.66	0.0006	−0.0004	1452	1567.16
4	0.643	0.660	37.16	37.32	0.00029	−0.00009	3288	4855
5	0.677		37.48					

注　为便于水面曲线定位绘制，表中的断面编号，是自末端断面（控制断面）算起的。

课　后　习　题

一、选择题

1. 明渠均匀流只能出现在（　　）。

A. 平坡棱柱体渠道　　B. 顺坡棱柱体渠道

C. 逆坡棱柱体渠道　　D. 天然河道中

2. 水力最优断面是（　　）。

A. 造价最低的渠道断面

B. 壁面粗糙系数最小的断面

C. 过流断面面积一定，湿周最小的断面

D. 过流断面面积一定，水力半径最小的断面

3. 水力最优矩形渠道断面，宽深比 b/h 是（　　）。

A. 0.5　　B. 1.0　　C. 2.0　　D. 4.0

4. 平坡和逆坡渠道中，断面单位能量沿程的变化（　　）。

A. $\frac{de}{ds}>0$　　B. $\frac{de}{ds}<0$　　C. $\frac{de}{ds}=0$　　D. 都有可能

5. 明渠流动为急流时（　　）。

A. $Fr>1$　　B. $h>h_c$　　C. $v<c$　　D. $\frac{de}{dh}>0$

6. 明渠流动为缓流时（　　）。

A. $Fr<1$　　B. $h<h_c$　　C. $v>c$　　D. $\frac{de}{dh}<0$

7. 明渠水流由急流过渡到缓流时发生（　　）。

A. 水跃　　B. 水跌　　C. 连续过渡　　D. 都可能

8. 在流量一定，渠道断面的形状、尺寸和壁面粗糙度一定时，随底坡的增大，正常水深将（　　）。

A. 增大　　B. 减小　　C. 不变　　D. 不定

9. 在流量一定，渠道断面的形状、尺寸一定时，随底坡的增大，临界水深将（　　）。

A. 增大　　B. 减小　　C. 不变　　D. 不定

10. 宽浅的矩形断面渠道，随流量的增大，临界底坡 i_c 将（　　）。

A. 增大　　B. 减小　　C. 不变　　D. 不定

二、计算题

1. 梯形断面土渠，底宽 $b=3\text{m}$，边坡系数 $m=2$，水深 $h=1.2\text{m}$，底坡 $i=0.0002$，渠道受到中等养护，试求通过流量。

2. 修建混凝土砌面（较粗糙）的矩形渠道，要求通过流量 $Q=9.7\text{m}^3/\text{s}$，底坡 $i=0.001$，试按水力最优断面设计断面尺寸。

3. 修建梯形断面渠道，要求通过流量 $Q=1\text{m}^3/\text{s}$，边坡系数 $m=1.0$，底坡 $i=0.0022$，糙率 $n=0.03$，试按不冲允许流速 $[v_{\max}]=0.8\text{m/s}$，设计断面尺寸。

4. 已知一钢筋混凝土圆形排水管道，污水流量 $Q=0.2\text{m}^3/\text{s}$，底坡 $i=0.005$，糙率 $n=0.014$，试确定此管道的直径。

5. 钢筋混凝土圆形排水管，已知直径 $d=1.0\text{m}$，糙率 $n=0.014$，底坡 $i=0.002$，试校核此无压管道的过流量。

6. 有一梯形土渠，底宽 $b=12\text{m}$，边坡系数 $m=1.5$，糙率 $n=0.025$，通过流量 $Q=18\text{m}^3/\text{s}$，试求临界水深及临界底坡。

7. 在矩形断面平坡渠道中发生水跃，已知跃前断面的 $Fr_1=\sqrt{3}$，问跃后水深 h''是跃前水深 h'的几倍。

8. 试分析图 6-59 所示棱柱体渠道中水面曲线衔接的可能形式。

9. 有棱柱体渠道如图 6-60 所示，各渠段足够长，其中底坡 $0<i_c<i_1$，$i_2>i_3>i_c$，闸门的开度小于临界水深 h_c，试绘出水面曲线示意图，并标出曲线。

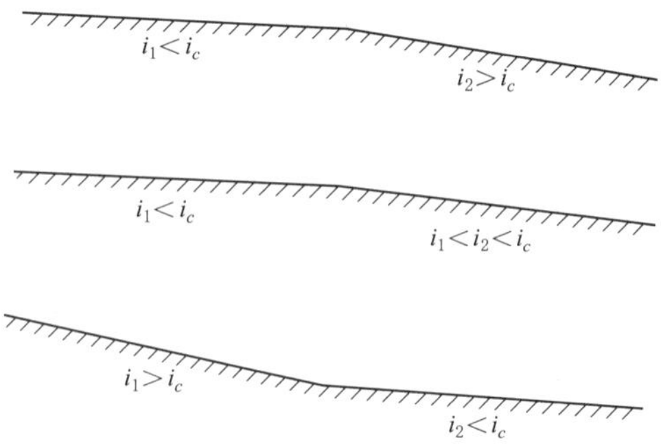

图 6-59

10. 用矩形断面长渠道向低处排水，如图 6-61 所示，末端为跌坎，已知渠道底宽 $b=1\text{m}$，底坡 $i=0.0004$，正常水深 $h_0=0.5\text{m}$，糙率 $n=0.014$，试求：(1) 渠道末端出口断面的水深；(2) 绘渠道中水面曲线示意图。

11. 矩形断面长渠道如图 6-62 所示，底宽 $b=2\text{m}$，底坡 $i=0.001$，糙率 $n=0.014$，通过流量 $Q=3.0\text{m}^3/\text{s}$，渠、尾设有溢流堰，已知堰前水深为 1.5m，要求定量绘出堰前断面至水深 1.1m 断面之间的水面曲线。

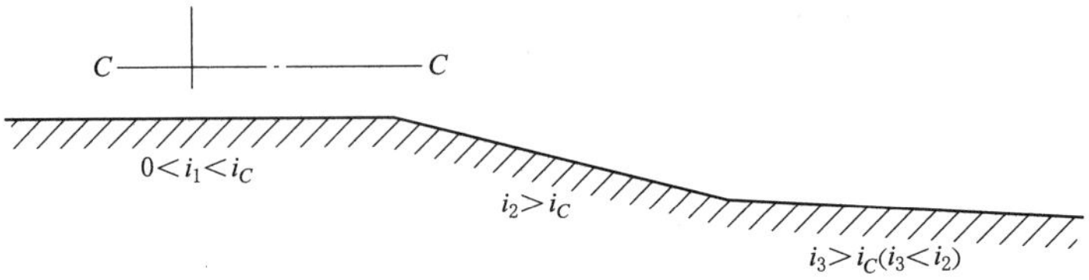

图 6-60

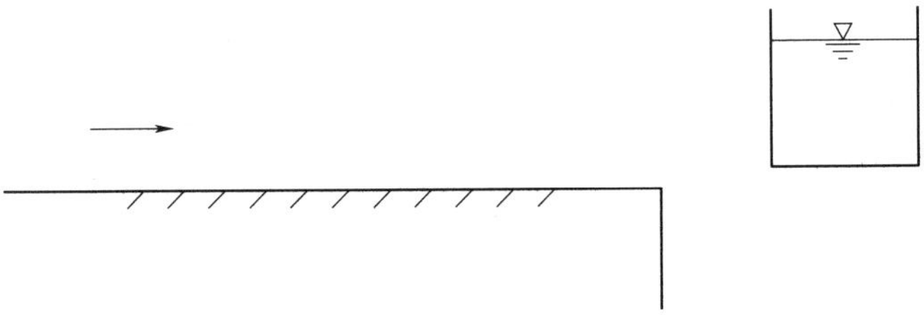

图 6-61

资源 6-8
第六章习题
参考答案

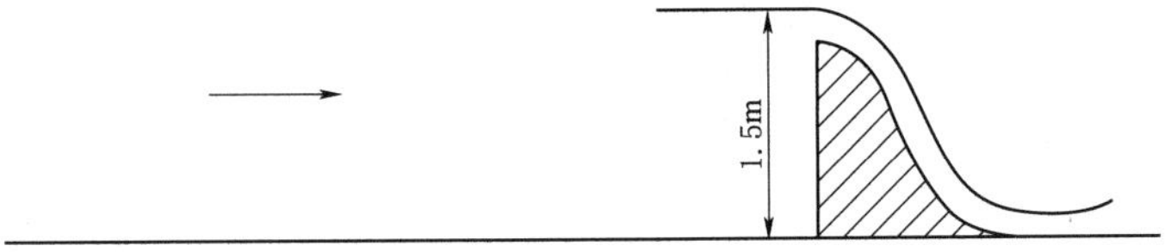

图 6-62

第七章

渗流

资源 7-1 第七章思维导图

教学目的： 了解渗流基本概念；掌握渗流的达西定律；熟悉无压渐变渗流的基本公式；熟练掌握集水廊道与井的流量计算。

教学内容：

1. 渗流的基本概念
2. 均匀渗流的达西定律
3. 无压恒定渐变渗流的基本公式
4. 集水廊道和井

教学重点： 本章重点讲述集水廊道和普通井的计算，结合工程实例说明工程实际当中所产生的渗流现象。配合集水廊道与井计算方面的习题，使学生很好地掌握该部分内容。

教学难点： 井和集水廊道相关计算。

流体在土壤、岩层等孔隙介质中的流动称为渗流。所谓孔隙介质，即由固体骨架构成具有无数孔隙或裂隙的物质。工程中所指的孔隙介质有土壤、沙石及有裂隙的岩石等。当流体是水、孔隙介质是土壤或岩石时，渗流又称地下水运动，地下水运动是自然界最常见的渗流现象。

渗流理论在土建交通工程、水利工程、水文地质、石油化工、环境保护、矿物开采等工程部门有广泛的应用。例如，路基排水、地下工程防水、桥梁及建筑工程的基础施工降水、城市防洪设计等都涉及渗流理论；再如合理开发利用地下水资源、防止地下水污染，这些也涉及渗流问题；在土木工程中为地下水源的开发、降低地下水位、防止建筑物地基发生渗流变形提供理论依据。

在土建方面常见的渗流问题有以下几种：

（1）在给水方面，有井和集水廊道等集水建筑物的设计计算问题，如图 7-1 所示。

（2）在排灌工程方面，有地下水位的变动、渠道的渗漏损失以及坝体和渠道边坡的稳定等方面的问题，如图 7-2 所示。

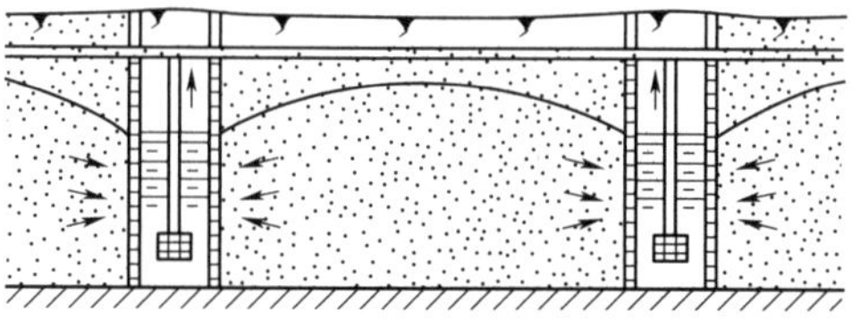

图 7-1　普通井

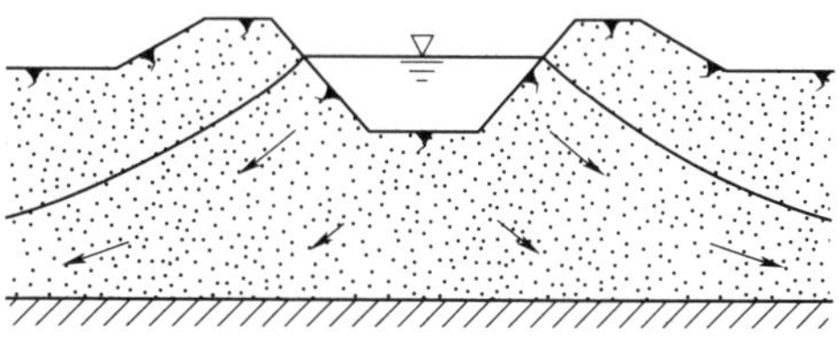

图 7-2　渠道

（3）在水工建筑物，特别是高坝的修建方面，有坝身的稳定、坝身及坝下的渗透损失等方面的问题。

（4）在建筑施工方面，需确定围堰或基坑的排水量和水位降落等方面的问题。

第一节　渗流的基本概念

一、水在土壤中存在的状态

水在土壤或岩石孔隙中的存在状态有气态水、附着水、薄膜水、毛细水和重力水五种。

气态水是以水蒸气的状态混合在空气中而存在于土壤孔隙内，数量较少，一般都不考虑。

附着水是由于分子力的作用而聚集于土壤颗粒表面，其厚度小于最小分子层厚度的水，呈现固体水的性质。

薄膜水是以厚度不超过分子作用半径的膜层包围着土壤颗粒的水，其性质和附着水近似。附着水和薄膜水都是在固体颗粒与水分子相互作用下形成的，其数量很少，很难移动，在渗流中一般也不考虑。

毛细水是由于毛细管作用而保持在土壤孔隙中，除特殊情况外，一般也可忽略。当孔隙介质含水量很大时，除少量液体吸附于固体颗粒四周或存在于毛细区外，大部分水将在重力作用下而运动，这部分水称为重力水。

本章研究的内容就是重力水在土壤孔隙中的运动规律。

二、土壤的分类

渗流运动的规律与土壤孔隙的形状、大小有密切关系，主要涉及土壤颗粒的粒径、级配、均匀性、排列方式及孔隙度等因素。

根据土壤的透水能力在整个渗流区域内有无变化，可将土壤进行分类。渗透性质在土壤中各点都相同的土壤称为均质土壤，反之称为非均质土壤。按土壤同一点处各个方向透水性能是否相同，又可以将土壤分为各向同性土壤和各向异性土壤。各向同性土壤是指同一点处各个方向透水性能都相同的土壤，例如砂土；反之如黄土、沉积岩等就是各向异性土壤。

严格来说，只有等直径圆球颗粒规则排列的土壤才是均质各向同性的土壤，而自然界中土壤情况是很复杂的，一般都是各向异性非均质土壤。但为了简化问题，在能够满足工程精度要求的情况下，常假定研究的土壤是均质各向同性土壤。

三、渗流的简化模型

实际土壤的孔隙形状、大小和分布都是极其复杂的，其原因在于自然土壤的颗粒，在形状和大小上悬殊，颗粒间孔隙形成的通道，在形状、大小和分布上也很不规则，具有随机性质，从而导致无论从理论分析还是实验手段的角度去描述渗流沿孔隙中的流动路径和流动速度都是办不到的，而且从工程应用的角度来说也是没有必要的。工程中所关心的是渗流的宏观平均效果，而不是孔隙中的流动细节问题。对于实际工程而言，常用统计的方法，采用某种平均值来描述渗流，即以理想的、简化了的渗流来代替实际的、复杂的渗流。所以根据工程实际的需求对渗流进行简化：一方面不考虑渗流的实际路径，只考虑渗流的主要流向；另一方面忽略土壤颗粒的存在，认为渗流是充满整个孔隙介质的连续水流。这种虚拟的渗流称为渗流简化模型，其实质就是将未充满全部空间的渗流看成充满空间的连续介质运动。引入渗流简化模型后，前面章节所学的有关于流体运动的各种概念和方法，如流线、恒定流、均匀流、过流断面、断面平均流速等均可以直接应用到渗流运动的研究中去。

渗流简化模型是渗流区域（流体和孔隙介质所占据的空间）的边界条件保持不变，略去全部土颗粒，认为渗流区连续充满流体，而流量与实际渗流相同，压强和渗流阻力也与实际渗流相同的替代流场。

达西渗流装置就是一个典型的渗流模型。如图 7-3 所示，竖直圆筒内充填沙粒，圆筒横断面面积为 A，沙层厚度为 l，沙层由金属细网支托。水由稳压箱经水管流入圆筒中，并用溢流管保持水位恒定，再经沙层从出水管流出，其流量采用体积法（量筒）量测。在沙层的上下两端装有测压管以量测渗流的水头损失，由于渗流的动能很小，可以忽略不计，因此测压管水头差 H_1-H_2 即为渗流在两断面间的水头损失。

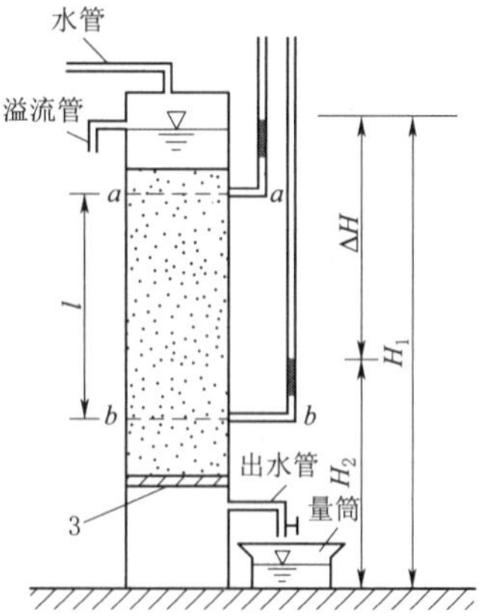

图 7-3　达西渗流装置

由此实验看出，流经土壤空隙间的液体质点，虽各有其极不规则的运动形式，但就其总体而言，其主流方向却是向下的。

在土壤中取一与主流方向正交的微小面积过流断面积 ΔA，但其中包含了足够多的孔隙，重力水流量 ΔQ 流过的孔隙面积为 $e\Delta A$，e 为表示土壤孔隙大小的孔隙率，其大小等于孔隙的面积与过流总面积之比，即

$$e=\frac{\Delta A'}{\Delta A}$$

再假设渗流在连续充满圆筒全部的、包括土壤孔隙和骨架在内的空间，以便引用研究管渠连续水流的方法，即把渗流看成是许多连续的元流所组成的总流，且可引入与孔隙大小和形状无直接关系的参数表示渗流，如定义渗流流速为

$$u=\frac{\Delta Q}{\Delta A}$$

式中　u——渗流简化模型定义的流速；

ΔQ——通过过流断面的渗流流量；

ΔA——由颗粒骨架和孔隙组成的过流断面面积，它比实际过流断面面积要大。

显然，渗流简化模型中的流速与实际渗流中的流速是不同的，实际渗流是发生在 ΔA 面积内的孔隙中间的，所以实际渗流的流速比渗流简化模型的流速要大，这与孔隙率的大小有关。实际渗流流速可以表示为

$$u'=\frac{\Delta Q}{\Delta A'}=\frac{\Delta Q}{e\Delta A}=\frac{u}{e}$$

式中　u'——颗粒孔隙中实际的渗流流速；

$\Delta A'$——实际土壤中孔隙的面积；

e——土壤孔隙率，$e=\dfrac{\Delta A'}{\Delta A}$，各种土壤的孔隙率，见表 7－1；

ΔQ——通过过流断面的渗流流量。

表 7－1　　　土 壤 孔 隙 率 e

土壤种类	黏土	粉砂	中粗混合砂	均匀砂
孔隙率	0.45～0.55	0.40～0.50	0.35～0.40	0.30～0.40
土壤种类	细、中混合砂	砾石	砾石和砂	砂岩
孔隙率	0.30～0.35	0.30～0.40	0.20～0.35	0.10～0.20

以渗流模型取代真实渗流的原则：①渗流模型的流量与实际渗流的流量相等；②对某一作用面，渗流模型的动水压力与真实渗流的动水压力相等；③渗流模型的阻力与实际渗流的阻力相等（即水头损失应相等）。

在渗流模型的基础上，渗流也可按欧拉法的概念进行分类，例如，根据各渗流空间点上的流动参数是否随时间变化，分为恒定渗流和非恒定渗流；根据流动参数与坐标的关系，分为一维、二维、三维渗流；根据流线是否平行直线，分为均匀渗流和非均匀渗流，而非均匀渗流又可分为渐变渗流和急变渗流。此外从有无自由水面，可分为有压渗流和无压渗流。

第二节　均匀渗流的达西定律

流体在孔隙中流动时，必然要有能量损失。早在 1852—1855 年法国工程师达西就对砂质土壤进行了大量的渗流实验，总结出渗流水头损失与渗流流速、流量之间的关系式，即达西定律。达西的实验研究是在均质砂土中液体做均匀流动的情况下进行的，但是这个研究成果已被后来学者推广到整个渗流计算中去，达西定律成为最基本、最重要的公式。

一、达西定律

在如图 7－3 所示的达西渗流实验装置中，渗流的速度很小，流速水头 $\alpha v^2/2(g)$ 更小而忽略不计，则过流断面的总水头等于测压管水头

$$H=H_p=z+\frac{p}{\rho g}$$

或者说，渗流的测压管水头等于总水头，测压管水头差就是渗流在 l 长度的水头损失 h_w，即

$$h_w=H_1-H_2$$

而测压管水头线的坡度就是水力坡度

$$J=\frac{h_w}{l}=\frac{H_1-H_2}{l}$$

达西通过大量实验证实：在不同尺寸的圆筒和不同类型土的渗流中所通过的渗流流量 Q 与过流断面面积（圆管的横断面面积）A 及水力坡度 J 成正比，并与土壤的渗透性能系数 k 有关，即

$$Q \propto A\frac{h_w}{L}$$

基本关系式为

$$Q=kA\frac{h_w}{L}=kAJ \tag{7-1}$$

或

$$v=\frac{Q}{A}=kJ \tag{7-2}$$

式中　k——渗透系数（coefficient of permeability），反映土壤性质和液体性质综合影响渗流的一个系数，具有流速的量纲；

v——渗流速度，渗流断面平均流速，m/s；

J——水力坡度，流程范围内的平均测压管水头线坡度。

式（7－1）和式（7－2）即为达西定律的表达式，它表明在某一均质孔隙介质中，渗流的水力坡度与渗流流速的一次方成比例，因此也称为线性渗流定律，这一定律是达西的实验结果。

达西实验是在等直径圆筒内均质砂土中进行的，属于均匀渗流，可以认为各点的流动状况相同，各点的速度等于断面平均流速，达西定律的表达式还可写为

$$u=v=kJ \tag{7-3}$$

式中　u——任一点的渗流流速。

式（7－2）或式（7－3）是根据达西实验结果所建立的均匀渗流的断面平均以及点流速公式。基于上述公式，可以引出渗流场中任意点的渗流流速关系。如图7－4所示，一个夹在两个不透水层之间的含水区，地下水在含水区做有压渗流，若在微小流束 ab 的任意过流断面1－1上测压管水头为 H，经过 $\mathrm{d}s$ 流程后的断面2－2上，测压管水头下降 $\mathrm{d}H$，在断面1－1的 M 点处水力坡度为

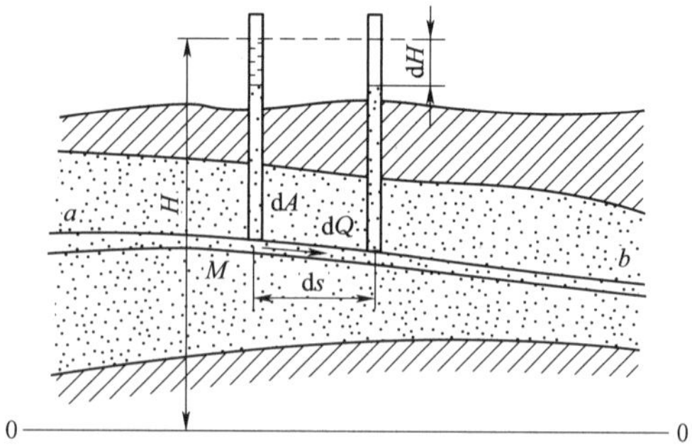

图7－4　不透水层的有压渗流

$$J=-\frac{\mathrm{d}H}{\mathrm{d}s}$$

式中　H——渗流的总水头。

由于一般渗流流速很小，其流速水头可以不计，所以总水头 H 可用测压管水头来代替，即

$$H=z+\frac{p}{\rho g}$$

式（7-3）又可表示为

$$u=kJ=-k\frac{\mathrm{d}H}{\mathrm{d}s} \tag{7-4}$$

式中　u——点流速，m/s；

J——该点的水力坡度，%。

式（7-4）是达西定律推广到非均匀、非恒定渗流中的表达式。

二、达西定律的适用条件

进一步研究表明，达西定律只适用于层流渗流，即线性渗流。一般土壤中地下水的流动是很缓慢的，处于层流状态。但是在有砾石、碎石等大孔隙介质中，由于透水性能好，地下水渗流量大，渗流速度较大，渗流流态将由层流转变为紊流，此时达西定律将不再适用。

达西定律的适用界限，曾有学者提出以颗粒直径来表示。如司立希特根据实验指出，达西定律适用于平均粒径在0.01～3.0mm的土。后来的大多数学者认为此界限仍以雷诺数来表示更为恰当，但是不同学者所用雷诺数的表达形式是不一样的，因而所得出的临界值也各不相同。大多数研究表明，由层流到紊流的临界雷诺数也不是一个常数，而是随着颗粒直径、孔隙率等因素而变化。巴甫洛夫斯基给出，当 $Re<Re_c$ 时渗流为层流，Re 为渗流的实际雷诺数，Re_c 为渗流的临界雷诺数，其中

$$Re=\frac{1}{0.75n+0.23}\frac{vd}{\nu} \tag{7-5}$$

式中　n——土的孔隙率；

d——土的有效粒径，cm，一般可用 d_{10} 来代表有效粒径。

$$Re_c=7\sim9 \tag{7-6}$$

对于非层流渗流，可以用如下形式的公式来表达其流动规律

$$v=kJ^{\frac{1}{m}} \tag{7-7}$$

上式中，当 $m=1$ 时，为层流渗流；当 $m=2$ 时，则为完全湍流渗流；当 $1<m<2$ 时，为层流到湍流的过渡区。

另一种观点认为，渗流与管（渠）流相似，也可以用雷诺数来判别流态，即

$$Re=\frac{vd}{\nu}\leqslant1\sim10 \tag{7-8}$$

式中　v——渗流断面平均流速，cm/s；

d——土颗粒的有效粒径，一般用 d_{10} 来表示，即筛分时占10%重量的土粒所通过的筛分直径，cm；

ν——水的运动黏度，cm^2/s。

实验表明，按式（7-8）计算雷诺数的临界值 $Re_c=1\sim10$，即当 $Re<1\sim10$ 时渗流仍能处于层流状态，为线性渗流，达西线性定律是适用的。为了安全起见，可把 $Re_c=1$ 作为渗流线性定律适用范围的上限值。工程上所遇到的渗流问题较多都属于层流渗流，但是卵石、砾石等大颗粒土壤中的渗流有可能出现紊流，属于非线性渗流。$Re>1\sim10$ 时，水力坡度 J 与渗流流速 v 为非线性关系，即

$$J = av + bv^2 \tag{7-9}$$

式中　J——渗流的水力坡度；

a、b——待定系数，它们决定于土壤的渗透性和流体的黏性，需由实验确定。

式（7－9）为1901年福希梅提出的渗流水力坡度的一般表达式。当 v 较小时，流动处于层流状态，上式中 bv^2 可以忽略，即 $b=0$，此时该式与达西定律计算式一致。当 v 较大时，流动进入紊流状态，达西定律不成立，实验资料与式（7－9）的一般表示式相符。若 a 和 b 都不等于零，则为一般的非线性渗流定律；若渗流进入紊流阻力平方区时，$a=0$，即水头损失与流速的平方成正比。

很明显，水头损失和流速一次方成比例，乃是液体做层流运动所遵循的规律，进一步说明达西定律只能适用于层流渗流。在水利工程中，除了堆石坝、堆石排水体等大孔隙介质中的渗流为湍流之外，绝大多数渗流均属于层流范围，达西定律都可以适用。

三、渗透系数的测定

在应用达西定律进行渗流计算时，需要确定土的渗透系数 k 值。渗透系数是反映土性质和流体性质综合影响渗流的系数，是分析计算渗流问题最重要的参数。渗透系数的大小取决于很多因素，但主要取决于土颗粒大小、形状、不均匀系数及水温，要精确确定其数值是比较困难的。一般确定 k 值常用以下几种方法。

（一）实验室测定法/室内测定法

为了能较真实地反映土的透水性质，可将天然土取若干土样，在实验室内测定其渗透系数，该方法采用达西实验的装置来测定渗流的流量 Q 和水头损失 h_w，然后通过达西定律计算式求出渗透系数 k 值，即

$$k = \frac{Ql}{Ah_w} \tag{7-10}$$

由于天然土并非完全均质土，所取土样不可能太多，因此也不可能完全反映真实情况，但这种方法毕竟是从实际出发，并且设备简单，费用较低，特别是以土作建筑物（土坝、反滤层）的材料时测定渗透系数多用此法。在室内测定天然土的渗透系数时，尽量选取非扰动土壤，并选取足够多数量的具有代表性的土样进行测定，才能得到较为可靠的 k 值。

（二）现场测定法/野外测定法

该方法一般是在现场利用钻井、挖试坑或利用原有井做抽水或灌水试验，测定流量 Q 和水头 H 等数值，再根据相应的理论公式计算出渗透系数 k 值。此方法虽然没有实验室测定法简便，但因能使土壤结构保持原状，所以测得的 k 值更接近于真实值，是测得 k 值最有效的方法。此方法因规模较大，需要较多的人力物力，常用于重要的大型工程。此工作一般由水文地质勘测工作者来完成，其具体做法，可参考相关文献。

（三）经验方法/经验公式法

当进行初步估算时，由于没有获得可靠的实际资料，可以参照有关规范和已成工程的资料来选定 k 值。很显然，这种方法只有在粗略估算中可以采用。各类土的渗透

系数的参考值见表 7 - 2。

表 7 - 2　　　　土 的 渗 透 系 数

土名	渗透系数 k		土名	渗透系数 k	
	m/d	cm/s		m/d	cm/s
黏土	<0.005	$<6\times10^{-6}$	粗砂	20～50	$2\times10^{-2}\sim6\times10^{-2}$
黏质粉土	0.1～0.5	$1\times10^{-4}\sim6\times10^{-4}$	圆砾	50～100	$6\times10^{-2}\sim1\times10^{-1}$
黄土	0.25～0.5	$3\times10^{-4}\sim6\times10^{-4}$	卵石	100～500	$1\times10^{-1}\sim6\times10^{-1}$
粉砂	0.5～1.0	$6\times10^{-4}\sim1\times10^{-3}$	无填充物卵石	500～1000	$6\times10^{-1}\sim1\times10$
细砂	1.0～5.0	$1\times10^{-3}\sim6\times10^{-3}$	稍有裂隙岩石	20～60	$2\times10^{-2}\sim7\times10^{-2}$
中砂	5.0～20.0	$6\times10^{-3}\sim2\times10^{-2}$	裂隙多的岩石	>60	$>7\times10^{-2}$
均质中砂	35～50	$4\times10^{-2}\sim6\times10^{-2}$			

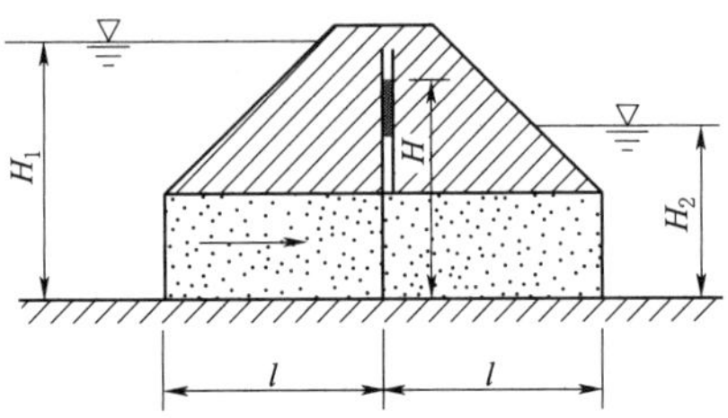

图 7 - 5　路基排水盲沟

【例 7 - 1】 有一断面为正方形的路基排水盲沟，边长为 0.2m，长度 $l=10$m，如图 7 - 5 所示。盲沟前半部分装填细砂，渗透系数 $k_1=0.005$cm/s，后半部分装填粗砂 $k_2=0.05$cm/s，上游水深 $H_1=8$m，下游水深 $H_2=4$m。试计算流经盲沟的渗流流量 Q。

解： 设盲沟中点过流断面上的测压管水头为 H，由式（7 - 1）可得通过细砂和粗砂的渗透流量分别为

$$Q_1=k_1A\frac{H_1-H}{l}$$

$$Q_2=k_2A\frac{H-H_2}{l}$$

根据连续性原理 $Q_1=Q_2$，则

$$k_1A\frac{H_1-H}{l}=k_2A\frac{H-H_2}{l}$$

得
$$H=\frac{k_1H_1+k_2H_2}{k_1+k_2}=\frac{0.005\times800+0.05\times400}{0.005+0.05}=436.36(\text{cm})$$

渗流流量为

$$Q=Q_1=k_1A\frac{H_1-H}{l}=0.005\times20\times20\times\frac{800-436.36}{1000}=0.727(\text{cm}^3/\text{s})$$

第三节　无压恒定渐变渗流的基本公式

类似于一般流体流动，在渗流中也存在无压恒定均匀渗流和无压恒定渐变渗流。渗流的各水力要素，如流速、压强等沿流程不变称为均匀渗流；反之则称为非均匀渗

流。非均匀渗流中，若流线近似于平行直线称为非均匀渐变渗流；反之则称为非均匀急变渗流。由于渗流服从达西定律，渗流的均匀流和非均匀渐变流与明渠相比有着不一样的特点。

一、裘皮幼公式

无压恒定均匀渗流是指流线平行，且平行于不透水基底，同一过流断面上各点的测压管水头 H 相等的渗流。它的特点是水力坡度 J 和不透水基底坡度 i 相等，不仅同一过流断面上各点水力坡度相等，而且整个渗流区域内水力坡度也相等。根据达西定律 $u=kJ$，在均匀渗流区域中任一点的渗流流速 u 均相等。

无压恒定渐变渗流如图 7-6 所示，其流线是近似平行的直线，过流断面为近似的平面，过流断面上的压强分布近似服从静水压强的分布规律，所以同一过流断面上的测压管水头近似为同一常数，这是明渠渐变流所具有的一般特性。任取两过流断面 1-1 和断面 2-2，断面 1-1 上各点测压管水头为 H，断面 2-2 上各点测压管水头为 $H+\mathrm{d}H$，由于渐变流流线近似平行直线，可以认为两断面间任一流线长度 $\mathrm{d}s$ 也近似相等，因此，同一过流断面上各点的测压管坡度

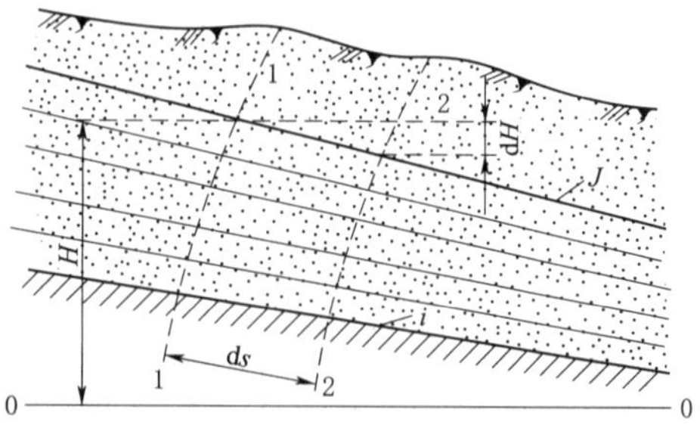

图 7-6　无压恒定渐变渗流

$$J=-\frac{\mathrm{d}H}{\mathrm{d}s}=\text{常数}$$

由达西定律可知，渐变渗流过流断面上各点的渗流流速 u 都相等，并等于断面平均流速 v，即

$$v=u=kJ=-k\frac{\mathrm{d}H}{\mathrm{d}s} \tag{7-11}$$

式（7-11）即为渐变渗流的一般公式，是 1863 年由法国学者裘皮幼提出的，所以又称裘皮幼公式。式（7-11）虽然与达西定律具有相同的表达形式，但两者含义不同。达西定律适用于均匀渗流，在渗流区域内任意点的渗流速度 u 都相等；裘皮幼公式适用于渐变渗流，在渐变渗流中同一过流断面上的各点渗流速度 u 相等，并等于断面平均流速 v。也可以说，裘皮幼公式是达西定律的特殊情况。

二、无压恒定渐变渗流浸润线基本微分方程

如图 7-7 所示的无压渗流，不透水层基底坡度为 i，取断面 $x-x$，距起始断面 0-0 沿底坡的距离为 s，渗流水深为 h，断面底部至基准面的垂直高度为 z。对于任一过流断面有 $H=z+h$，则

$$\frac{\mathrm{d}H}{\mathrm{d}s}=\frac{\mathrm{d}z}{\mathrm{d}s}+\frac{\mathrm{d}h}{\mathrm{d}s}$$

与明渠相似，定义其底坡 $i=-\dfrac{\mathrm{d}z}{\mathrm{d}s}$，有

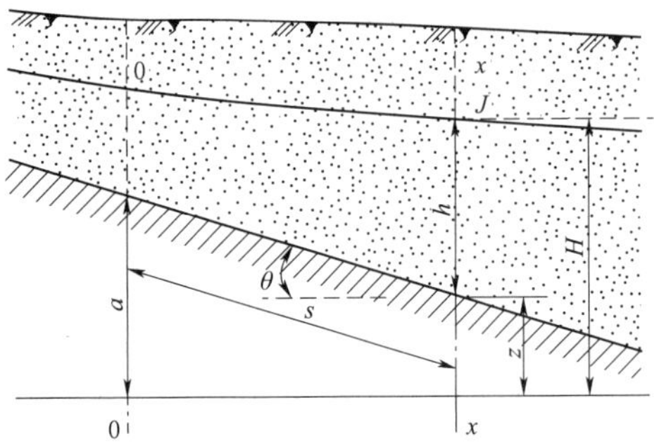

图 7-7　无压渗流

$$J=-\frac{dH}{ds}=i-\frac{dh}{ds}$$

将上述代入裘皮幼公式，有

$$v=kJ=k\left(i-\frac{dh}{ds}\right) \quad (7-12)$$

$$Q=Av=Ak\left(i-\frac{dh}{ds}\right) \quad (7-13)$$

式（7-12）和式（7-13）即为适用于各种底坡条件的无压恒定渐变渗流基本微分方程，它是分析、绘制和计算渐变渗流水面线（浸润曲线）的理论依据。

三、渐变渗流浸润曲线

无压渗流中重力水的自由表面称为浸润面，在平面问题中，浸润面则为浸润曲线。在许多工程中需要解决浸润曲线的问题可以从裘皮幼公式入手，建立渐变渗流的基本微分方程，积分后可得浸润曲线。

分析渗流浸润曲线的方法与分析明渠流水面曲线的方法相似，将均匀渗流的水深 h_0 称为正常水深，并按底坡的情况分为顺坡渗流、平坡渗流和逆坡渗流三种情况具体分析。由于渗流流速很小，流速水头可以忽略不计，因此断面单位能量 $e=h+\frac{\alpha v^2}{2g}=h$，即断面单位能量等于水深。因此渗流中不存在临界水深、急流、缓流、临界底坡等问题，也不会出现水跃和水跌现象，但可以有正常水深。所以在分析渗流水面曲线时，只有正常水深线 $N-N$，没有临界水深线 $C-C$，沿程水面曲线的变化只有壅水曲线和降水曲线两种。

（一）顺坡渗流（$i>0$）

对于均匀渗流，$h=h_0$=常数，有

$$\left.\begin{aligned}\frac{dh}{ds}&=0\\ Q&=kA_0 i\end{aligned}\right\} \quad (7-14)$$

式中　A_0——相应于正常水深 h_0 的过流断面面积，$A_0=A_0(h_0)$。

联立式（7-14）和式（7-13），可得

$$kA_0 i=Ak\left(i-\frac{dh}{ds}\right)$$

即

$$\frac{dh}{ds}=i\left(1-\frac{A_0}{A}\right)$$

由于渗流空间很大，可按平面问题处理，可设渗流区的过流断面为宽矩形，宽度为 b，$A=bh$，$A=bh_0$，令 $\eta=\frac{h}{h_0}$，则上式可写为

$$\frac{dh}{ds}=i\left(1-\frac{1}{\eta}\right) \quad (7-15)$$

式中 η——相对水深。

上式即为顺坡渗流浸润曲线的微分方程。顺坡上正常水深线的 $N-N$ 将渗流区分为 a、b 两个区，如图 7-8 所示。

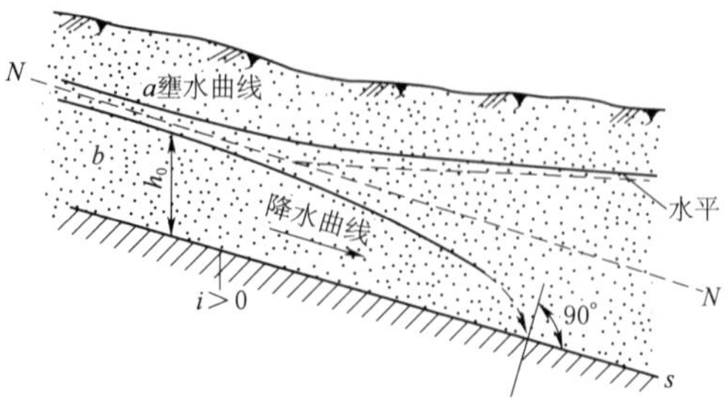

图 7-8 顺坡基底渗流

a 区：$h>h_0$，即 $\eta>1$，由式（7-15）可知 $\frac{dh}{ds}>0$，浸润曲线为壅水曲线。曲线的上游端，$h\to h_0$ 时，$\eta\to 1$，$\frac{dh}{ds}\to 0$，浸润曲线以 $N-N$ 线为渐近线。曲线的下游端，$h\to\infty$，$\eta\to\infty$，$\frac{dh}{ds}\to i$，浸润曲线以水平线为渐近线。

b 区：$h<h_0$，即 $\eta<1$，由式（7-15）可知 $\frac{dh}{ds}<0$，浸润曲线为降水曲线。曲线的上游端，$h\to h_0$ 时，$\eta\to 1$，$\frac{dh}{ds}\to 0$，浸润曲线以 $N-N$ 线为渐近线。曲线的下游端，$h\to 0$，$\eta\to 0$，$\frac{dh}{ds}\to -\infty$，浸润曲线与渠底呈正交趋势。由于接近不透水层处水面曲线曲率半径很小，流线急剧弯曲，式（7-15）不再适用，而 b 区曲线的末端变化情况取决于具体的边界条件。

将 $\eta=\frac{h}{h_0}$ 代入式（7-15）整理得 $i\frac{ds}{dh}=\frac{h}{h-h_0}$，式中同时除以 h_0，并进行分离变量即

$$i\frac{ds}{h_0}=d\eta+\frac{d\eta}{\eta-1}$$

设浸润曲线前后两断面的坐标位置分别为 s_1 和 s_2，断面水深为 h_1 和 h_2，两断面的距离为 $l=s_2-s_1$，对上式进行积分，得

$$\frac{il}{h_0}=\eta_2-\eta_1+\ln\frac{\eta_2-1}{\eta_1-1}=\eta_2-\eta_1+2.3\lg\frac{\eta_2-1}{\eta_1-1} \tag{7-16}$$

式中 η_1、η_2——相对水深，$\eta_1=\frac{h_1}{h_0}$，$\eta_2=\frac{h_2}{h_0}$。

式（7-16）即为顺坡渗流的浸润曲线方程，可用于绘制渐变渗流浸润曲线和进行相关水力计算。

（二）平坡渗流（$i=0$）

当 $i=0$ 时，式（7-13）有

$$\frac{dh}{ds}=-\frac{Q}{kbh}=-\frac{q}{kh} \tag{7-17}$$

式中 q——单宽渗流流量，$q=\frac{Q}{b}$。

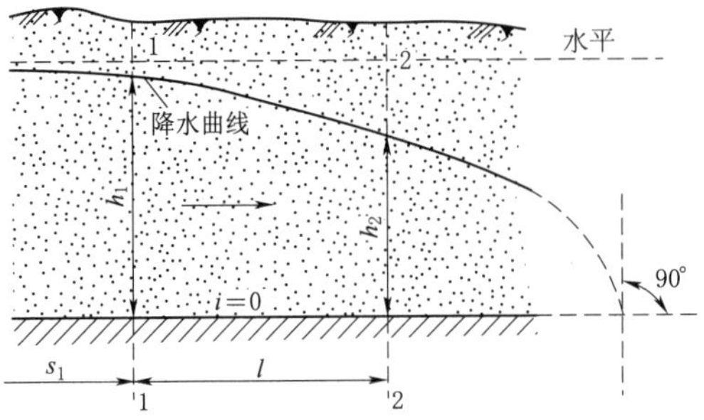

图 7-9　平坡基底渗流

因 $q>0$，$k>0$，$h>0$，故 $\frac{dh}{ds}<0$，所以浸润曲线只可能是降水曲线，如图 7-9 所示。曲线的上游端取决于边界条件，极限情况下，$h\to\infty$，$\frac{dh}{ds}\to i$，浸润曲线以水平线为渐近线；曲线的下游端 $h\to 0$，$\frac{dh}{ds}\to-\infty$，浸润曲线与渠底呈正交趋势。由于此处流线急剧弯曲，不再符合渐变流条件，式（7-17）不适用，因此曲线的末端变化情况取决于具体的边界条件。

由式（7-17）得

$$\frac{q}{k}ds=-h\,dh$$

在图 7-9 中，将上式从断面 1-1 到断面 2-2 进行积分，得

$$\frac{ql}{k}=\frac{1}{2}(h_1^2-h_2^2) \tag{7-18}$$

式（7-18）即为平坡渗流的浸润曲线方程，可用于绘制渐变渗流浸润曲线和进行相关水力计算。

（三）逆坡渗流（$i<0$）

当 $i<0$，式（7-13）有

$$\frac{dh}{ds}=i-\frac{Q}{kbh}<0 \tag{7-19}$$

所以浸润曲线只可能是降水曲线，如图 7-10 所示。曲线的上游端，取决于边界条件，极限情况下，$h\to\infty$，$\frac{dh}{ds}\to i$，浸润曲线以水平线为渐近线。曲线的下游端，$h\to 0$，$\frac{dh}{ds}\to-\infty$，浸润曲线与渠底呈正交趋势，其实际变化在不透水层附近取决于具体的边界条件。

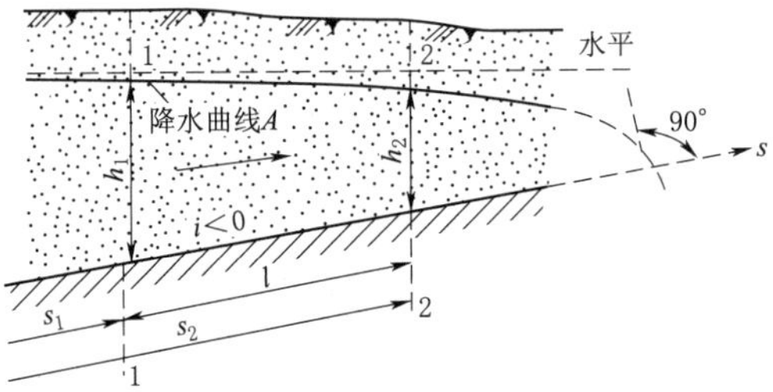

图 7-10　逆坡基底渗流

为了计算浸润曲线，假设一底坡为 i'（$i'>0$）的等宽均匀渗流，令 $i'=-i$，则 $Q=ki'A'_0=ki'bh'_0$，h'_0 为假设均匀渗流的正常水深，A'_0 为假设均匀渗流正常水深时的过流断面面积。由式（7-19）得

$$\frac{dh}{ds}=i-\frac{Q}{kbh}=i-\frac{ki'bh'_0}{kbh}=i-\frac{i'h'_0}{h}=i'\left(\frac{i}{i'}-\frac{h'_0}{h}\right)=-i'\left(1+\frac{h'_0}{h}\right)$$

则有

$$\frac{i'l}{h'_0}=\eta'_1-\eta'_2+\ln\frac{1+\eta'_2}{1+\eta'_1}=\eta'_1-\eta'_2+2.3\lg\frac{1+\eta'_2}{1+\eta'_1} \tag{7-20}$$

式中　η'_1、η'_2——相对水深，$\eta'_1=\frac{h_1}{h'_0}$，$\eta'_2=\frac{h_2}{h'_0}$。

式（7－20）即为逆坡渗流的浸润曲线方程，可用于绘制渐变渗流浸润曲线和进行相关水力计算。

综上所述，渐变渗流浸润曲线在三种底坡情况下只有四条曲线，这是渗流服从达西定律的结果，因而使得渗流浸润曲线具有明渠流水面曲线所没有的特点。

【例 7－2】 位于水平不透水层上的渗流，宽 600m，渗透系数 $k=0.0003$m/s，在沿程相距 1000m 的两个观察井中分别测得水深为 8m 和 6m，试求渗流流量 Q。

解： 由式（7－18）得

$$q=\frac{k}{2l}(h_1^2-h_2^2)=\frac{0.0003}{2\times1000}\times(8^2-6^2)=4.2\times10^{-6}[\mathrm{m^3/(s\cdot m)}]$$

$$Q=qb=4.2\times10^{-6}\times600=2.52\times10^{-3}(\mathrm{m^3/s})$$

【例 7－3】 一渠道位于河道上方，渠水沿一透水土层下渗入河道，如图 7－11 所示。不透水层基底坡度 $i=0.02$，土层渗透系数 $k=0.005$cm/s，渠道与河道之间的距离 $l=180$m，渠道右岸的渗流深度 $h_1=1$m，河道左岸的渗流深度 $h_2=1.9$m，试求每米长渠道的渗流量并绘制浸润曲线。

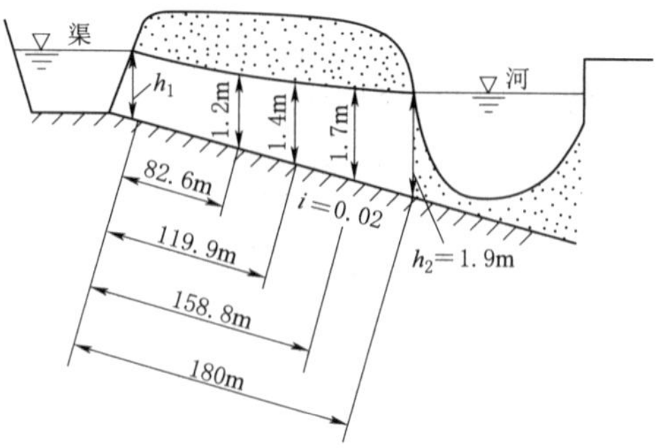

图 7－11　渠道断面

解： 因 $i>0$，$h_2>h_1$，故浸润曲线为壅水曲线。由式（7－16）有

$$\eta_1=\frac{h_1}{h_0}=\frac{1}{h_0}$$

$$\eta_2=\frac{h_2}{h_0}=\frac{1.9}{h_0}$$

$$\frac{0.02\times180}{h_0}=\frac{1.9}{h_0}-\frac{1}{h_0}+2.3\lg\frac{1.9-h_0}{1-h_0}$$

试算得 $h_0=0.945$m，则每米长渠道流量为

$$q=kh_0i=0.005\times0.945\times100\times0.02=9.45\times10^{-3}[\mathrm{cm^3/(s\cdot cm)}]$$

由（7－16）得 $l=\frac{h_0}{i}\left(\eta_2-\eta_1+2.3\lg\frac{\eta_2-1}{\eta_1-1}\right)$，代入 $h_0=0.945$m，$i=0.02$，$\eta_1=\frac{h_1}{h_0}=\frac{1}{0.945}=1.058$，$\eta_2=\frac{h_2}{h_0}=\frac{h_2}{0.945}$，得

$$l=47.25\left(\frac{h_2}{0.945}-1.058+2.3\lg\frac{\frac{h_2}{0.945}-1}{1.058-1}\right)$$

浸润曲线上游水深 $h_1=1$m，下游水深 $h_2=1.9$m，根据上式依次算出介于 1～1.9m 的，例如 1.2m、1.4m、1.7m 水深处距上游的距离 l，由此得浸润曲线坐标值，见表 7-3。用光滑曲线连接这些坐标点即可得浸润曲线，如图 7-11 所示。

表 7-3　　浸润曲线坐标值

h_2/m	1	1.2	1.4	1.7	1.9
l/m	0	82.6	119.9	158.8	180

第四节　集水廊道和井

集水廊道和井是常见的给水工程吸取地下水源的建筑物。从中抽水，会使附近的天然地下水位降落，可起排水作用。

一、集水廊道及相关计算

集水廊道是汲取地下水源或降低地下水位的一种集水建筑物。在建筑、市政、铁路、公路等土建工程中应用甚广。

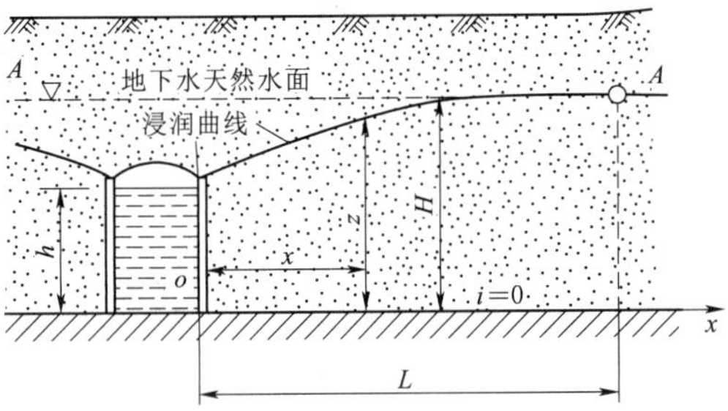

图 7-12　集水廊道

设有一条位于水平不透水层上的矩形断面集水廊道，如图 7-12 所示。若从廊道中向外抽水，则在其两侧的地下水均流向廊道，水面不断下降。当抽水稳定出流后，将形成对称于廊道轴线的浸润曲面。由于浸润曲面的曲率很小，可近似看作无压恒定渐变渗流。廊道很长，所有垂直于廊道轴线的剖面，渗流情况相同，可视为平面渗流问题。

取廊道右侧的单位长度来看，设作 oxz 坐标，由裘皮幼公式，$v=kJ$，$J=\mathrm{d}z/\mathrm{d}x$，得

$$v=k\frac{\mathrm{d}z}{\mathrm{d}x}$$

设 q 为集水廊道单位长度从一侧渗入的单宽流量，则

$$q=k\frac{\mathrm{d}z}{\mathrm{d}x}z$$

从集水廊道侧壁（0，h）至（x，z）两断面分离变量并积分，得

$$\int_0^x q\,\mathrm{d}x=\int_h^z kz\,\mathrm{d}z$$

得到集水廊道浸润曲线方程

$$z^2-h^2=\frac{2q}{k}x \tag{7-21}$$

当 x 值越大，地下水位的降落越小。设在 $x=L$ 处，$z\approx H$，$x\geqslant L$ 区域，地下水位已不受抽水的影响，则称 L 是集水廊道的影响范围。将 $x=L$，$z=H$ 代入式（7-21），得集水廊道自一侧单位长度的渗流量（或称产水量）为

$$q=\frac{k(H^2-h^2)}{2L} \tag{7-22}$$

若引入浸润曲线的平均坡度

$$\overline{J}=\frac{H-h}{L}$$

则式（7-22）可改写为

$$q=\frac{k(H+h)}{2}\overline{J} \tag{7-23}$$

式（7-23）可用于初步估算集水廊道 q 值。$\overline{J}$ 的数值可根据土壤性质，由表 7-4 选取。

表 7-4　　浸润曲线的平均坡度

土壤类别	$\overline{J}$ 值	土壤类别	$\overline{J}$ 值
粗砂及卵石	0.003～0.005	亚黏土	0.05～0.10
砂土	0.005～0.015	黏土	0.15
亚砂土	0.03		

【例 7-4】 在水平不透水层修建有一条长 $l=100$m 的集水廊道，如图 7-12 所示。已知含水层的厚度 $H=8.0$m，排水后，廊道内水深降至 $h=3.6$m，集水廊道的影响范围 $L=800$m，渗透系数 $k=0.004$m/s，求廊道的总排水量。

解： 集水廊道单侧单宽流量

$$q=\frac{k(H^2-h^2)}{2L}=\frac{0.004\times(8^2-3.6^2)}{2\times800}=1.28\times10^{-4}(\text{m}^2/\text{s})$$

总排水量

$$Q=2ql=2\times1.28\times10^{-4}\times100=2.56\times10^{-2}(\text{m}^3/\text{s})$$

二、井及相关计算

井是汲取地下水源和降低地下水位的集水构筑物，应用十分广泛。

具有自由水面的地下水称为无压地下水或潜水。在具有自由水面的潜水层中凿的井为普通井或潜水井，其中贯穿整个含水层，井底直达不透水层的称为完整井，井底未达到不透水层的称为不完整井。

含水层位于两个不透水层之间，含水层顶面压强大于大气压强（无自由表面），这样的含水层称为承压含水层。汲取承压地下水的井，称为承压井或自流井。这种井也可分为完全井和不完全井两类。

（一）普通完整井

水平不透水层上的普通完整井，如图 7-13 所示，管井的直径 50～1000mm，井深可达 1000m 以上。

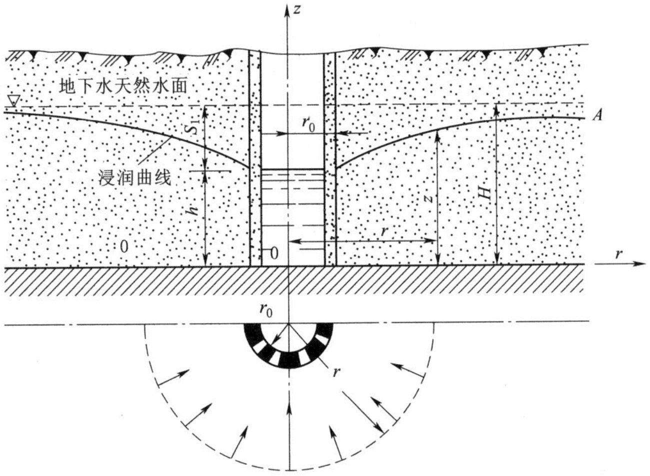

图 7-13 普通完整井

设含水层中地下水的天然水面 $A-A$，含水层厚度为 H，井的半径为 r_0。从井内抽水时，井内水位下降，四周地下水向井中补给，并形成对称于井轴的漏斗形浸润面。如抽水流量不是过大且恒定时，经过一段时间，向井内渗流达到恒定状态。井中水深和浸润漏斗面均保持不变。

上述流动情况虽是一种理想，但当含水层足够大而抽水流量又不太大时，这种假想的恒定流比较符合实际情况。然而，这里排除了井的周围有其他地下水流的干扰。在所考虑的流动情况下，流向水井的渗流过流断面是一系列的同心圆柱面（仅仅在井壁附近局部地区，过流断面与同心圆柱面有较大偏差），通过井轴中心线沿径向的任何剖面上，流动情况都是相同的。如图 7-13 所示，若取任一距井轴为 r 的过流断面，令该断面上含水层厚度为 z，其过流断面面积应为 $2\pi rz$，除井周附近区域外，浸润曲线的曲率很小，可看作恒定渐变渗流。则在断面上各处的水力坡度为

$$J=\frac{\mathrm{d}z}{\mathrm{d}r}$$

由裘皮幼公式 $v=kJ=-k\frac{\mathrm{d}H}{\mathrm{d}s}$，将 $H=z$、$\mathrm{d}s=-\mathrm{d}r$ 代入上式得

$$v=k\frac{\mathrm{d}z}{\mathrm{d}r}$$

则渗流量

$$Q=Av=2\pi rzk\frac{\mathrm{d}z}{\mathrm{d}r} \tag{7-24}$$

分离变量得

$$2\pi z\,\mathrm{d}z=\frac{Q}{k}\frac{\mathrm{d}r}{r}$$

注意到经过所有同轴圆柱面的渗流量 Q 均相等，从（r，z）积分到井边（r_0，z）得

$$\int_{h}^{z} z\,\mathrm{d}z = \int_{r_0}^{r} \frac{Q}{2\pi k}\frac{\mathrm{d}r}{r}$$

得到普通完整井浸润线方程

$$z^2 - h^2 = \frac{Q}{\pi k}\ln\frac{r}{r_0} \tag{7-25}$$

化为常用对数为

$$z^2 - h^2 = \frac{0.732Q}{k}\lg\frac{r}{r_0} \tag{7-26}$$

从理论上讲，浸润线是以地下水天然水面线为渐近线，即当 $r\to\infty$，$z=H$。但从工程实用观点来看，认为抽水的影响范围是有限的，即当 $r=R$ 时，$z=H$，此时 R 称为井的影响半径，认为距离 R 以外的地下水将不再受到井抽水的影响。将这一关系代入式（7-26），可得井的产水量为

$$Q = 1.366\frac{k(H^2-h^2)}{\lg\dfrac{R}{r_0}} \tag{7-27}$$

上式以抽水降深 s 代替井水深 h，$s=H-h$，代入式（7-27），得

$$Q = 1.366\frac{k[H^2-(H-s)^2]}{\lg\dfrac{R}{r_0}}$$

整理得

$$Q = 2.732\frac{kHs}{\lg\dfrac{R}{r_0}}\left(1-\frac{s}{2H}\right)$$

当 $s/2H\ll 1$，上式简化为

$$Q = 2.732\frac{kHs}{\lg\dfrac{R}{r_0}} \tag{7-28}$$

式中　Q——产水量，m^3/s；

H——井水深，m；

s——抽水降深，m；

R——影响半径，m；

r_0——井半径，m。

影响半径 R 可由现场抽水实验测定。粗略估算时，可根据经验数据选取，对于细砂，$R=100\sim200$m，中等粒径砂 $R=250\sim500$m，粗砂 $R=700\sim1000$m。或用以下经验公式计算

$$R = 3000sk^{1/2} \tag{7-29}$$

或

$$R = 575(Hk)^{1/2} \tag{7-30}$$

式中，k 以 m/s 计，R、s 和 H 均以 m 计。

如果在井的附近有河流、湖泊、水库时，影响半径应采用由井至这些水体边缘的距离。对极为重要的精确计算，最好用野外实测方法来确定影响半径的大小。

虽然影响半径不易精确确定，但由式（7－28）可以看出，流量与影响半径的对数值成反比，所以它对抽水量计算不会产生很大误差。

【例 7－5】 有一普通完整井，其半径为 0.1m，含水层厚度 $H=8\text{m}$，土的渗透系数为 0.001m/s，抽水时井中水深 $h=3\text{m}$，试估算井的出流量。

解： 最大抽水降深 $s=H-h=8-3=5\text{m}$

由式（7－29）求影响半径 $R=3000sk^{1/2}=3000\times5\times0.001^{1/2}=474.3(\text{m})$

由式（7－27）求出水量

$$Q=1.366\frac{k(H^2-h^2)}{\lg\dfrac{R}{r_0}}=\frac{1.366\times0.001\times(8^2-3^2)}{\lg474.3-\lg0.1}=0.02(\text{m}^3/\text{s})$$

（二）不完整井

若井底未达到不透水层，这种井称为不完整井，如图 7－14 所示。不完整井的特点是，水流不仅沿井壁周围流入水井，同时也从井底流入水井，因此流动情况比较复杂，理论计算尚有困难，采用如下经验公式计算其出水量：

$$Q=\frac{k(H'^2-t^2)}{0.73\lg\dfrac{R}{r_0}}\left(1+7\sqrt{\frac{r_0}{2H'}}\cos\frac{H'\pi}{2H}\right) \tag{7-31}$$

式中 t——井中水深；

H'——由井底计算的浸润面高程。

（三）自流完整井

自流完整井如图 7－15 所示，含水层位于两不透水层之间。设水平走向的承压含水层厚度为 t。由于地质构造原因，两个不透水层之间的含水层地下水有可能处于承压状态，在没有抽水之前井中的水位就将升到 H 高度，H 即为自流含水层的总水头，此高度大于含水层的厚度 t，有时甚至可高出地面，使水从井口中自动流出，因此叫自流井。从井中抽水，若含水层为均质各向同性土壤，且储水量足够丰富，远大于从井中所抽取的水量，则当抽水经过一段时间后，井中水深将由 H 降到 t，井四周的测压管水头线将形成恒定的轴对称漏斗形曲面。地下水向井汇集的过流断面是一系列高度为 t 的圆柱面，径向各断面的渗流情况相同。除井周围附近的区域外，测压管

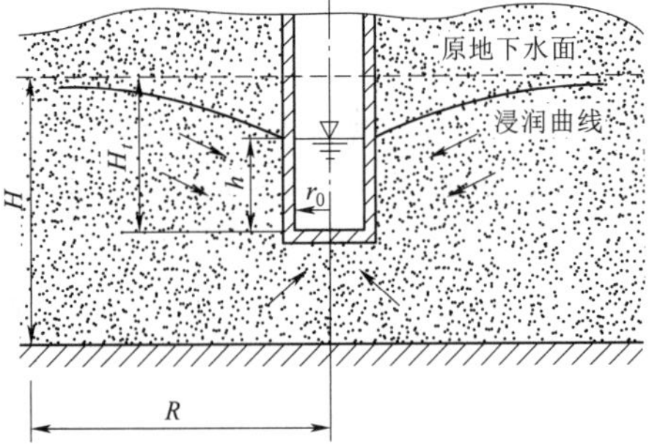

图 7－14 不完整井

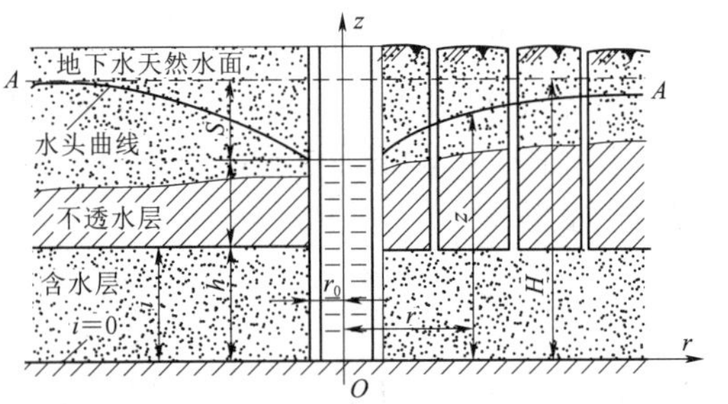

图 7－15 自流完整井

水头线的曲率很小，恒定抽水时，可看作恒定渐变渗流来处理。

距井轴线取半径为 r 的过流断面，面积 $A=2\pi rt$，该过流断面上各点的测压管水头为 z，则断面上各点的水力坡度为 $J=\frac{dz}{dr}$，由裘皮幼公式，该断面的平均渗流流速及渗流量为

$$v=k\frac{dz}{dr}$$

$$Q=Av=2\pi rtk\frac{dz}{dr}$$

将上式分离变量并积分，并注意到 $r=r_0$ 时，$z=h$，则得自流井的测压管水头曲线方程为

$$z-h=\frac{Q}{2\pi kt}\lg\frac{r}{r_0}=0.366\frac{Q}{kt}\lg\frac{r}{r_0} \tag{7-32}$$

引入影响半径 R 的概念，将 $r=R$ 时 $z=H$ 代入上式，得

$$Q=2.732\frac{kt(H-h)}{\lg\frac{R}{r_0}}=2.732\frac{kts}{\lg\frac{R}{r_0}} \tag{7-33}$$

式中　s——井中水位降深，$s=H-h$；

R——影响半径，可按经验数据选用或按式（7-29）计算。

【例 7-6】 对自流井进行抽水实验以确定土壤的渗透系数 k 值。在距井轴 $r_1=10$m 和 $r_2=20$m 处分别钻一个观测孔，当自流井抽水后，实测两个观测孔中水面的稳定降深 $s_1=2.0$m 和 $s_2=0.8$m。设承压含水层厚度 $t=6$m，稳定的抽水量 $Q=24$L/s，求土壤的渗透系数 k 值。

解： 由自流完整井水头线方程 $z-h=0.366\frac{Q}{kt}\lg\frac{r}{r_0}$，得

$$s_1=H-h_1=0.366\frac{Q}{kt}\lg\frac{R}{r_1}$$

$$s_2=H-h_2=0.366\frac{Q}{kt}\lg\frac{R}{r_2}$$

两式相减，得

$$s_1-s_2=0.366\frac{Q}{kt}\lg\frac{r_2}{r_1}$$

$$k=0.366\frac{Q}{(s_1-s_2)t}\lg\frac{r_2}{r_1}=0.366\times\frac{0.024}{(2-0.8)\times 6}\times\lg\frac{20}{10}=0.00037(\text{m/s})$$

【例 7-7】 有一自流完整井，井的半径 $r_0=100$mm，含水层厚度 $t=6$m。为了用抽水实验确定该井的影响半径 R，在距离井中心轴线 $r_1=18$m 处钻一观测孔，当自流井中抽水至恒定水位时，井中水位降深 $s=3$m，而此时观测孔中的水位降深 $s_1=1$m，试求该井的影响半径 R。

解： 由自流井的测压管水头曲线方程（7-32）

$$s=H-h=0.366\frac{Q}{kt}\lg\frac{R}{r_0}$$

$$s_1=H-h_1=0.366\frac{Q}{kt}\lg\frac{R}{r_1}$$

联立上面两式得

$$\frac{s}{s_1}=\frac{\lg R-\lg r_0}{\lg R-\lg r_1}$$

代入具体数据得

$$\lg R=\frac{s\lg r_1-s_1\lg r_0}{s-s_1}=\frac{3\lg 18-1\lg 0.1}{3-1}=2.383$$

解得 $R=242\text{m}$。

（四）井群

在工程中为了大量汲取地下水源，或为了基坑开挖时有效地降低地下水位，常需在一定范围内开凿多口井共同工作，这种情况称为井群。因为井群中各单井之间距离不是很大，每一口井都处于其他井的影响半径之内，各单井之间相互影响，使渗流区地下水浸润面形状复杂化，总的产水量也不等于按单井计算产水量的总和。

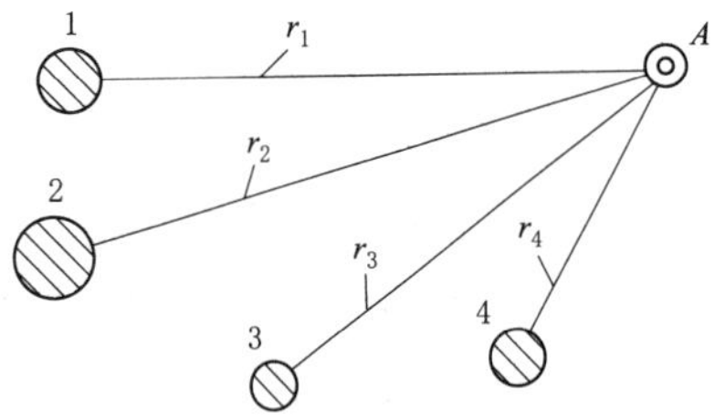

图 7-16　普通完整井井群

1. 普通完整井井群

设在水平不透水层上有 n 个普通完整井，组成的井群如图 7-16 所示。各井的半径分别为 r_{01}、r_{02}、…、r_{0n}；产水量为 Q_1、Q_2、…、Q_n；在井群影响范围内取一点 A，它距各井的距离分别为 r_1、r_2、…、r_n；各井单独抽水时，井中水深分别为 h_{01}、h_{02}、…、h_{0n}，在 A 点的地下水位分别为 z_1、z_2、…、z_n，由式（7-25）可得

$$z_1^2=\frac{Q_1}{\pi k}\lg\frac{r_1}{r_{01}}+h_{01}^2$$

$$z_2^2=\frac{Q_2}{\pi k}\lg\frac{r_2}{r_{02}}+h_{02}^2$$

$$\vdots$$

$$z_n^2=\frac{Q_n}{\pi k}\lg\frac{r_n}{r_{0n}}+h_{0n}^2$$

当 n 个井同时抽水，则必然形成一个公共的浸润面，此时，A 点的水位为 z。按势流叠加原理，可导出普通完整井井群的计算公式如下

$$z^2=\frac{Q_1}{\pi k}\lg\frac{r_1}{r_{01}}+\frac{Q_2}{\pi k}\lg\frac{r_2}{r_{02}}+\cdots+\frac{Q_n}{\pi k}\lg\frac{r_n}{r_{0n}}+C \tag{7-34}$$

式中　C——常数，由边界条件确定。

若假设各井的产水量相同，$Q_1=Q_2=\cdots=Q_n=\dfrac{Q_0}{n}$，其中 Q_0 为井群的总产水量。

再假设 A 点离各井很远，在井群影响范围的边缘，可近似认为 $r_1=r_2=\cdots=r_n=R$，此时 A 点的水位 $z=R$。将这些关系代入式（7－34），可以确定常数 C

$$C=H^2-\frac{Q_0}{\pi k}\left[\ln R-\frac{1}{n}\ln(r_{01}r_{02}\cdots r_{0n})\right]$$

将上述积分常数 C 值代入式（7－34），得

$$z^2=H^2-\frac{0.732Q_0}{k}\left[\lg R-\frac{1}{n}\lg(r_1r_2\cdots r_n)\right] \tag{7-35}$$

式中　z——井群抽水时，含水层浸润面上某点 A 的水位，m。

上式即为普通完整井井群的浸润曲线方程，可以用来求解井群中某点 A 的水位 z。

井群的总产水量为

$$Q_0=1.366\frac{k(H^2-h^2)}{\lg R-\frac{1}{n}\lg(r_1r_2\cdots r_n)} \tag{7-36}$$

式中　Q_0——井群总产水量，m^3/s；

H——含水层厚度，m；

R——井群的影响半径，可由抽水试验测定或按下列经验公式估算，m；

r_1、r_2、…、r_n——某点 A 至各井的距离，m。

$$R=575s\sqrt{Hk} \tag{7-37}$$

式中　s——井群中心在抽水稳定后的水位降深，m；

k——渗透系数，m/s；

H——含水层厚度，m。

如若各井的产水量不等，则井群的浸润曲线方程为

$$z^2=H^2-\frac{0.732}{k}\left(Q_1\lg\frac{R}{r_1}+Q_2\lg\frac{R}{r_2}+\cdots+Q_n\lg\frac{R}{r_n}\right) \tag{7-38}$$

式中　Q_1、Q_2、…、Q_n——各井的产水量。

2. 完全自流井井群

对于含水层厚度为 t 的自流完整井井群，采用上述分析普通完整井井群的方法，应用势流叠加原理，可得自流完整井井群的浸润曲线方程为

$$z=H-0.366\frac{Q_0}{kt}\left[\lg R-\frac{1}{n}\lg(r_1r_2\cdots r_n)\right] \tag{7-39}$$

井群的总产水量为

$$Q_0=2.73\frac{kt(H-z)}{\lg R-\frac{1}{n}\lg(r_1r_2\cdots r_n)} \tag{7-40}$$

【例 7－8】　为了降低基坑中的地下水位，在基坑周围设置了 8 个普通完整井，其布置如图 7－17 所示。已知潜水层的厚度

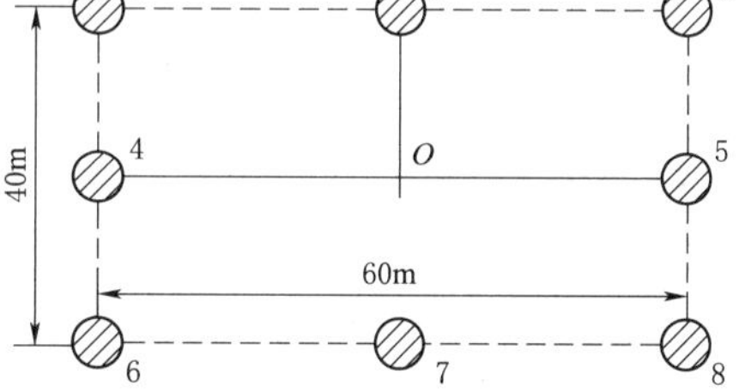

图 7－17　降低基坑地下水位

$H=10m$，井群的影响半径 $R=500m$，渗透系数 $k=0.001m/s$，井的半径 $r_0=0.1m$，总抽水量 $Q_0=0.02m^3/s$，试求井群中心 O 点地下水位降深。

解：各单井质 O 点的距离

$$r_1=r_3=r_6=r_8=36.06m,\quad r_2=r_7=20m,\quad r_4=r_5=30m$$

将数据代入井群计算式（7-35），得

$$z^2=H^2-\frac{0.732Q_0}{k}\left[\lg R-\frac{1}{n}\lg(r_1r_2\cdots r_n)\right]=10.26m^2$$

$$z=3.20m$$

故基坑中心点 O 的地下水位降深为

$$s=H-z=10-3.20=6.80(m)$$

课　后　习　题

一、选择题

1. 比较地下水在不同土中渗透系数（黏土 k_1、黄土 k_2、细砂 k_3）的大小（　　）。

A. $k_1>k_2>k_3$　B. $k_1<k_2<k_3$　C. $k_2<k_1<k_3$　D. $k_3<k_1<k_2$

2. 达西定律的适用范围是（　　）。

A. $Re<2300$　B. $Re>2300$

C. $Re<575$　D. $Re\leqslant1\sim10$（$Re=vd_{10}/\nu$）

3. 地下水浸润线沿程变化（　　）。

A. 下降　B. 全程水平　C. 上升　D. 以上情况都可能

4. 地下水渐变渗流，过流断面上的渗流速度按（　　）分布。

A. 线性　B. 抛物线　C. 均匀　D. 对数曲线

5. 普通完整井的出水量（　　）。

A. 与渗透系数成正比　B. 与井的半径成正比

C. 与含水层厚度成正比　D. 与影响半径成正比

6. 在实验室中，根据达西定律测定某种土壤的渗透系数，将土样装在直径 $D=30cm$ 的圆筒中，在 80cm 水头差的作用下，6h 的渗透水量为 85L，两测压管的距离为 40cm，该土壤的渗透系数为（　　）。

A. 0.4m/d　B. 1.4m/d　C. 2.4m/d　D. 3.4m/d

7. 一普通完整井，井的半径 $r_0=0.1m$，含水层厚度 $H=8m$，土壤的渗透系数 $k=0.001m/s$，当井中水深为 3m 时的出水流量为（　　）。

A. $0.01m^3/s$　B. $0.02m^3/s$　C. $0.03m^3/s$　D. $0.04m^3/s$

8. 在铁路沿线开挖一条长 100m 的排水明渠，含水层厚度 2.5m，沟中水深 0.5m，土壤渗透系数 0.0002m/s，沟的影响范围为 800m，其总排水量为（　　）。

A. $0.54m^3/h$　B. $0.64m^3/h$　C. $0.74m^3/h$　D. $0.84m^3/h$

二、思考题

1. 什么是渗流简化模型？为什么要引入这一模型？

2. 渗流流速指的是什么流速？其与渗流真实流速有什么区别？

3. 何为渗透系数？它的物理意义是什么？怎样确定渗透系数值？

4. 试比较达西定律与裘皮幼公式的应用条件和异同点。

5. 渗流的基本定律是什么？写出数学表达式并说明其物理意义。

6. 什么是浸润线？浸润线的基本微分方程的形式是什么？

7. 什么是普通完整井？什么是不完整井？写出普通井浸润曲线方程。

三、计算题

1. 在实验室中用达西实验装置来测定土样的渗透系数，如图 7－18 所示。圆筒直径为 20cm，土层厚度为 40cm（即两测压管间距为 40cm）。测得通过流量 Q 为 100mL/min，两测压管的水头差为 20cm，则计算土样的渗透系数为多少？

2. 河中水位为 65.8m，距河 300m 处有一钻孔，如图 7－19 所示，孔中水位为 68.5m，不透水层为水平面，高程为 55.0m，土的渗透系数 $k=16\text{m/d}$，试求单宽渗流量。

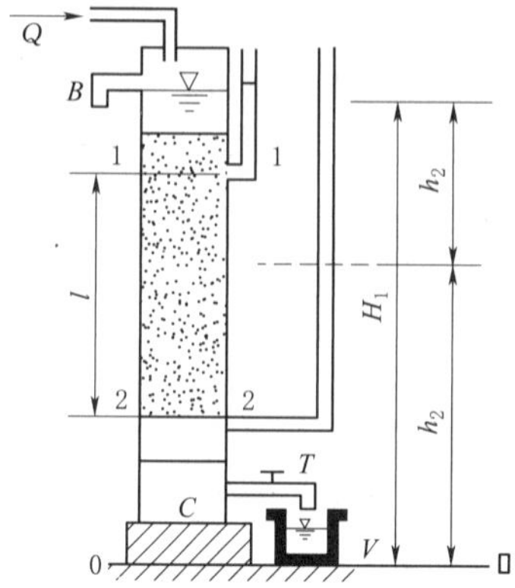

图 7－18　达西实验装置

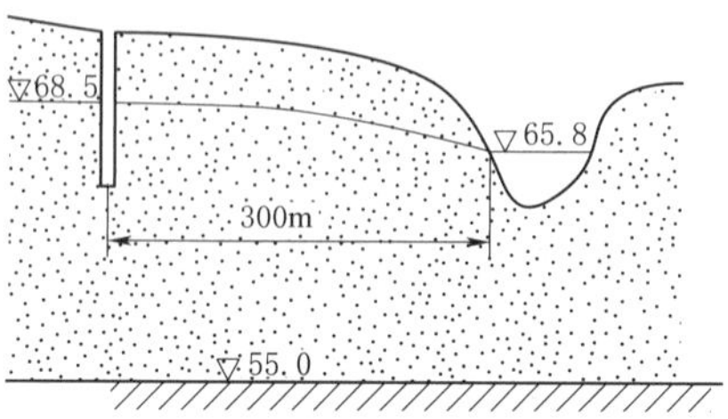

图 7－19

3. 某铁路在路堑侧边埋置集水廊道以排泄地下水，用以降低地下水位。已知含水层厚度 $H=3\text{m}$，集水廊道中水深 $h=0.3\text{m}$，含水层渗透系数 $k=0.0025\text{cm/s}$，平均水力坡度 $J=0.02$，试求流入长度为 100m 的集水廊道的单侧流量。

4. 设在某潜水含水层中有一口抽水井，含水层厚 44m，渗透系数为 0.265m/h，两观测孔距抽水井的距离为 $r_1=50\text{m}$，$r_2=100\text{m}$，抽水时相应水位降深为 $s_1=4\text{m}$，$s_2=1\text{m}$。试求抽水井的流量。

5. 如图 7－20 所示，河边岸滩由两种土壤组成。已知河道水深为 5m，不透水层底坡为零。距离河道 250m 处的地下水深为 12m，试求距离河道为 50m 处的地下水深。

6. 有一自流完整井，井的半径 $r_0=0.1\text{m}$，含水层厚度 $t=5\text{m}$，在距井中心轴线 $r_1=10\text{m}$ 处钻一观测井。在未抽水前测得地下水的水头 $H=12\text{m}$，抽水量为 $36\text{m}^3/\text{h}$ 时，井中水位降深 $s=2\text{m}$，观测井中的水位降深 $s_1=1\text{m}$，试求含水层的渗透系数 k 和影响半径 R。

7. 有一完全井，如图 7－21 所示，井半径 r_0＝10cm，含水层原厚度 H＝8m，渗透系数 k＝0.003cm/s。抽水时井中水深保持为 h_0＝2m，影响半径 R＝200m，求出水量 Q 和距离井中心 r＝100m 处的地下水深度 h。

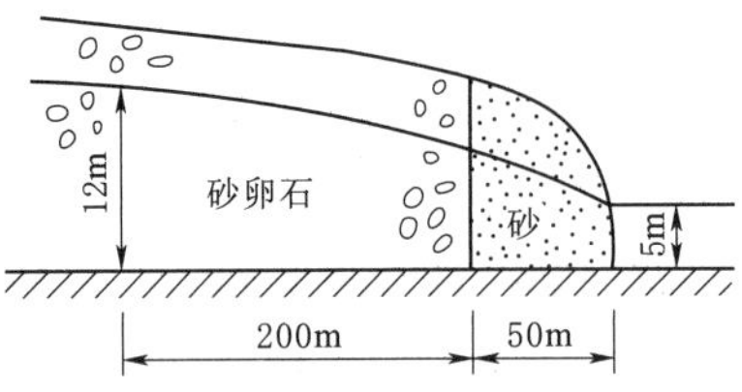

图 7－20

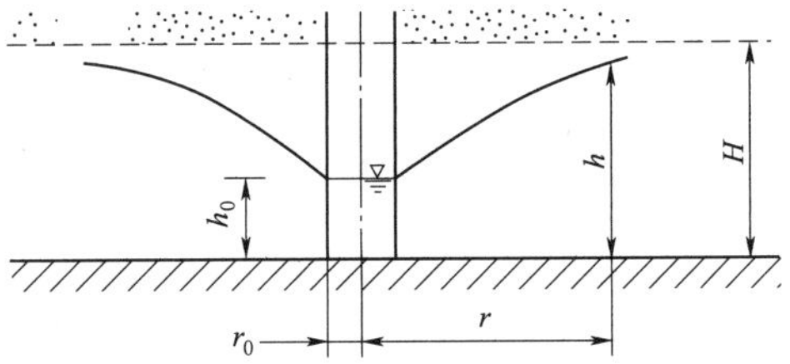

图 7－21

8. 从一承压井取水，如图 7－22 所示。井的半径 r_0＝0.1m，含水层厚度 t＝5m，在离井中心 10m 处钻一观测孔，在未抽水前，测得地下水的水位 H＝12m，现抽水量 Q＝36m^3/h，井中水位降深 s_0＝2m，观测孔中水位降深 s_1＝1m，试求含水层的渗透系数 k 及井中水位降深 s_0＝3m 时的涌水量。

资源 7－2
第七章习题
参考答案

9. 如图 7－23 所示基坑排水，设 4 个普通完整井，圆形分布，圆的半径为 30m，井径相同为 0.2m，含水层厚 H＝10m，渗透系数 k＝0.02cm/s，据工程需要，基坑内中心水位降深 s＞3m，假设各井抽水量相同，求总的抽水量。

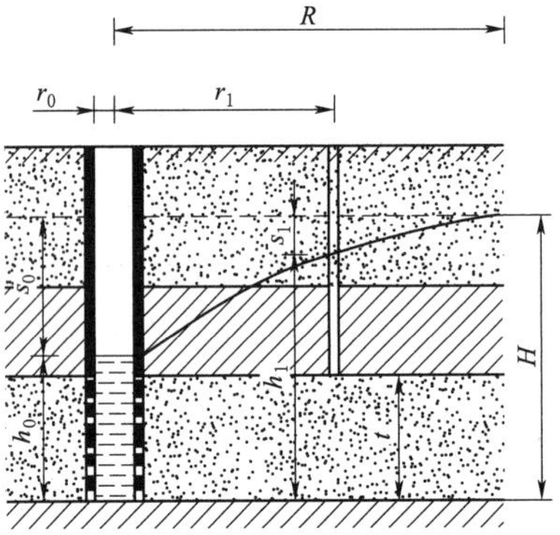

图 7－22

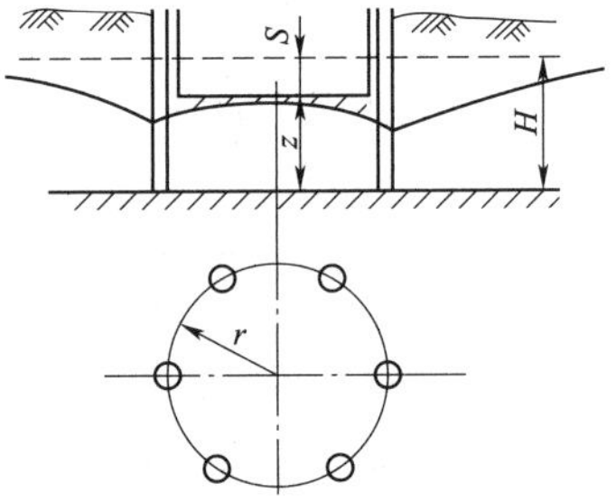

图 7－23

第八章

相似原理和量纲分析

教学目的：理解相似理论及相似条件，掌握相似准则，并能够运用相似准则进行模型设计；理解量纲分析的概念及量纲和谐原理，并能熟练掌握量纲分析方法，运用量纲分析方法推导物理公式。

教学内容：

1. 相似理论
2. 相似准则
3. 模型实验
4. 量纲分析的概念和量纲和谐原理
5. 量纲分析法

资源8-1
第八章思维导图

教学重点：本章重点讲述模型实验计量岗分析方法。

教学难点：相似准则和量纲分析法。

前面几章阐述了流体力学的基础理论，建立了控制流体运动的三大基本方程。应用基本方程求解，是解决流体力学问题的基本途径。但是，对于许多复杂的工程问题，由于理论上的障碍，求解控制流体运动的基本方程在数学上存在困难，此时就需要应用定性的理论分析和实验相结合的方法进行研究。

相似原理（similarity principle）和量纲分析（dimensional analysis）为科学地组织实验及整理实验成果提供理论指导。对于复杂的流动问题，还可借助这些知识建立物理量之间的联系，因此相似原理和量纲分析是发展流体力学理论、解决实际工程问题的有力工具。

第一节　相　似　理　论

现代许多工程问题，由于流动情况十分复杂，无法直接应用基本方程式求解，而有赖于实验研究，大多数工程实验是在模型基础上进行的。实际工程建筑物或实物称为原型，模型是指与原型有同样的运动规律，各运动参数存在固定比例关系的缩小物或放大物。进行模型实验的目的是通过模型实验得出相关的结论与数据，并将其推算到原型中去。要使其结论和数据正确地应用到原型中去，必须确保原型与模型相似，即外在表象与内部运动等规律性保持一致，因此模型和原型应该做到几何相似、运动相似、动力相似及初始条件与边界条件等相似。

一、流动相似的基本概念

许多水力学问题单纯依靠理论分析是很难得到解答的，即使是在计算机和计算技术高度发展的今天，对于复杂多变的液流问题，如果没有实验成果的验证，完全依靠大容量、高速度的计算机进行数值计算来求解，其结果仍然存在一定的不确定性。因此，往往需要依靠实验研究来解决一些复杂的流动问题。但是，如何进行实验以及如何把实验成果应用到实际问题中去？液流相似原理的理论可以回答这一问题。液流相似原理不仅是实际研究的理论根据，同时也是对液流现象进行理论分析的另一个重要手段，其应用非常广泛，小到局部流动现象，大到大气环流、海洋流动等，都可借助液流相似原理的理论来探求其运动规律。在流体力学的研究中，从流体的内部机理直至与流体接触的各种复杂边界，包括水力机械、水工建筑物等多方面的设计、施工、与运行管理等有关的水流问题，都可应用流体力学模型实验来进行研究，即在一个和原型流动相似而缩小了几何尺寸的模型中进行实验。如果在这种缩小了几何尺寸的模型中，所有物理量都与原型中相应点上对应物理量保持各自一定的比例关系，则这两种流动现象就是相似的，这就是流动相似的基本涵义。

二、流动相似的条件

两个互为相似的流动系统，每一种物理量的比例常数都有各自的数值，例如，长度 l、速度 v、力 F 的比例常数可分别写为

$$\left.\begin{aligned}\lambda_l&=\frac{l_p}{l_m}\\ \lambda_v&=\frac{v_p}{v_m}\\ \lambda_F&=\frac{F_p}{F_m}\end{aligned}\right. \tag{8-1}$$

式中　p——原型；

m——模型；

λ_l、λ_v、λ_F——各种物理量的相似比例常数，简称各种物理量的比尺；

λ_l——长度比尺；

λ_v——速度比尺；

λ_F——力的比尺。

流动相似概念是几何相似概念的扩展。两个几何图形，如果对应边成比例且对应角相等，两者就是几何相似的图形。对于两个几何相似图形，把其中一个图形的某一几何长度，乘以比例常数，就得到另一图形的相应长度。与流体运动有关的物理量，除了几何量（长度、面积、体积）之外，还有运动量（速度、加速度）和力。由此，流体力学相似扩展为以下四方面内容。

（一）几何相似

几何相似是指两个流动（原型和模型）流场的几何形状相似，即相应的线段长度成比例、夹角相等。例如中学中所学到的相似三角形以及照片的放大与缩小均为几何相似。

如原型和模型流动如图 8－1 所示，以角标 p 表示原型，m 表示模型，则有

$$\left.\begin{aligned}\frac{l_{p1}}{l_{m1}}=\frac{l_{p2}}{l_{m2}}=\cdots=\frac{l_p}{l_m}=\lambda_l\\ \theta_{p1}=\theta_{m1},\theta_{p2}=\theta_{m2}\end{aligned}\right\} \tag{8-2}$$

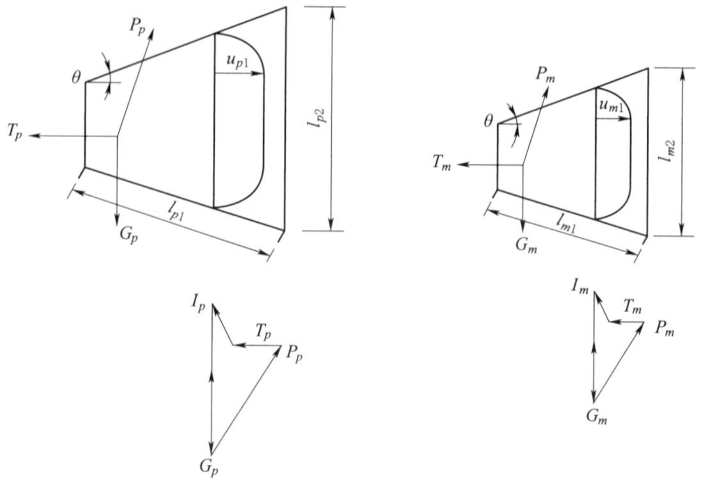

图 8－1　原型及模型流动

式中　l_{mi}——模型流场中具有特征意义的长度；

l_{pi}——原型流场中的对应长度；

λ_l——原型和模型的长度比尺。

由长度比尺可推得相应的面积比尺和体积比尺。

面积比尺
$$\lambda_A=\frac{A_p}{A_m}=\frac{l_p^2}{l_m^2}=\lambda_l^2$$

体积比尺
$$\lambda_V=\frac{V_p}{V_m}=\frac{l_p^3}{l_m^3}=\lambda_l^3$$

可见几何相似是通过长度比尺 λ_l 来表征的，只要各相应长度都保持固定的比尺关系 λ_l，便保证了两个流动几何相似。

例如，对于明渠横断面，几何长度有底宽 b、水深 h、湿周 χ、水力半径 R 等。当原型和模型存在几何相似时，应有

$$\frac{b_p}{b_m}=\frac{h_p}{h_m}=\frac{\chi_p}{\chi_m}=\frac{R_p}{R_m}=\lambda_l$$

（二）运动相似

运动相似指在原型和模型两个流动中，相应点的运动要素（如速度、加速度等）方向相同、大小成比例。即

$$\lambda_u=\frac{u_p}{u_m}$$

式中　λ_u——速度比尺。

由于各相应点速度成比例，所以相应断面的平均速度必然有同样比尺，即

$$\lambda_u=\frac{u_p}{u_m}=\frac{v_p}{v_m}=\lambda_v \tag{8-3}$$

将 $v=l/t$ 关系代入上式

$$\lambda_v=\frac{l_p/t_p}{l_m/t_m}=\frac{l_p/l_m}{t_p/t_m}=\lambda_l/\lambda_t \quad (8-4)$$

式中　$\lambda_t=t_p/t_m$ 称为时间比尺，满足运动相似应有固定的长度比尺和时间比尺。

速度相似也意味着各相应点的加速度相似，加速度比尺为

$$\lambda_a=\frac{a_p}{a_m}=\frac{u_p/t_p}{u_m/t_m}=\frac{u_p/u_m}{t_p/t_m}=\lambda_l/\lambda_t^2 \quad (8-5)$$

（三）动力相似

动力相似（dynamic similarity）指两个流动相应点处质点受同名力作用，力的方向相同、大小成比例。根据达朗贝尔原理，对于运动的质点，设想加上该质点的惯性力，则惯性力与质点所受作用力的合力平衡，形式上构成封闭力多边形。从这个意义上说，动力相似又可表述为相应点上的力多边形相似，相应边（即同名力）成比例，如图 8-1 所示。

影响流体运动的作用力主要是黏滞力、重力、压力，有时还考虑其他的力。如分别以符号 T、G、P 和 F_G 代表黏滞力、重力、压力和惯性力，则有

$$\vec{T}+\vec{G}+\vec{P}+\cdots+F_G=0$$

$$\frac{T_p}{T_m}=\frac{G_p}{G_m}=\frac{P_p}{P_m}=\cdots=\frac{F_{Gp}}{F_{Gm}} \quad (8-6)$$

比尺　$$\lambda_T=\lambda_G=\lambda_p=\cdots=\lambda_{F_G}$$

两个流场具有几何相似并不能保证它们一定具有动力相似。例如，如果用同一翼型模型在不同黏度的流体中测量升力和阻力，由于升力与流体黏滞系数无关，阻力与黏滞系数有关，所以在两个流场中测出的升力可能相等而阻力却不一定相等。由此可见，尽管两个流场具有几何相似，然而却不一定具有动力相似。不过，只有在满足了几何相似的前提下，运动相似和动力相似才有可能。所以，几何相似是运动相似和动力相似的必要条件，但并不是充分条件。

相对而言，几何相似比较容易做到，只要将原型严格按照比例缩小或者放大制作成模型就可以了。动力相似是流动相似的主导因素，只有满足动力相似才能保证运动相似，从而达到流动相似。

在模型实验中，特别是水工模型实验中，很难做到所有物理力与原型完全相似，只能做到模型中对运动状态起决定作用的物理力与原型相似，其余力的相似性不考虑。至于哪些力起主要决定作用，这须视具体情况经分析研究而定。

（四）初始条件与边界条件相似

边界条件相似指两个流动相应边界性质相同，如原型中的固体壁面，模型中相应部分也是固体壁面；原型中的自由液面，模型相应部分也是自由液面。对于非恒定运动体系，其初始条件必须保证相似；而对于恒定运动体系，初始条件失去其实际意义，因为它不随时间的变化而改变。

两体系相似必须满足上述这些相似要求，它们之间的关系是：几何相似、初始条件及边界条件相似是运动相似和动力相似的前提和充分条件；动力相似是决定运动相似的主导因素，运动相似则是几何相似、动力相似、初始条件和边界条件相似的表现。

而在有的书中，将边界条件相似归于几何相似，对于恒定流动又无须初始条件相似，这样流体力学相似的含义就简述为几何相似、运动相似、动力相似三方面。

第二节　相　似　准　则

怎样来实现原型流动和模型流动的动力相似呢？首先要满足几何相似，几何相似是力学相似的前提条件。其次是实现动力相似，要使两个流动动力相似，前面定义的各项比例尺须符合一定的约束关系，这种约束关系称为相似准则。现根据动力相似的流动，相应点上的力多边形相似，相应边（即同名力）成比例，来推导各单项力的相似准则。

一、牛顿相似定律

为了正确地进行模型设计，需对液流的动力相似做进一步探讨，找出动力相似的具体表达式。模型与原型的流动都必须服从同一运动规律，并用同一物理方程来描述，这样才能做到几何相似、运动相似和动力相似。

对于水工模型实验中的液体运动而言，实际上是作用于液体质点上的动力与其惯性力相互作用的结果。对液体的作用力有重力、黏性力、压力、弹性力及表面能力等。这些力都是促使液体改变运动状态的动力，而惯性力则企图维护原有运动状态，在两个相似的流动中，这些动力与其惯性力的比例关系应保持一致。若以 F_{Gp} 和 F_{Gm} 分别表示原型与模型的惯性力，以 F_p 和 F_m 分别表示原型与模型的其他物理力，根据上面的动力相似要求，则

$$\frac{F_p}{F_m}=\frac{F_{Gp}}{F_{Gm}}\text{或}\frac{F_{Gp}}{F_p}=\frac{F_{Gm}}{F_m}$$

惯性力的大小为质量 m 和加速度 a 的乘积，ρ 和 V 表示密度与体积，则

$$F_{Gp}=m_p a_p=\rho_p V_p a_p$$

$$F_{Gm}=m_m a_m=\rho_m V_m a_m$$

力的比尺为

$$\lambda_F=\frac{F_p}{F_m}=\frac{F_{Gp}}{F_{Gm}}=\frac{\rho_p V_p a_p}{\rho_m V_m a_m}=\lambda_\rho \lambda_l^3 \lambda_a=\lambda_\rho \lambda_l^3 \frac{\lambda_l}{\lambda_t^2}=\lambda_\rho \lambda_v^2 \lambda_l^2$$

λ_F 也可写成

$$\lambda_F=\frac{F_p}{F_m}=\frac{F_{Gp}}{F_{Gm}}=\frac{\rho_p v_p^2 l_p^2}{\rho_m v_m^2 l_m^2} \tag{8-7}$$

或

$$\frac{F_p}{\rho_p v_p^2 l_p^2}=\frac{F_m}{\rho_m v_m^2 l_m^2} \tag{8-8}$$

式中$\frac{F}{\rho v^2 l^2}$是无量纲数，称为牛顿数，以 Ne 表示。

牛顿数的物理意义是作用于水流的外力与惯性力之比。则式（8-8）可写为

$$Ne=(Ne)_p=(Ne)_m=const$$

动力相似实际上就是原型水流和模型水流的牛顿数相等。这个条件称为牛顿相似定律，是动力相似的一般准则。

二、液体流动的动力相似准则

在自然界，作用于水流的力是多种多样的，例如重力、黏滞力、压力、表面张力、弹性力等，这些力互不相同，各自遵循自己的规律，并用不同形式的物理公式来表达。因此，要使模型和原型水流运动相似，这些力除了满足牛顿数 Ne 相等的条件外，还必须满足由其自身性质决定的规律。然而要考虑所有不同性质的力的相似，就要同时满足许多特殊规律，这是非常困难的，往往也无法做到。对于某种具体水流来说，虽然它同时受到不同性质的力作用，但是这些力对水流运动状态的影响并不相同，即总有一种或两种力处于主导地位，决定了水流运动状态。在流体模型实验中，往往使其中起主导作用的力满足相似条件，这样就能基本上反映流体运动状态的相似。实践证明，这样处理能满足实际问题所要求的精度，这种只满足某一种力作用下的动力相似条件称为动力相似准则。下面介绍几种主要作用力的相似准则。

（一）重力相似准则（弗劳德准则）

重力是液流现象中常遇到的一种作用力，如明渠水流、堰流及闸孔出流等都是重力起主导作用的流动；另外，对于研究较短河段内水流的急剧变化或局部水流状态，水流加速度及惯性力很大，在模型实验中，其边界阻力对流动的影响相对而言较小，可以略去不计。故在设计模型时，只考虑起主要作用的重力 G 和惯性力 F_G 的相似。两个流动相应点上惯性力与重力的对比关系根据式（8－6）则有

$$\frac{F_{Gp}}{G_p}=\frac{F_{Gm}}{G_m} \tag{8-9}$$

式中，重力 $G=\rho Vg=\rho gl^3$，重力比尺为

$$\lambda_G=\frac{G_p}{G_m}=\frac{\rho_p g_p l_p^3}{\rho_m g_m l_m^3}=\lambda_\rho\lambda_g\lambda_l^3 \tag{8-10}$$

当重力起主导作用时，可以认为 $\lambda_{FG}=\lambda_G$，结合式（8－7），有

$$\frac{\rho_p g_p l_p^3}{\rho_p v_p^2 l_p^2}=\frac{\rho_m g_m l_m^3}{\rho_m v_m^2 l_m^2}$$

整理得

$$\frac{v_p^2}{g_p l_p}=\frac{v_m^2}{g_m l_m}$$

开方得

$$\frac{v_p}{\sqrt{g_p l_p}}=\frac{v_m}{\sqrt{g_m l_m}}$$

式中 $\frac{v}{\sqrt{gl}}$ 是无量纲数，称为弗劳德数，以 Fr 表示，则上式可表示为

$$(Fr)_p=(Fr)_m$$

上式表明，对于以重力为主作用力的水流，在边界条件相似的条件下，只要模型与原型的弗劳德数（Fr）相等，就近似地做到了动力相似。重力相似准则就是弗劳德数相等。

由弗劳德准则可见，在 λ_v、λ_l 和 λ_g 中，只有两个是独立量，一般模型实验中，

取 $\lambda_g=1$，可以得到原型与模型的速度比为

$$\frac{v_p}{v_m}=\sqrt{\frac{l_p}{l_m}}$$

模型实验中速度比尺为

$$\lambda_v=\lambda_l^{\frac{1}{2}}$$

进一步根据

$$\frac{Q_p}{Q_m}=\frac{A_p v_p}{A_m v_m}=\lambda_l^2\lambda_l^{\frac{1}{2}}=\lambda_l^{\frac{5}{2}}$$

则模型实验中流量比尺为

$$\lambda_Q=\lambda_l^{\frac{5}{2}}$$

时间比尺为

$$\lambda_t=\frac{\lambda_l}{\lambda_v}=\lambda_l^{\frac{1}{2}}$$

惯性力比尺为

$$\lambda_{F_G}=\frac{F_p}{F_m}=\lambda_\rho\lambda_v^2\lambda_l^2=\lambda_\rho(\lambda_l^{\frac{1}{2}})^2\lambda_l^2=\lambda_\rho\lambda_l^3$$

（二）黏性力相似准则（雷诺准则）

若以 T 表示黏性力，则两个流动相应点上惯性力与黏性力的对比关系根据式（8-6）则有

$$\frac{F_{Gp}}{T_p}=\frac{F_{Gm}}{T_m} \tag{8-11}$$

鉴于上式表示两个流动相应点上惯性力与单项作用力（如黏性力）的对比关系，而不是计算力的绝对量，所以式中的力可用运动的特征量（量纲）表示。

黏性力　　$T=\mu A\dfrac{\mathrm{d}u}{\mathrm{d}y}=\mu lv=\rho\nu lv$

惯性力　　$F_G=ma=\rho l^3\dfrac{l}{t^2}=\rho l^2v^2$

代入式（8-11）整理得

$$\frac{\rho_p l_p^2 v_p^2}{\rho_p\nu_p l_p v_p}=\frac{\rho_m l_m^2 v_m^2}{\rho_m\nu_m l_m v_m}$$

即

$$\frac{l_p v_p}{\nu_p}=\frac{l_m v_m}{\nu_m} \tag{8-12}$$

$$(Re)_p=(Re)_m$$

式中无量纲数 $Re=\dfrac{vl}{\nu}$ 称为雷诺数。雷诺数表征惯性力和黏性力之比，表明两流动相应的雷诺数相等，黏性力相似，称为雷诺准则。

（三）弹性力相似准则（柯西准则）

当流动受弹性力作用时，由式（8-6）则有

$$\frac{F_{Gp}}{E_p}=\frac{F_{Gm}}{E_m}$$

式中弹性力 $E=Kl^2$，K 为流体的体积模量；惯性力 $F_G=\rho l^2 v^2$。代入上式整理，得

$$\frac{\rho_p v_p^2}{K_p}=\frac{\rho_m v_m^2}{K_m} \tag{8-13}$$

$$(Ca)_p=(Ca)_m$$

式中无量纲数 $Ca=\frac{\rho v^2}{K}$，称为柯西数。柯西数表征惯性力与弹性力之比，两流动相似的柯西数相等，弹性力相似。柯西准则用于水击现象的研究。

（四）压力相似准则（欧拉准则）

由式（8-6）则有

$$\frac{F_{Gp}}{p_p}=\frac{F_{Gm}}{P_m}$$

式中压力 $P=pl^2$，惯性力 $F_G=\rho l^2 v^2$。代入上式整理，得

$$\frac{p_p}{\rho_p v_p^2}=\frac{p_m}{\rho_m v_m^2} \tag{8-14}$$

$$(Eu)_p=(Eu)_m$$

式中无量纲数 $Eu=\frac{p}{\rho v^2}$称为欧拉数。欧拉数表征压力与惯性力之比，两流动相应的欧拉数相等，压力相似。

在不可压缩流体中，对流动起作用的是压强差 Δp，而不是压强的绝对值，欧拉数中常以相应点的压强差 Δp 代替压强，得

$$Eu=\frac{\Delta p}{\rho v^2}$$

如图 8-1 所示，两个相似流动，相似点上的封闭力多边形是相似形。若决定流动的作用力是黏性力、重力和压力，则只要其中两个同名作用力和惯性力成正比例，另一个对应的同名力也将成比例。由于压力通常是待求量，这样只要黏性力、重力相似，压力将自行相似。换言之，当雷诺准则、弗劳德准则成立，欧拉准则可自行成立。所以又将雷诺准则、弗劳德准则称为定性准则，欧拉准则为导出准则，即 $Eu=f(Re, Fr)$。

流体的运动是边界条件和作用力决定的，当两个流动一旦实现了几何相似和动力相似，就必然以相同的规律运动。由此得出结论，几何相似与定性准则成立是实现流体力学相似的充分和必要条件。

第三节　模　型　实　验

模型实验是根据相似原理，制成与原型相似的小尺度模型进行实验研究，并以实验的结果预测出原型将会发生的流动现象与结果。在安排模型实验前进行模型设计

时，怎样根据原型的定性物理量确定模型的定性物理量值呢？例如管道流动模型实验，如何确定模型流动中的平均流速，以便决定实验所需的流量。这主要是根据准则数相等来确定的，也就是说进行模型实验需要解决以下几个方面的问题。

一、模型律的选择

为了使模型与原型的流动完全相似，除几何相似外，各独立的相似准则应同时满足，这在实际上是很困难的，或者根本不可能。

譬如按雷诺准则

$$(Re)_p=(Re)_m$$

原型和模型速度比

$$\frac{v_p}{v_m}=\frac{\nu_p}{\nu_m}\frac{l_m}{l_p} \tag{8-15}$$

按弗劳德准则

$$(Fr)_p=(Fr)_m$$

若 $g_p=g_m$，原型与模型的速度比

$$\frac{v_p}{v_m}=\sqrt{\frac{l_p}{l_m}} \tag{8-16}$$

要同时满足雷诺准则和弗劳德准则，就要同时满足式（8－15）和式（8－16）得

$$\frac{\nu_p}{\nu_m}\frac{l_m}{l_p}=\sqrt{\frac{l_p}{l_m}} \tag{8-17}$$

当原型和模型为同种流体，$\nu_p=\nu_m$，则

$$\frac{l_m}{l_p}=\sqrt{\frac{l_p}{l_m}}$$

可见只有 $l_p=l_m$，即 $\lambda_l=1$ 时，上式才能成立。这在大多数情况下，已失去模型实验的价值。

当原型和模型为不同种流体，$\nu_p\neq\nu_m$，由式（8－17）得

$$\frac{\nu_p}{\nu_m}=\left(\frac{l_p}{l_m}\right)^{3/2}=\lambda_l^{3/2}$$

$$\nu_m=\frac{\nu_p}{\lambda_l^{3/2}}$$

上式中，若长度比尺 $\lambda_l=10$，则

$$\nu_m=\frac{\nu_p}{31.62}$$

若原型中流体为水，模型就需选用运动黏滞系数是水的 1/31.62 的流体，而这样的流体是很难找到的。

由以上分析可见，模型实验做到流动完全相似是比较困难的，一般只能达到近似相似。保证对流动起主要作用的力相似，这就是相似准则选择的原则。这种只满足主要相似准则数相等的相似称为局部相似；在几何相似的前提下，所有的相似准数都相同的相似称为完全相似，但完全相似很难做到。

对于有压管流、潜体绕流等，其内摩擦力起主要作用，应按内摩擦力相似准则（雷诺准则）设计模型，保持 $Re_p=Re_m$，称为雷诺模型律；对于堰顶溢流、闸孔出流、明渠流动等，重力起主要作用，应按重力相似准则（弗劳德准则）设计模型，即保持 $Fr_p=Fr_m$，称为弗劳德模型律；考虑压力时，应保持 $Eu_p=Eu_m$，称为欧拉模型律。对于其他力起主要作用的，应按其相应的相似准则设计模型。如果由两种或以上的力起作用时，除了满足主要力的相似准则外，要尽可能地兼顾次要力的相似准则。

当管中流速相当大时（$Re>50000$），断面流速接近均匀分布，紊流进入阻力平方区。这样，在模型设计时不受模型律的制约，只要尽可能提高模型流动的雷诺数，使它也进入阻力平方区，由于这个缘故，阻力平方区也成为自动模型区。所谓自动模型区，就是当某一相似准数在一定的数值范围内，流动的相似性和该准则数无关，即使 $Re_p\neq Re_m$，流动仍保持相似。

二、模型设计

在进行模型设计时，通常根据实验场地大小、供水能力、模型制作条件、建造和运转费用等因素，结合模型的类型和拟选取的相似准则，确定长度比尺 λ_l，再以选定的 λ_l 缩小原型的几何尺寸，得出模型区的边界条件，进行流动受力情况的分析，检查是否满足对流动起主要作用的力相似。如果不满足，加以调整或采取其他措施予以保证，最后选定相似准则，确定流速等其他比尺和模型的流量。

在保证实验结果不失真或满足实验要求的前提下，模型应当尽可能小，即长度比尺尽可能选用较大的值，以保证实验经济性的要求。

例如，按雷诺准则

$$\frac{v_p l_p}{\nu_p}=\frac{v_m l_m}{\nu_m}$$

若 $\nu_p=\nu_m$，则

$$\frac{v_p}{v_m}=\frac{l_m}{l_p}=\lambda_l^{-1} \tag{8-18}$$

按弗劳德准则

$$\frac{v_p}{\sqrt{g_p l_p}}=\frac{v_m}{\sqrt{g_m l_m}}$$

如 $g_p=g_m$，则

$$\frac{v_p}{v_m}=\sqrt{\frac{l_p}{l_m}}=\sqrt{\lambda_l} \tag{8-19}$$

流量比

$$\frac{Q_p}{Q_m}=\frac{v_p A_p}{v_m A_m}=\lambda_v\lambda_l^2$$

$$Q_m=\frac{Q_p}{\lambda_v\lambda_l^2}$$

将速度比尺关系式（8－18）、式（8－19）分别代入上式，得模型流量

雷诺准则模型　　$Q_m=\frac{Q_p}{\lambda_l^{-1}\lambda_l^2}=\frac{Q_p}{\lambda_l}$

弗劳德准则模型　　$Q_m=\frac{Q_p}{\lambda_l^{1/2}\lambda_l^2}=\frac{Q_p}{\lambda_l^{2.5}}$

按雷诺准则和弗劳德准则导出各物理量模型比尺，见表 8-1。

表 8-1　　模型比尺表

名称	比尺			名称	比尺		
	雷诺准则		弗劳德准则		雷诺准则		弗劳德准则
	$\lambda_\nu=1$	$\lambda_\nu\neq1$			$\lambda_\nu=1$	$\lambda_\nu\neq1$	
长度比尺 λ_l	λ_l	λ_l	λ_l	力的比尺 λ_F	λ_ρ	$\lambda_\nu^2\lambda_\rho$	$\lambda_l^3\lambda_\rho$
流速比尺 λ_v	λ_l^{-1}	$\lambda_\nu\lambda_l^{-1}$	$\sqrt{\lambda_l}$	压强比尺 λ_p	$\lambda_l^{-2}\lambda_\rho$	$\lambda_\nu^2\lambda_l^{-1}\lambda_\rho$	$\lambda_l\lambda_\rho$
加速度比尺 λ_a	λ_l^{-3}	$\lambda_\nu^2\lambda_l^{-3}$	1	功、能比尺	$\lambda_l\lambda_\rho$	$\lambda_\nu^2\lambda_l\lambda_\rho$	$\lambda_l^4\lambda_\rho$
流量比尺 λ_Q	λ_l	$\lambda_\nu\lambda_l$	$\lambda_l^{2.5}$	功率比尺	$\lambda_l^{-1}\lambda_\rho$	$\lambda_\nu^3\lambda_l^{-1}\lambda_\rho$	$\lambda_l^{3.5}\lambda_\rho$
时间比尺 λ_t	λ_l^2	$\lambda_\nu^{-1}\lambda_l^2$	$\sqrt{\lambda_l}$				

【例 8-1】 为研究热风炉中烟气的流动特性，采用长度比尺为 10 的水流做模型实验。已知热风炉内烟气流速为 8m/s，烟气温度为 600℃，密度为 0.4kg/m³，运动黏度为 0.9cm²/s。模型中水温 10℃，密度为 1000kg/m³，运动黏度 0.0131cm²/s。试问：（1）为保证流动相似，模型中水的流速是多少？（2）实测模型的压降为 6307.5N/m²，原型热风炉运行时，烟气的压降是多少？

解：（1）对流动起主要作用的力是黏滞力，应满足雷诺准则

$$(Re)_p=(Re)_m$$

$$v_m=v_p\frac{\nu_m l_p}{\nu_p l_m}=8\times\frac{0.0131}{0.9}\times10=1.16(\text{m/s})$$

（2）流动的压降满足欧拉准则

$$(Eu)_p=(Eu)_m$$

$$\Delta p_p=\Delta p_m\frac{\rho_p v_p^2}{\rho_m v_m^2}=6307.5\times\frac{0.4\times8^2}{1000\times1.16^2}=120(\text{N/m}^2)$$

【例 8-2】 桥孔过流模型实验，如图 8-2 所示，已知桥墩长 24m，墩宽 4.3m，水深 8.2m，平均流速为 2.3m/s，两桥台的距离为 90m。现以长度比尺为 50 的模型实验，要求设计模型。

解：（1）由给定的比尺 $\lambda_l=50$，设计模型各几何尺寸

$$桥墩长\ l_m=\frac{l_p}{\lambda_l}=\frac{24}{50}=0.48(\text{m})$$

$$桥墩宽\ b_m=\frac{b_p}{\lambda_l}=\frac{4.3}{50}=0.086(\text{m})$$

$$墩台距\ B_m=\frac{B_p}{\lambda_l}=\frac{90}{50}=1.8(\text{m})$$

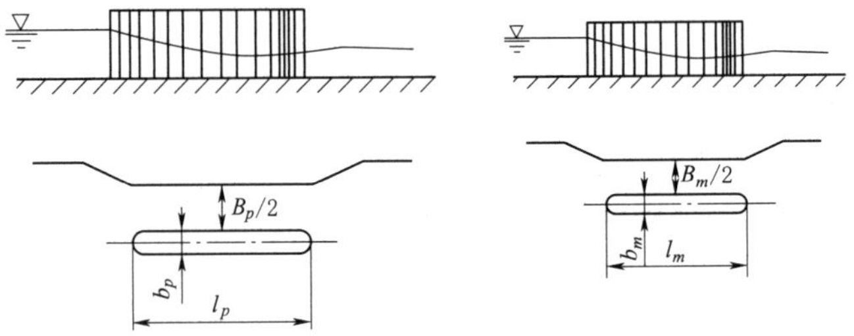

图 8-2 桥孔过流模型

$$水深\ h_m=\frac{h_p}{\lambda_l}=\frac{8.2}{50}=0.164(\mathrm{m})$$

(2) 对流动其主要作用的力是重力，按弗劳德准则确定模型流速及流量

$$(Fr)_p=(Fr)_m,g_p=g_m$$

流速 $$v_m=\frac{v_p}{\lambda_l^{0.5}}=\frac{2.3}{\sqrt{50}}=0.325(\mathrm{m/s})$$

流量 $$Q_p=v_p(B_p-b_p)h_p=2.3\times(90-4.3)\times8.2=1616.3(\mathrm{m^2/s})$$

$$Q_m=\frac{Q_p}{\lambda_l^{2.5}}=\frac{1616.3}{50^{2.5}}=0.0914(\mathrm{m^3/s})$$

【例 8-3】 直径为 15cm 的输油管，管长 10m，通过流量为 $0.04\mathrm{m^3/s}$。现用水来做实验，选模型管径和原型相等，原型中油的运动黏滞系数 $\nu=0.13\mathrm{cm^2/s}$。模型中的实验水温为 $t=10℃$。(1) 求模型中的流量为多少才能达到与原型相似？(2) 若在模型中测得 10m 长管段的压差为 0.35cm，反算原型输油管 1000m 长管段上的压强差为多少？(用油柱高表示)

解：(1) 输油管路中的主要作用力为黏滞力，故按雷诺准则确定模型流速及流量。$t=10℃$，水的运动黏滞系数 $\nu=0.0131\mathrm{cm^2/s}$，则 $\lambda_\nu=\frac{\nu_p}{\nu_m}=\frac{0.13}{0.0131}=9.924$，由题意知 $\lambda_l=\frac{l_p}{l_m}=1$。

由表 8-1，$\lambda_Q=\frac{Q_p}{Q_m}=\lambda_\nu\lambda_l$，则模型流量

$$Q_m=\frac{Q_p}{\lambda_\nu\lambda_l}=\frac{0.04}{9.924\times1}=0.004(\mathrm{m^3/s})$$

(2) 要使黏滞力为主的原型与模型的压强高度相似，除了满足两种液流的雷诺数相同外，还应保证欧拉数也相同，由

$$\frac{\Delta p_p}{\rho_p v_p^2}=\frac{\Delta p_m}{\rho_m v_m^2}$$

得 $$\frac{\Delta p_p}{\Delta p_m}=\left(\frac{v_p}{v_m}\right)^2\frac{\rho_p}{\rho_m}$$

由 $\Delta p=\rho g h$ 得

$$\frac{h_p}{h_m}=\frac{\Delta p_p \rho_m g_m}{\Delta p_m \rho_p g_p}=\frac{\Delta p_p \rho_m}{\Delta p_m \rho_p}=\left(\frac{v_p}{v_m}\right)^2$$

用原型中的油柱高表示为

$$h_p=h_h\left(\frac{v_p}{v_m}\right)^2$$

由表 8－1 可知 $\lambda_v=\frac{v_p}{v_m}=\lambda_v\lambda_l^{-1}$，其中 $\lambda_v=9.924$，$\lambda_t=1$，所以 $h_p=h_n\left(\frac{v_p}{v_m}\right)^2=0.35\times9.924^2=34.5(\text{cm})$

（注：工程上往往根据每 1000m 长管路中的水头损失作为设计管路加压泵站扬程选择的依据。）

【例 8－4】 如图 8－3 所示，在实验室中用 $\lambda_l=20$ 的比例模型研究溢流堰的流动。

（1）如果原型堰上水头 $h=3\text{m}$，试求模型上的堰上水头。

（2）如果模型上的流量 $Q=0.19\text{m}^3/\text{s}$，试求原型上的流量。

（3）如果模型上的堰顶真空度 $h_v=700\text{mmH}_2\text{O}$，试求原型上的堰顶真空度。

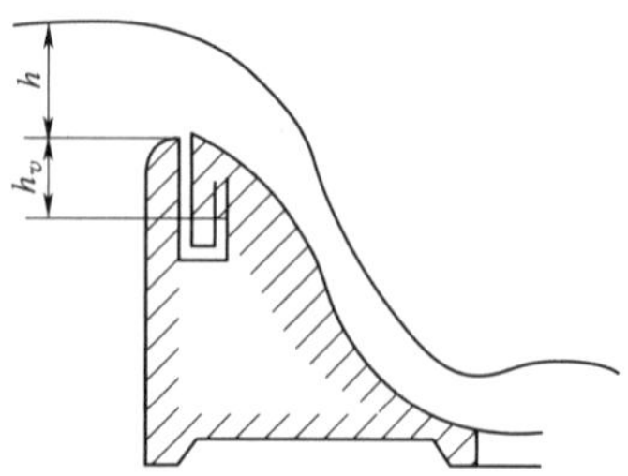

图 8－3　溢流堰流动

解： 水工结构的重力流应采用弗劳德准则，其基本比尺取长度比尺 $\lambda_l=20$，密度比尺 $\lambda_\rho=1$。则流量比尺

$$\lambda_Q=\lambda_l^{5/2}=20^{5/2}=1789$$

堰顶真空度比尺

$$\lambda_{hv}=\frac{h_{vp}}{h_{vm}}=\frac{P_p}{P_m}=\frac{(\rho g h)_p}{(\rho g h)_m}=\lambda_\rho\lambda_l=1\times20=20$$

于是可得模型上的堰上水头为

$$h_m=\frac{h_p}{\lambda_l}=\frac{3}{20}=0.15(\text{m})$$

原型上的流量为

$$Q_p=Q_m\lambda_Q=0.19\times1789=339.91(\text{m}^3/\text{s})$$

原型上的堰顶真空高度为

$$h_p=h_{vm}\lambda_{hv}=0.7\times20=14(\text{mH}_2\text{O})$$

第四节　量纲分析的概念和量纲和谐原理

一、量纲与单位

量纲（或称因次）是区别物理量类别的标志。在流体力学中，常用的物理量按性质的不同可划分为不同的类别，如长度、时间、速度、质量、流量、密度、力和黏滞

系数等。不同类别的物理量可用不同量纲进行标志，例如长度、时间和质量就是三种类别不同的物理量，具有不同的量纲。长度可用其量纲 L 标志，水深 h 和水力半径 R 都可用长度量纲 L 标志，时间可用其量纲 T 标志，质量可用其量纲 M 标志。密度可用其量纲 M/L^3 标志，速度可用其量纲 L/T 标志。

量度各种物理量数值大小的标准，称为单位（unit），单位是人为规定的量度标准。同一个物理量，其单位可以有多种，如长度可用米、分米、厘米、毫米、英尺、光年等不同的单位来度量。选用不同的单位，被量度的物理量将具有不同的量值。因此，对于任何有量纲的物理量，在表示其数值大小的时候，必须给出相应的单位，否则，一个纯数字是没有意义的。

常采用 $[q]$ 代表任意一个物理量 q 的量纲。

由以上分析可知，物理量的一般构成因素为

$$\text{物理量 } q\left\{\frac{\text{属性 dim}q}{\text{量度单位}}\right\}$$

也把物理量的属性（类别）称为量纲或因次。显然，量纲是物理量的实质，不含有人为的影响。

通常，不具量纲的量称为无量纲量，就是纯数，如圆周率 π=(圆周长/直径)=3.14159…，角度 α=(弧长/曲率半径)，都是无量纲量。

二、基本量纲与导出量纲

物理量的量纲可分为基本量纲和导出量纲两大类。同时具有以下两个特点的一组物理量的量纲构成基本量纲：它们之间是相互独立的，即组内的任何一个物理量的量纲不能由组内的其他物理量的量纲导出，这样一组物理量的量纲，可以用来表示除该组以外的任何一个物理量的量纲。除基本量纲外，其余的那些可由基本量纲导出的物理量的量纲，称为导出量纲。

在流体力学中，通常遇到物理量有以下三类：

（1）几何学量：如长度、面积、体积等。

（2）运动学量：如速度、加速度、流量、运动黏滞系数等。

（3）动力学量：如质量、力、密度、动力黏滞系数、切应力、压强等。

值得注意的是，组成基本量纲的物理量不是唯一的，是可以做其他选择的，除了温度 θ 外，只要在几何学量、运动学量和动力学量中任意各选一个都可以组成基本量纲，被选作基本量纲的物理量称为基本量。通常在国际单位制（SI）中，对于力学问题，规定三个基本量纲分别为质量、长度和时间，即 L-T-M 制，质量长度 $\dim l=\mathrm{L}$，时间 $\dim t=\mathrm{T}$，$\dim m=\mathrm{M}$。显然，这三个基本量纲是相互独立的，但其他任何一个力学量的量纲都可以由长度、时间和质量的量纲导出。

三、量纲公式

对于不可压缩流体运动，只需要 M、L、T 三个基本量纲，其余物理量的量纲均可由这三个基本量纲导出，称为导出量纲，例如：

速度 $\dim v=\mathrm{LT}^{-1}$

加速度 $\dim a=LT^{-2}$

力 $\dim F=MLT^{-2}$

动力黏度 $\dim\mu=ML^{-1}T^{-1}$

综合以上各量纲式，不难得出，任一物理量 x 的量纲 $\dim x$ 都可用 3 个基本量纲的指数乘积形式表示，即

$$\dim x=M^{\alpha}L^{\beta}T^{\gamma} \tag{8-20}$$

式（8－20）称为量纲公式。物理量 x 的性质由量纲指数 α、β、γ 决定。如 $\alpha=0$，$\beta\neq0$，$\gamma=0$，为一几何学量；如 $\alpha=0$，$\beta\neq0$，$\gamma\neq0$，为一运动学量；如 $\alpha\neq0$，$\beta\neq0$，$\gamma\neq0$，为一动力学量。

通常表示量纲的符号为物理量加方括号［x］，如长度 L 的量纲为［L］，速度 v 的量纲为［v］。再如导出量纲面积 A 的量纲为长度量纲的平方：$[A]=L^2T^0M^0=L^2$，流速 v 的量纲为 $[v]=L^1T^{-1}M^0=L/T$，由牛顿定律可知 $F=ma$，则力的量纲为 $[F]=L^1T^{-2}M^1=ML/T^2$。

以上讨论的是 L－T－M 制，规定基本量纲 L、T、M 分别采用的单位为 m、s、kg，称为国际单位制。流体力学中常见物理量的量纲见表 8－2。

表 8－2　流体力学中常见物理量的量纲

物理量		量纲	物理量		量纲
几何学量	长度 L	L	动力学量	质量 m	M
	面积 A	L^2		力 F	MLT^{-2}
	体积 V	L^3		密度 ρ	ML^{-3}
	水力坡度 J	L^0		动力黏滞系数 μ	$ML^{-1}T^{-1}$
	惯性矩 I	L^4		压强 P	$ML^{-1}T^{-2}$
运动学量	时间 T	T		切应力 τ	$ML^{-1}T^{-2}$
	速度 v	LT^{-1}		体积弹性系数 E	$ML^{-1}T^{-2}$
	加速度 a	LT^{-2}		表面张力系数 σ	ML^{-2}
	运动黏滞系数 ν	L^2T^{-1}		功、能 W	ML^2T^{-2}
	单宽流量 q	L^2T^{-1}		功率 N	ML^2T^{-3}
	角速度 ω	T^{-1}			

四、无量纲量

在量纲公式（8－20）中包括各基本量纲的指数为零的量称为无量纲数或量纲为 1 的量，即当 $\alpha=\beta=\gamma=0$ 时，$[x]=L^0T^0M^0=1$，该物理量 x 称为无量纲量，或称为 π 数。

无量纲量可由两个具有相同量纲的物理量相除得到，例如线应变 $\varepsilon=\Delta l/L$，$\dim\varepsilon=L/L=1$，如水力坡度 J 是水头损失 h_{ω} 对流程长度 l 的比值 $J=h_{\omega}/l$，量纲公式为 $[J]=L^1L^{-1}T^0M^0=1$，J 的量纲为 1，即为无量纲数。此外，如相对粗糙度 Δ/d、底坡 $-\Delta z/\Delta s$ 等均为无量纲数。无量纲数也可以由几个有量纲量通过各种组合而成，组合后各个基本量纲的指数为零，例如雷诺数 $Re=vd/\nu$、弗劳德数 $Fr=v/\sqrt{gh}$

等均为无量纲数。

无量纲数既无量纲又无单位，其数值大小与选用的单位无关。

依据无量纲数的定义和构成，可归纳出无量纲量具有以下特点：

（1）客观性。正如前面指出，凡有量纲的物理量，都有单位，同一物理量，因选取的度量单位不同，数值也不同。如果用有量纲量作过程的自变量，计算出的因变量数值，将随自变量选取单位的不同而不同。因此，要使运动方程式的计算结果不受人主观选取单位的影响，就需要把方程中各项物理量组合成无量纲项。从这个意义上说，真正客观的方程式应是由无量纲项组成的方程式。

（2）不受运动规模的影响。既然无量纲量是纯数，数值大小与度量单位无关，也不受运动规模的影响。规模大小不同的流动，如两者是相似的流动，则相应的无量纲数相同。在模型实验中，常用同一个无量纲数（如雷诺数 Re）作为模型和原型流动相似的判据。

（3）可进行超越函数运算。由于有量纲量只能做简单的代数运算，做对数、指数、三角函数运算是没有意义的。只有无量纲化才能进行超越函数运算，如气体等温压缩功计算式

$$W=P_1V_1\ln\frac{v_2}{v_1}$$

其中压缩后与压缩前的体积比 V_2/V_1 组成无量纲项，才能进行对数运算。

五、量纲和谐原理

量纲和谐原理是量纲分析的基础。量纲和谐原理的表述：凡正确反映客观规律的物理方程，其各项的量纲一定是一致的，因为只有相同量纲的物理量才可以相加或相减。显然，将流速与水深这两个具有不同量纲的物理量进行相加或相减是没有意义的。流体力学中绝大多数公式都是满足量纲和谐原理的。例如实际液体总流的能量方程

$$z_1+\frac{p_1}{\gamma}+\frac{\alpha_1v_1^2}{2g}=z_2+\frac{p_1}{\gamma}+\frac{\alpha_2v_2^2}{2g}+h_w$$

式中各项的量纲均为 L。其他凡正确反映客观规律的物理方程，量纲之间的关系均是如此。量纲和谐原理可以用来检验理论或经验公式的合理性，也可以用来帮助人们初步建立一些物理量之间新的关系式。值得注意的是，尽管正确的物理方程式应该是量纲和谐的，但流体力学中也有少量方程式的量纲是不和谐的，这主要是在流体力学发展的早期一些单纯依据实验、观测资料建立的经验公式。例如曼宁公式为

$$v=\frac{1}{n}R^{2/3}J^{1/2}$$

经量纲分析，边界壁的粗糙度 n 具有时间的量纲，这显然是错误的。这种情况表明，人们对这部分流动问题的认识还不够全面、不够充分，可以预见，这样的公式将逐渐被修正或被正确完整的公式所代替。

如计算谢才系数的曼宁公式 $C=\frac{1}{n}R^{\frac{1}{6}}$，式中谢才系数 C 具有量纲 $\mathrm{L}^{1/2}\mathrm{T}$，水力半

径 R 的量纲为 L，糙率系数 n 为无量纲数，所以曼宁公式的量纲是不和谐的。这说明当时人们在建立这些关系式时，忽视或没有认识到应该保持量纲和谐的基本原则，从而给后人留下了这些不完善的经验关系式。但是应该承认，这些能够保留下来成为经典水力学公式的少数量纲不和谐的经验关系式，在流体力学计算中仍有重要的实用价值。需要注意的是，应用这些量纲不和谐的经验关系式时，对采用的单位是有要求的，一般规定长度的单位用 m，时间的单位用 s。

现在在建立新的物理关系式时，如有可能，常将各项均设为无量纲的，即建立一些无量纲数间的关系式。这样既避免了量纲不和谐的问题，也避免了在应用公式时因选用单位不合适而出现的错误。

由量纲和谐原理，可引申出以下两点：

（1）凡正确反映客观规律的物理方程，一定能表示成由无量纲项组成的无量纲方程。因为方程中各项的量纲相同，只需用其中一项遍除各项，便得到一个由无量纲项组成的无量纲式，仍保持原方程的性质。

（2）量纲和谐原理规定了一个物理过程中有关物理量之间的关系。因为一个正确完整的物理方程中，各物理量的量纲之间的关系是确定的，按物理量的量纲之间的这一确定性，就可建立该物理过程各物理量的关系式。量纲分析法就是根据这一原理发展起来的，它是 20 世纪初在力学上的重要发现之一。

第五节　量 纲 分 析 法

在量纲和谐原理基础上发展起来的量纲分析法有两种：一种称瑞利法，适用于比较简单的问题；另一种称 π 定理，是一种更具普遍性的原理，适用于比较复杂的问题。

一、瑞利法

瑞利法的基本原理是，某一物理过程同 n 个物理量有关，这些物理量之间满足关系式

$$f(q_1,q_2,\cdots,q_n)=0 \tag{8-21}$$

其中的任意一个物理量 q_i 都可以表示为其余物理量的指数乘积，即 $q_i=Kq_1^a q_2^b\cdots q_{n-1}^p$，由此写出其量纲式为

$$[q_i]=[q_1^a q_2^b\cdots q_{n-1}^p]$$

将量纲式中各物理量的量纲按式（8-20）表示为基本量纲的指数积的形式，并根据量纲和谐原理确定各物理量的指数 a、b、…、p，就可得出表达该物理过程的关系式，这就是瑞利法。

下面通过例题说明瑞利法的应用步骤。

【例 8-5】　求水泵输出功率的表达式。

解：（1）找出同水泵输出功率 N 有关的物理量。这些物理量包括：水的重度 γ、管路中的流量 Q、水泵的扬程 H。由式（8-21）得

$$f(N,\gamma,Q,H)=0$$

(2) 写出指数乘积关系式

$$N=K\gamma^a Q^b H^c$$

(3) 写出量纲式

$$[N]=[\gamma^a Q^b H^c]$$

(4) 按式 (8-20)，以基本量纲 (M、L、T) 表示各物理量的量纲

$$ML^2T^{-3}=(ML^{-2}T^{-2})^a(L^3T^{-1})^b(L)^c=M^aL^{(-2a+3b+c)}T^{(-2a-b)}$$

(5) 根据量纲和谐原理求出各物理量的指数

$$M:\ a=1$$

$$L:\ -2a+3b+c=2$$

$$T:\ -2a-b=-3$$

由此解得 $a=1$，$b=1$，$c=1$。

(6) 整理关系式

$$N=K\gamma QH$$

其中，K 为系数，由实验确定。

【例 8-6】 求圆管层流的流量关系式。

解：(1) 找出影响圆管层流流量的物理量。这些物理量包括：管段两端的压强差 Δp，管段长 l，圆管半径 r_0，流体的动力黏滞系数 μ。

根据经验和对已有实验资料的分析，得知流量 Q 与压强差 Δp 成正比，与管段长 l 成反比。因此，可将 Δp、l 合并为一项 $\Delta p/l$，得到关系式

$$f(Q,\Delta p/l,r_0,\mu)=0$$

(2) 写出指数积关系式

$$Q=K\left(\frac{\Delta p}{l}\right)^a r_0^b\mu^c$$

(3) 写出量纲式

$$[Q]=\left[\left(\frac{\Delta p}{l}\right)^a r_0^b\mu^c\right]$$

(4) 按式 (8-20)，以基本量纲表示各物理量的量纲

$$L^3T^{-1}=(ML^{-2}T^2)^aL^b(ML^{-1}T^1)^c$$

(5) 根据量纲和谐原理求各物理量的指数

$$M:\ a+c=0$$

$$L:\ -2a+b-c=3$$

$$T:\ 2a+c=-1$$

由此解得 $a=-1$，$b=2$，$c=1$。

(6) 整理关系式

$$Q=K\left(\frac{\Delta p}{l}\right)r_0^4\mu^{-1}=K\ \frac{\Delta p r_0^4}{l\mu}$$

K 为系数，由实验确定 $K=\frac{\pi}{8}$。

则
$$Q=\frac{\pi}{8}\frac{\Delta p}{l\mu}r_0^4=\frac{\rho gJ}{8\mu}\pi r_0^4$$
其中
$$J=\frac{\Delta p/\rho g}{l}$$

由以上例题可以看出，用瑞利法求力学方程，当有关物理量不超过4个，待求的量纲指数不超过3个时，可直接根据量纲和谐原理求出各物理量的指数，建立关系式，如[例8－5]。当有关物理量超过4个时，则需要合并有关物理量，以求得各物理量的指数，如[例8－6]。

当研究的物理过程比较复杂，有关物理量的个数比较多时，宜用π定理求解。

二、π定理

π定理是量纲分析更为普遍的原理，是在1915年由美国物理学家布金汉提出，又称为布金汉定理。π定理指出：某一物理过程同n个物理量有关，它们之间满足关系式

$$f(q_1,q_2,\cdots,q_n)=0$$

选取其中m个物理量作为基本量（量纲独立，不能相互导出的物理量），则该物理过程可由n个物理量构成的（$n-m$）个无量纲项所表达的关系式来描述，即

$$f(\pi_1,\pi_2,\cdots,q_{n-m})=0 \tag{8-22}$$

π定理可用数学方法证明，这里从略。

π定理的应用步骤如下：

（1）找出与研究的物理过程有关的n个物理量。

（2）从n个物理量中选取m个基本量。对于不可压缩流体的运动，$m=3$。通常选取速度v、密度ρ、特征长度L为基本量，即q_1、q_2、q_3。

（3）用基本量与其余（$n-m$）个物理量组成（$n-m$）个无量纲的π项。

$$\pi_1=\frac{q_4}{q_1^{a_1}q_2^{b_1}q_3^{c_1}}$$

$$\pi_2=\frac{q_5}{q_1^{a_2}q_2^{b_2}q_3^{c_2}}$$

$$\vdots$$

$$\pi_{n-3}=\frac{q_n}{q_1^{a_{n-3}}q_2^{b_{n-3}}q_3^{c_{n-3}}}$$

（4）根据π为无量纲项，定出各π_i项基本量的指数a_i、b_i、c_i（$i=1$，2，…，$n-3$）。

（5）整理关系式。

下面通过具体的例子进一步阐明π定理的应用。

【例8－7】 求有压管流两断面间压强差Δp（或称压强损失）的表达式。

解：（1）找出与研究的过程有关的物理量。由经验和对已有资料的分析可知，有压管流两断面间压强差Δp与流体的密度ρ、运动黏滞系数ν、管长l、管径d、管壁绝对粗糙度Δ以及流速v有关，故有关量个数$n=7$。

（2）选取基本量。在有关量中选 v、d、ρ 为基本量，基本量个数 $m=3$。

（3）组成 π 项，π 项个数为 $n-m=7-3=4$，即

$$\pi_1=\frac{\Delta p}{v^{a_1}d^{b_1}\rho^{c_1}}$$

$$\pi_2=\frac{\nu}{v^{a_2}d^{b_2}\rho^{c_2}}$$

$$\pi_3=\frac{l}{v^{a_3}d^{b_3}\rho^{c_3}}$$

$$\pi_4=\frac{\Delta}{v^{a_4}d^{b_4}\rho^{c_4}}$$

（4）计算各 π_i 项中基本量的指数。即

π_1：$[\Delta p]=[v^{a_1}d^{b_1}\rho^{c_1}]$

$$ML^{-1}T^{-2}=(LT^{-1})^{a_1}L^{b_1}(ML^{-3})^{c_1}$$

M：$c_1=1$

L：$a_1+b_1-3c_1=-1$

T：$-a_1=-2$

由此解得 $a_1=2$，$b_1=0$，$c_1=1$，则

$$\pi_1=\frac{\Delta p}{v^2\rho}$$

π_2：$[\nu]=[v^{a_2}d^{b_2}\rho^{c_2}]$

$$L^2T^{-1}=(LT^{-1})^{a_2}L^{b_2}(ML^{-3})^{c_2}$$

M：$c_2=0$

L：$a_2+b_2-3c_2=2$

T：$-a_2=-1$

由此解得 $a_2=1$，$b_2=1$，$c_2=0$，则

$$\pi_2=\frac{\nu}{vd}$$

π_3：$[l]=[v^{a_3}d^{b_3}\rho^{c_3}]$

$$L=(LT^{-1})^{a_3}L^{b_3}(ML^{-3})^{c_3}$$

M：$c_3=0$

L：$a_3+b_3-3c_3=1$

T：$-a_3=0$

由此解得 $a_3=0$，$b_3=1$，$c_3=0$，则

$$\pi_3=\frac{l}{d}$$

π_4：$[k_s]=[v^{a_4}d^{b_4}\rho^{c_4}]$

$$L=(LT^{-1})^{a_4}L^{b_4}(ML^{-3})^{c_4}$$

M：$c_4=0$

L：$a_4+b_4-3c_4=1$

T：$-a_4=0$

由此解得 $a_4=0$，$b_4=1$，$c_4=0$，则

$$\pi_4=\frac{\Delta}{d}$$

（5）整理方程式

$$f\left(\frac{\Delta p}{v^2\rho},\frac{\nu}{vd},\frac{l}{d},\frac{\Delta}{d}\right)=0$$

由此求解$\frac{\Delta p}{v^2\rho}$

$$\frac{\Delta p}{v^2\rho}=f_2\left(\frac{\nu}{vd},\frac{\Delta}{d}\right)\frac{l}{d}=f_2\left(Re,\frac{\Delta}{d}\right)\frac{l}{d}$$

因 $\Delta p\propto l$，则

$$\frac{\Delta p}{\rho g}=f_2\left(Re,\frac{\Delta}{d}\right)\frac{l}{d}\frac{v^2}{2g}=\lambda\ \frac{l}{d}\frac{v^2}{2g}$$

上式就是管道压强损失的计算公式。

【例 8－8】 为了实验研究水流对光滑球形潜体的作用力，要求预先做出实验的方案。

解： 水流对光滑球形潜体的作用力 D 与水流速度 v、潜体直径 d、水的密度 ρ、水的黏度 μ 诸物理量有关。即

$$D=f(v,d,\rho,\mu)$$

怎样进行实验来求得作用力 D 与各量的关系呢？不熟悉量纲分析方法的初学者会认为既然作用力 D 与 4 个因素（v，d，ρ，μ）有关，要找出全部函数关系，就要分别对每个变量（保持其 3 个因素不变）做实验，再根据各量的实验结果整理成方程式。这样组织实验研究虽然也可行，但所用方法是原始的和费力的，用于实验的时间至少要数倍于真正需要的时间。

应用量纲分析方法组织实验，首先找出有关量 $f(D,\ v,\ d,\ \rho,\ \mu)=0$。由 π 定理，选 v、d、ρ 为基本量，组成各 π 项

$$\pi_1=\frac{D}{v^{a_1}d^{b_1}\rho^{c_1}}$$

$$\pi_2=\frac{\mu}{v^{a_2}d^{b_2}\rho^{c_2}}$$

按 π 项无量纲，决定基本量指数 $a_1=2$，$b_1=2$，$c_1=1$；$a_2=2$，$b_2=2$，$c_2=1$。整理方程式

$$f\left(\frac{D}{v^2d^2\rho},\frac{\mu}{vd\rho}\right)=0$$

$$\frac{D}{v^2d^2\rho}=f_1\left(\frac{\mu}{vd\rho}\right)$$

$$D=f_2\left(\frac{vd\rho}{\mu}\right)\rho v^2 d^2=f_2(Re)\frac{8}{\pi}\frac{\pi d^2}{4}\frac{\rho v^2}{2}=C_d A\frac{\rho v^2}{2} \tag{8-23}$$

式中无量纲项 $C_d=f_2(Re)\dfrac{8}{\pi}=F(Re)$ 为阻力系数；$Re=\dfrac{vd\rho}{\mu}=\dfrac{vd}{\nu}$ 为雷诺数。

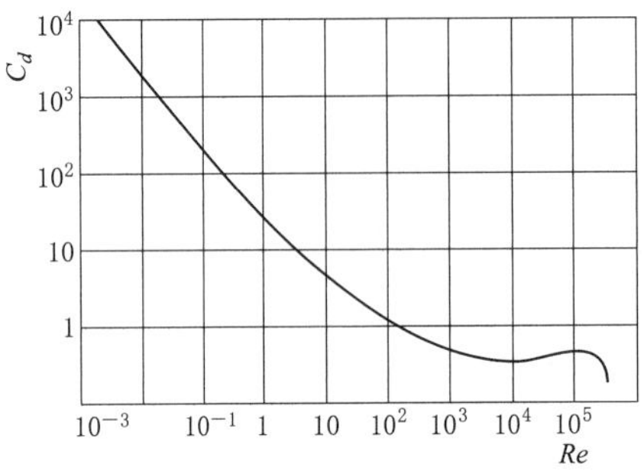

图 8-4　Re 和 C_d 的实验曲线

由上面分析可知，实验研究水流对光滑球形潜体的作用力，归结为实验测定阻力系数 C_d 与雷诺数 Re 的关系。这样一来，实施这项实验研究只需用一个球，在一个温度下的水流中实验，通过改变水流速度，整理成不同 Re 和 C_d 的实验曲线，如图 8-4 所示。各种情况下，流体对球形潜体的作用力，只需计算出 $Re=\dfrac{vd}{\nu}$，由图 8-4 查得 C_d 值，按式（8-23）计算。

三、量纲分析方法的讨论

以上简要介绍了量纲分析方法，下面再做几点讨论：

（1）量纲分析方法的理论基础是量纲和谐原理，即凡正确反映客观规律的物理方程，量纲一定是和谐的。

（2）量纲和谐原理是判别经验公式是否完善的基础。20 世纪，量纲分析原理未发现之前，水力学中积累了不少纯经验公式，每一个经验公式都有一定的实验根据，都可用于一定条件下流动现象的描述，这些公式孰是孰非，无所适从。量纲分析方法可以从量纲理论做出判别和权衡，使其中的一些公式从纯经验的范围内解脱出来。

（3）应用量纲分析方法得到的物理方程式是否符合客观规律，和所选入的物理量是否正确有关。而量纲分析方法本身对有关物理量的选取却不能提供任何指导和启示，可能由于遗漏某一个具有决定性意义的物理量，导致建立的方程式失误。也可能因选取了没有决定性意义的物理量，造成方程中出现累赘的量纲量。这种局限性是方法本身决定的。研究量纲分析方法的前驱者之一瑞利，在分析流体通过恒温固体的热传导问题时，就曾遗漏了流体黏度 μ 的影响，而导出一个不全面的物理方程式。弥补量纲分析方法的局限性，需要已有的理论分析和实验成果，要依靠研究者的经验和对流动现象的观察认识能力。

（4）由［例 8-8］可以看出，量纲分析为组织实施实验研究，以及整理实验数据提供了科学的方法，可以说量纲分析方法是沟通流体力学理论和实验之间的桥梁。

课　后　习　题

一、选择题

1. 速度 v、长度 l、重力加速度 g 的无量纲集合是（　　）。

A. lv/g　　B. v/lg　　C. l/gv　　D. v^2/gl

2. 速度 v、密度 ρ、压强 p 的无量纲集合是（　　）。

A. $\rho p/v$　　B. $\rho v/p$　　C. $p/\rho v^2$　　D. $\rho^2 v/p$

3. 速度 v、长度 l、时间 t 的无量纲集合是（　　）。

A. l/vt　　B. t/lv　　C. l/vt^2　　D. v/lt

4. 压强差 Δp、密度 ρ、长度 l、流量 Q 的无量纲集合是（　　）。

A. $\rho l/(Q^2\Delta p)$　　B. $\rho Q/(l^2\Delta p)$

C. $lQ\Delta p/\rho$　　D. $(\rho/\Delta p)^{1/2}Q/l^2$

5. 进行水力模型实验，要实现明渠水流的动力相似，应选的相似准则是（　　）。

A. 雷诺准则　　B. 弗劳德准则　　C. 欧拉准则　　D. 其他

6. 进行水力模型实验，要实现有压管流的动力相似，应选的相似准则是（　　）。

A. 雷诺准则　　B. 弗劳德准则　　C. 欧拉准则　　D. 其他

7. 明渠水流模型实验，长度比尺为 4，模型流量应为原型流量的（　　）。

A. 1/2　　B. 1/4　　C. 1/8　　D. 1/32

8. 压力输水管模型实验，长度比尺为 8，模型水管的流量应为原型输水管流量的（　　）。

A. 1/2　　B. 1/4　　C. 1/8　　D. 1/16

9. 液体的弹性模量 E、密度 ρ 和速度 v 可组成的无量纲数是（　　）。

A. Ev/ρ　　B. Ev^2/ρ　　C. $\rho v/E$　　D. $\rho v^2/E$

10. 密度 ρ、速度 v、长度 l，和表面张力 σ 可组成的无量纲数是（　　）。

A. $\rho v^2 l/\sigma$　　B. $\rho vl/\sigma$　　C. $\rho v\sigma/l$　　D. $\rho v^2\sigma/l$

11. 雷诺数的物理意义表示（　　）。

A. 黏性力与重力之比　　B. 重力与惯性力之比

C. 惯性力与黏性力之比　　D. 压力与黏性力之比

12. 已知三角堰的流量与作用水头 h、重力加速度 g 和三角堰的顶角 θ 有关，用瑞利法推得的三角堰流量 Q 公式为（　　）。

A. $k(\theta)g^{1/2}h^{5/2}$　　B. $k(\theta)g^{1/2}h^{3/2}$

C. $k(\theta)g^{-1/2}h^{5/2}$　　D. $k(\theta)g^{-1/2}h^{3/2}$

二、思考题

1. 何谓几何相似、运动相似和动力相似？试举例说明之。

2. 何谓牛顿相似准则？试写出牛顿数的表达式及其物理意义。

3. 试写出弗劳德数、雷诺数、欧拉数、柯西数的定义式及其物理意义。

4. 保证两流动相似的条件是什么？

5. 何谓工程中常常采用的近似模型试验方法？请举例说明之。

6. 对于无压的明渠流动及其他水工建筑物中的流动，应采用什么相似准则？对于有压的黏性管流或其他有压内流，又应该考虑采用什么相似准则？

7. 何谓量纲？何谓单位？

8. 何谓有量纲量和无量纲量？无量纲量有哪些优点？

三、计算题

1. 一个潮汐模型实验，按重力相似准则进行设计，如果长度比尺 $\lambda_l=2000$，问原型中的一天在模型中的时间为多少？

2. 煤油罐上的管路流动，准备用水塔进行模型实验。已知煤油的运动黏度 $\nu=4.5\times10^{-6}\text{m}^2/\text{s}$，煤油管直径 $d=75\text{mm}$，水的运动黏度为 $\nu=1.0\times10^{-6}\text{m}^2/\text{s}$，试求：(1) 模型水管直径；(2) 液面高度比尺；(3) 流量的比尺。

3. 渠道上设一平底单孔平板闸门泄流，上游水深 $H=3\text{m}$，闸前水流行近流速 $v_0=0.6\text{m/s}$，闸孔宽度 $b=6\text{m}$，下游为自由出流，闸门开度 $e=1.0\text{m}$。今欲按长度比尺 $\lambda_1=10$ 设计模型，来研究平板闸门的流量系数 μ。(1) 试求模型的尺寸和闸前行近流速 v_{om}。(2) 如果在模型上测得某点的流量为 $Q_m=81.5\text{L/s}$，则原型上对应点的流量 Q_p 为多少？(3) 闸门出流的流量系数 μ 为多少？

4. 有一圆管直径为 20cm，输送 $\nu=0.4\text{cm}^2/\text{s}$ 的油，其流量为 121L/s，若在试验中用 5cm 的圆管做模型实验，假如：(1) 采用 20℃的水或 (2) $\nu=0.17\text{cm}^2/\text{s}$ 的空气做实验，则模型流量各为多少？假定主要的作用力为黏性。

5. 有一单孔 *WES* 剖面混凝土溢流坝，如图 8－5 所示。已知坝高 $a_p=10\text{m}$，坝上设计水头 $H_p=5\text{m}$，流量系数 $m=0.502$，溢流孔净宽 $b_p=8.0\text{m}$，在长度比尺 $\lambda_l=20$ 的模型上进行试验。要求：(1) 计算模型的流量；(2) 如在模型坝趾处测得收缩断面表面流速 $v_{cm}=4.46\text{m/s}$，计算原型的相应流速 v_{cp}。

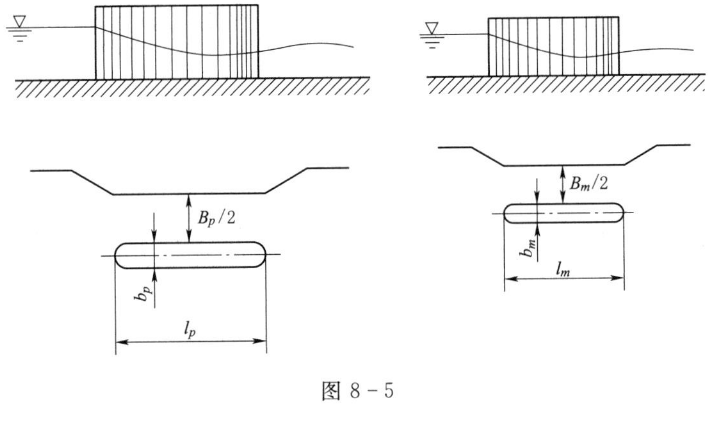

图 8－5

6. 为研究汽车的空气动力特性，在风洞中进行模型实验，如图 8－6 所示。已知汽车高 $h_p=1.5\text{m}$，行车速度 $v_p=108\text{km/h}$，风洞风速 $v_m=45\text{m/s}$，测得模型车的阻力 $P_m=1.4\text{kN}$，试求模型车的高度 h_m 及汽车受到的阻力。

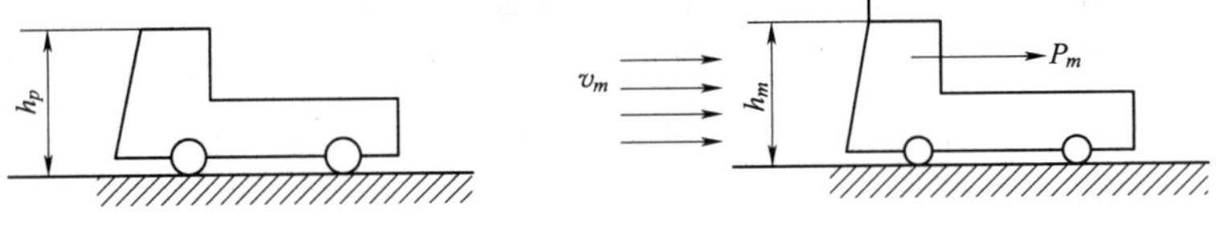

图 8－6

7. 薄壁堰溢流如图 8-7 所示，假设单宽流量 q 与堰上水头 H、水的密度 ρ 及重力加速度 g 有关，试用瑞利法求流量 q 的关系式。

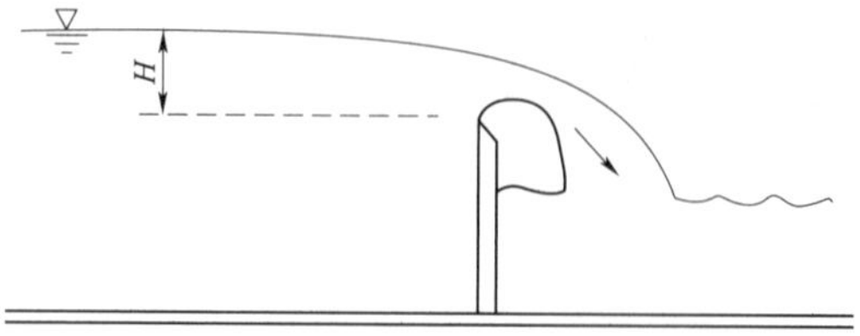

图 8-7

8. 已知文丘里流量计喉管流速 v 与流量计压强差 Δp、主管直径 d_1、喉管直径 d_2 以及流体的密度 ρ 和运动黏度 ν 有关，试用 π 定理证明流速关系式为

$$v=\sqrt{\frac{\Delta p}{\rho}}\varphi\left(Re,\frac{d_2}{d_1}\right)$$

9. 球形固体颗粒在流体中的自由沉降速度 u_f 与颗粒的直径 d、密度 ρ_s 以及流体的密度 ρ、动力黏度 μ、重力加速度 g 有关，试用 π 定理证明自由沉降速度关系式

$$u_f=f\left(\frac{\rho_s}{\rho},\frac{\rho u_f d}{\mu}\right)\sqrt{gd}$$

资源 8-2
第八章习题
参考答案

第九章

水泵的基础知识

教学目的： 了解水泵的定义和分类；掌握叶片泵的性能及性能参数、性能曲线；熟练掌握叶片泵的相似律和比例律的应用；熟练掌握比转数的概念及应用。

资源 9-1
第九章思维导图

教学内容：

1. 水泵的定义和分类
2. 叶片泵的性能
3. 叶片泵的性能曲线
4. 叶片泵的相似律和比例律
5. 比转数

教学重点： 本章重点讲述叶片泵的性能及性能曲线，相似律及比转数，使学生能够结合叶片泵的性能选取合适型号的水泵。

教学难点： 叶片泵的性能曲线。

第一节　水泵的定义和分类

一、水泵的定义

水泵是能量转换的机械，它把动力机的机械能转换（或传递）给水体，从而将水体提升或输送到所需之处。

二、水泵的分类

水泵的品种繁多，结构各异，对其分类的方法也各不相同，按其工作原理可分为如下三大类。

（一）叶片式水泵

叶片式水泵是靠泵内高速旋转的叶轮将动力机的机械能转换给被抽送的液体。属于这一类的泵有离心泵、轴流泵、混流泵等。

（1）离心泵是靠叶轮高速旋转产生的惯性离心力而工作的水泵。由于其扬程高，流量范围广，因而获得广泛应用。

（2）轴流泵是靠叶轮高速旋转产生的轴向推力而工作的水泵。其扬程较低，流量较大，多用于低扬程大流量的抽水场合中。

（3）混流泵是靠叶轮高速旋转既产生惯性离心力又产生轴向推力而工作的水泵。其适用范围介于离心泵与轴流泵之间。

（二）容积式水泵

顾名思义，容积式水泵是靠泵工作室容积周期性的变化来转换能量的。容积式水泵根据工作室容积改变的方式又分为往复泵和回转泵两种。

（1）往复泵利用柱塞（或活塞）在泵缸内做往复运动来改变工作室的容积而输送液体。如拉杆活塞泵是靠拉杆带动活塞做往复运动进行提水的。

（2）回转泵利用转子做回转运动来输送液体。如单螺杆泵是利用单螺杆旋转时，与泵体啮合空间（工作室）的周期性变化来输送液体的。

（三）其他类型泵

这类泵是指除叶片式水泵和容积式水泵以外的泵。属于这一类的主要有螺旋泵、射流泵（又称水射器）、水锤泵、水轮泵以及气升泵（又称空气扬水机）等。上述水泵除螺旋泵是利用螺旋推进原理来提升液体外，其他各种水泵都是利用高速液流或气流的能量来输送液体的。在给水排水工程中，结合工程的具体情况，应用这些特殊泵来输送水或药剂（混凝剂、消毒药剂等）时，常常收到良好的效果。

三、叶片泵的构造与工作原理

叶片泵相比于其他泵来说有更多的优点和更多的应用场景，其输出流量相比于齿轮泵更加均匀，运转平稳，且噪声较小。在工作方面叶片泵的工作压力较高，容积效率也较高。不同类型的叶片泵可以灵活地应用到不同场景之中去，比如单作用式叶片泵易于实现流量调节，双作用式叶片泵则因其转子所受的径向液压力达到平衡，从而延长了使用寿命。

叶片泵的特点是依靠叶轮的高速旋转把动力机的机械能转换为被抽送液体的动能和压能。由于叶轮中叶片形状的不同，叶轮旋转时叶片与液体相互作用所产生的力就不同，叶片泵主要有离心泵、轴流泵和混流泵。

（一）离心泵

由物理学可知，做圆周运动的物体受到离心力的作用，如果向心力不足或失去向心力，物体由于惯性就会沿圆周的切线方向飞出，形成所谓的离心运动。离心泵就是利用这种惯性离心运动而进行工作的。

图 9-1 所示为供水排水工程中常用的单级单吸离心泵的基本构造示意图。它主要的工作部件是叶轮 1、泵壳 2 和带动叶轮旋转的泵轴 3。蜗形泵壳的吸水口与水泵的吸水管 4 相连，出水口与水泵的压水管 7 相连。具有弯曲形叶片的叶轮安装在固定不动的泵壳内，叶轮的进口与水泵吸水管道相通。在开始抽水前，泵内和吸水管中先充满水。当动力机通过泵轴带动叶轮高速旋转时，叶轮中的水随着叶轮一起高速旋转，由于水的内聚力和叶片与水之间的摩擦力不足以形成维持水流做旋转运动的向心力，叶轮中水流逐渐向叶轮外缘流去，被甩出叶轮进入泵壳，再经扩散锥管流入水泵的压水管，由压水管道输送到管网中去。与此

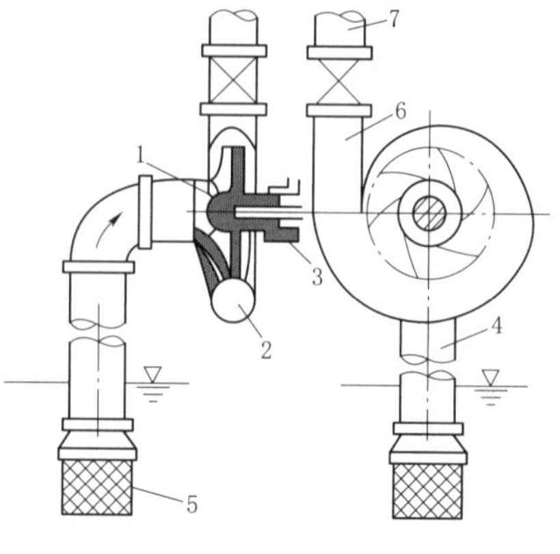

图 9-1 单级单吸式离心泵的构造

1—叶轮；2—泵壳；3—泵轴；

4—吸水管；5—底阀；

6—扩散锥管；7—压水管

同时，叶轮中心处由于水被甩出而形成真空，吸水池水面作用着大气压强，吸水管中的水在此压差的作用下，沿吸水管源源不断地流入叶轮，叶轮的连续旋转，水被不断地甩出和吸入，就形成了离心泵的连续输水。

综上所述，离心泵的工作过程，实际上是一个能量传递和转换的过程。它把动力机的机械能转换为被输送流体的动能和压能。在这个能量的传递和转换过程中，必然伴随着诸多的能量损失，这种损失越大，工作效率越低，该泵的性能就越差。

（二）轴流泵和混流泵

轴流泵与混流泵是叶片泵中流量较大、扬程较低的泵型，在给水排水工程中广泛应用于城镇雨水防洪泵站、大中型污水泵站以及大型钢厂、火力发电厂中的循环泵站等。

1．轴流泵的构造

轴流泵按结构可分为立式、卧式和斜式三种。在给水排水工程中采用较多的是立式轴流泵。如图 9－2 所示，其基本部件有喇叭管 1、叶轮 2、上下橡胶导轴承 3 和 7、导叶体 4、泵轴 5、出水弯管 6、轴封装置 8、联轴器 9 等。

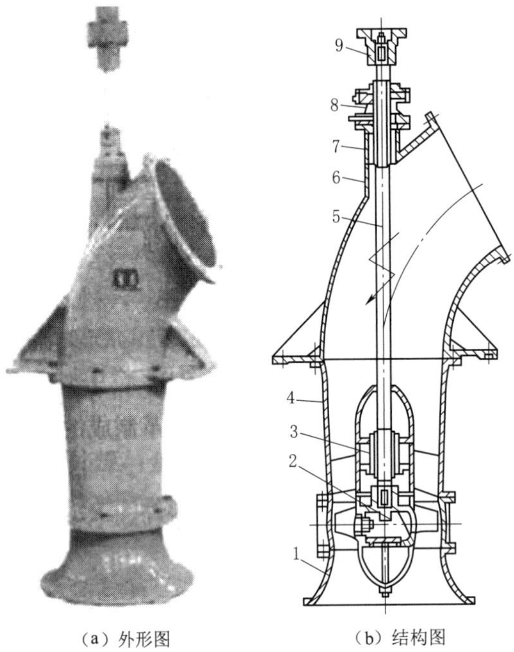

（a）外形图　　（b）结构图

图 9－2　立式轴流泵

1—喇叭管；2—叶轮；3、7—橡胶导轴承；4—导叶体；5—泵轴；6—出水弯管；8—轴封装置；9—联轴器

（1）喇叭管。为了改善叶轮进口处的水力条件，一般采用符合流线形的喇叭管，大中型轴流泵由进水流道代替喇叭管。

（2）叶轮。叶轮是轴流泵的主要部件，通常由叶片、轮毂体、导水锥等几部分组成，用铸铁或铸钢制成。根据叶片的安装角度是否可调节，轴流泵又可分为固定式、半调节式和全调节式三种。固定式轴流泵的叶片和轮毂体铸成一体，叶片的安装角度不能调节。半调节式轴流泵的叶片是用螺母拴紧在轮毂体上，在叶片的根部刻有基准线，而在轮毂体上刻有几个相应安装角度的位置线，如图 9－3 所示。叶片的安装角度不同，轴流泵的性能也不同。根据使用要求把叶片安装在某一位置上，在使用过程中，根据需要调节叶片安装角度，把叶轮卸下来，将螺母松开转动叶片，改变叶片定位销的位置，使叶片的基准线对准轮毂体上的某一要求角度线，然后再把螺母拧紧，装好叶轮即可。全调节式轴流泵可以根据不同流量和扬程要求，在停机或不停机的情况下，通过油压调节机构改变叶片的安装角度，从而改变水泵的性能。这种全调节式轴流泵调节机构比较复杂，一般应用于大型泵。

(3) 导叶体。导叶体由导叶、导叶毂、扩散管组成，用铸铁制成。导叶固定在泵壳上不动。导叶体的作用是把流出叶轮的液体收集起来输送到出水弯管；消除液体的旋转运动，使泵内水流沿泵轴方向流动，并把部分动能转换成压能。

(4) 泵轴和轴承。泵轴用碳钢制成，泵轴用来传递扭矩。在大型轴流泵中，为了布置调节机构，泵轴常做成空心。

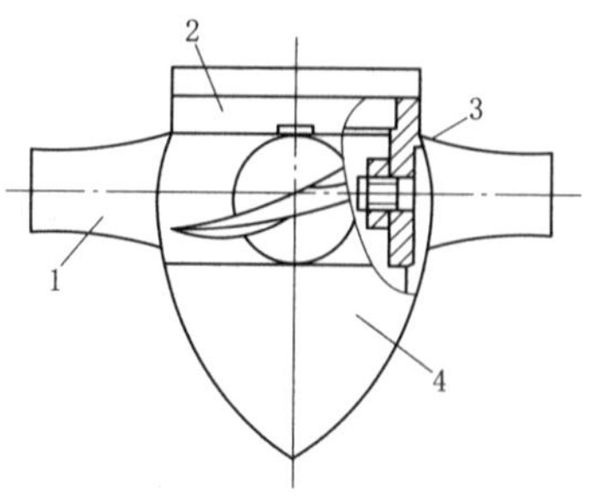

图 9-3　半调节式叶片
1—叶片；2—轮毂体；3—调节螺母；4—导水锥

轴流泵的轴承按其功能有导轴承和推力轴承两种。导轴承用来承受泵轴的径向力，起径向定位作用。中、小型轴流泵大多采用水润滑的橡胶导轴承，如图 9-2 (b) 中的 3、7 所示。推力轴承主要用来承受水流作用于叶片上向下的轴向水压力、水泵转动部分的重量，并将这些荷载传到电动机的基础上去。推力轴承还能调节转子的轴向位置。

(5) 轴封装置。在轴流泵出水弯管的轴孔处需要设置轴封装置，其构造与离心泵的轴封装置相似。

2. 轴流泵的工作原理

轴流泵的工作是以空气动力学中机翼的升力理论为基础的。其叶片与飞机机翼具有相似形状的剖面，一般称叶片剖面为翼形。如图 9-4 所示，翼形的前端圆钝，后端尖锐，上表面（工作面）曲率小，下表面（背面）曲率大。当叶轮在水中旋转时，水流以速度 W 与翼弦（连接翼前、后端点的直线）成 α 角流过，在翼形的前端分成两股水流，它们经过翼形的上、下表面，然后同时在翼形的末端汇合。由于上表面的路径短，下表面的路径长，沿翼形下表面的流速要比沿翼形上表面的流速大，相应的翼形下表面的压力要比上表面小，因而水流对翼形产生方向向下的作用力 R，同样，翼形对水流产生一个反作用力 R'，其大小与 R 相等、方向相反，作用在水流上，在此力的作用下，水沿泵轴方向上升。叶轮不停地旋转，水就不断地被提升。

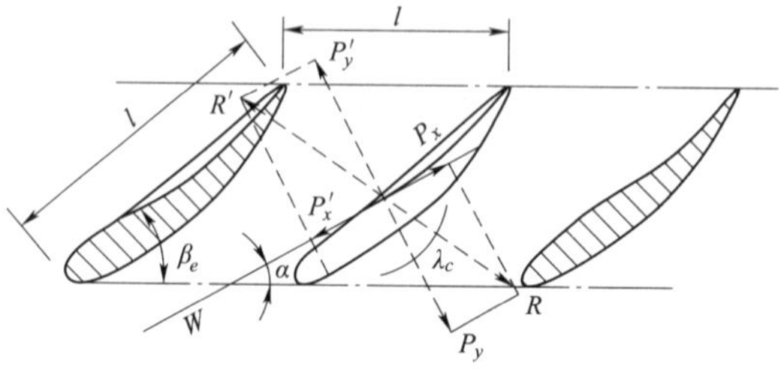

图 9-4　作用在翼形上的力

3. 混流泵

混流泵的构造和工作原理兼有离心泵和轴流泵的特点。叶轮被动力机带动旋转时，叶片一方面推动着水体，同时又驱使水体旋转产生离心力。混流泵根据其压水室的不同，通常分为蜗壳式和导叶式两种，如图 9-5 和图 9-6 所示。从外形上看，蜗壳式混流泵与单级单吸离心泵相似，导叶式混流泵与立式轴流泵相似，其部件也无太大区别，所不同的是叶轮的形状和支承方式。混流泵的工作原理是离心力和升力的共同作用把机械能转换给被抽送的水。

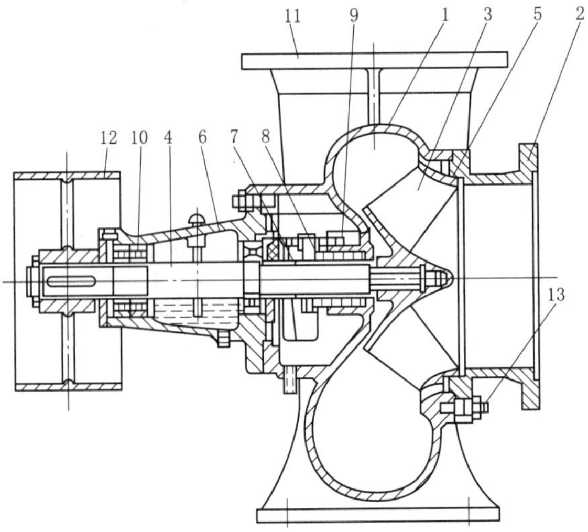

图 9－5　蜗壳式混流泵构造

1—泵壳；2—泵盖；3—叶轮；4—轴承；5—减漏环；6—轴承盒；7—轴套；8—填料压盖；9—填料；10—滚动轴承；11—出水口；12—皮带轮；13—双头螺栓

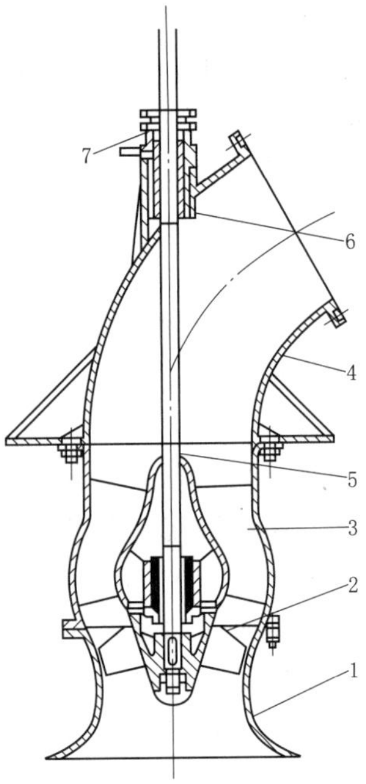

图 9－6　导叶式混流泵结构

1—进水喇叭管；2—叶轮；3—导叶体；4—出水弯管；5—泵轴；6—橡胶轴承；7—轴封装置

第二节　叶片泵的性能

一、叶片泵的性能参数

用来表征叶片泵性能的一组数据称叶片泵的性能参数，包括流量（输水量）、扬程、功率、效率、允许吸上真空高度或必需气蚀余量、转速等。

1. 流量（输水量）

流量（输水量）是指水泵单位时间内输送液体的体积或质量，用 Q 表示，常用的计量单位是“m/h”“m^3/s”或“L/s”“t/h”。

2. 扬程

扬程是指单位重力的水从水泵的进口到水泵的出口所增加的能量，也即单位重力的水经过水泵后获得的能量，用 H 表示，单位是“N・m/N”，习惯上用抽送液体的液柱高度来表示，水泵的扬程用“mH_2O”来表示，一般简称为“m”。

扬程是表征液体经过水泵后比能增值的一个参数，水流进入水泵时所具有的比能为 E_1，流出水泵时所具有的比能为 E_2，则水泵的扬程为

$$H=E_2-E_1 \tag{9-1}$$

3. 功率

功率是泵单位时间内所做功的大小，单位是“kW”。

(1) 有效功率。有效功率又称输出功率，是指单位时间内流过水泵的液体从水泵处获得的能量，用 N_u 表示。可用下式计算

$$N_u=\frac{\rho gQH}{1000} \tag{9-2}$$

式中　N_u——水泵的有效功率，kW；

ρ——液体的密度，清水为 1000kg/m³；

g——重力加速度。

(2) 轴功率。轴功率又称输入功率，是指泵轴从动力机处得到的功率，用 N 表示。

(3) 配套功率。配套功率是指为水泵配套的动力机功率，用 $N_{配}$ 表示。配套功率和轴功率的关系为

$$N_{配}=k\frac{N}{\eta_i} \tag{9-3}$$

式中　$N_{配}$——动力机的功率，kW；

k——功率备用系数，取 1.05～1.10；

η_i——传动效率。

4. 效率

效率是指水泵的有效功率与轴功率之比的百分数，用 η 表示，即

$$\eta=\frac{N_u}{N} \tag{9-4}$$

轴功率不可能全部传递给被输送的液体，在泵内部存在能量损失。因此，水泵的有效功率总是小于轴功率。效率标志着水泵转换能量的有效程度，是水泵的重要技术经济指标。

5. 允许吸上真空高度或必需汽蚀余量

允许吸上真空高度或必需汽蚀余量是表征水泵吸水性能的参数，用 $(NPSH)_r$ 表示，单位是 m。允许吸上真空高度是指泵在吸入液体时，所能承受的最大真空高度。如果超过了这个高度，泵就无法正常工作。因此，在选择泵的时候，需要根据实际情况来确定允许吸上真空高度。如果液体的输送距离较远，或者液体的黏度较大，那么允许吸上真空高度就需要相应地增加。

必需汽蚀余量，指泵在工作时液体在叶轮的进口处因真空压力达到某种程度时会产生气体，汽化的气泡在液体质点的撞击运动下，对叶轮等金属表面产生剥蚀，从而破坏叶轮等金属，此时真空压力称为汽化压力。汽蚀余量是指液体从泵吸入口至压力最低点的压力降。

6. 转速

转速是指水泵的叶轮每分钟旋转的圈数，用 n 表示，单位是 r/min。在往复泵中转速通常以活塞往复的次数来表示，单位是次/min。转速是影响水泵性能的一个重要参数，各种水泵都按一定的转速设计，当水泵的实际转速不同于设计转速时，水泵的

其他性能参数将按一定的规律变化。

在样本中，除了对水泵的构造、用途、安装尺寸做出说明外，更主要的是提供了一套水泵的性能参数及各性能参数之间相互关系的特性曲线，以便于用户全面了解水泵的性能及选择水泵。

为了方便用户使用，在每台泵的外壳上都钉有一块薄金属片制作的铭牌，铭牌上简明地列出了该泵在设计转速下运行时，效率为最高时的流量、扬程、转速、轴功率及吸水性能参数。

另外，叶片泵的品种与规格很多，为便于技术上的应用和商业上的销售，对不同品种、规格的水泵，按其基本结构、型式特征、主要尺寸和工作参数的不同，分别制订各种型号。通常用汉语拼音字母表示泵的名称、型式及特征，用数字表示泵的主要尺寸和工作参数，也有单纯用数字组成的。叶片泵的型号及其说明见表 9-1。

表 9-1　　叶片泵的型号及其说明

泵类	产品名称	型号举例		型号说明	说明
离心泵	IB、IS 型单级单吸离心泵	原型号	3BA-6A	3—泵吸入口径为 3in；BA—单级单吸悬臂式离心泵；6—比转数为 60；A—叶轮外径	“IB” IS” 表示符合国际标准的单级单吸式离心泵
			3B31	3—泵吸入口径为 3in；B—单级单吸悬臂式离心泵；31—额定扬程为 31m	
		改进型号	IB100-65-250	100—泵的进口直径为 100mm；65—泵的出口直径为 65mm；250—叶轮名义直径为 250mm	
	单级双吸离心泵	原型号	20Sh-13	20—泵吸入口径为 20in；Sh—单级双吸卧式离心泵；13—比转数为 130	
			16SA-9	16—泵吸入口径为 16in；SA—单级双吸卧式离心泵；9—比转数为 90	
离心泵	单级双吸离心泵	改进型号	250S-39	250—泵进口直径为 250mm；S—单级双吸卧式离心泵；39—额定扬程为 39m	
	分段多级离心泵	原型号	D46-50×12	D—分段式多级离心泵；46—流量为 $46m^3/h$，50—单级叶轮额定扬程 50m；12—泵的级数为 12 级	
			4DA-8×5	4—泵吸入口径为 4in；DA—分段式多级离心泵；8—比转数为 80；5—泵的级数为 5 级	
		改进型号	150D-30×10	150—泵进口直径为 150mm；D—分段式多级离心泵；30—单级叶轮额定扬程 30m；10—泵的级数为 10 级	
	自吸离心泵	65ZX30-15		65—口径为 65mm；ZX—自吸式离心泵；30—流量为 $30m^3/h$；15—扬程为 15m	
混流泵	蜗壳式混流泵	原型号	16HB-50	16—泵吸入口径、出水口径为 16in；HB—蜗壳式混流泵；50—比转数为 500	
		改进型号	300HW-7	300—泵进口直径为 300mm；HW—蜗壳式混流泵；7—额定扬程为 7m	
	导叶式混流泵	250HD-12		250—泵出水口直径为 250mm，HD—导叶式混流泵；12—额定扬程为 12m	

续表

泵类	产品名称	型号举例		型号说明	说　明
轴流泵	中小型轴流泵	原型号	14ZLD-70 14ZLB-70 14ZXB-70	14—泵出水口直径为14in；ZLD—立式固定叶片轴流泵；ZLB—立式半调节叶片轴流泵；ZXB—斜式半调节叶片轴流泵；70—比转数为700	
		改进型号	350ZLB-4 350ZWB-4	350—泵的出口直径为350mm；ZLB—立式半调节叶片轴流泵；ZWB—卧式半调节叶片轴流泵；4—设计扬程为4m	
			700ZLQ-6	700—泵的出口直径为700mm；ZLQ—立式全调节叶片轴流泵；6—设计扬程为6m	
	特大型轴流泵	1.6CJ-8		1.6—叶轮直径1.6m；CJ—长江牌；8—额定扬程为8m	
		ZL30-7		ZL—立式轴流泵；30—额定流量为30m³/s；7—额定扬程为7m	
	贯流泵	23ZGQ-42		23—叶轮直径为2.3m；ZGQ—贯流全调节叶片轴流泵；42—设计扬程为4.2m	
潜水电泵	深井潜水电泵	200QJ50-78/6		200—适用的最小井径为200mm；QJ—井用潜水电泵；50—额定流量为50m³/h；78—额定扬程为78m，6—叶轮级数为6级	
	作业面潜水电泵	QY20-26/2-3		Q—作业面潜水电泵；Y—充油式电动机；20—额定流量为20m³/h；26—额定扬程为26m；2—叶轮级数2级；3—配套电动机的功率为3kW	
	潜水给水泵	QXG400-9-15		Q—潜水电泵；X—泵在电动机下方为下吸；G—给水；400—额定流量为400m³/h；9—额定扬程为9m；15—配套电动机的功率为15kW	
	潜水排污泵	500QW2600-15-160		500—泵的出口直径为500mm；QW—潜水排污泵；2600—额定流量为2600m³/h；15—额定扬程为15m；160—配套电动机的功率为160kW	

二、叶片泵的基本方程式

叶片泵是靠叶轮的旋转来输送水的。那么，水流在旋转的叶轮中是如何运动的呢？叶轮如何把能量传递给被抽送的水呢？这些规律是本节讨论的主要内容。

（一）液体在叶轮中的运动状况

在研究叶片泵的基本方程式之前，必须了解液体在叶轮中的运动状况。液体流过水泵时，泵的吸入室和压出室是固定不动的。而液体在叶轮内一方面从叶槽进口流向出口，另一方面又随叶轮一起旋转。所以液体在叶轮内的运动为一复合运动。

图9-7所示为封闭式离心泵叶轮的剖面图。液体质点随叶轮一起旋转的运动称牵连运动或圆周运动，其速度称牵连速度或圆周速度，用 u 表示，如图9-7（a）所示。液体质点相对于旋转叶轮的运动称相对运动，其速度称相对速度，用 w 表示，如图9-7（b）所示。液体质点相对于静止坐标系的运动称绝对运动，其速度称绝对

速度，用 c 表示。绝对速度 c 等于牵连速度 u 和相对速度 w 的向量和，即

$$\vec{c}=\vec{u}+\vec{w} \tag{9-5}$$

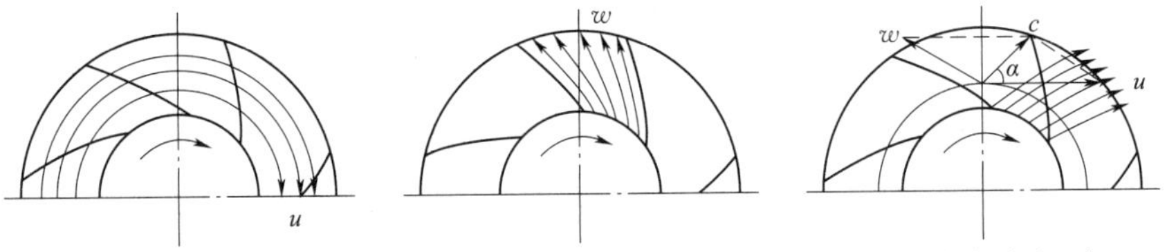

(a) 液体的牵连速度（圆周运动）　(b) 液体的相对运动　(c) 液体的绝对运动

图 9-7　封闭式离心泵叶轮的剖面图

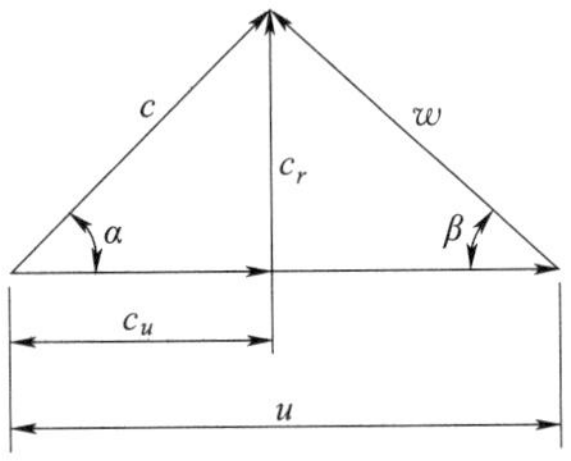

图 9-8　速度三角形

液体质点牵连速度的方向与质点在叶轮中所处的圆周切线方向一致。液体质点相对速度的方向与该质点所在处的叶片表面相切。液体质点绝对速度的速度方向，用速度四边形法确定，如图 9-7（c）所示。实际应用时只画速度三角形，如图 9-8 所示。图中 α 是绝对速度和圆周速度之间的夹角，β 是相对速度和圆周速度反方向之间的夹角。绝对速度可分解为两个相互垂直的分速度 c_u、c_r，即

$$c_u=c\cos\alpha \tag{9-6}$$

$$c_r=c\sin\alpha \tag{9-7}$$

c_u 为圆周分速度，它和牵连速度的方向一致。c_r 对离心泵来说是径向分速度，对轴流泵来说是轴向分速度。

叶槽内任意一点，在给定条件下均可作出速度三角形，但在分析和解决实际问题时，主要应用叶片进、出口处的速度三角形。为区别起见，分别用下角标“1”和“2”表示叶片进、出口处参数。

图 9-9 所示为离心泵、轴流泵的叶片进、出口速度三角形。它清楚地表达了流体在叶轮中的运动状况。

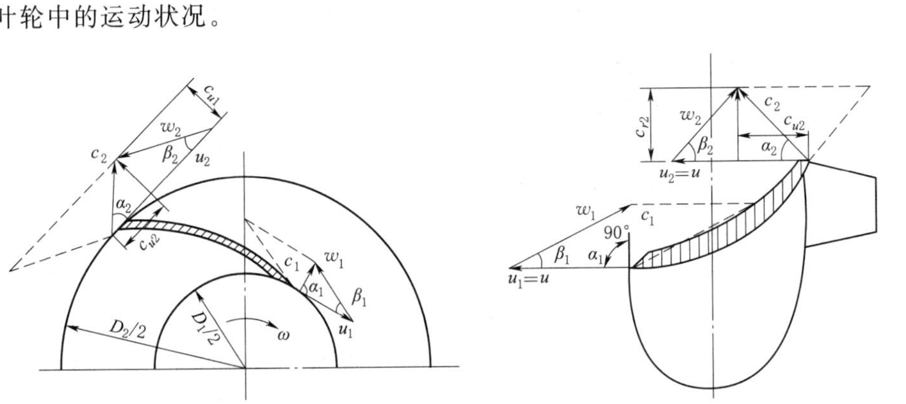

(a) 离心泵　(b) 轴流泵

图 9-9　叶片进、出口速度三角形

（二）叶片泵的基本方程式

叶片泵的基本方程式反映了叶片泵理论扬程与液体运动状况的变化关系。液体在叶轮内的运动非常复杂，为简化分析便于研究对叶轮构造和液体的性质做三点基本假定：

（1）液体在叶轮内处于恒定的流动状态。

（2）液体运动是均匀一致的，即认为叶轮的叶片为无限多而又无限薄，液体的运动与叶片的形状完全一致。

（3）液体为理想液体，不考虑叶轮内液体运动的水头损失，且密度不变。

在上述假定下，应用动量矩定理把叶轮对液体做的功与叶轮进、出口液体运动状况联系起来，即可推导出叶片泵的基本方程为

$$H_T=\frac{1}{g}(u_2c_{u2}-u_1c_{u1}) \tag{9-8}$$

式（9-8）表明液体流经旋转的叶轮时，叶轮传递给单位重量水的能量就是扬程。故上式为叶片泵的基本能量方程式，又称叶片泵的理论扬程方程式。

三、基本方程式的分析讨论

（1）为提高水泵的扬程和改善吸水性能，大多数离心泵在水流进入叶片时，$\alpha_1=90°$，也即 $c_{u1}=0$，此时，基本方程式可写成

$$H_T=\frac{1}{g}u_2c_{u2} \tag{9-9}$$

由上式可知，为了获得正值扬程必须使 $\alpha_2<90°$，α_2 越小，水泵的理论扬程越大，实践中水泵厂一般选用 $\alpha_2=6°\sim15°$。

（2）水流通过水泵时，理论扬程与圆周速度 u_2 有关，而 $u_2=\frac{\pi D_2 n}{60}$，因此，水泵的扬程与叶轮的转速 n、叶轮的外径 D_2 有关。增加叶轮的转速或加大叶轮直径，均可提高水泵的扬程。

（3）基本方程式只与叶片进、出口速度三角形有关，与叶片形状无关，因此，它适用于一切叶片泵。

（4）基本方程式与被抽送的液体种类无关，因此，它适用于一切流体。对于同一台泵输送不同的流体（如水、空气）时，所产生的理论扬程是相同的。但因流体的密度不同，泵产生的压力不同，消耗的功率也不同。所以安装在水面以上的泵，启动前必须充水，否则开机后所抽空气柱折合成水柱相当小，泵是吸不上水的。

（5）由叶片进、出口速度三角形，根据余弦定理可得

$$w_1^2=u_1^2+c_1^2-2u_1c_{u1} \tag{9-10}$$

$$w_2^2=u_2^2+c_2^2-2u_2c_{u2} \tag{9-11}$$

将上两式除以 $2g$ 并相减得

$$H_T=\frac{u_2^2-u_1^2}{2g}+\frac{w_1^2-w_2^2}{2g}+\frac{c_2^2-c_1^2}{2g} \tag{9-12}$$

由水力学的理想液体相对运动能量方程式得

$$\frac{u_2^2-u_1^2}{2g}+\frac{w_1^2-w_2^2}{2g}=\left(Z_2+\frac{P_2}{\rho g}\right)-\left(Z_1+\frac{P_1}{\rho g}\right) \tag{9-13}$$

式（9－12）等号的右边为水泵叶轮产生的扬程，$\frac{c_2^2-c_1^2}{2g}$为水泵叶轮产生的动扬程。由此可见，理论扬程是由势扬程和动扬程两部分组成的。在实际应用中，由动能转化为压能的过程中，伴有能量的损失，因此，动扬程这一项在水泵总扬程中所占的比例越小，泵内的水头损失就越小，水泵的效率就越高。

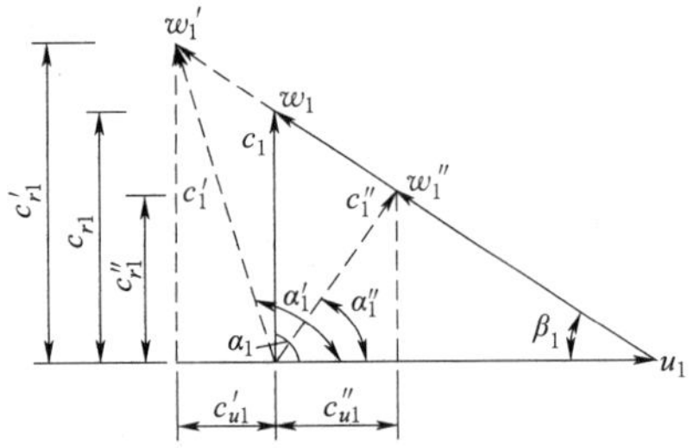

图 9－10　漩涡对叶轮进口速度三角形的影响

（6）基本方程式不仅广泛地应用于叶片泵的水力设计中，而且还可以定性地分析水流现象对水泵运行的影响。例如当水泵吸水井或吸水管中水流出现漩涡时，若漩涡的旋转方向与叶轮的旋转方向相反，由图 9－10 可以看出 c_{r1} 增加到 c_{r1}'，而 c_{u1} 为负值，运用基本方程式

$$H_T'=\frac{u_2c_{u2}-(-u_1c_{u1}')}{g}=\frac{u_2c_{u2}+u_1c_{u1}'}{g} \tag{9-14}$$

$$Q'=A_1c_{r1}' \tag{9-15}$$

式中　A_1——叶轮进口过水断面面积。

可见当漩涡的旋转方向与叶轮的旋转方向相反时，其理论扬程和流量均增加，水泵的轴功率也增加。

若漩涡的旋转方向与叶轮的旋转方向相同，水泵的流量和扬程均减小，水泵的轴功率也减小。

（7）用基本方程式可以分析离心泵叶片的形式。图 9－11 所示为离心泵叶片的三种形式。可以看出，离心泵出水角位大于等于 90°时，出口绝对速度的圆周分速度大，动扬程所占比例增大，槽道短而弯度大，致使水头损失大。为减少能量损失，提高泵的效率，实践中离心泵叶轮的叶片都采用向后弯曲的形式。

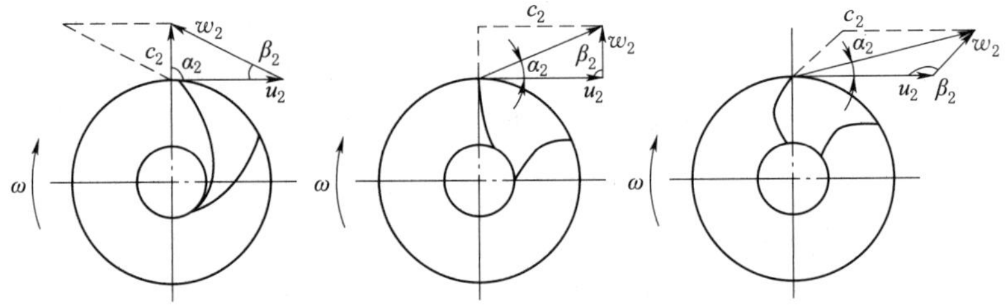

图 9－11　离心泵的叶片形式

四、基本方程式的修正

在推导基本方程式时曾做了三点假定。

假定 1：关于液体是恒定流问题。当叶轮转速不变时，叶轮外的绝对运动可以认

为是恒定的。在水泵启动一段时间后，如果外界条件不变，这一假定基本上可以认为与实际相符。

假定 2：关于假设叶轮中的叶片数无限多且无限薄，这与实际叶轮有较大的差异。实际水泵的叶轮一般有 2～12 片叶片，在叶槽中，水流有着一定程度的自由。当叶轮带动水流一起旋转时，水流质点因惯性的作用，趋于保持水流的原来位置，因而产生了与叶轮旋转方向相反的旋转运动，即“反旋现象”。图 9－12 所示为水流在封闭叶槽中的反旋现象。

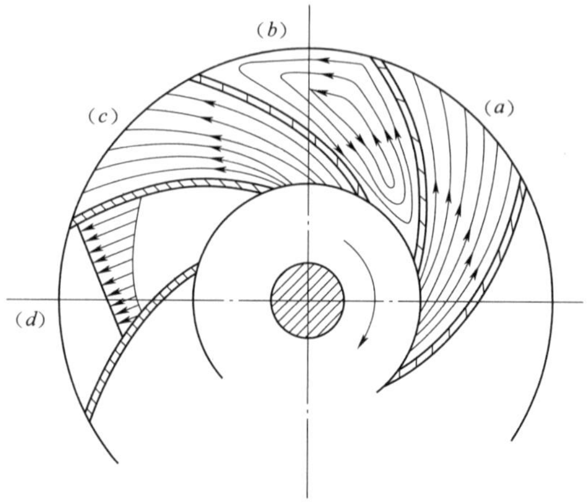

图 9－12　水流在封闭叶槽中的反旋现象

图 9－12 中（c）表示无反旋情况下的均匀流速分布。水泵运行中，叶槽内的实际相对速度将等于图 9－12 中（a）与（b）所示的速度叠加。

由图 9－12 可以看出，叶槽中水流的实际运动情况与假定存在一定的差距，叶槽中流速分布不均匀，如图 9－12 中（d）所示。故需对基本方程式进行修正

$$H'_T=\frac{H_T}{1+P} \tag{9-16}$$

式中　H'_T——修正后的理论扬程；

P——修正系数。

假定 3：关于理想液体的问题。由于水泵所输送的水在流经水泵时具有水头损失。因此，水泵的实际扬程将永远小于其理论扬程值。可用下式表示

$$H=\eta_h H'_T=\eta_h\frac{H_T}{1+P} \tag{9-17}$$

式中　H——水泵的实际扬程；

η_h——水力效率，%。

第三节　叶片泵的性能曲线

叶片泵的性能参数标志着水泵的性能，但各个性能参数不是孤立的、静止的，而是相互联系和相互制约的。对一台既定的水泵来说，这种联系和制约具有一定的规律，它们之间的规律一般用曲线表示。通常将泵的转速 n 作为常量，扬程 H、轴功率 N、效率 η 和允许吸上真空高度 H_s 或必需气蚀余量 $(NPSH)_r$ 随流量 Q 而变化的关系绘制成 $Q-H$、$Q-\eta$、$Q-H_s$ 或 $Q-(NPSH)_r$ 曲线。

深入了解水泵的性能，掌握其变化规律及特点，对合理选型配套、确定泵的安装高度、调节水泵运行时的工况，以及科学的运行管理等极为重要。

由于液体在水泵中的运动情况十分复杂，性能曲线只能借助实验得到。水泵厂在

实测水泵的性能时，通常保持水泵在设计转速下运行，调节压水管道上闸阀的开度，改变水泵的运行工况，测出各种数据，经过计算得到一系列的性能参数值，将这些数据绘制在图上，即可得到在一定转速下的 $Q-H$、$Q-\eta$、$Q-H_s$ 或 $Q-(NPSH)_r$（由气蚀实验得到）曲线。把这些性能曲线称为水泵的实验性能曲线或基本性能曲线。图 9-13～图 9-15 所示分别为离心泵、混流泵和轴流泵实验性能曲线，从性能曲线上可以看出其特点各不相同，分述如下。

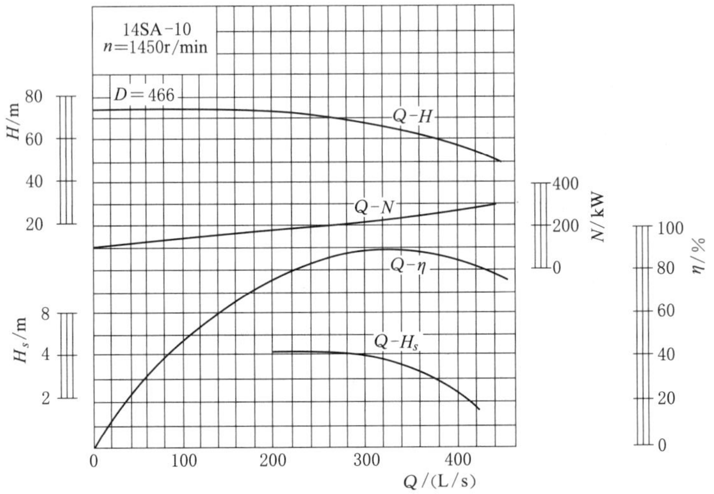

图 9-13　离心泵性能曲线

一、$Q-H$ 曲线

三种泵的 $Q-H$ 曲线都是下降曲线，即扬程随流量的增加而逐渐减小。离心泵的 $Q-H$ 曲线下降较平缓。轴流泵的下降较陡，而且许多轴流泵在其设计流量的 40%～60%时出现拐点，这是一段不稳定的工作区域；当流量为零时，扬程出现最大值，约为额定扬程的 2 倍。混流泵的 $Q-H$ 曲线介于离心泵与轴流泵之间。

在 $Q-H$ 曲线上有两条波形线，此段称为水泵的高效段。泵运行时流量和扬程应落在高效段范围内。

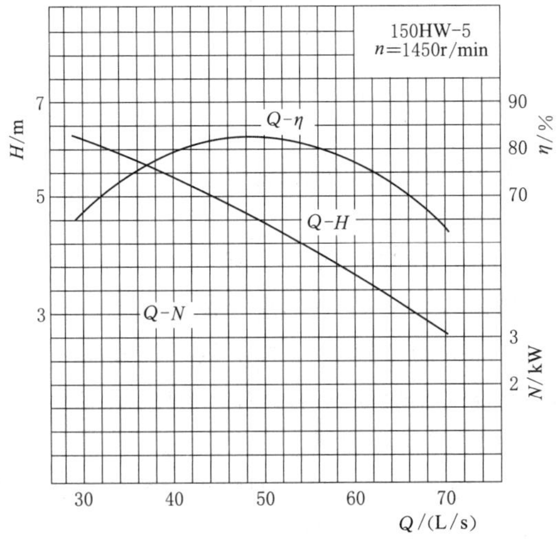

图 9-14　混流泵性能曲线

二、$Q-N$ 曲线

离心泵的 $Q-N$ 曲线是一条上升的曲线，即轴功率随流量的增加而增加。当流量为零时，轴功率最小，约为设计轴功率的 30%。轴流泵的 $Q-N$ 曲线是一条下降的曲线，即轴功率随流量的增大而减小。当流量为零时，轴功率为最大，约为设计轴功率

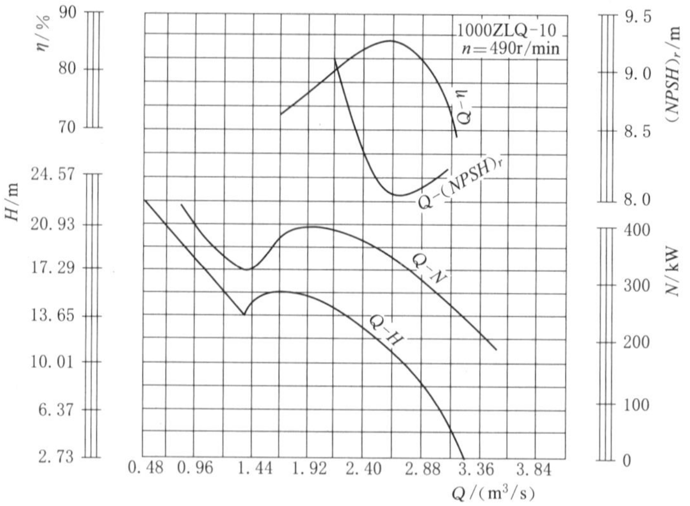

图 9-15 轴流泵性能曲线

的 2 倍。在小流量区，$Q-N$ 曲线也出现拐点。混流泵的 $Q-N$ 曲线比较平坦，当流量变化时，轴功率变化很小。

从轴功率随流量而变化的特点可知，离心泵应闭阀启动，以减小动力机启动负载。轴流泵则应开阀启动，一般在轴流泵压水管道上不装闸阀。

另外，水泵样本中所给出的 $Q-N$ 曲线，指的是抽送水或某种液体时的轴功率与流量之间的关系。如果所抽送液体的密度不同，则样本中的 $Q-N$ 曲线就不能使用，此时，泵的轴功率要按 $N=\frac{\rho gQH}{\eta}$ 进行计算。

三、$Q-\eta$ 曲线

三种泵 $Q-\eta$ 曲线的变化趋势都是从最高效率点向两侧下降。但离心泵的效率曲线变化比较平缓，高效段范围较宽，使用范围较大。轴流泵的效率曲线变化较陡，高效段范围较窄，使用范围较小。混流泵的效率曲线介于离心泵和轴流泵之间。

四、$Q-H_s$ 或 $Q-(NPSH)_r$ 曲线

$Q-H_s$ 或 $Q-(NPSH)_r$ 曲线是表征水泵吸水性能的两条曲线，但两者的变化规律不同，前者是一条下降的曲线；后者对于轴流泵在对应于最高效率点处是具有最小值的曲线。

此外，水泵所输送液体的黏度越大，泵内部的能量损失越大，水泵的流量和扬程都要减小，效率下降，而轴功率增大，即水泵的性能曲线将发生变化。故在输送黏度大的液体（如石油、化工液体）等时，泵的性能曲线要经过专门的换算后才能使用。

第四节 叶片泵的相似律和比例律

由于泵内液体运动非常复杂，单凭理论计算不能准确地计算出叶片泵的性能，一

般采用流体力学中的相似理论，以及运用实验等手段，将水泵叶轮不同尺寸以及叶轮在某一转速下的性能换算成它在其他转速下的性能。

一、相似条件

水泵叶轮的相似定律是基于几何相似、运动相似和动力相似基础之上的。凡是两台水泵满足几何相似、运动相似和动力相似，称为工况相似的水泵。

1. 几何相似

几何相似的条件：两个叶轮的主要过流部分任何对应尺寸的比值相等，角度相等。如图 9－16 所示，则有

$$\frac{b_1}{b_{1m}}=\frac{b_2}{b_{2m}}=\frac{D_1}{D_{1m}}=\frac{D_2}{D_{2m}}=\cdots=\lambda \tag{9-18}$$

$$\beta_1=\beta_{1m},\beta_2=\beta_{2m} \tag{9-19}$$

式中　b_1、b_{1m}——实际泵与模型泵叶轮的进口宽度；

b_2、b_{2m}——实际泵与模型泵叶轮的出口宽度；

D_1、D_{1m}——实际泵与模型泵叶轮的进口直径；

D_2、D_{2m}——实际泵与模型泵叶轮的出口直径；

λ——任一线性尺寸的比值或称为模型比；

β_1、β_{1m}——实际泵与模型泵叶片的进水角；

β_2、β_{2m}——实际泵与模型泵叶片的出水角。

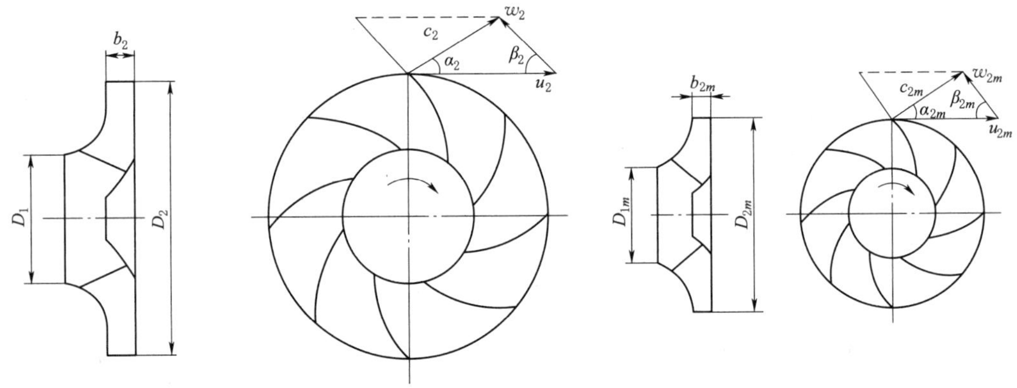

图 9－16　两叶轮几何相似与运动相似

2. 运动相似

运动相似的条件是：两个叶轮对应点上同名速度的方向一致，大小互成比例。即对应点上水流的速度三角形相似。故在几何相似的前提下，运动相似就是工况相似，如图 9－10 所示，可以得出

$$\frac{c_{r2}}{c_{r2m}}=\frac{c_{u2}}{c_{u2m}}=\frac{u_2}{u_{2m}}=\frac{nD_2}{n_mD_{2m}}=\lambda\frac{n}{n_m} \tag{9-20}$$

3. 动力相似

动力相似的条件是：两叶轮对应点所受力的性质和方向相同，大小成比例。

$$\frac{p}{p_m}=\text{常数} \tag{9-21}$$

综上，满足上述条件的两台水泵，主要参数之间存在一定的比例关系，称为水泵的相似定律。

二、水泵相似律

1. 第一相似律

确定两台在相似工况下运行水泵的流量之间的关系

$$\frac{Q}{Q_m}=\lambda^3\frac{\eta_v}{(\eta_v)_m}\cdot\frac{n}{n_m} \tag{9-22}$$

2. 第二相似律

确定两台在相似工况下运行水泵的扬程之间的关系

$$\frac{H}{H_m}=\lambda^2\frac{\eta_h}{(\eta_h)_m}\cdot\left(\frac{n}{n_m}\right)^2 \tag{9-23}$$

3. 第三相似律

确定两台在相似工况下运行水泵的轴功率之间的关系

$$\frac{N}{N_m}=\lambda^5\frac{(\eta_m)_m}{\eta_m}\cdot\left(\frac{n}{n_m}\right)^3\cdot\frac{\rho g}{\rho_m g_m} \tag{9-24}$$

如果实际水泵与模型水泵尺寸相差不大，且转速相差也不大时，可近似地认为三种局部效率相等。若 $\rho g=\rho_m g_m$，则相似定律可写为

$$\frac{Q}{Q_m}=\lambda^3\frac{n}{n_m} \tag{9-25}$$

$$\frac{H}{H_m}=\lambda^2\left(\frac{n}{n_m}\right)^2 \tag{9-26}$$

$$\frac{N}{N_m}=\lambda^5\left(\frac{n}{n_m}\right)^3 \tag{9-27}$$

三、水泵比例律

对于不同转速的同一台叶片泵，因为$\frac{D}{D_m}=1$，根据水泵相似定律，可得出

$$\frac{Q_1}{Q_2}=\frac{n_1}{n_2} \tag{9-28}$$

$$\frac{H_1}{H_2}=\left(\frac{n_1}{n_2}\right)^2 \tag{9-29}$$

$$\frac{N_1}{N_2}=\left(\frac{n_1}{n_2}\right)^3 \tag{9-30}$$

以上三个公式是相似定律的特例，称为比例律。说明同一台水泵，当转速改变时，对应工况点的性能参数将按照上述比例关系变化。

第五节 比 转 数

相似定律只说明相似水泵在相似工况点的性能参数间的关系。由于水泵的叶轮构造和水力性能是多种多样的，尺寸的大小也各不相同，为了对叶片泵进行分类，将同类型的泵组成一个系列，这就需要有一个能够反映叶片泵共性的综合特征参数，作为水泵规格化的基础。这个特征参数称为叶片泵的比转数，用 n_s 表示。

一、比转数的定义

在最高效率下，把水泵的尺寸按照一定的比例缩小（或扩大），使得有效功率 $N_u=0.7355\text{kW}$，扬程 $H_m=1\text{m}$，流量 $Q_m=0.075\text{m}^3/\text{s}$，这时，该模型泵的转速，就称为与它相似的实际泵的比转数。

二、比转数的计算公式

假设有一台模型泵，模型泵的转速即为比转数 n_s，按相似定律可写出

$$n_s=\frac{3.65n\sqrt{Q}}{H^{3/4}} \tag{9-31}$$

上式为比转数的计算公式。

三、应用比转数公式应注意的问题

（1）Q 和 H 是指最高效率时的流量和扬程，n 为设计转速。对同一台水泵来说比转数为一定值。

（2）式（9－31）中的 Q、H 是指单吸单级泵的设计流量和设计扬程。对于双吸泵以 $Q/2$ 代入计算；对于多级泵，应以一级叶轮的扬程代入计算。

（3）比转数是根据抽升 20℃左右的清水时得出的。

（4）各参数的单位应与模型泵的单位一致。

四、对比转数的讨论

（1）对于任意一台水泵而言，比转数不是无因次数，它的单位是 r/min。由于它并不是实际的转速，它只是用来比较各种水泵性能的一个共同标准。因此，它本身的单位含义无多大用处，一般均略去不写。

（2）比转数虽然是按相似关系得出，但其中包含了实际原型泵的主要参数 Q、H、n、η_{max} 值。因此，它反映了实际水泵的主要性能。从式（9－31）可以看出：当转速一定时，n_s 越大，表明这种水泵的流量越大、扬程越低；反之，比转数越小，表明这种水泵的流量越小、扬程越高。

（3）叶片泵叶轮的形状、尺寸、性能和效率都随比转数而变化。用比转数可对叶片泵进行分类，见表 9－2。

（4）水泵的性能随比转数而变。因此，比转数不同，水泵性能曲线的形状也不同，即比转数可以分析水泵的性能。

表 9-2　　叶片泵按比转数分类

离心泵			混流泵	轴流泵
低比转数	中比转数	高比转数		
$n_s=50\sim100$	$n_s=100\sim200$	$n_s=200\sim350$	$n_s=350\sim500$	$n_s=500\sim1200$

课　后　习　题

一、思考题

1. 离心泵是如何工作的？

2. 轴流泵是如何工作的？

3. 轴流泵各主要零件的作用是什么？

4. 水泵各性能参数的定义是什么？

5. 在分析叶片泵基本方程式时，首先提出的三个理想化假设是什么？

6. 如何定性绘制叶片泵的速度三角形？

7. 叶片泵基本方程指出：叶片泵所产生的理论扬程 H_T 与流体的种类无关。这个结论应如何理解？在工程实际中，泵在启动前必须先向泵内充水，排除空气，否则水就抽不上来，这与上述结论互相矛盾吗？

8. 实验性能曲线的变化规律如何？离心泵和轴流泵 $Q-H$、$Q-N$ 曲线有何异同？

9. 叶片泵性能参数与其转速的关系如何？

10. 当水泵的转速发生变化时，比转数是否发生变化？

11. 同一台水泵，在运行中转速由 n_1 变为 n_2，试问比转数值是否发生相应的变化？为什么？

二、计算题

1. 在产品试制中，一台模型离心泵的尺寸为实际泵的 1/4，在转速 $n=730\text{r/min}$ 时进行实验。此时测量出模型的设计工况出水量 $Q_m=11\text{L/s}$，扬程为 $H_m=0.8\text{m}$，如果模型泵与实际泵的效率相等，试求：实际水泵在 $n=960\text{r/min}$ 时的设计工况流量和扬程。

2. 有一台单级离心泵，在转速 $n=1450\text{r/min}$ 时，流量为 $2.6\text{m}^3/\text{min}$，该泵的汽蚀比转数 $C=700$。现将这台泵安装在地面上进行抽水，求吸水面在地面下多少米时发生汽蚀。设：水面压力为 98066.5Pa，水温为 80℃（80℃时水的密度 $\rho=971.4\text{kg/m}^3$），吸水管内流动损失水头为 1m。

资源 9-2
第九章习题
参考答案

参 考 文 献

[1] 刘竹青，程银才. 流体力学 [M]. 北京：中国水利水电出版社，2012.
[2] 李欣，李帆. 流体力学 [M]. 北京：人民交通出版社，2018.
[3] 许淑惠. 流体力学 [M]. 北京：中国建材工业出版社，2013.
[4] 刘鹤年，刘京. 流体力学 [M]. 北京：中国建筑工业出版社，2015.
[5] 毕雪燕，罗玲谊. 大禹治水创新思想研究 [J]. 智富时代，2019 (11)：1-2.
[6] 方达宪. 流体力学 [M]. 南京：东南大学出版社，2011.
[7] 赵振兴，何建京，王付. 水力学内容提要与习题详解 [M]. 北京：清华大学出版社，2012.
[8] 清华大学水力教研组. 水力学 [M]. 4版. 北京：高等教育出版社，1995.
[9] 吴持恭. 水力学 [M]. 5版. 北京：高等教育出版社，2016.
[10] 吴玮，张维佳. 水力学 [M]. 3版. 北京：中国建筑工业出版社，2020.
[11] 刘亚坤. 水力学 [M]. 2版. 北京：中国水利水电出版社，2016.
[12] 闻德荪. 工程流体力学 [M]. 4版. 北京：高等教育出版社，2020.
[13] 毛根海. 应用流体力学 [M]. 北京：高等教育出版社，2020.
[14] 姜乃昌. 水泵及水泵站 [M]. 4版. 北京：中国建筑工业出版社，1998.
[15] 刘家春. 水泵运行原理与泵站管理 [M]. 北京：中国水利水电出版社，2009.
[16] 栾鸿儒. 水泵与水泵站 [M]. 北京：水利电力出版社，1993.
[17] 冯卫民. 水泵及水泵站 [M]. 5版. 北京：中国水利水电出版社，2016.